Herbert M. Schaedel

Fluidische Bauelemente und Netzwerke

Mit 316 Bildern

V Springer Fachmedien Wiesbaden GmbH

CIP-Kurztitelaufnahme der Deutschen Bibliothek

Schaedel, Herbert M.:
Fluidische Bauelemente und Netzwerke / Herbert M.
Schaedel. – Braunschweig, Wiesbaden: Vieweg, 1979.

Verlagsredaktion: *Alfred Schubert, Willy Ebert*

Meiner Frau und meinen Kindern

Ursprünglich erschienen bei Friedr. Vieweg & Sohn Verlagsgesellschaft mbH, Braunschweig, 1979.

Satz: Vieweg, Braunschweig

Buchbinder: W. Langelüddecke, Braunschweig

ISBN 978-3-528-08423-3 ISBN 978-3-663-19577-1 (eBook)
DOI 10.1007/978-3-663-19577-1
Softcover reprint of the hardcover 1st edition 1979

Vorwort

Der Aufbau des vorliegenden Buches geht auf eine Wahlvorlesung an der Fakultät für Elektrotechnik an der RWTH Aachen zurück, die seit dem WS 1971 gehalten wird. Von Beginn an war es das erklärte Ziel, dem nachrichtentechnischen Charakter dieser nichtelektronischen Technik gerecht zu werden. Natürlich bilden strömungsmechanische Phänomene die Grundlage aller fluidischen Elemente. Ohne fundamentale Kenntnisse der Strömungsmechanik wäre eine Entwicklung der Bauelemente und deren heutiger Stand undenkbar. Ein erfolgreicher Netzwerk- bzw. Systementwurf ist andererseits genau so wenig vorstellbar ohne grundlegende Kenntnisse der Nachrichtentechnik.

So ist es auch das Hauptziel der Vorlesung bzw. des Buches, den Grundgedanken der Ersatzschaltung konsequent zu verfolgen und die einzelnen fluidischen Bauelemente in ihren Ersatzschaltungen zu erläutern und somit das Fundament zu schaffen, auf dem das Gebäude der Netzwerke mit nachrichtentechnischen Methoden errichtet werden soll.

Das beginnt mit den Analogiebetrachtungen in **Kapitel 3**. Nach der Wahl von geeigneten Netzwerkgrößen entsprechend Spannung und Strom im elektrischen Netzwerk werden die passiven Bauelemente Widerstand, Induktivität und Kapazität im strömungsmechanischen Netzwerk definiert. Als Netzwerkgrößen dienen Druck und Massenstrom. Auch der Satz von Bernoulli für inhomogene Leiter wird durch eine Ersatzschaltung beschrieben.

In **Kapitel 4** werden die einzelnen Gleichstrombauelemente aufgeschlüsselt. Homogene und inhomogene Leiter werden in ihren linearen und nichtlinearen Anteilen auf ihre Grundschaltungen zurückgeführt.

Mit den Erkenntnissen aus Kapitel 3 und 4 ist es dann möglich, in **Kapitel 5** die Ersatzschaltungen für die verschiedenen fluidischen Analogverstärker zu finden, die damit ähnlich wie eine Röhre oder ein Transistor auf einfache Weise in ihrem Frequenzverhalten beschrieben werden können. Hierbei wird zum ersten Mal vom Begriff der Kleinsignalaussteuerung Gebrauch gemacht, um mit den Methoden für lineare Netzwerke arbeiten zu können. Dies ist in der Praxis bei signalverarbeitetenden Netzwerken in der überwiegenden Anzahl der Fälle möglich. Im Gegensatz hierzu bringt Kapitel 10 in Abschnitt 7 Verfahren, die eingesetzt werden können, wenn bei impulsförmigen Signalen die nichtlinearen Eigenschaften der Bauelemente nicht vernachlässigt werden können.

Operationsverstärker und ihre Schaltungstechnik sind Gegenstand von **Kapitel 6**. Eine Dimensionierung der verschiedenen Schaltungen ist nur aufgrund ausführlicher Ersatzschaltungen möglich. Die Netzwerkberechnung erfolgt wie bei einer elektronischen Schaltung. Da annähernd „ideale" Operationsverstärker in der Fluidik nicht angenommen werden können, sind die Rechengänge umfangreicher als in der Elektronik. Besonderer Wert wird auf die Berechnung der Phasenkompensationsnetzwerke für den Operationsverstärker gelegt, ohne die ein stabiles Arbeiten einer Schaltung nicht gewährleistet werden kann. Zur Einführung in die Thematik werden die Grundschaltungen des „idealen" Operationsverstärkers behandelt. Die Berechnung von Netzwerken mit realen Operationsverstärkern wird hierauf aufgebaut.

Die wesentlichen Prinzipien der digitalen fluidischen Strahlelemente werden in **Kapitel 7** erläutert. Es wird gezeigt, wie das Schaltverhalten eines Haftstrahlverstärkers durch eine sinnvolle Ersatzschaltung beschrieben werden kann. Auf eine Einführung in die Schaltalgebra und deren Anwendung auf digitale Schaltungen wird bewußt verzichtet, da der logische Entwurf von Schaltungen in einer genügenden Anzahl von Werken behandelt wird.

Kapitel 8 ist den fluidischen Meßfühlern gewidmet. Neben den verschiedenartigen Strahlfühlern nehmen die fluidischen Widerstandsmeßbrücken einen breiten Raum ein. Die Anwendung dieser Meßbrücken ist ohne eine solide Operationsverstärkertechnik kaum denkbar. Ebenso werden die verschiedenen Fühler auf Oszillatorbasis diskutiert.

Ein wesentliches Bauelement in der Fluidik stellt die Übertragungsleitung in **Kapitel 9** dar, da wegen der relativ geringen Signalgeschwindigkeit die Wellenlänge der Signale schon bei Frequenzen unter 100 Hz in die Größenordnung der Schaltungsabmessungen kommen kann. Massenstrom und Druck sind dann nicht nur zeit- sondern auch ortsabhängig. Wellenvorgänge können das Verhalten einer Schaltung erheblich beeinflussen. In Analogie zur elektrischen Übertragungsleitung werden die Leitungsgleichungen gefunden, die Leitungsbeläge in ihrer Frequenzabhängigkeit berechnet und in Diagrammen dargestellt.

In **Kapitel 10** werden Wechselstromnetzwerke behandelt. Anpassungsprobleme von Leitungen an ihre Last werden diskutiert und Lösungsmöglichkeiten für Kleinsignalaussteuerung gegeben. Es folgt eine ausführliche Analyse der linearen Bauelemente Widerstand, Kapazität und Induktivität und deren Ersatzschaltungen. Spezielles Interesse ist der Realisierung linearer Widerstände mit geringem induktivem Anteil gewidmet, wie sie beispielsweise zur Beschaltung von Operationsverstärkern benötigt werden. Aufbau und Berechnung von verschiedenartigen Filterschaltungen folgen. Zum Schluß wird ein einfaches Verfahren zur Behandlung von impulsförmigen Signalen im Netzwerk mit nichtlinearen Bauelementen erläutert.

Bausteine der Trägerfrequenztechnik werden in **Kapitel 11** vorgestellt. Nach einer kurzen Einführung in die Modulationsverfahren werden Oszillatorschaltungen behandelt und ihr Einsatz als Frequenzmodulator bzw. als Frequenznormal diskutiert. Anschließend folgt ein Abschnitt über fluidische Gleichrichter, die die Voraussetzung für die verschiedenen Demodulationsschaltungen bilden, die hiernach vorgestellt werden.

Der Anhang in **Kapitel 12** bringt die wesentlichen Konstanten der Luft, zugeschnittene Größengleichungen zur Erleichterung der Arbeit bei der Berechnung von Netzwerken, Umrechnungstabellen zwischen amerikanischen bzw. englischen und deutschen Einheiten und Symbole und Schaltzeichen.

Kapitel 13 enthält eine umfangreiche Literatursammlung.

Mein besonderer Dank gilt Herrn Prof. Dr. *H.-J. Tafel* vom Institut für Nachrichtengeräte und Datenverarbeitung der TH Aachen, der die Vorlesung von Beginn an wohlwollend förderte.

Ein Teil des Inhalts der Kapitel 3, 4, 9 und 10 wurde bereits auf dem Fluidics State-of-the-Art Symposium in Adelphi, Maryland (USA) unter dem Titel "Signal analysis of fluidic networks" und von Fluidics Quarterly (USA) und der Advisory Group of Aerospace and Development (AGARD, Nato) abgedruckt (siehe Literatur [3.3]). Ich möchte daher Herrn *D. H. Tarumoto* von Fluidics Quarterly und Herrn *J. H. Trotmann* von der AGARD freundlichst für die Genehmigung danken, das gesamte Material in diesem Buch zu verwenden.

Mein Dank gilt ebenso den Herausgebern des Handbuchs für fluidische Meßtechnik (siehe Literatur [8.1]), Herrn Prof. Dr. *Ch. Rohrbach* und Herrn Dipl. Phys. *N. Mayer*, sowie dem VDI-Verlag für die Erlaubnis, einen Teil der in meinen Beiträgen zum Handbuch bereits veröffentlichten Abbildungen verwenden zu dürfen. Dies betrifft insbesondere die Kapitel 4 und 9.

Dem Vieweg Verlag, insbesondere den Herren *Schubert*, *Ebert* und *Langebartels* sei für die gute Zusammenarbeit gedankt.

Herbert M. Schaedel

Inhaltsverzeichnis

Verwendete Formelzeichen

A	Fläche
$\underline{A}$	komplexe Leerlauf-Druckverstärkung des Operationsverstärkers in Kap. 6
a	Seitenverhältnis Höhe/Breite
$\underline{a}$	Vierpolparameter in Abschnitt 9.2.4
b	Breite
c	Schallgeschwindigkeit
c_a	Schallgeschwindigkeit im freien Raum
C	Kapazität
C_{ap}	Koeffizient in Gl. (4.1.17)
C_{PR}	Druckrückgewinnungsfaktor
C_{PRi}	idealer Druckrückgewinnungsfaktor
C_R	Widerstandsbeiwert im Rechteckkanal
c_P	spezifische Wärme bei konstantem Druck
c_V	spezifische Wärme bei konstantem Volumen
D	Durchmesser
D_e	äquivalenter Durchmesser = 4 · Fläche/Umfang
e	innere Energie in Abschnitt 2.4.4
e	mechanisches Potential in Abschnitt 3.1
f	Frequenz
f_ν	charakteristische Frequenz
f	Reibungsfaktor in Abschnitt 4.1.2
F	Kraft
$\underline{F}$	Frequenzgang
G	Leitwert
G_p	Druckverstärkungsfaktor
$G_{\dot{m}}$	Massenstromverstärkungsfaktor
h	Höhe
i	Enthalpie in Abschnitt 2.4.4
$\dot{I}$	Impuls pro Zeiteinheit
k	Wärmeleitfähigkeit in Abschnitt 2.4.4
K	Korrekturfaktor, Beiwert
L	Induktivität
l	Länge
M, m	Masse
$\dot{m}$	Massenstrom
$\underline{\dot{m}}$	komplexe Massenstromamplitude
Ma	Mach-Zahl

P	Leistung
p	Überdruck
$\underline{p}$	komplexe Druckamplitude
$\overline{p}$	mittlerer Überdruck
p^*	Absolutdruck
p_0	Bezugsdruck (z.B. Atmosphärendruck)
Q	Güte
r	dynamischer Widerstand
R	Widerstand
R_g	Gaskonstante
Re	Reynolds-Zahl
S	Strouhal-Zahl
s	Steifigkeit in Abschnitt 3.1
s	Entropie in Abschnitt 3.3
t	Zeit
t_S	Signaltransportzeit
t_v	Strahllaufzeit
T	Temperatur
T_V	Vorhaltzeit in Kap. 6
T_N	Nachstellzeit in Kap. 6
T_t	Totzeit in Kap. 6
V	Volumen
v	Geschwindigkeit
$\mathbf{v}$	Geschwindigkeitsvektor
x	Koordinate
y	Koordinate
$\underline{Y}$	Admittanz
z	Koordinate
$\underline{Z}$	Impedanz
$\underline{Z}_0$	Wellenwiderstand
Z_{S0}	Wellenwiderstand der verlustfreien Leitung
α	Winkel in Abschnitt 4.3
α_i	Eigenwert
α_1	Dämpfungsmaß
β	Winkel in Abschnitt 4.3
β_1	Phasenmaß
γ_1	Wellenausbreitungsmaß
Γ	Reflektionsfaktor

δ	Auslenkung
ϵ	Koeffizient
ζ	Widerstandszahl
η	Wirkungsgrad
Θ	Winkel
κ	Adiabatenexponent (1,405 für Luft)
λ	Wellenlänge
λ	Verlustbeiwert in Abschnitt 4.3
μ	dynamische Zähigkeit
ν	kinematische Zähigkeit
ρ	Dichte
τ	Zeitkonstante
φ	Winkel
ϕ	Dissipationsfunktion
ω, Ω	Kreisfrequenz
ω_ν	charakteristische Kreisfrequenz

1 Einführung

Die Fluidik beschäftigt sich mit der Verarbeitung und Übertragung strömungsmechanischer Signale. Als Medien kommen sowohl Gase als auch Flüssigkeiten in Frage. Wir wollen nur Gase, speziell Luft betrachten.

In der Fluidik vermischen sich die Elemente der Strömungsmechanik, der Akustik und der Nachrichtentechnik. Das besondere Anliegen des Buches wird es sein, zu zeigen, wie man sich der nachrichtentechnischen Kenntnisse bedienen kann, um fluidische Netzwerke zu verstehen und zu entwerfen.

Analog zu Spannung u und Strom i in der Elektrotechnik wollen wir den Druck p und den Massenstrom $\dot{m}$ (die durch eine Fläche pro Zeiteinheit tretende Masse) wählen.

Während in der Elektrotechnik die maximale Signalausbreitungsgeschwindigkeit die Lichtgeschwindigkeit ist, finden wir in der Fluidik die Schallgeschwindigkeit als maximale Signalausbreitungsgeschwindigkeit. Für Luft gilt

$$c_{Luft} \approx 340 \frac{m}{s} \approx 10^{-6} c_{Licht} \qquad \text{(bei Raumtemperatur).}$$

Mit

$$c = \lambda f$$

folgt daraus, daß für gleiche Wellenlängen

$$f_{elektr.} = f_{fluid.} \frac{c_L}{c_a} \approx 10^6 f_{fluid.}$$

Eine Frequenz von 50 Hz in der Fluidik entspricht demnach 50 MHz in der Elektrotechnik (Ultrakurzwellenbereich) und eine Frequenz von 1 kHz in der Fluidik entspricht bereits 1 GHz in der Elektrotechnik (Mikrowellenbereich)

Frequenzbereich		Wellenlängenbereich	
Elektrotechnik	Fluidik		
3 … 30 MHz	3 … 30 Hz	Kurzwellen	100 … 10 m
30 … 300 MHz	30 … 300 Hz	Ultrakurzwellen	10 … 1 m
0,3 … 3 GHz	0,3 … 3 kHz	Mikrowellen	10 … 1 dm

Daraus erkennt man, daß die Begriffe der Hoch- und Höchstfrequenztechnik von außerordentlicher Wichtigkeit sein werden. Bei der Verschaltung von Elementen ist große Sorgfalt von Nöten.

Es lassen sich Widerstände, Induktivitäten und Kapazitäten definieren, Induktivitäten aufgrund der Massenträgheit, Kapazitäten aufgrund der Massenspeicherfähigkeit (Kompressibilität) des Mediums.

Als nächstem wollen wir uns der Entstehungsgeschichte der Fluidik zuwenden und kurz einige Verstärkerprinzipien skizzieren. Geboren wurde die Fluidik aus den Bedürfnissen der Raumfahrt im Jahre 1959. Keimzelle waren die „Harry Diamond Laboratories" in den Vereinigten Staaten, einer Forschungsstätte der amerikanischen Armee, die sich hauptsächlich mit der Elektronik beschäftigt.

Man suchte neue Bauelemente der Steuerungs- und Regelungstechnik, die einige schwerwiegende Vorteile gegenüber den Bauelementen der Elektronik haben sollten:

Unempfindlichkeit gegen Strahlung, Magnetfelder, hohe Temperaturen und Beschleunigung.

So kam man auf die Idee, Gase und Flüssigkeiten zu verwenden und Effekte der Strömungsmechanik auszunutzen. Die ersten Ideen und Verwirklichungen kamen aus der Gruppe um Horten, Warren und Bowles.

Strahlablenkverstärker (beam deflection amplifier) Bild 1.1
Hierbei wird der Effekt ausgenutzt, daß ein Leistungsstrahl durch einen Strahl kleiner Leistung um einen bestimmten Winkel abgelenkt werden kann. An den geeignet angeordneten Ausgangskanälen läßt sich eine Druckänderung messen, die um ein Vielfaches größer ist als die entsprechende Druckänderung an den Steuerkanälen. Bild 1.1zeigt die prinzipielle Anordnung. Das Verstärkerelement weist eine konstante Tiefe auf und ist durch eine Deck- und eine Bodenplatte begrenzt. Die ursprüngliche Anordnung aus dünnen Rohren mußte wegen des geringen Wirkungsgrades verworfen werden.

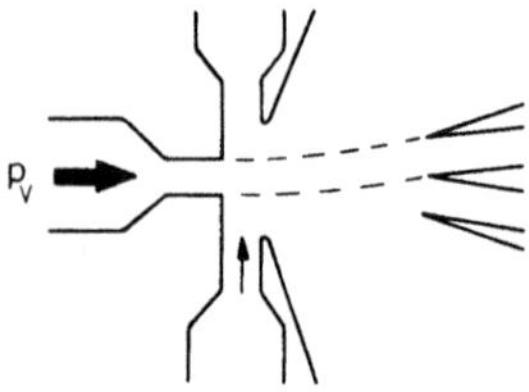

Bild 1.1
Strahlablenkverstärker

Haftstrahlverstärker (wall attachment amplifier) Bild 1.2
Der Strahl hat hier die Möglichkeit sich an eine der beiden Seitenwände anzulegen. Bei einem symmetrischen Aufbau des Elementes sind beide Lagen gleichberechtigt. Durch die Steuerkanäle kann der Strahl von einer stabilen Lage in die andere geschaltet werden. Es handelt sich demnach bei dem vorliegenden Element um ein fluidisches Flipflop.

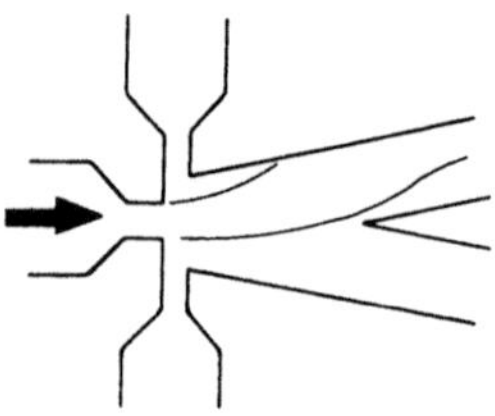

Bild 1.2
Haftstrahlverstärker

Turbulenzverstärker (turbulence amplifier) Bild 1.3
Der Turbulenzverstärker bedient sich eines vollkommen anderen Prinzips. Während in den oben aufgeführten Verstärkern ein Strahl analog oder digital abgelenkt wurde, wird beim Turbulenzverstärker der Zustand geändert, in dem sich der Strahl befindet. Der im ungestörten Zustand laminare Strahl breitet sich relativ stark gebündelt aus, so daß im Empfängerröhrchen ein relativ hoher Druck empfangen wird. Bei einer Störung des Leistungsstrahles über die Steuerkanäle bildet sich ein turbulenter Zustand aus. Aufgrund der Auffächerung des Strahles sinkt der Druck im Empfängerröhrchen erheblich. Mit Hilfe des Turbulenzverstärkers lassen sich NOR-Elemente mit hohem Fan-in verwirklichen. Von Vorteil ist der geringe Leistungsverbrauch, von Nachteil die geringe logische Kapazität.

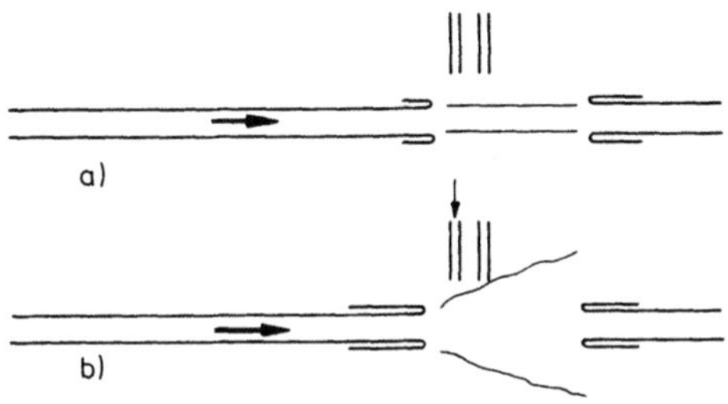

Bild 1.3
Turbulenzverstärker

Wirbelkammerverstärker (vortex amplifier) Bild 1.4
Über einen Versorgungskanal tritt der Leistungsstrahl seitlich in eine zylindrische Kammer ein und verläßt diese bei fehlendem Steuersignal durch eine konzentrisch in der Bodenplatte der Kammer angeordnete Ausgangsöffnung. Der Steuerstrahl wirkt senkrecht auf den Leistungsstrahl beim Eintritt in die Kammer. Je nach Stärke des Steuerstrahles wird der Leistungsstrahl abgelenkt und beschreibt eine spiralförmige Bahn, bis er durch die Ausgangsöffnung die Wirbelkammer wieder verläßt. Je länger die beschriebene Bahn und je stärker die Wirbelausbildung ist, umso größer ist der Druckabfall in der Kammer. Der Widerstand der Strecke zwischen Versorgungs- und Ausgangskanal kann daher durch ein Steuersignal beeinflußt werden.
Bild 1.5 zeigt geätzte Laminate der Firma General Electric (USA) und der Harry Diamond Laboratories (USA). In Bild 1.6 ist der Aufbau eines Flipflops der Firma Norgren (USA) demonstriert.

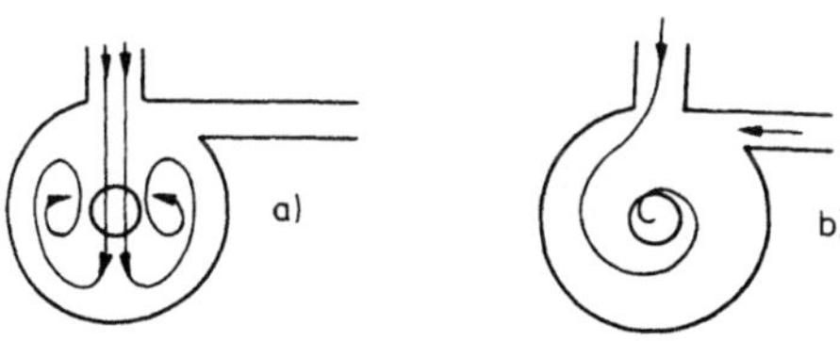

Bild 1.4
Wirbelkammerverstärker

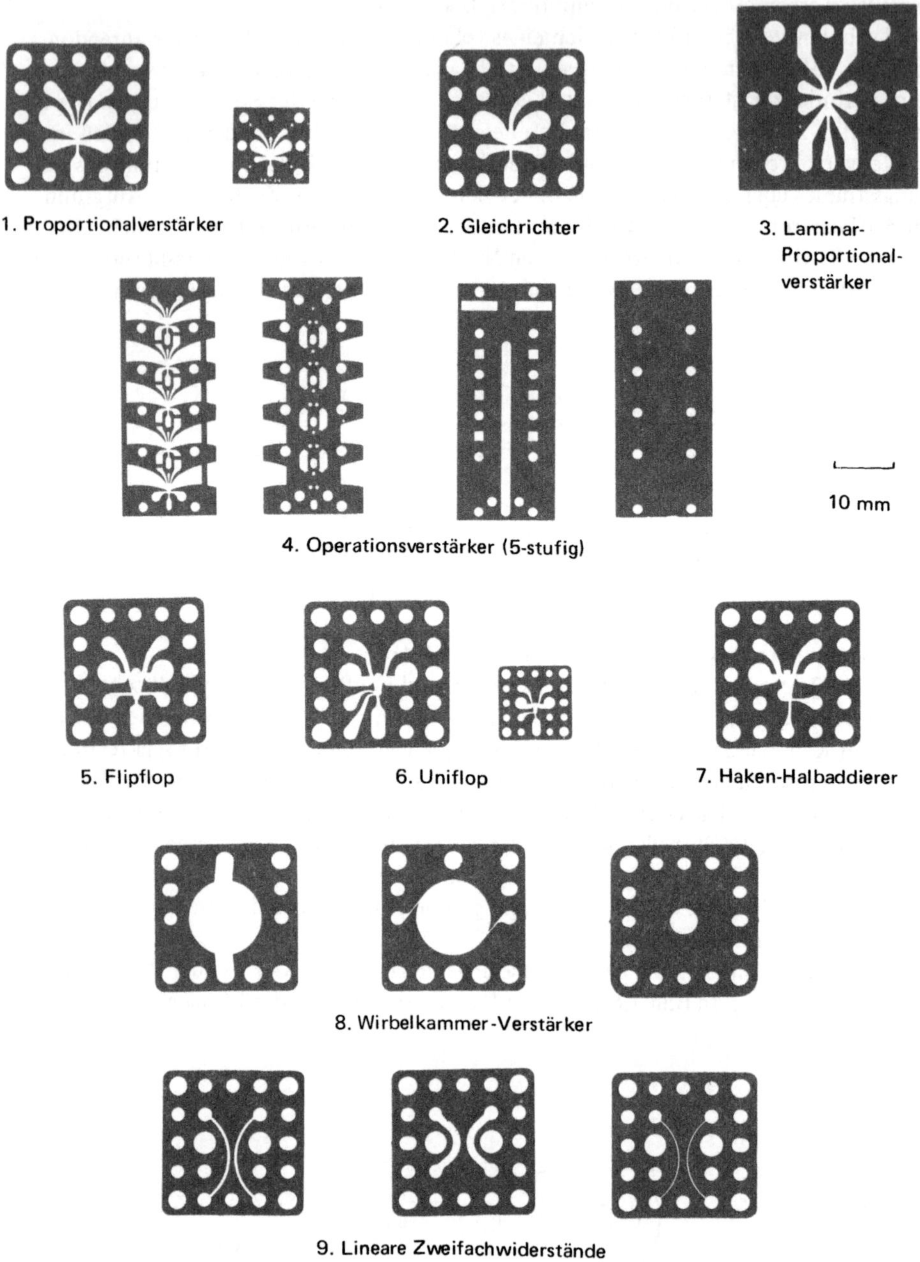

Bild 1.5 Laminate geätzter fluidischer Bauelemente

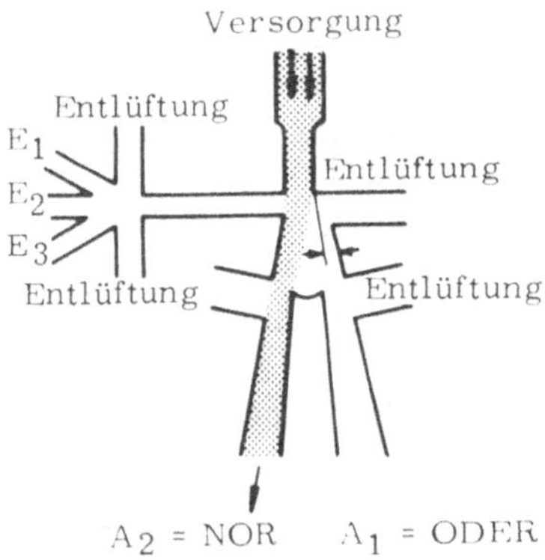

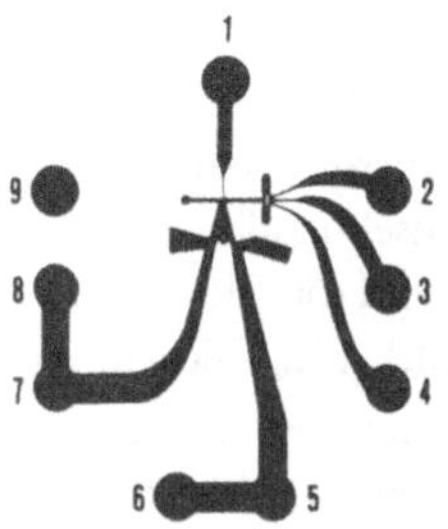

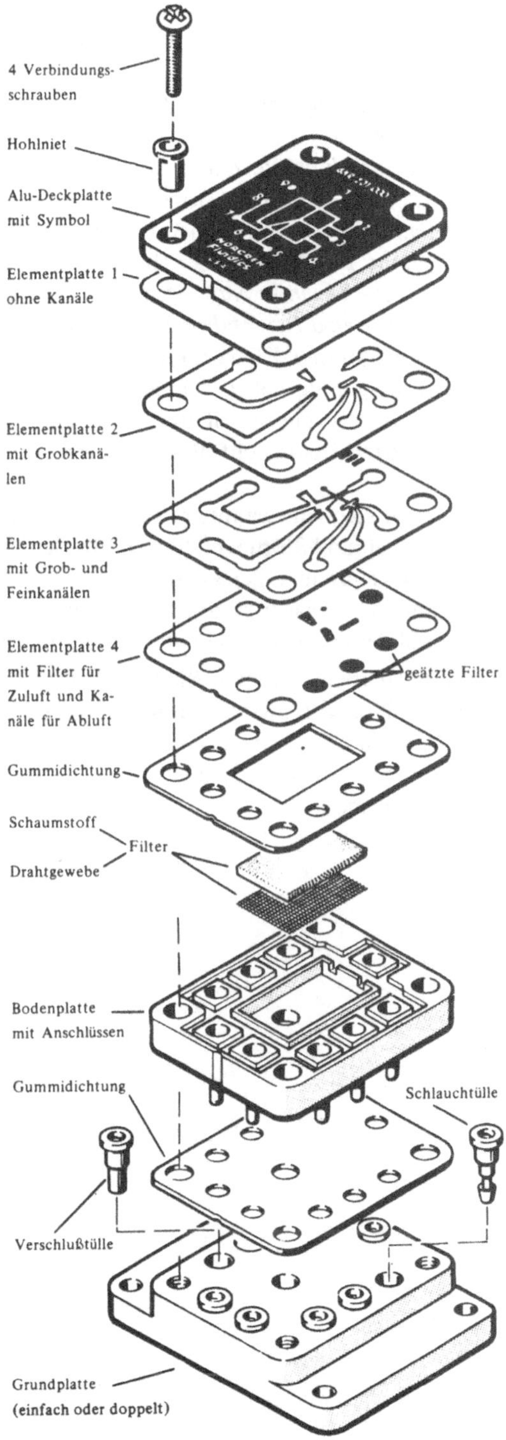

Bild 1.6
Aufbau eines industriellen Logikbausteines (nach De Limon-Norgren)

Fluidische Elemente und Systeme finden beispielsweise in folgenden Bereichen Anwendung:
Präzisionsmessung: Dicke, Breite, Abstand, Strömungsgeschwindigkeit, Faden- und Drahtdicke
Werkzeugmaschinensteuerung: Numerische Positionierung, Steuerung zur Materialbearbeitung, kontaktlose Endschalter
Prozeßautomatisierung: Regler, Leistungsventile ohne bewegte Teile, Aufnehmer für Temperatur, Feuchtigkeit, Durchfluß, Druck, Dichte
Medizinische Technik: Atmungsmesser, Atemgeräte, künstliches Herz für Operationen
Schiff-, Luft- und Raumfahrt: Regelung von Drehzahl und Treibstoff bei Gasturbinen und Dieselmotoren. Klimatisierung von Kabinen, Messung von Geschwindigkeit, Beschleunigung, Flugwinkel, Temperatur
Reaktortechnik: Messen, Steuern und Regeln in hohen Strahlungsdichten
Konsumgüter: Brausekopf, Rasensprenger, Munddusche, Spraydüsen, Vergaser.

Fluidische Elemente garantieren eine nahezu unbegrenzte Lebensdauer, eine hohe Wartungsfreiheit und Störunanfälligkeit. Bei der Planung einer Anlage ist nicht so sehr der Preis eines einzelnen Elementes sondern der des gesamten Systems, einschließlich Wartung und Lebensdauer zu beachten. Im Preis des einzelnen Elements wird die Fluidik aufgrund der relativ geringen Stückzahlen immer über dem Preis der Elektronik liegen.

Es wäre allerdings unsinnig, die Fluidik als Allheilmittel überall da anzupreisen, wo die Elektronik versagt, oder gar als Konkurrenz der Elektronik zu betrachten. Die Fluidik hat ihren Platz in der modernen Technik, und sie sollte überall da eingesetzt werden, wo es vorteilhaft erscheint. Sie bietet dem Ingenieur eine weitere Lösungsmöglichkeit für seine Probleme.

2 Strömungsmechanische und thermodynamische Grundlagen

2.1 Strömungsformen

2.1.1 Laminare Strömung

Die einzelnen Flüssigkeitsteilchen bewegen sich in wohlgeordneten, nebeneinander hergleitenden Schichten. Ein in die laminare Strömung hineingebrachter, andersfarbiger Stromfaden schiebt sich zwischen die Schichten der Strömung und bleibt in Form und Farbe erhalten, ohne sich mit der anderen Flüssigkeit zu mischen.
In einem zylindrischen Rohr ist die Geschwindigkeitsverteilung bei voll entwickelter Laminarströmung parabolisch (Bild 2.1.1).

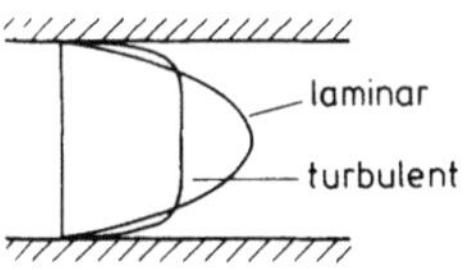

Bild 2.1.1
Geschwindigkeitsprofil bei laminarer und turbulenter Strömung

2.1.2 Turbulente Strömung

Bei einer Rohrströmung mit laminarer Strömungsform ändert sich das Strömungsverhalten bei allmählichem Anwachsen der Strömungsgeschwindigkeit von einer bestimmten Geschwindigkeit an. Der eigentlichen, axial gerichteten Strömungsbewegung überlagern sich an allen Stellen der Strömung ständig wechselnde Zusatzbewegungen, die regellos nach allen Seiten verlaufen, so daß die Strombahnen sich gegenseitig beeinflussen und kleine Wirbel bilden.
Ein in die turbulente Strömung gebrachter, andersfarbiger Stromfaden zerflattert sofort und mischt sich mit der Hauptströmung.
Die Geschwindigkeitsverteilung in einem kreiszylindrischen Rohr ist nicht mehr, wie bei der laminaren Bewegung parabolisch, sondern im mittleren Flüssigkeitskern wesentlich gleichmäßiger, während der Geschwindigkeitsabfall nach dem Rande zu entsprechend steiler ist (Bild 2.1.1).

Für technisch glatte Rohre stellt sich die turbulente Strömung bei der kritischen Reynolds-Zahl

$$Re_{kr} = 2300$$

ein.

2.2 Strömungsmechanische Ähnlichkeitsparameter

Strömungsmechanische Felder können einander geometrisch, kinematisch, dynamisch und energetisch ähnlich sein. Hieraus läßt sich eine Vielzahl von Ähnlichkeitsparametern ableiten. Von besonderer Wichtigkeit sind die nachfolgenden Parameter:

Reynolds-Zahl $Re = \frac{\rho \bar{v} l}{\mu}$

Strouhal-Zahl $S = \frac{t}{l/\bar{v}}$

Mach-Zahl $Ma = \frac{\bar{v}}{c_a}$

ρ Dichte
μ dynamische Zähigkeit
c_a Schallgeschwindigkeit
$\bar{v}$ mittlere Geschwindigkeit
t Zeit
l charakteristische Länge

2.2.1 Reynolds-Zahl

Die Reynolds-Zahl gibt das Verhältnis von Trägheitskraft zu Reibungskraft an. Sie ist von Bedeutung für stationäre Strömungen. Mit Hilfe der Reynolds-Zahl kann aus Versuchen an einem kleinen Modell auf das strömungsmechanische Verhalten in einem großen Modell geschlossen werden oder umgekehrt.

2.2.2 Strouhal-Zahl

Die Strouhal-Zahl ist für instationäre Vorgänge wichtig. Eine interessierende Zeit (z.B. die Schaltzeit eines Verstärkers) wird auf eine Bezugszeit $t_N = l/\bar{v}$ bezogen (z.B. die Transportzeit im Freistrahl).

2.2.3 Mach-Zahl

Die Mach-Zahl gibt das Verhältnis von Strömungsgeschwindigkeit zu Schallgeschwindigkeit an.

2.3 Flüssigkeitsreibung

Zwischen den einzelnen Fluidteilchen oder Fluidschichten treten Widerstandskräfte auf, die durch den Fluiden eigene Zähigkeit oder Viskosität bedingt sind. Unter Zähigkeit versteht man dabei die Eigenschaft eines natürlichen Fluides, tangential gerichtete Spannungen in den Berührungsflächen zweier Fluidteilchen zu übertragen.
Zur Definition der Zähigkeit denke man sich zwischen zwei unendlich großen Platten eine Flüssigkeitsschicht eingeschlossen (Bild 2.3.1). Die untere Platte befinde sich in Ruhe, die obere werde parallel zu der ruhenden mit der Geschwindigkeit v bewegt. Die Höhe der Flüssigkeitsschicht habe gemessen von der ruhenden Platte den Betrag x.

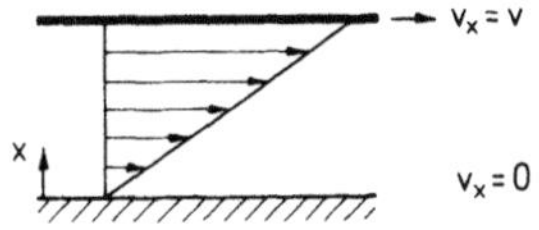

Bild 2.3.1
Geschwindigkeitsverteilung eines Fluids zwischen einer festen und einer bewegten Platte

Bei der Bewegung der oberen Platte bleibt infolge der Adhäsion an jeder Platte eine sehr dünne Fluidschicht haften. Die Haftschicht an der bewegten Platte nimmt die Geschwindigkeit v an, die an der ruhenden Platte behält die Geschwindigkeit null.
Denkt man sich die Stärke x des eingeschlossenen Fluids in sehr dünne zu den Platten parallele Schichten aufgeteilt, so üben diese bei ihrer Verschiebung von $v_x = 0$ auf $v_x = v$ infolge der inneren Reibung aufeinander gleichgroße Schubkräfte aus, die in dem Fluid ein Geschwindigkeitsgefälle dv_x/dx hervorrufen.
Infolge des verzögernden Reibungswiderstandes des Fluids ist zur Aufrechterhaltung der Plattengeschwindigkeit v eine Beschleunigungskraft F erforderlich, die gleich groß wie die Widerstandskraft F_W sein muß

$$F = F_W \, .$$

Nach Newton ist die Beschleunigungskraft F proportional dem Geschwindigkeitsgefälle dv_x/dx und proportional der Plattenoberfläche A. Mit einem Proportionalfaktor μ kann also geschrieben werden

$$F = F_W = \mu A \frac{dv_x}{dx} \quad \text{oder}$$

$$\tau = \frac{F_W}{A} = \mu \frac{dv_x}{dx} \quad \text{(Schubspannung).}$$

Der Proportionalfaktor μ ist ein Maß für die absolute Zähigkeit der natürlichen Fluide. μ wird daher als dynamische Zähigkeit bezeichnet. In der Strömungsmechanik wird sehr häufig mit der auf die Dichte bezogenen Zähigkeit, der kinematischen Zähigkeit

$$\nu = \frac{\mu}{\rho}$$

gerechnet.

2.4 Grundgleichungen

Die Grundlagen der Fluidik bilden die Grundgleichungen der Strömungsmechanik und der Thermodynamik. Sie sind von gleich großer Bedeutung für die Fluidik wie die Maxwellschen Gleichungen für die Elektrotechnik.

2.4.1 Die Navier-Stokesschen Bewegungsgleichungen

Die Navier-Stokesschen Bewegungsgleichungen bilden die Grundlagen der gesamten Strömungsmechanik. Sie formulieren den Zusammenhang der an einem Volumenelement wirksamen Kräfte. Im einzelnen sind dies die Massenkräfte, Reibungskräfte, Volumenänderungskräfte, Druckgradientenkräfte und die äußeren Kräfte (Schwerkraft usw.)

$$\rho \frac{d\mathbf{v}}{dt} - \frac{1}{3}\mu \nabla \operatorname{div} \mathbf{v} - \mu \nabla^2 \mathbf{v} + \nabla p - X = 0 \qquad (2.4.1)$$

Massenkräfte

Dilatationskräfte (Volumenänderungskräfte)

Reibungskräfte

Druckgradientenkräfte

Summe der äußeren Kräfte

(Siehe Abschnitt 12.5 Einige wichtige Beziehungen zur Vektorrechnung.)

2.4.1.1 Die Bewegungsgleichungen für den eindimensionalen Fall

Bei Strömungen in Leitern genügt es häufig, nur die Strömung in Richtung der Leiterachse zu betrachten. Man spricht dann von einer eindimensionalen Strömung.

Reibungsfreie, inkompressible Strömung

Für eine reibungsfreie inkompressible Strömung in einem Leiter nach Bild 2.4.1 muß die Massenkraft des eingezeichneten Volumenelementes gleich der Kraft sein, die die Druckdifferenz auf das Flächenelement dA ausübt

$$\frac{d}{dt}(m\,v) = p_1\,dA - \left(p_1 + \frac{\partial p}{\partial z}\,dz\right) dA = -\frac{\partial p}{\partial z}\,dz \cdot dA\,. \qquad (2.4.1.1)$$

Daraus folgt

$$\rho \frac{dv}{dt} + \frac{\partial p}{\partial z} = 0\,. \qquad (2.4.1.2)$$

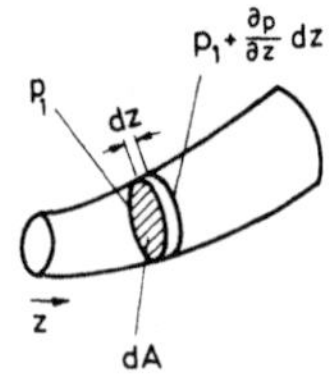

Bild 2.4.1
Allgemeiner fluidischer Leiter

$\frac{dv}{dt}$ ist hierbei die totale oder substantielle Änderung der Geschwindigkeit, die sich in einen lokalen und einen konvektiven Anteil aufspalten läßt.

$$\frac{dv}{dt} = \frac{\partial v}{\partial t} + \frac{\partial v}{\partial z}\frac{\partial z}{\partial t} = \underbrace{\frac{\partial v}{\partial t}}_{\text{lokal}} + \underbrace{v\frac{\partial v}{\partial z}}_{\text{konvektiv}} . \qquad (2.4.1.3)$$

Das Auftreten der totalen oder substantiellen Änderung der Geschwindigkeit bedeutet eine wesentliche Verkomplizierung gegenüber den Verhältnissen der Elektrotechnik. Die Geschwindigkeit eines Flüssigkeitsteilchens kann sich sowohl dadurch ändern, daß sich seine augenblickliche Geschwindigkeit ändert, als auch dadurch daß es in ein Gebiet anderer Schwindigkeit wandert. In den Analogiebetrachtungen (Kapitel 3) wird der lokale Anteil der Massenkräfte durch eine Induktivität im Netzwerk interpretiert, während der konvektive Anteil über den Satz von Bernoulli als nichtlinearer Widerstand berücksichtigt wird.

Satz von Bernoulli

Für reinen Gleichstrom gilt mit $\frac{\partial v}{\partial t} = 0$

$$\rho v \frac{\partial v}{\partial z} + \frac{\partial p}{\partial z} = 0 . \qquad (2.4.1.4)$$

Durch Integration der Gleichung wird hieraus

$$\underbrace{\rho \frac{v^2}{2}}_{\text{kinet.}} + \underbrace{p}_{\text{stat.}} = \text{konst.} \qquad (2.4.1.5)$$

Die Summe aus statischen und kinetischem Druck in einem verlustlosem Leiter ist demnach konstant. In der Form

$$\underbrace{\frac{p}{\rho}}_{\text{pot.}} + \underbrace{\frac{v^2}{2}}_{\text{kinet.}} = \text{konst.} \qquad (2.4.1.6)$$

besagt die Gleichung, daß die Summe aus potentieller und kinetischer Energie pro Masseneinheit in einem verlustlosen Leiter konstant ist.
Für kompressible Medien erhält man die allgemeine Form

$$\int \frac{dp}{\rho} + \frac{v^2}{2} = \text{konst.} \qquad (2.4.1.7)$$

Laminare Rohrströmung im homogenen Leiter

Bei laminarer Gleichströmung im homogenen Leiter ist für ein Volumenelement nach Bild 2.4.2 die Summe aus den Druckgradienten-Kräften und den Reibungskräften gleich Null.

$$\pi r^2 (p_1 - p_2) + \tau \cdot 2\pi r \cdot l = 0 . \tag{2.4.1.8}$$

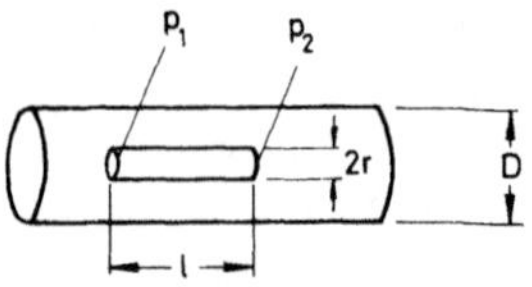

Bild 2.4.2
Volumenelement im homogenen Leiter

Hierbei ist τ die Schubspannung, die entlang der Mantelfläche des Volumenelementes wirkt. Nach Newton kann die Schubspannung mit

$$\tau = \mu \frac{dv}{dr}$$

angesetzt werden (Abschnitt 2.3). Hiermit folgt dann

$$\mu \frac{dv}{dr} = - \frac{p_1 - p_2}{l} \cdot \frac{r}{2} . \tag{2.4.1.9}$$

Nach Integration über den gesamten Leiterradius wird mit der Randbedingung

$$v = 0 \quad \text{für} \quad r = \frac{D}{2}$$

die Geschwindigkeitsverteilung im Leiterquerschnitt

$$v(r) = \frac{1}{4\mu} \left(\left(\frac{D}{2} \right)^2 - r^2 \right) \frac{p_1 - p_2}{l} . \tag{2.4.1.10}$$

Die Geschwindigkeit ist proportional der Druckdifferenz an den Leiterenden und in Abhängigkeit vom Radius parabolisch über den Querschnitt verteilt.

2.4.2 Die Kontinuitätsgleichung

Die Kontinuitätsgleichung bringt zum Ausdruck, daß für die Volumeneinheit die Summe der pro Zeiteinheit ein- und ausfließenden Massen gleich der Massenänderung pro Zeiteinheit durch die Dichteänderung ist. Dies liefert für die instationäre Bewegung einer kompressiblen Flüssigkeit

$$\frac{\partial}{\partial t} \int_V \rho \, dV + \int_A (\rho v) \, d\mathbf{A} = 0 \tag{2.4.2}$$

oder in differentieller Schreibweise

$$\frac{\partial \rho}{\partial t} + \operatorname{div}(\rho \mathbf{v}) = \frac{d\rho}{dt} + \rho \operatorname{div} \mathbf{v} = 0 . \qquad (2.4.3)$$

2.4.2.1 Die Kontinuitätsgleichung für den eindimensionalen Fall

Falls Speichereffekte im Netzwerk ausgeschlossen werden können, reduziert sich für den eindimensionalen Fall die Kontinuitätsgleichung zu

$$\int d\dot{m} = 0 . \qquad (2.4.2.1)$$

Bezogen auf einen Massenstromknoten nach Bild 2.4.3 heißt das

$$\Sigma \dot{m} = 0 . \qquad (2.4.2.2)$$

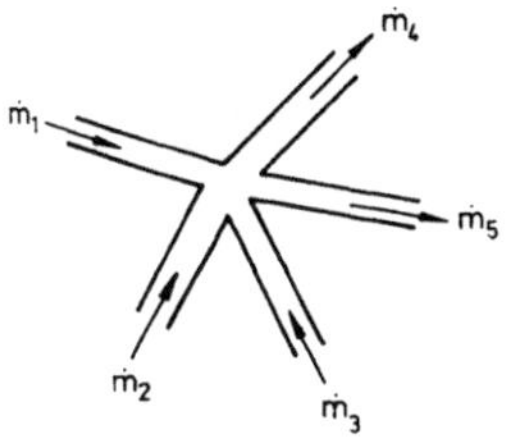

Bild 2.4.3
Fluidischer Massenstromknoten

Die Summe der zufließenden Massenströme ist gleich der Summe der abfließenden Massenströme

$$\dot{m}_1 + \dot{m}_2 + \dot{m}_3 = \dot{m}_4 + \dot{m}_5 . \qquad (2.4.2.3)$$

Die Speichereffekte im Netzwerk werden in den Analogiebetrachtungen durch Kondensatoren berücksichtigt, die Masse speichern können.

2.4.3 Die Zustandsgleichung für ideale Gase

Bei kompressiblen Strömungen können die Strömungsgleichungen nicht für sich allein betrachtet werden. Die Druck- und Dichteänderungen bedingen Temperaturänderungen. Die Thermodynamik liefert nun die Zustandsgleichung, welche Druck, Dichte und Temperatur miteinander verknüpft, und welche für ein ideales Gas lautet

$$p^* - \rho R_g T = 0 , \qquad (2.4.4)$$

wobei R_g die Gaskonstante, T die Absolute Temperatur und $p^* = p_0 + p$ der Absolutdruck bedeuten. Für Luft kann mit genügender Genauigkeit angenommen werden, daß sie sich wie ein ideales Gas verhält.

2.4.3.1 Besonderen Zustandsänderungen der Gase

Isotherme Zustandsänderung

Für isotherme Zustandsänderungen bei denen die Gastemperatur konstant bleibt folgt mit T = konstant

$$\frac{p^*}{\rho} = R_g T = \text{konst.} \tag{2.4.3.1}$$

bzw.

$$\frac{p_1^*}{p_2^*} = \frac{\rho_1}{\rho_2}. \tag{2.4.3.2}$$

Adiabatische Zustandsänderung

Für adiabatische (bzw. isentrope) Zustandsänderungen, die so rasch ablaufen, daß kein Wärmeaustausch mit der Umgebung stattfindet, läßt sich aus der Energiegleichung (2.4.5) der Zusammenhang

$$\frac{p^*}{\rho^\kappa} = \text{konst.} \tag{2.4.3.3}$$

bzw.

$$\frac{p_1^*}{p_2^*} = \left(\frac{\rho_1}{\rho_2}\right)^\kappa \tag{2.4.3.4}$$

ableiten. Nach Einführen der allgemeinen Gasgleichung wird hieraus

$$\frac{p_1^*}{p_2^*} = \left(\frac{T_1}{T_2}\right)^{\frac{\kappa}{\kappa-1}} \tag{2.4.3.5}$$

mit

$\kappa = \frac{c_p}{c_v}$ Adiabatenexponent (= 1,405 für Luft)

c_p spezifische Wärme bei konstantem Druck

c_v spezifische Wärme bei konstantem Volumen.

2.4.4 Die Energiegleichung

Falls die Zustandsänderung nicht isotherm verläuft, ist noch die Energiegleichung aus der Thermodynamik hinzuzuziehen, welche als Bilanz von Wärme und mechanischer Energie eine Differentialgleichung für die Temperaturverteilung liefert.

$$\rho \frac{de}{dt} + p^* \nabla \mathbf{v} = \nabla (k \nabla T) + \mu \phi \qquad (2.4.5)$$

Änderung der inneren Energie
Expansions- (Kompressions-) arbeit
Wärmezufuhr durch Wärmeleitung
Wärmeerzeugung durch innere Reibung

Die Größe

$$di = de + d\left(\frac{p^*}{\rho}\right) \qquad (2.4.6)$$

wird als Änderung der Enthalpie bezeichnet. Für ein ideales Gas ist die Änderung der inneren Energie

$$de = c_v \, dT \qquad (2.4.7)$$

und die Änderung der Enthalpie

$$di = c_p \, dT \,, \qquad (2.4.8)$$

wobei

c_p spezifische Wärme bei konstantem Druck
c_v spezifische Wärme bei konstantem Volumen.

Gl. (2.4.7) und Gl. (2.4.8) in Gl. (2.4.6) eingesetzt ergibt die Beziehung

$$c_p \, dT = c_v \, dT + d\left(\frac{p^*}{\rho}\right). \qquad (2.4.9)$$

Mit der Zustandsgleichung für ideale Gase Gl. (2.4.4) folgt hieraus die Gaskonstante zu

$$R_g = c_p - c_v \,. \qquad (2.4.10)$$

Unter Verwendung der Kontinuitätsgleichung (2.4.3) und Gl. (2.4.9) erhält man für die Energiegleichung

$$\rho \, c_p \frac{dT}{dt} = \frac{dp^*}{dt} + \nabla (k \nabla T) + \mu \phi \,, \qquad (2.4.11)$$

die den Zusammenhang zwischen Druck und Temperatur liefert. ϕ wird als Dissipationsfunktion bezeichnet. Sie ist eine Funktion des Quadrates der vektoriellen Geschwindigkeit. k ist die Wärmeleitfähigkeit.

2.4.5 Das Zähigkeitsgesetz für Luft

Das empirische Zähigkeitsgesetz gibt die Abhängigkeit der Zähigkeit von der Temperatur an. Eine sehr gute Näherung bringt die Sutherland-Formel

$$\frac{\mu}{\mu_0} = \left(\frac{T}{T_0}\right)^{3/2} \frac{T_0 + S_1}{T + S_1} \tag{2.4.12}$$

mit $S_1 = 110\ \mathrm{K}$ Sutherland-Konstante

und $\mu_0 = 16{,}8\ \frac{\mathrm{kg}}{\mathrm{sm}}\ 10^{-6}$

$T_0 = 273\ \mathrm{K}$

T in K .

Im Bereich zwischen $-50\ °\mathrm{C}$ und $+50\ °\mathrm{C}$ kann die Sutherland-Formel mit ausreichender Genauigkeit durch ein Potenzgesetz der folgenden Form angenähert werden

$$\frac{\mu}{\mu_0} = \left(\frac{T}{T_0}\right)^{3/4} . \tag{2.4.13}$$

3 Analogiebetrachtungen

Die Probleme der Signalverarbeitung in fluidischen Netzwerken sind denen der elektrischen Nachrichtentechnik sehr verwandt. Da wir nun in der elektrischen Nachrichtentechnik über ausgezeichnete Methoden zur Behandlung von Netzwerken verfügen, liegt es nahe die Grundgleichungen der Strömungsmechanik und der Thermodynamik so umzuformen, daß eine Anwendung dieser Methoden auf fluidische Netzwerke möglich wird.
Grundlage der elektrischen Nachrichtentechnik ist eine im wesentlichen lineare Theorie der Netzwerke. Die sogenannten „Maxwellschen Gleichungen", die die Erscheinungen im elektrischen und magnetischen Feld formulieren, sind ihrem Wesen nach lineare Gleichungen, wobei allerdings durch Werkstoffeigenschaften Nichtlinearitäten auftreten können (z.B. Hysterese bei magnetischen Materialien, nichtlineare Kennlinien und Temperaturabhängigkeit von Halbleiterbauelementen). Eine Behandlung elektrischer Netzwerke ist daher im allgemeinen auf Grund ihrer Linearität relativ einfach. Die Bewegungsgleichungen der Strömungsmechanik dagegen sind nichtlinear und beinhalten Impuls-, Temperatur-, Kompressibilitäts- und Turbulenzeffekte. Es scheint daher recht aussichtslos, eine allgemeingültige Netzwerktheorie zu finden.
Wenn wir unsere Betrachtungen auf eine Kleinsignalaussteuerung beschränken, erweist sich das Problem als nicht ganz so hoffnungslos. Die Grundgleichungen können für diesen Fall linearisiert werden, so daß eine Anwendung einer linearen Netzwerktheorie zulässig ist. Der wichtigste Schritt ist es daher zuerst einmal, für die einzelnen fluidischen Bauelemente Ersatzschaltungen zu entwickeln.
Im Gleichstromfall haben wir meist nichtlineare Bauelemente, auch wenn die Kompressibilität vernachlässigt werden kann. Die lineare Wechselstromersatzschaltung wird dann auf der Grundlage kleiner Änderungen im Arbeitspunkt abgeleitet.
Obwohl die Annahme der Kleinsignalaussteuerung die Anwendung der fluidischen Netzwerktheorie stark einschränkt, sind die Erfolge bei der Berechnung fluidischer Netzwerke vielversprechend. Auf jeden Fall ist der Versuch, die Strömungsgleichungen für jede einzelne Schaltung getrennt zu lösen, ziemlich sinnlos und meistens äußerst mühsam. Solange wir es daher mit der Signalverarbeitung in fluidischen Netzwerken zu tun haben, wird eine Kleinsignaltheorie eine große Hilfe sein. In diesem Fall steht die ganze Netzwerktheorie der elektrischen Nachrichtentechnik als wirksames Werkzeug zur Berechnung komplizierter Netzwerke und Systeme dem Ingenieur zur Verfügung. Dies wird natürlich nur möglich sein, wenn wir vom Begriff der Ersatzschaltung Gebrauch machen, in dem wir die Eigenarten der Strömungsmechanik und der Thermodynamik berücksichtigen. Hierbei dürfen wir nie vergessen, daß diese Ersatzschaltungen nur eine Interpretation der Grundgleichungen unter bestimmten Bedingungen sind.

3.1 Potential und Strom im fluidischen Netzwerk

Um die Vorgänge im fluidischen Netzwerk zu beschreiben, werden zwei Größen analog der Spannung und dem Strom im elektrischen Netzwerk benötigt.
Der Massenstrom $\dot{m}$ als entsprechende Größe zum elektrischen Strom findet sich leicht aus der Bedingung, daß die Summe der pro Zeiteinheit durch einen Querschnitt zu- und abfließenden Massen gleich Null sein muß (Kontinuitätsgleichung 2.4.2). Für einen Stromknoten im fluidischen Netzwerk gilt daher $\Sigma \dot{m} = 0$.
Eine analoge Größe zum elektrischen Potential zu finden erweist sich als schwieriger. Meistens wird der Druck p als fluidisches Potential gewählt. Von Vorteil ist hierbei, daß der Druck sehr einfach gemessen werden kann. Jedoch ergibt das Produkt aus Massenstrom und Druck nicht direkt die Leistung. Aus diesem Grund hat Kirshner [3.1] ein mechanisches Potential aus der Energiegleichung abgeleitet. Er findet, daß die Änderung der mechanischen Leistung P_m gleich der Änderung der Entropie s entlang einer Stromlinie ist

$$d\,P_m = \dot{m}\, d\left(\overline{\int \frac{dp^*}{\rho} + \frac{v^2}{2}}\right) = -\,d\left(\overline{T \int d\,s_{irr}}\right). \tag{3.1.1}$$

Für den meßtechnischen Gebrauch im Netzwerk werden die entsprechenden Größen über den Querschnitt gemittelt. Die Verluste im fluidischen Netzwerk werden durch irreversible Prozesse verursacht, denen das Arbeitsmedium unterliegt.
Aus Gleichung (3.1.1) folgt das mechanische Potential zu

$$de = d\,\overline{\int\left(\frac{dp^*}{\rho} + \frac{v^2}{2}\right)}. \tag{3.1.2}$$

Mit p^* wird der absolute statische Druck und mit p der Druck über einem Referenzdruck, beispielsweise dem Atmosphärendruck p_0, bezeichnet. Dieses mechanische Potential kann auch als gesamte mechanische Energie pro Masseneinheit betrachtet werden (Schwerkräfte vernachlässigt). In einem verlustfreien Leiter ist die mechanische Energie pro Masseneinheit konstant. Für einen inhomogenen Leiter wird diese Tatsache durch den Satz von Bernoulli entlang einer Stromlinie ausgedrückt

$$\int \frac{dp^*}{\rho} + \frac{v^2}{2} = \text{konst.} \tag{3.1.3}$$

Der Satz von Bernoulli besagt daher, daß sich das mechanische Potential in einem verlustfreien Leiter nicht ändert. Das bedeutet $de = 0$. Die Energie pro Masseneinheit ist die Summe aus potentieller $\left(\int \frac{dp^*}{\rho}\right)$ und kinetischer $\left(\frac{v^2}{2}\right)$ Energie pro Masseneinheit. In einem verlustlosen Leiter ist die Summe konstant. Je nach Querschnittsverhältnis können sich allerdings die Verhältnisse zueinander stark verschieben.

3.2 Die Interpretation des Satzes von Bernoulli für inkompressible oder schwach kompressible Medien durch eine Ersatzschaltung

Für inkompressible oder kompressible Strömungen bei kleiner Mach-Zahl vereinfacht sich das mechanische Potential zu

$$e = \frac{p^*}{\rho} + \frac{\overline{v}^2}{2}. \tag{3.2.1}$$

Dies ist wiederum identisch mit dem Satz von Bernoulli für einen verlustlosen Leiter

$$\frac{p^*}{\rho} + \frac{\overline{v}^2}{2} = \text{konst.} \tag{3.2.2}$$

Ein schwerwiegender Nachteil des mechanischen Potentials ist jedoch die Tatsache, daß es nicht direkt meßbar ist. Es muß aus Druck und Massenstrommessungen errechnet werden. Da Druck und Strom im dynamischen Fall mit Phasenverschiebungen versehen sein können, wird dies im allgemeinen zu größeren Schwierigkeiten führen.
Um diese Schwierigkeiten zu umgehen, greift man sinnvoller Weise zur Hilfsvorstellung des sogenannten Querschnittswiderstandes [3.2, 3.3]. Wir können das mechanische Potential wie folgt schreiben

$$e = \frac{p^*}{\rho} + \frac{\overline{v}^2}{2} = \frac{1}{\rho}\left(p^* + \frac{\rho}{2}\,\overline{v}^2\right). \tag{3.2.3}$$

Benutzen wir als fluidisches Potential den Druck p^*, so können wir den Term $\rho\,\overline{v}^2/2$, der den Anteil an kinetischer Energie repräsentiert, als Druckabfall an einem nichtlinearen Querschnittswiderstand.

$$R = \frac{\dot{m}}{2\rho A^2} \tag{3.2.4}$$

interpretieren, wobei A die Querschnittsfläche ist, durch die der Massenstrom $\dot{m}$ tritt. Wir erhalten dann folgenden Zusammenhang

$$e = \frac{1}{\rho}\,(p^* + R\dot{m}). \tag{3.2.5}$$

Für Kleinsignalaussteuerung ergibt sich ein dynamischer Querschnittswiderstand

$$r = \frac{\dot{m}}{\rho A^2} \tag{3.2.6}$$

und das mechanische Potential wird

$$de = \frac{1}{\rho}\left(dp^* + d\left(\rho\,\frac{\overline{v}^2}{2}\right)\right) = \frac{1}{\rho}\left(dp + \frac{\dot{m}}{\rho A^2}\,d\dot{m}\right) = \frac{1}{\rho}\,(dp + r\,d\dot{m}). \tag{3.2.7}$$

Solange die Druckänderungen so klein sind, daß die Kompressibilität vernachlässigt werden kann, können wir den Druck p als fluidisches Potential verwenden, wenn wir den Querschnittswiderstand berücksichtigen.

Der Ausdruck für die Leistung wird dann

$$P_m = \dot{m}\,e = \frac{1}{\rho}\,\dot{m}\,(p^* + \dot{m}\,R) = \frac{1}{\rho}\,\dot{m}\,p^*_{tot}\,, \tag{3.2.8}$$

wobei

$$p^*_{tot} = p^* + \dot{m}\,R$$

eine Art Quelldruck ist. Der Druck p^* ist gleich p_{tot}, wenn der Massenstrom verschwindet. Mit wachsendem Massenstrom wächst der Druckabfall am Querschnittswiderstand, so daß der Druck p^* kleiner wird.
Wir wollen nun die Ersatzschaltung für einen verlustlosen, inhomogenen Leiter nach Bild 3.2.1 ableiten. Wenn wir uns auf die beiden mit 1 und 2 bezeichneten Querschnitte beziehen, gilt nach dem Satz von Bernoulli

$$p_1^* + \rho\,\frac{\overline{v}_1^2}{2} = p_2^* + \rho\,\frac{\overline{v}_2^2}{2} = p^*_{tot} = \text{konst.} \tag{3.2.9}$$

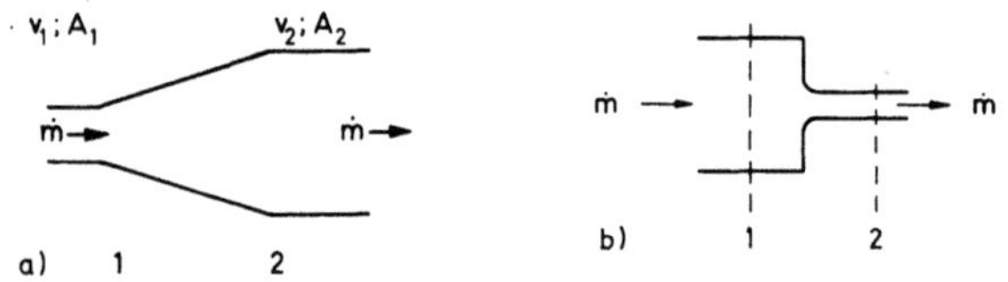

Bild 3.2.1
a) Querschnittserweiterung, b) Querschnittsverengung

Nach Einführen der nichtlinearen Querschnittswiderstände

$$R_1 = \frac{\dot{m}}{2\rho A_1^2} \quad \text{und} \quad R_2 = \frac{\dot{m}}{2\rho A_2^2} \tag{3.2.10}$$

finden wir die Maschengleichung für die Ersatzschaltung nach Bild 3.2.2

$$p_1^* + R_1\,\dot{m} = p_2^* + R_2\,\dot{m} = p^*_{tot}\,, \tag{3.2.11}$$

bzw.

$$p_1 + R_1\,\dot{m} = p_2 + R_2 \cdot \dot{m} = p_{tot}\,, \tag{3.2.11a}$$

da das Atmosphärenpotential das gemeinsame Bezugspotential für alle Überdrucke ist.

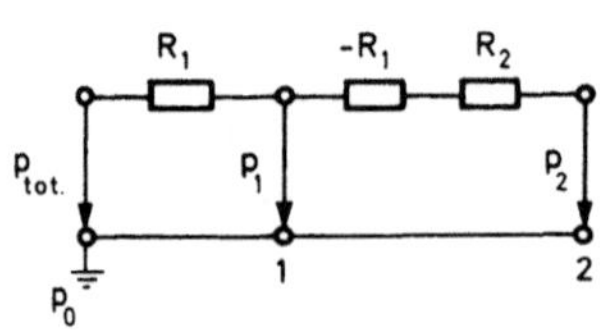

Bild 3.2.2
Interpretation des Satzes von Bernoulli durch ein Netzwerk

Die Druckdifferenz zwischen den Querschnitten 1 und 2 wird

$$p_1^* - p_2^* = p_1 - p_2 = \dot{m}\,(R_2 - R_1)\,. \tag{3.2.12}$$

Zwischen den Punkten 1 und 2 der Ersatzschaltung liegt demnach die Reihenschaltung eines negativen Widerstandes $-R_1$ und eines positiven Widerstandes $+R_2$. Während nun der positive Widerstand einen Druckabfall verursacht, findet an dem negativen Widerstand ein Druckanstieg statt. Welcher Anteil überwiegt, wird durch die Geometrie der Anordnung bestimmt. Im Zuge einer Querschnittserweiterung (Diffusor) wird ein Druckanstieg erfolgen, da der negative Widerstand überwiegen wird. Entlang einer Querschnittsverengung wird auf Grund des überwiegenden positiven Widerstandsanteiles ein Druckabfall auftreten.
Zum Schluß dieser Betrachtungen muß hervorgehoben werden, daß die Querschnittswiderstände keinen dissipativen Charakter haben. In ihnen wird nicht, wie beim Reibungswiderstand, Strömungsenergie in Wärmeenergie umgesetzt. Sie beschreiben lediglich die Umwandlung von kinetischer in potentielle Energie und umgekehrt.
Wenn wir den Begriff des Querschnittswiderstandes verwenden, arbeiten wir daher in Wirklichkeit mit einem Potential

$$p_{tot} = \bar{\rho}\, e\,. \tag{3.2.13}$$

In den nachfolgenden Betrachtungen fluidischer Netzwerke werden wir Druck und Massenstrom als analoge zu Spannung und Strom im elektrischen Netzwerk benutzen. Der Druck wird in Pascal gemessen

$$1\ \mathrm{Pa} = \frac{1\ \mathrm{N}}{\mathrm{m}^2} = 1\,\frac{\mathrm{kg}}{\mathrm{s}^2\,\mathrm{m}}\,.$$

In der Fluidik wird gern das Millibar (mbar) als Druckeinheit verwendet

$$1\ \mathrm{bar} = 10^5\,\frac{\mathrm{N}}{\mathrm{m}^2} \quad \text{und} \quad 1\ \mathrm{mbar} = 10^2\,\frac{\mathrm{N}}{\mathrm{m}^2}\,.$$

Der Massenfluß wird in kg/s gemessen. Als abgeleitete Einheit findet häufig das mg/s Verwendung.

3.3 Diskrete fluidische Bauelemente

3.3.1 Widerstand

Mit der oben gewählten Analogie wird der fluidische Widerstand als Quotient aus Druckabfall an einem Leiter zu hindurchfließendem Massenstrom definiert

$$R = \frac{p}{\dot{m}}\,. \tag{3.3.1}$$

Im Gleichstromfall kann dieser Druckabfall sowohl durch Reibungsverluste einer laminaren oder turbulenten Strömung als auch durch Querschnittsänderungen (Leiterverengungen oder -erweiterungen) verursacht werden.

3.3.2 Induktivität oder Inertanz

Die Trägheit eines strömenden Mediums kann zur Speicherung von Strömungsenergie herangezogen werden. Um die Fluidmasse $m = \rho\, l\, A$ in der Stromröhre nach Bild 3.3.1 zu beschleunigen, bedarf es der Kraft

$$F = \frac{d}{dt}(mv) \tag{3.3.2}$$

auf den Querschnitt A, d.h. des Druckes

$$p = \frac{l}{A} \cdot \frac{d}{dt}(\rho\, l\, A\, \bar{v})\,. \tag{3.3.3}$$

Unter Verwendung des Massenstromes $\dot{m}$ erhält man daraus unter der Annahme einer gleichförmigen Geschwindigkeitsverteilung

$$p = \frac{l}{A} \cdot \frac{d\dot{m}}{dt} = L_a \frac{d\dot{m}}{dt}\,. \tag{3.3.4}$$

Eine zeitliche Massenstromänderung $d\dot{m}/dt$ verursacht demnach eine Druckänderung. Der Proportionalitätsfaktor zwischen Druck und zeitlicher Massenstromänderung wird in Anlehnung an elektrische Netzwerke als fluidische Induktivität oder Inertanz (Trägheit) bezeichnet. Es findet sich die adiabatische Induktivität zu

$$L_a = \frac{l}{A}\,. \tag{3.3.5}$$

Sie ist ein Maß für die Speicherfähigkeit an kinetischer Energie.

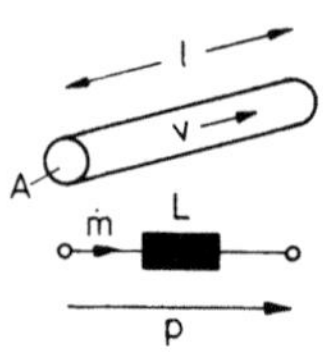

Bild 3.3.1
Induktivität eines Leiters

Erläuterung: Ein isothermer Vorgang erfolgt bei konstanter Temperatur. Ein adiabatischer Vorgang erfolgt ohne Wärmeaustausch mit der Umgebung.

3.3.3 Kapazität eines starren Volumens

Unter Ausnutzung der Kompressibilität läßt sich in einem Behälter nach Bild 3.3.2 unter Druck die Masse $m = \rho\, l\, A$ speichern. Die Energie, die hierzu verwendet wurde, ist als potentielle Energie gespeichert, wenn Verluste vernachlässigt werden. Der Massenstrom in den Behälter beim Speichervorgang ist der Dichteänderung proportional, wenn das Behältervolumen als konstant angenommen wird

$$\dot{m} = l\,A\,\frac{d\rho}{dt}\,. \tag{3.3.6}$$

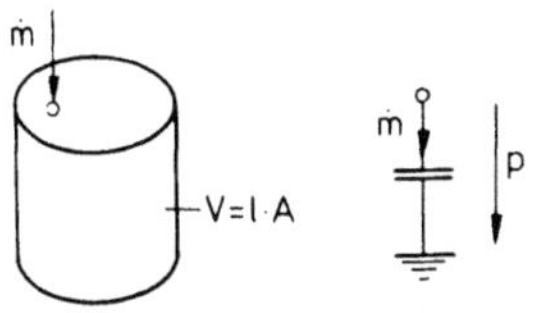

Bild 3.3.2
Kapazität eines Behälters mit konstantem Volumen

Für Netzwerkbetrachtungen ist nur der Zusammenhang zwischen Massenstrom und Druck von Interesse. Für adiabatische Vorgänge berechnet sich die Beziehung zwischen Druck und Dichteänderung zu

$$\frac{dp}{d\rho} = c_a^2\,, \tag{3.3.7}$$

wobei

$$c_a = \sqrt{\kappa\,R_g\,T} = \sqrt{\frac{\kappa\,p^*}{\rho}} \quad \text{Schallgeschwindigkeit im freien Raum.} \tag{3.3.8}$$

Der Massenstrom in den Behälter folgt demnach zu

$$\dot{m} = l\,A\,\frac{d\rho}{dp}\cdot\frac{dp}{dt} = \frac{l\,A}{c_a^2}\cdot\frac{dp}{dt} = C_a\,\frac{dp}{dt}\,. \tag{3.3.9}$$

Der Proportionalitätsfaktor zwischen Massenstrom und zeitlicher Druckänderung wird in Anlehnung an elektrische Netzwerke als fluidische Kapazität bezeichnet. Die adiabatische Kapazität berechnet sich zu

$$C_a = \frac{A\,l}{c_a^2} = \frac{V}{c_a^2}\,. \tag{3.3.10}$$

Für isotherme Vorgänge folgt aus Gl. (2.4.4)

$$\frac{dp}{d\rho} = \frac{1}{R_g T} \tag{3.3.11}$$

und somit die isotherme Kapazität zu

$$C_T = \frac{V}{R_g T} = \kappa\,C_a\,. \tag{3.3.12}$$

Da die Speicherung gegenüber dem Bezugspotential stattfindet, lassen sich durch ein starres Volumen nur Kapazitäten verwirklichen, die einseitig auf Bezugspotential (meist Atmosphärenpotential) liegen.

3.3.4 Kapazität eines veränderlichen Volumens

Der Betrag der Kapazität läßt sich erhöhen, wenn das Volumen mit dem Druck im Behälter veränderlich ist. Bild 3.3.3 zeigt einen Zylinder der Querschnittsfläche A, in dem ein reibungsfrei gelagerter, masseloser Kolben durch eine Feder abgestützt ist. Im drucklosen Zustand sei die Zylinderlänge l.

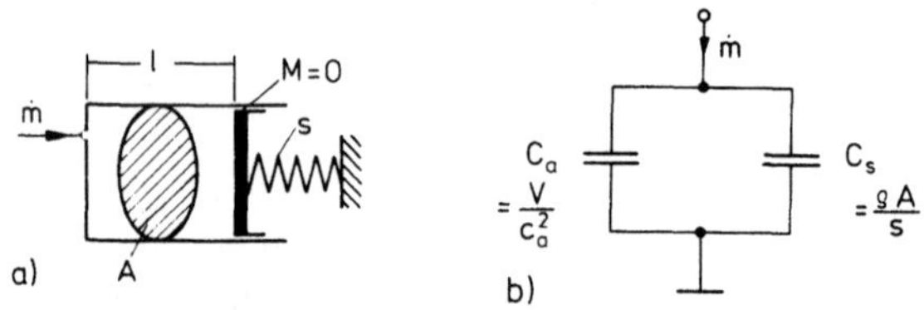

Bild 3.3.3
Kapazität eines Behälters mit variablem Volumen

Wenn die im Ausgleichszustand gespeicherte Masse $m = \rho\, l\, A$ ist, ist der Massenfluß $\dot{m}$, der in die Kapazität fließt, sowohl der Dichteänderung als auch der Volumenänderung, d.h. der Längenänderung proportional

$$\dot{m} = l A \frac{d\rho}{dt} + \rho A \frac{dl}{dt} . \tag{3.3.13}$$

Wenn wir die Federsteifigkeit mit s bezeichnen, ist die Kraft, die die Feder einer Längenänderung entgegensetzt

$$dF = s\, dl . \tag{3.3.14}$$

Daraus folgt dann die zeitliche Längenänderung des Zylinders als Funktion des Druckes im Zylinder zu

$$\frac{dl}{dt} = \frac{1}{s} \cdot \frac{dF}{dt} = \frac{A}{s} \cdot \frac{dp}{dt} \tag{3.3.15}$$

und der Massenstrom als Funktion des Druckes zu

$$\dot{m} = \left\{ \frac{l A}{c_a^2} + \frac{\rho A^2}{s} \right\} \frac{dp}{dt} . \tag{3.3.16}$$

Die Gesamtkapazität ist demnach

$$C = \frac{l A}{c_a^2} + \frac{\rho A^2}{s} = C_a \left\{ 1 + \frac{\rho A c_a^2}{s l} \right\} . \tag{3.3.17}$$

Durch Abnahme des Signals hinter dem Kolben läßt sich eine Serienkapazität aufbauen (siehe Kapitel 10.3).

4 Gleichstrombauelemente

4.1 Homogene Leiter

4.1.1 Widerstand bei laminarer Strömung

Für den Fall der voll entwickelten Laminarströmung läßt sich der Leiter (Bild 4.1.1) durch einen linearen Widerstand

$$R_{lam} = C_R \frac{\nu l}{A^2} \tag{4.1.1}$$

beschreiben. Für den Widerstandsfaktor C_R gilt

$$C_R = 8\pi \qquad \text{für Kreisquerschnitte} \tag{4.1.2}$$

$$C_R = \frac{2}{a}\left(\sum_{i=1}^{\infty} \frac{a}{\alpha_i^5}\left(\frac{\alpha_i}{a} - \tanh\frac{\alpha_i}{a}\right)\right)^{-1} \qquad \text{für Rechteckquerschnitte} \tag{4.1.3}$$

mit

a = Seitenverhältnis = Höhe/Breite und

$$\alpha_i = \frac{2i-1}{2}\pi \qquad i = 1, 2, 3 \ldots$$

Eine gute Näherung für den Widerstandsfaktor ist für Rechteckquerschnitte mit

$$C_R = \frac{8(1+a)^2}{a} \tag{4.1.3a}$$

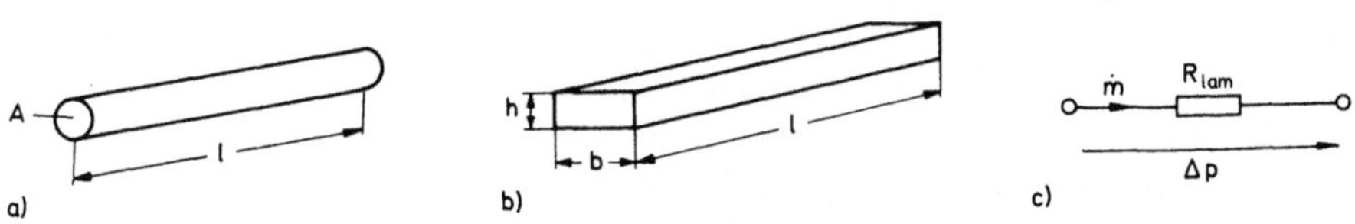

Bild 4.1.1 Homogene fluidische Leiter mit kreisförmigem (a) und rechteckigem Querschnitt (b) und Ersatzschaltung bei laminarer Strömung (c)

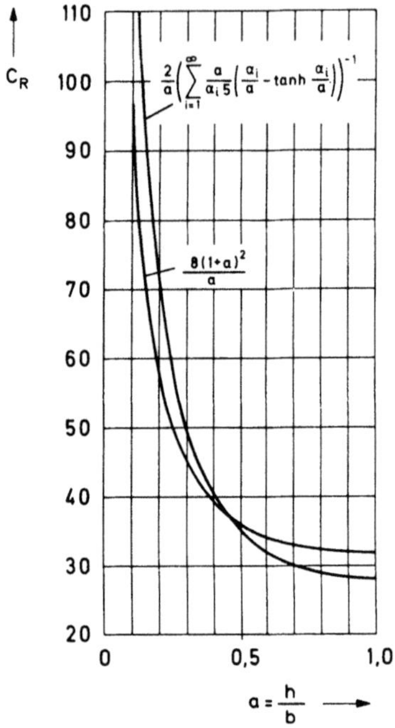

Bild 4.1.2 Gleichstromwiderstand im Rechteckkanal

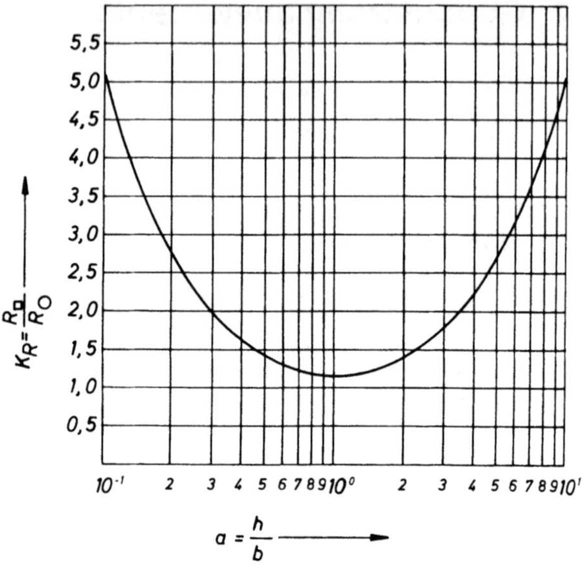

Bild 4.1.3 Widerstand des Rechteckleiters bezogen auf den Widerstand des Kreisleiters bei gleicher Querschnittsfläche

gegeben. In Bild 4.1.2 ist der Widerstandsfaktor für den homogenen Leiter nach Gl. (4.1.3) und Gl. (4.1.3a) als Funktion des Seitenverhältnisses aufgetragen. Bild 4.1.3 zeigt das Verhältnis der Widerstände eines Kreiskanals und eines Rechteckkanals bei gleicher Querschnittsfläche in Abhängigkeit vom Seitenverhältnis des Rechteckkanals.

Bedingung für eine laminare Strömung ist, daß die Reynolds-Zahl unter der kritischen Reynolds-Zahl $Re_{krit} = 2300$ liegt. Allerdings gewährleistet dies noch nicht, daß sich die bekannte parabolische Geschwindigkeitsverteilung (Abschnitt 2.1) für die voll entwickelte Laminarströmung ausbilden kann. Hierzu bedarf es einer bestimmten Strecke, je nach Form des Geschwindigkeitsprofiles am Eingang des Leiters.

Unter der Annahme eines gleichförmigen Geschwindigkeitsprofiles am Eingang des Leiters (Bild 4.1.4) ist nach Sparrow u.a. [4.4] und Han [4.6] eine Anlaufstrecke

$$l_{fd} = 0{,}02\ \mathrm{Re}\,D_e \qquad (4.1.4)$$

nötig. Dies ist ein mittlerer Wert, der für Leiter mit Kreis- und Rechteckquerschnitt gilt. Der genaue Wert für Kreisquerschnitte ist

$$l_{fd} = 0{,}029\ \mathrm{Re}\,D\,. \qquad (4.1.4a)$$

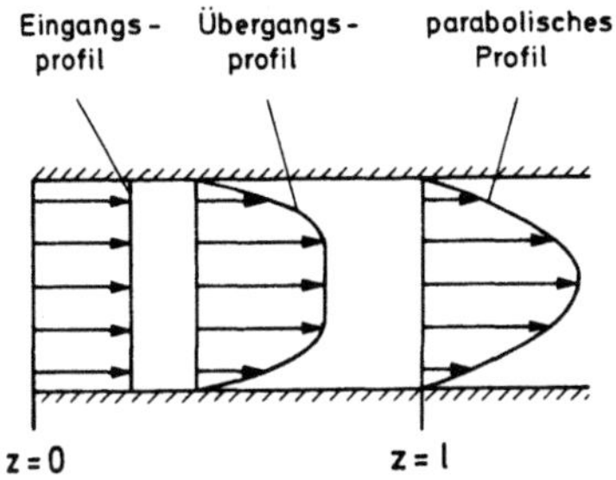

Bild 4.1.4
Profilentwicklung im Leiter

Hierbei ist

$$D_e = 4 \text{ Fläche/Umfang} = \text{äquivalenter oder hydraulischer Durchmesser} . \tag{4.1.5}$$

Für Kreisquerschnitte ist der äquivalente Durchmesser gleich dem tatsächlichen Durchmesser.
Die Profilentwicklung am Leitereingang verursacht einen zusätzlichen Druckabfall, der durch einen zusätzlichen Widerstand in der Ersatzschaltung berücksichtigt werden muß. Unter Verwendung der Ergebnisse von Lundgren u.a. [4.5] läßt sich zeigen, daß sich der Widerstand eines Leiters als Serienschaltung des Laminarwiderstandes und eines nichtlinearen Widerstandes

$$R_v = R_{lam} + K \frac{\dot{m}}{2 \rho A^2} \tag{4.1.6}$$

darstellen läßt. Der nichtlineare Anteil kann als Vielfaches des Querschnittswiderstandes ausgedrückt werden.
Für Leiterlängen, die eine volle Entwicklung des laminaren Geschwindigkeitsprofiles zulassen, also $l > l_{fd}$, ist K eine Konstante. In Bild 4.1.5 ist $K = K_{fd}$ für Rechteckquerschnitte als Funktion des Seitenverhältnisses a aufgetragen. In Leitern mit Kreisquerschnitt bestimmt sich K zu $K_{fd} = \frac{4}{3}$.

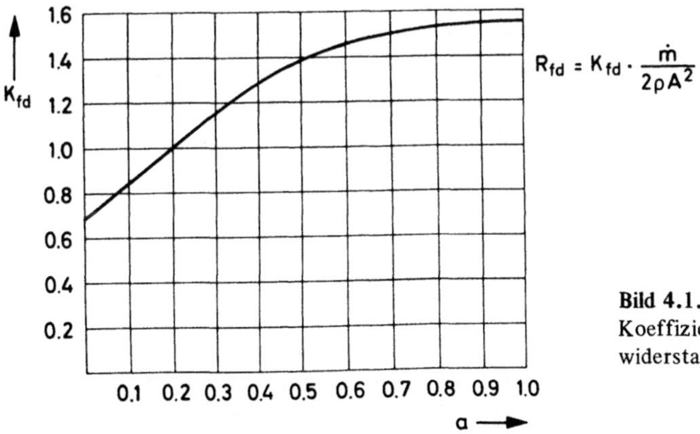

Bild 4.1.5
Koeffizient des Profilentwicklungswiderstandes im Rechteckleiter

Für Leiterlängen $l < l_{fd}$, die keine vollständige Profilentwicklung zulassen, kann aus den Näherungen von Han [4.6] für den Druckabfall ein nichtlinearer Widerstand

$$R_v = 12{,}2 \frac{\frac{\dot{m}}{2\rho A^2}}{\sqrt{\frac{\dot{m}}{l\mu}}} = \frac{\sqrt{\dot{m}\, l\mu}}{2\rho A^2} \quad \text{für Kreisquerschnitt} \qquad (4.1.7)$$

$$R_v = 7{,}6 \frac{a+1}{\sqrt{a}} \frac{\frac{\dot{m}}{2\rho A^2}}{\sqrt{\frac{\dot{m}}{l\mu}}} = 7{,}6 \frac{a+1}{\sqrt{a}} \frac{\sqrt{\dot{m}\, l\mu}}{2\rho A^2} \quad \text{für Rechteckquerschnitt} \qquad (4.1.8)$$

abgeleitet werden [4.1, 4.2].

Aus Gleichung (4.1.4) und (4.1.4a) läßt sich eine Beziehung für die Anlauflänge als Funktion des Massenstromes finden

$$l_{fd} = 0{,}037 \frac{\dot{m}}{\mu} \quad \text{für Kreisquerschnitt} \qquad (4.1.9)$$

$$l_{fd} = 0{,}08 \frac{\dot{m}}{\mu} \quad \text{für Rechteckquerschnitt.} \qquad (4.1.10)$$

Die Anlauflänge ist demnach nicht von der Querschnittsfläche, sondern nur vom hindurchfließenden Massenstrom bestimmt.
Bei den oben gemachten Betrachtungen ist der notwendigerweise immer vorhandene Querschnittsübergang am Eingang des Leiters noch nicht berücksichtigt. Dieses inhomogene Leiterstück wird den gesamten Widerstand der Anordnung noch um einen nichtlinearen Anteil in der Größenordnung des Querschnittswiderstandes erhöhen (Abschnitt 4.2.1).
Lineare Widerstände für die Schaltungstechnik lassen sich demnach nur näherungsweise realisieren. Der nichtlineare Anteil wird lediglich bei entsprechend kleinen Flüssen vernachlässigbar sein. Um die Flüsse auch bei kleinen Widerstandswerten klein halten zu können, und damit die Nichtlinearität, wird daher eine Parallelschaltung von n Widerständen R gewählt, die einzeln mit so geringen Flüssen betrieben werden, daß der nichtlineare Anteil innerhalb der geforderten Toleranzen liegt. Der lineare Gesamtwiderstand ist demnach $R_{ges} = R/n$ und der gesamte Massenstrom, der durch den Gesamtwiderstand R_{ges} fließt, das n-fache des Einzelstromes (Bild 4.1.6).

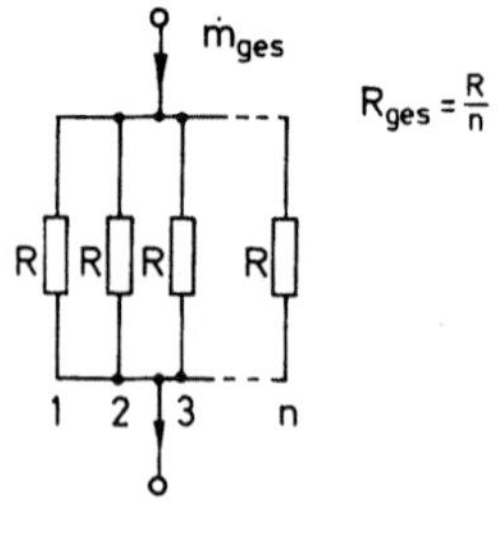

Bild 4.1.6
Parallelschaltung von Widerstandskanälen zur Erzielung niedriger Nichtlinearitäten bei kleinem Gesamtwiderstand

Es ist zweckmäßig, sich ein Verhältnis von nichtlinearem zu linearem Anteil für einen Maximalstrom vorzugeben. Wenn wir den Querschnittsübergang bei guter Abrundung mit dem Faktor 1 bezogen auf den Querschnittswiderstand annehmen (siehe Abschnitt 4.2.1), wird das Verhältnis

$$N_F = \frac{(1 + K_{fd})\,\dfrac{\dot{m}}{2\,\rho A^2}}{C_R\,\dfrac{\nu l}{A^2}} = \frac{1 + K_{fd}}{2\,C_R}\,\frac{\dot{m}}{\mu l}\,. \tag{4.1.11}$$

Daraus kann dann bei gegebenem Seitenverhältnis die Mindestlänge des Einzelwiderstandes berechnet werden.

Die technische Ausführung derartiger Widerstände kann so aussehen, daß die einzelnen Widerstandskanäle in dünne Folien geätzt werden, die durch Zwischenfolien getrennt werden. Üblich sind Kanaltiefen von 0,1 . . . 0,2 mm und ein Seitenverhältnis von 0,1 . . . 0,5. Zusätzlich zur Betrachtung der Linearität der Widerstände ist im Wechselstromfall noch der induktive Anteil des Widerstandes beim Entwurf zu beachten (siehe Abschnitt 10.3.3).

4.1.2 Widerstand bei turbulenter Strömung

Der Druckabfall im homogenen Leiter für turbulente Strömung läßt sich nach dem Gesetz von Blasius für den Reibungsfaktor

$$f = \frac{0{,}3164}{\sqrt[4]{Re}} \tag{4.1.12}$$

im Bereich der Reynolds-Zahlen $2300 < Re < 80\,000$ aus der allgemeinen Gleichung für einen Strömungsleiter

$$\frac{\Delta p}{\rho\,\dfrac{\bar{v}^2}{2}} = \frac{l}{D_e}\,f \tag{4.1.13}$$

berechnen.

Hieraus ergibt sich der Widerstand des Leiters für turbulente Strömung zu

$$R_{turb} = C_R\,\frac{\nu l}{A^2}\left(\frac{Re}{1187}\right)^{0{,}75} \tag{4.1.14}$$

oder in Abhängigkeit vom Massenfluß nach Einführen der Reynolds-Zahl aus

$$Re = \frac{4}{\pi}\,\frac{\dot{m}}{D_e \mu} \tag{4.1.15}$$

zu

$$R_{turb} = C_R\,\frac{\nu l}{A^2}\,5{,}93\cdot 10^{-3}\left(\frac{\dot{m}}{D_e \mu}\right)^{0{,}75} \tag{4.1.16}$$

für

$$1806 < \frac{\dot{m}}{D_e \mu} < 62\,800\,.$$

4.2 Inhomogene Leiter

In Abschnitt 3.2 wurde bereits eine Ersatzschaltung für einen inhomogenen Leiter unter Einführung der sogenannten Querschnittswiderstände abgeleitet. Die Strömung wurde hierbei als verlustlos und in- oder schwachkompressibel abgenommen. Die Maschengleichung für die Ersatzschaltung eines inhomogenen Leiters (siehe Bild 3.2.2) lautete

$$P_{tot} = p_1 + R_1 \dot{m} = p_2 + R_2 \dot{m} \,. \tag{3.2.11}$$

4.2.1 Querschnittsverengungen (Düsen)

Aus Gl. (3.2.11) und Bild 4.2.1 folgt der Widerstand einer Querschnittsverengung (Bild 4.2.1), bei der keine Strahlkontraktion auftritt (ausreichende Abrundung) zu

$$R_{\text{Düse}} = \frac{\dot{m}}{2\rho A_2^2}\left(1 - \left(\frac{A_2}{A_1}\right)^2\right). \tag{4.2.1}$$

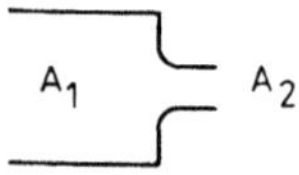

Bild 4.2.1 Düse

Für $A_2 = 0$ (Leerlauf) wird der Widerstand unendlich und für $A_2 = A_1$ (Kurzschluß) Null. Der Widerstand beschreibt nur den Querschnittsübergang. Die Einflüss der zu- und abführenden Leitung müssen getrennt betrachtet werden.

Bei ungenügend abgerundeten Übergängen kommt es zu einer Strahlkontraktion und damit zu einer Widerstandserhöhung, die durch die Widerstandszahl ζ berücksichtigt wird. ζ wird auf den Querschnittswiderstand der Düsenmündung bezogen. Unter Berücksichtigung der Strahlkontraktion wird der Düsenwiderstand daher

$$R_{\text{Düse}} = \frac{\dot{m}}{2\rho A_2^2}\left(1 + \zeta - \left(\frac{A_2}{A_1}\right)^2\right).$$

Tabelle I gibt die Widerstandszahl für verschiedene Querschnittsübergänge an.

Tabelle I. Widerstandszahlen ζ von Querschnittsübergängen

Übergang	kantig	abgerundet
scharf	0,5	0,06 . . . 0,005
gebrochen	0,25	

Wenn wir bei höheren Drücken die Kompressibilität berücksichtigen, erhalten wir für die adiabatische Zustandsänderung den hindurchfließenden Massenstrom als Funktion des Verhältnisses der absoluten Drucke vor und hinter dem Querschnittsübergang

$$\dot{m} = A_2 \, \rho_1 \, c_a \left(\frac{p_2^*}{p_1^*}\right)^{1/\kappa} \sqrt{\frac{\kappa}{\kappa - 1}} \sqrt{\frac{1 - \left(\frac{p_2^*}{p_1^*}\right)^{\frac{\kappa-1}{\kappa}}}{1 - \left(\frac{A_2}{A_1}\right)^2 \left(\frac{p_2^*}{p_1^*}\right)^{2/\kappa}}} \, . \tag{4.2.3}$$

4.2.2 Querschnittserweiterungen (Diffusoren)

In einer Querschnittserweiterung nach Bild 4.2.2 wird aufgrund des überwiegenden negativen Querschnittswiderstandes R_1 nach Gl. (3.2.12) ein Druckanstieg erfolgen. In der Strömungsmechanik wird dieser Druckanstieg im allgemeinen auf den dynamischen Druck $\frac{\rho}{2} \, \overline{v}_1^2$ im Eingangsquerschnitt bezogen. Das Verhältnis wird als Druckrückgewinnungsfaktor bezeichnet

$$C_{PR} = \frac{p_2 - p_1}{\rho \frac{\overline{v}_1^2}{2}} \, . \tag{4.2.4}$$

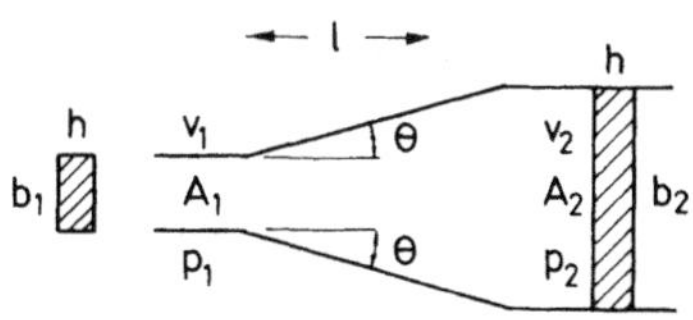

Bild 4.2.2 Diffusor

Wenn wir den Druckabfall entlang des idealen, verlustlosen Diffusors entsprechend der Ersatzschaltung des inhomogenen Leiters nach Bild 3.2.2 betrachten, wird

$$p_1 - p_2 = \dot{m}\,(-R_1 + R_2) = -\frac{\dot{m}^2}{2\rho A_1^2}\left(1 - \left(\frac{A_1}{A_2}\right)^2\right). \tag{4.2.5}$$

Der dynamische Druck im Eingangsquerschnitt kann als Druckabfall am nichtlinearen Querschnittswiderstand $R_1 = \dot{m}/(2\,\rho\,A_1^2)$ betrachtet werden.
Der Druckrückgewinnungsfaktor des idealen Diffusors wird demnach

$$C_{PR_i} = 1 - \left(\frac{A_1}{A_2}\right)^2 \tag{4.2.6}$$

und damit der Diffusorwiderstand des idealen Diffusors

$$R_{D,ideal} = -R_1 \, C_{PR_i} \, . \tag{4.2.7}$$

Um die Verluste im Diffusor zu erfassen, ist es sinnvoll den Diffusorwirkungsgrad

$$\eta_D = \frac{C_{PR}}{C_{PR_i}} \tag{4.2.8}$$

einzuführen. Hieraus folgt dann der Widerstand des realen Diffusors zu

$$R_{D,real} = \eta_D \, R_{D,ideal} = - C_{PR} \, R_1 \, . \tag{4.2.9}$$

Leider ist die umfangreiche Literatur der Strömungstechnik über Diffusoren selten auf die meist winzigen Dimensionen der fluidischen Netzwerke anwendbar. In diesen Netzwerken kann die Grenzschichtdicke oft nicht mehr gegenüber den Querschnittsabmessungen vernachlässigt werden. Die Querschnittsflächen des Diffusoreneinganges liegen bei Verstärkern in der Größenordnung von einigen 0,1 mm^2 (Operationsverstärker) bis 1 mm^2 (Digitalverstärker, Flipflop).
Die Verluste in Diffusoren mit Abmessungen, die in der oben angegebenen Größenordnung liegen, lassen sich in Reibungsverluste und Carnotsche Stoßverluste unterteilen. Bei einer abrupten Querschnittserweiterung kommt es wegen der auftretenden Strahlablösung zu den sogenannten Carnotschen Stoßverlusten, die mit einem Druckverlust

$$\Delta p_v = \frac{\dot{m}^2}{2\rho A_1^2}\left(1 - \frac{A_1}{A_2}\right)^2 \tag{4.2.10}$$

verbunden sind. Die Verluste aufgrund der Querschnittserweiterung lassen sich nach Gibson [4.8] als Funktion des Öffnungswinkels 2Θ und der Carnotschen Stoßverluste formulieren

$$\Delta p_{vc} = K(\Theta)\,\frac{\dot{m}^2}{2\rho A_1^2}\left(1 - \frac{A_1}{A_2}\right)^2 \tag{4.2.11}$$

mit

$$K(\Theta) = 5{,}3\,(\tan(\Theta))^{1,4} \qquad \text{für Rechteckquerschnitte.} \tag{4.2.12}$$

Diesen Stoßverlusten sind Reibungsverluste überlagert, die sich besonders bei kleinen Massenströmen und für Öffnungswinkel $2\Theta < 10°$ bemerkbar machen. Experimentelle Untersuchungen zeigen, daß es ausreicht, die Verluste bei laminarer Strömung zu berücksichtigen [4,1, 4.2, 4.9]. Unter der vereinfachenden Annahme, daß sich das Laminarprofil nicht wesentlich im Diffusor ändert, erhalten wir für den Reibungswiderstand mit Gl. (4.1.3a)

$$R_{D,lam} = 8\nu \int_0^{l_D} \frac{(a(x)+1)}{a(x)\,A(x)^2}\,dx = \frac{8\nu(a_1+1)^2}{a_1 A_1^2}\, l_{eff} \tag{4.2.13}$$

mit der effektiven Diffusorlänge

$$l_{eff} = \frac{2a_1\left(1 - \frac{A_1}{A_2}\right) + \frac{a_1^2}{2}\left(1 - \left(\frac{A_1}{A_2}\right)^2\right) + \ln\left(\frac{A_2}{A_1}\right)}{\left(\frac{A_2}{A_1} - 1\right)\,(1 + a_1)^2}\, l_D \tag{4.2.14}$$

Hieraus wird der Diffusorwirkungsgrad

$$\eta_D = 1 - \frac{K(\Theta)\left(1 - \frac{A_1}{A_2}\right)^2 - \frac{16\,(a_1+1)^2}{a_1 \frac{\dot{m}}{\mu\, l_D}} \cdot \frac{l_{eff}}{l_D}}{1 - \left(\frac{A_1}{A_2}\right)^2}. \qquad (4.2.15)$$

Aus Gleichung (4.2.15) erkennt man, daß für hinreichend große Massenströme der Einfluß der Reibung verschwindet. Der Grenzwert des Wirkungsgrades ergibt sich dann zu

$$R_D = 1 - \frac{K(\Theta)}{1 + \frac{A_1}{A_2}} = 1 - 5{,}3\,\frac{(\tan\Theta)^{1{,}4}}{1 + \frac{A_1}{A_2}}. \qquad (4.2.16)$$

Bild 4.2.3 zeigt den Diffusorwirkungsgrad η_D als Funktion des Massenstromes für einen Diffusor mit den Abmessungen $b_1 = 1$ mm, $h = 1{,}05$ mm, $2\Theta = 8°$ und den Querschnittsverhältnissen $\frac{A_2}{A_1} = 10$ bzw. 3.

Es ist deutlich zu ersehen, daß ein annehmbarer Wirkungsgrad von etwa 80 % nur im Bereich relativ hoher Massenströme zu erzielen ist. Bei geringen Durchströmungen kann der Wirkungsgrad sogar verschwindent klein oder negativ werden. Im letzteren Fall erfolgt entlang des Diffusors aufgrund der überwiegenden Verluste ein Druckabfall. In Bild 4.2.4 ist eine entsprechende Diffusorkennlinie zu sehen.

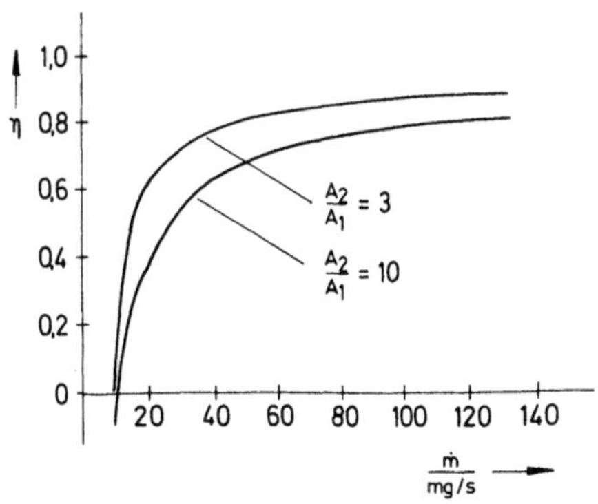

Bild 4.2.3 Diffusorwirkungsgrad

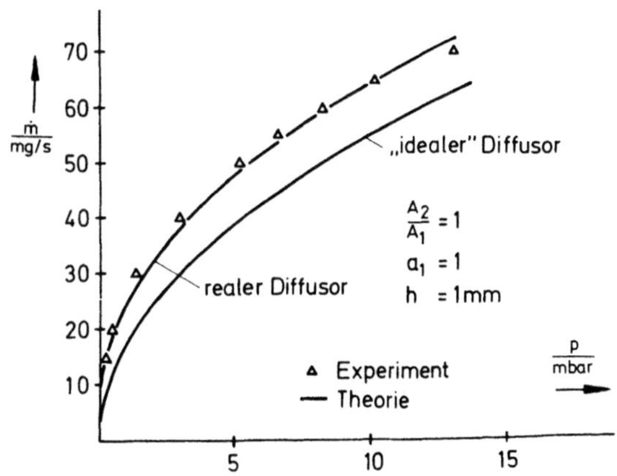

Bild 4.2.4 Diffusorkennlinie

Der gesamte Widerstand des realen Diffusors errechnet sich jetzt zu

$$R_{D,real} = -\frac{\dot{m}}{2\rho A_1^2}\left[1-\left(\frac{A_1}{A_2}\right)^2 - K(\Theta)\left(1-\frac{A_1}{A_2}\right)^2\right] + R_{D,lam}\,. \tag{4.2.17}$$

Gleichung (4.2.17) beschreibt das Verhalten eines Diffusors mit gleichförmiger Geschwindigkeitsverteilung am Diffusoreingang. Dies ist annähernd für Strahlablenkverstärker gegeben, in denen der Strahlempfänger ein kleines Stück aus dem Strahlprofil entnimmt.
Bei Wandstrahlverstärkern ist diese Annahme im allgemeinen nicht mehr zulässig, da am Strahlempfänger eine inhomogene Geschwindigkeitsverteilung herrscht. Dennoch ermöglichen Gl. (4.2.15) und (4.2.16) eine gute Abschätzung der Diffusorverluste in Strahlverstärkern, die meist höher als die in den Diffusoren der konventionellen Strömungsmechanik sind.
Aus der strömungsmechanischen Energietechnik wird ein optimaler Öffnungswinkel $2\Theta = 8^\circ$ empfohlen. Größere Winkel können zur Strahlablösung und zu Instabilitäten führen. In Bild 4.2.5 ist der Druckrückgewinnungsfaktor für einen Diffusor mit den Daten

$$a_1 = 1,\ \frac{A_1}{A_2} = 10 \text{ und } h = 1\text{ mm}$$

als Funktion des Öffnungswinkel 2Θ mit dem hindurchfließenden Massenstrom als Parameter aufgetragen. Es ist deutlich zu ersehen, daß auch für die vorangegangenen theoretischen Überlegungen der optimale Öffnungswinkel 2Θ bei etwa 8° liegt. Nur für sehr kleine Durchströmungen, bei denen der Reibungswiderstand einen sehr großen Einfluß hat, liegt das Optimum bei höheren Werten.

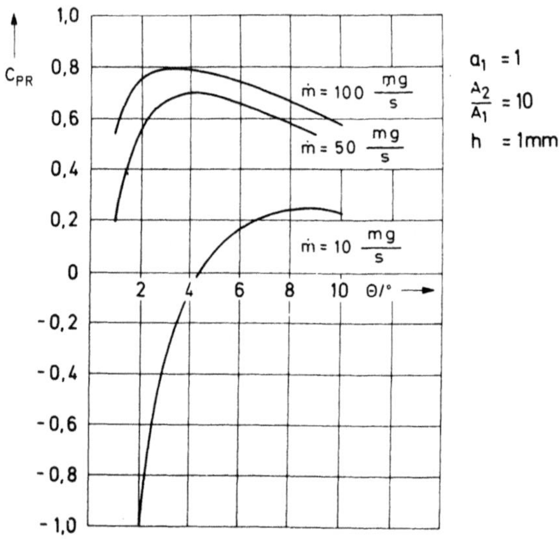

Bild 4.2.5
Druckrückgewinnungsfaktor als Funktion des Diffusorwinkels

Der Winkel für maximalen Wirkungsgrad wird aus Gl. (4.2.15) zu

$$\Theta = \arctan 1{,}08 \; \frac{2\,a_1\left(1-\dfrac{A_1}{A_2}\right) - \dfrac{a_1^2}{2}\left(1-\left(\dfrac{A_1}{A_2}\right)^2\right) + \ln\left(\dfrac{A_2}{A_1}\right)}{a_1\,\dfrac{\dot{m}}{\mu h}\left(1-\dfrac{A_1}{A_2}\right)^2} \qquad (4.2.18)$$

ermittelt. Wie aus Bild 4.2.5 zu ersehen, verläuft das Maximum des Druckrückgewinnungsfaktors bzw. des Wirkungsgrades im Bereich des optimalen Winkels relativ flach.

4.2.3 Strahlempfänger

Bei Strahlverstärkern bzw. -elementen wird die Steuerungsfähigkeit eines Leistungsstrahles, sei es digital oder analog, ausgenutzt. Die Aufnahme des gesteuerten Strahles erfolgt über eine Strahlempfängerdüse. Der Gesamtdruck p_{tot} (nach Abschnitt 3.2) der Anordnung wird über den Strahl zur Verfügung gestellt. Er ist gleich dem Leerlaufdruck p_Q in der Empfängerdüse, wenn kein Düsenstrom fließt. Durch Belastung des Strahlempfängers mit einem endlichen Widerstand fällt der statische Druck in der Düse um den Betrag des dynamischen Druckes. Nach Abschnitt 3.2 kann dies als Druckabfall an einem Querschnittswiderstand, in diesem Fall dem Innenwiderstand der Quelle, interpretiert werden. Die Ersatzschaltung des Strahlempfängers ist demnach eine Druckquelle mit dem Innenwiderstand R_0 (Bild 4.2.6). Der Druck in der Düse ist

$$p_1 = p_Q - \dot{m}\,R_0\,. \qquad (4.2.19)$$

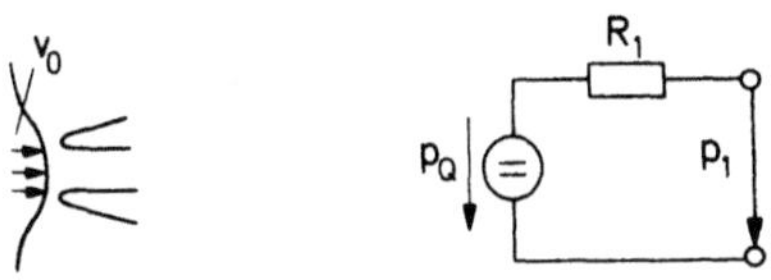

Bild 4.2.6
Strahlempfängerdüse

Die Betrachtung ist nur auf den Empfangsquerschnitt beschränkt. Der Innenwiderstand R_0 kann als Funktion des Querschnittswiderstandes des Strahlempfängers angegeben werden

$$R_0 = (1+\zeta)\,\frac{\dot{m}}{2\,\rho\,A_1^2}\,. \qquad (4.2.20)$$

Inhomogene Geschwindigkeitsverteilung im Freistrahl, Einschnürung der Strömung im Empfangsquerschnitt und andere Effekte bewirken, daß die Widerstandszahl ζ im allgemeinen größer als 0 und in vielen Fällen eine Funktion des Massenstromes $\dot{m}$ ist. Im

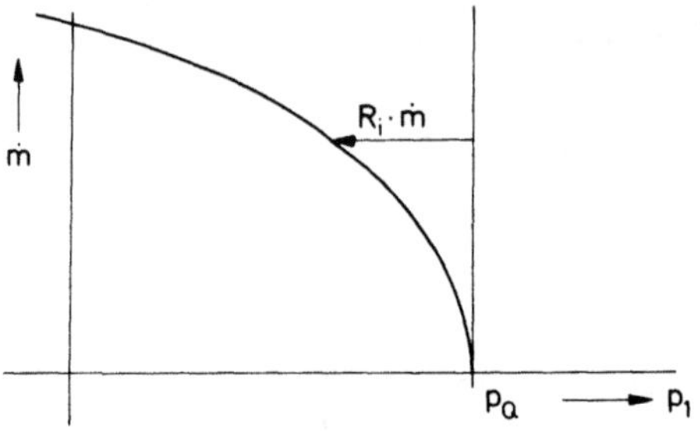

Bild 4.2.7 Typische Strahlempfänger-Kennlinie

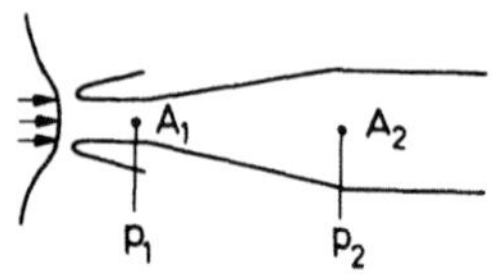

Bild 4.2.8 Strahlempfängerdüse mit Diffusor

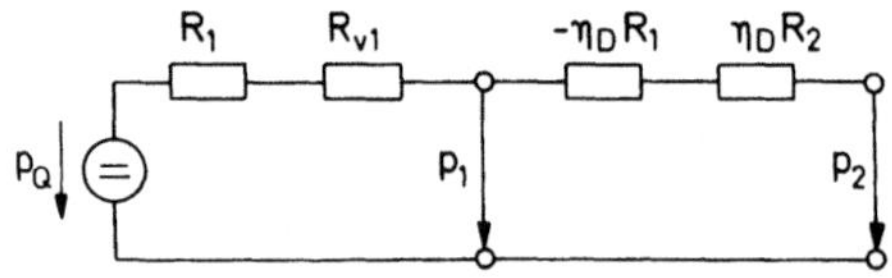

Bild 4.2.9
Ersatzschaltung einer Strahlempfängerdüse mit Diffusor

Fall des Strahlablenkverstärkers kann ζ meist vernachlässigt werden. Eine typische Strahlempfängercharakteristik ist in Bild 4.2.7 zu sehen.
In Verbindung mit einem Diffusor bildet die Strahlempfängerdüse den Ausgang eines Strahlelementes. Aus der Anordnung nach Bild 4.2.8 erhält man die Ersatzschaltung nach Bild 4.2.9. Zum Innenwiderstand des Strahlempfängers muß jetzt noch der Verlustwiderstand des homogenen Verbindungskanales nach Abschnitt 4.1.1 gerechnet werden. Der Diffusorwiderstand berechnet sich nach Gl. (4.2.17). Die Summe all dieser Widerstände ergibt den Gleichstrominnenwiderstand der Druckquelle am Verstärkerausgang.

4.3 Leitungsverzweigungen [4.1, 4.10]

Im Gegensatz zur Elektrotechnik sind Leitungsverzweigungen in der Fluidik selbst im Gleichstromfall von äußerst komplizierter Natur. Während die elektrische Leitungsverzweigung (Bild 4.3.1a) vollständig durch den Knotenpunktsatz $\Sigma\, i = 0$ beschrieben werden kann, treten auf Grund der Geschwindigkeitsunterschiede in den einzelnen Leitungen der fluidischen Verzweigung (Bild 4.3.1b) Potentialsprünge auf. Eine weitere Einflußgröße ist die Vektorcharakteristik der Strömung, die eine Bevorzugung von Leitungen in Abhängigkeit von der Geometrie verursacht. Entsprechend dem Knotenpunktsatz für den Strom in der Elektrotechnik gilt der Kontinuitätssatz der Strömungsmechanik, daß die Summe der zu- und abfließenden Massenströme gleich Null ist (siehe Kapitel 3) $\Sigma\, \dot{m} = 0$.

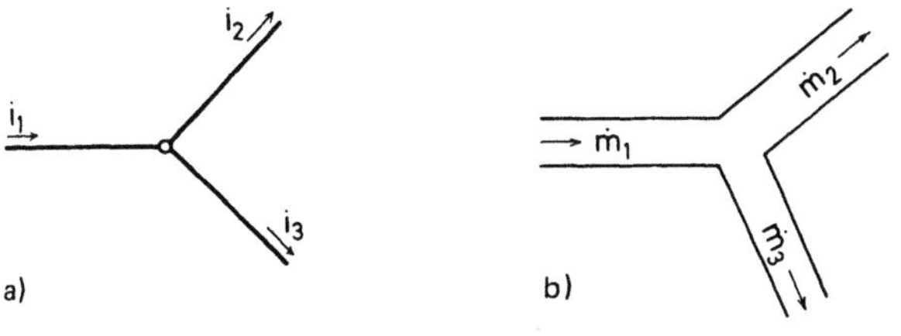

Bild 4.3.1
Elektrische (a) und fluidische (b) Leitungsverzweigung

Messungen und Berechnungen an Rohrverzweigungen der strömungsmechanischen Energietechnik befassen sich nur mit den auftretenden Energieverlusten. In der Nachrichtentechnik gilt das Hauptinteresse weniger den Verlusten als vielmehr dem Übertragungsverhalten einer Schaltungsanordnung. Es wird daher ein Ersatzschaltbild aufgestellt, mit dessen Hilfe das Verhalten der Leitungsverzweigung als Netzwerk beschrieben werden kann.

4.3.1 Die Ersatzschaltung der „idealen Verzweigung"

Die Betrachtung soll sich nur auf den Querschnittsübergang in Bild 4.3.2 beschränken, der durch die gestrichelten Linien abgegrenzt ist. Wir nehmen an, daß das Medium inkompressibel oder zumindest schwachkompressibel ist. Unter Berücksichtigung der Verluste setzen wir die Bernoullische Gleichung für den Stromfaden von 1 nach 2 und von 1 nach 3 an.

$$p_1 + \frac{1}{2}\rho \bar{v}_1^2 = p_2 + \frac{1}{2}\rho \bar{v}_2^2 + H_{12} \qquad (4.3.1)$$

$$p_1 + \frac{1}{2}\rho \bar{v}_1^2 = p_3 + \frac{1}{2}\rho \bar{v}_3^2 + H_{13}\,. \qquad (4.3.2)$$

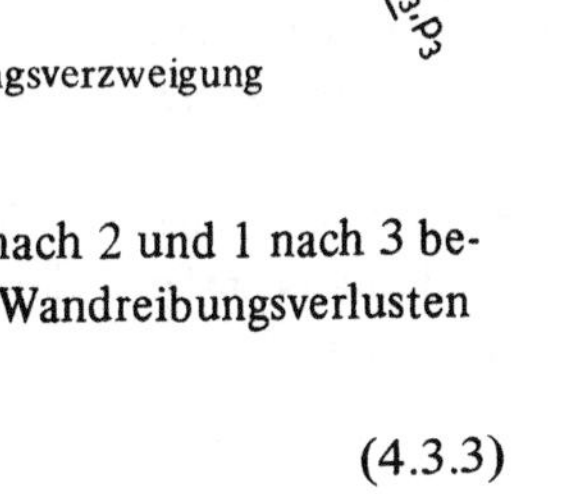

Bild 4.3.2
Geometrie der fluidischen Leitungsverzweigung

Mit H_{12} und H_{13} werden die Gesamtverluste in den Zweigen 1 nach 2 und 1 nach 3 bezeichnet. Sie setzen sich aus den Mischungsverlusten h und den Wandreibungsverlusten zusammen. Durch Einführen des Massenstromes folgt

$$p_1 + R_1 \dot m_1 = p_2 + R_2 \dot m_2 + H_{12} \qquad (4.3.3)$$

$$p_1 + R_1 \dot m_1 = p_3 + R_3 \dot m_3 + H_{13}\,. \qquad (4.3.4)$$

Dabei sind R_1, R_2 und R_3 nichtlineare Querschnittswiderstände, die bereits in Abschnitt 3.2 eingeführt wurden:

$$R_1 = \frac{\dot m_1}{2\rho A_1^2}; \qquad R_2 = \frac{\dot m_2}{2\rho A_2^2}; \qquad R_3 = \frac{\dot m_3}{2\rho A_3^2}\,. \qquad (4.3.5)$$

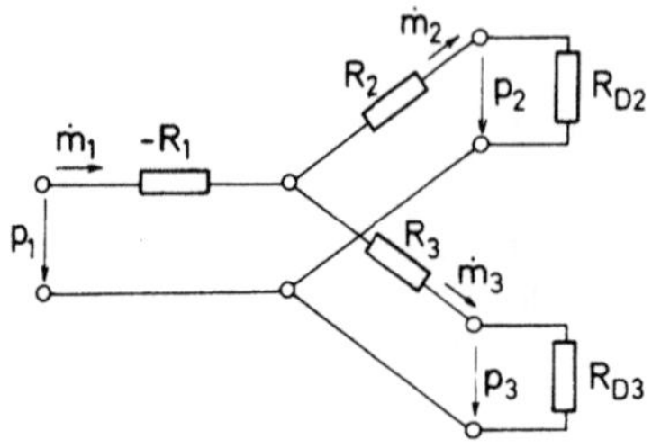

Bild 4.3.3
Ersatzschaltung für die „ideale" Verzweigung

R_{D1} und R_{D2} sind beliebige Abschlußwiderstände, z.B. Düsen. Damit erhalten wir zwei Maschengleichungen, die zusammen mit der Kontinuitätsgleichung die Verzweigung beschreiben. Im Falle der Verlustfreiheit ergibt sich die Ersatzschaltung für eine „ideale Verzweigung nach Bild 4.3.3. Diese Ersatzschaltung soll für die reale (verlustbehaftete) Verzweigung unter Berücksichtigung der Verluste erweitert werden.

4.3.2 Die verlustbehaftete Verzweigung

In [4.11] findet Vazsonyi eine mathematische Formulierung für die Verluste in Rohrverzweigungen. Als Unterlage für seine Berechnungen dienten ihm die ausführlichen Messungen des Hydraulischen Institutes der TH München [4.12, 4.13].
Die Verluste können unterteilt werden in Druckverluste in den Leitern auf Grund der Reibung und der Profilentwicklung (siehe Abschnitt 4.2) und in die Mischungsverluste im Gebiet der Strömungsaufteilung.

Nach Vazsonyi können die Mischungsverluste durch

$$2\,h_{12} = \rho\,[\lambda_1(\alpha)\bar{v}_1^2 + (2\,\lambda_1(\alpha) - \lambda_2(\alpha))\bar{v}_2^2 - 2\,\lambda_2(\alpha)\bar{v}_1\bar{v}_2\cos\alpha'] \qquad (4.3.6)$$

$$2\,h_{13} = \rho\,[\lambda_1(\beta)\bar{v}_1^2 + (2\,\lambda_1(\beta) - \lambda_2(\beta))\bar{v}_3^2 - 2\,\lambda_2(\beta)\bar{v}_1\bar{v}_3\cos\beta'] \qquad (4.3.7)$$

beschrieben werden.
Die Verlustbeiwerte λ_1 und λ_2 sowie die effektiven Verzweigungswinkel α', β' können den Kennlinien in Bild 4.3.4 und Bild 4.3.5 entnommen werden.
Für $\alpha, \beta \geqslant 30°$ findet man $\lambda_1 = 1$ und $\lambda_2 = 0{,}9$.
Unter Berücksichtigung der Mischungsverluste wird die reale Verzweigung durch die Gleichungen

$$p_1 - p_2 = -R_1\dot{m}_1 + R_2\dot{m}_2 + h_{12} \qquad (4.3.8)$$

$$p_1 - p_3 = -R_1\dot{m}_1 + R_3\dot{m}_3 + h_{13} \qquad (4.3.9)$$

beschrieben.

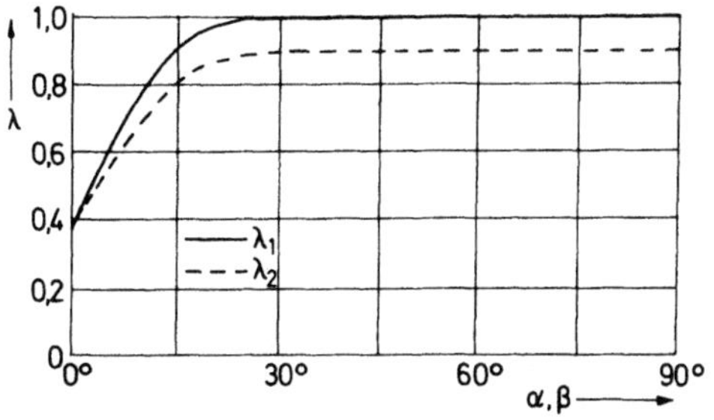

Bild 4.3.4
Verlustbeiwerte λ als Funktion der Verzweigungswinkel

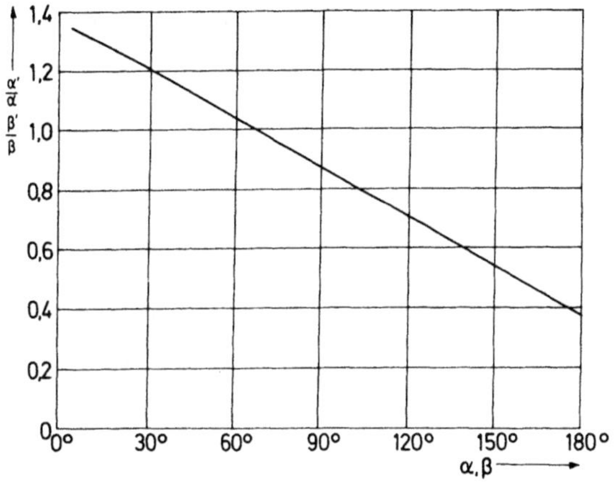

Bild 4.3.5
Effektive Verzweigungswinkel α' und β'

Aus den Gleichungen (4.3.6) bis (4.3.9) erhält man die Ersatzschaltung für die reale Verzweigung in Bild 4.3.6, wobei

$$\begin{aligned}
R_{11} &= -R_1 K_{11} & \Delta p_{11} &\sim \dot m_1^2 \\
R_{12} &= R_1 K_{12}\left(\frac{\dot m_2}{\dot m_1}\right)^2 & \Delta p_{12} &\sim \dot m_2^2 \\
R_{13} &= R_1 K_{13}\,\frac{\dot m_2\,\dot m_3}{\dot m_1^2} & \Delta p_{13} &\sim \dot m_2\,\dot m_3 \\
R_{21} &= R_2 K_{22} & \Delta p_{21} &\sim \dot m_2^2 \\
R_{31} &= R_3 K_{31} & \Delta p_{31} &\sim \dot m_3^2 \\
R_{32} &= R_3\,\frac{\dot m_2}{\dot m_3} & \Delta p_{32} &\sim \dot m_2\,\dot m_3\ .
\end{aligned} \tag{4.3.10}$$

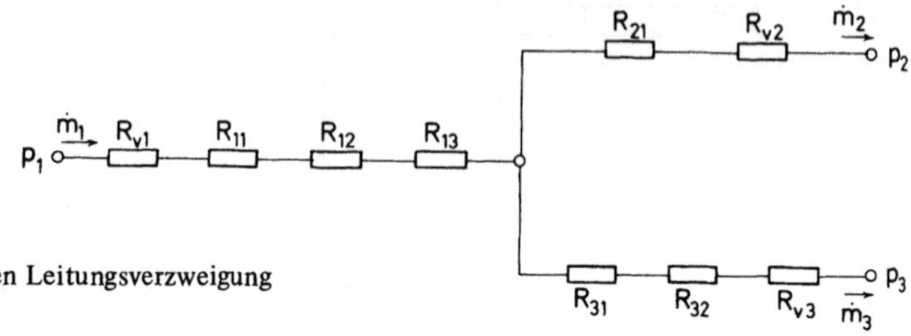

Bild 4.3.6
Ersatzschaltung einer realen Leitungsverzweigung

Die Korrekturterme K sind nur von der Geometrie der Verzweigung abhängig, d.h. unabhängig von den Massenströmen. Für eine gegebene Verzweigungsgeometrie sind sie konstant:

$$\begin{aligned}
K_{11} &= 1 - \lambda_1(\alpha) \\
K_{12} &= \lambda_1(\beta) - \lambda_1(\alpha) \\
K_{13} &= -2\frac{A_1}{A_2}\lambda_2(\alpha)\cos\alpha' \\
K_{21} &= 2\lambda_1(\alpha) - \lambda_2(\alpha) + 1 - 2\frac{A_2}{A_1}\lambda_2(\alpha)\cos\alpha' + \left(\frac{A_2}{A_1}\right)^2(\lambda_1(\alpha) - \lambda_1(\beta)) \\
K_{31} &= 2\lambda_1(\beta) - \lambda_2(\beta) + 1 - 2\frac{A_3}{A_1}\lambda_2(\beta)\cos\beta' + \left(\frac{A_3}{A_1}\right)^2(\lambda_1(\beta) - \lambda_1(\alpha)) \\
K_{32} &= 2\left(\frac{A_3}{A_1}\right)^2(\lambda_1(\beta) - \lambda_1(\alpha)) + 2\frac{A_3^2}{A_1 A_2}\lambda_2(\alpha)\cos\alpha' - 2\frac{A_3}{A_1}\lambda_2(\beta)\cos\beta' .
\end{aligned} \tag{4.3.11}$$

Die Widerstände R_{v1}, R_{v2} und R_{v3} berücksichtigen die in den einzelnen Zweigen vorhandenen Verluste auf Grund der Reibung und Profilentwicklung. Die Widerstände R_{11}, R_{21} und R_{31} sind nur von den Massenströmen der Zweige abhängig, denen sie zugeordnet sind. Die Widerstände R_{12}, R_{13} und R_{32} sind von mehreren Strömen gleichzeitig abhängig. Um sie in einem Netzwerk beschreiben zu können, ist eine Parametrierung nach den verschiedenen Strömen in der Darstellung nötig. Mit Hilfe von parametrierten oder stromgesteuerten Widerständen ließen sich auch andere Gruppierungen der Widerstände finden. Es zeigt sich jedoch, daß die gewählte Aufteilung für die meßtechnische Bestimmung der Widerstände vorteilhaft ist [4.10].
Fassen wir die einzelnen Zweigwiderstände zusammen, so findet sich die Ersatzschaltung nach Bild 4.3.7 mit den Zweigwiderständen

$$\begin{aligned}
R_{10} &= K_{10} R_1 \\
R_{20} &= K_{20} R_2 \\
R_{30} &= K_{30} R_3 ,
\end{aligned} \tag{4.3.12}$$

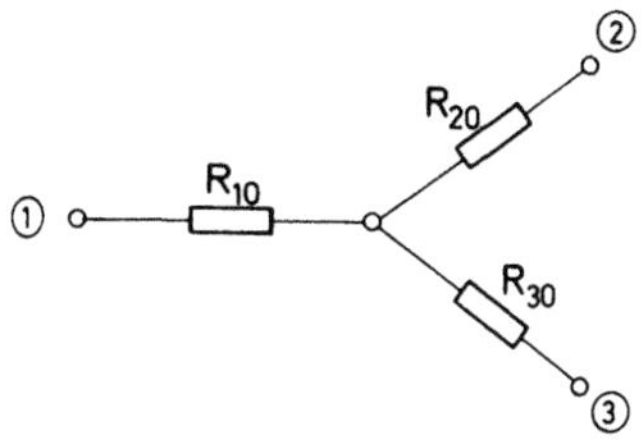

Bild 4.3.7
Ersatzschaltung der Verzweigung mit Zweigwiderständen

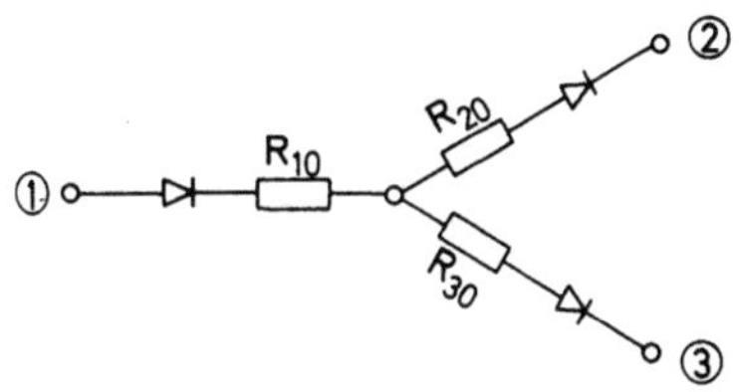

Bild 4.3.8
Ersatzschaltung der Verzweigung mit Strömungsdioden zur Kennzeichnung der Strömungsrichtung

die auf die Querschnittswiderstände der „idealen Verzweigung" nach Bild 4.3.3 bezogen sind, wobei

$$K_{10} = K_{11} + K_{12}\left(\frac{\dot{m}_2}{\dot{m}_1}\right)^2 + K_{13}\,\frac{\dot{m}_2\,\dot{m}_3}{\dot{m}_1^2} \qquad (4.3.13)$$

$$K_{20} = K_{21}$$

$$K_{30} = K_{31} + K_{32}\,\frac{\dot{m}_2}{\dot{m}_3}\,.$$

Es muß darauf hingewiesen werden, daß eine topologische Übereinstimmung der Ersatzschaltung mit dem Modell nach Bild 4.3.2 nur für die drei Endpunkte 1, 2 und 3 besteht, da die Ersatzschaltung lediglich das Übertragungsverhalten des schraffierten Bereiches angibt, wenn die Reibungswiderstände R_{vi} die Verluste auf den Leitungsstücken berücksichtigen. Außerdem ist die Ersatzschaltung von der Richtung der Einströmung abhängig. Es ist daher streng auf den Formalismus der einmal gewählten Bezeichnungen zu achten. Zur Kennzeichnung der Strömungsrichtung, für die die jeweilige Ersatzschaltung gilt, können Strömungsdioden eingezeichnet werden (Bild 4.3.8). Der Übersichtlichkeit wegen sind die Widerstände und Dioden für die unbenutzten Stromrichtungen weggelassen.

4.3.3 Die symmetrische Verzweigung

Für den Fall, daß die Querschnitte A_2 und A_3 der abgehenden Leitungen und die Winkel α und β zur zuführenden Leitung gleich sind, wird die Leitungsverzweigung als symmetrisch bezeichnet.

Die Ersatzschaltung reduziert sich dann auf die in Bild 4.3.9 Anordnung. Die Widerstände R_{12} und R_{32} verschwinden. Die übrigen Widerstände folgen zu

$$R_{11} = R_1 (1 - \lambda_1(\alpha))$$

$$R_{13} = R_1 (-2 \frac{A_1}{A_2} \lambda_2(\alpha) \cos\alpha') \frac{\dot{m}_2 \dot{m}_3}{\dot{m}_1^2} \tag{4.3.14}$$

$$R_{21} = R_{31} = R_2 \left(2\lambda_1(\alpha) - \lambda_2(\alpha) + 1 - 2\frac{A_2}{A_1} \lambda_2(\alpha) \cos\alpha'\right).$$

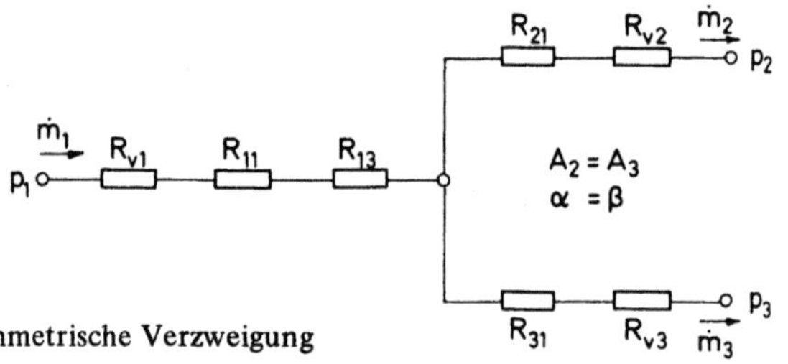

Bild 4.3.9
Ersatzschaltung für die symmetrische Verzweigung

4.4 Leitungszusammenführungen

Die Probleme bei fluidischen Leitungszusammenführungen sind denen bei fluidischen Leitungsverzweigungen sehr ähnlich. In [4.14] leitet Kohl in Anlehnung an die Ersatzschaltung der Verzweigung eine Ersatzschaltung der Leitungszusammenführung ab. Als Grundlage dienten wiederum die Ergebnisse von Vazsonyi [4.10] für die Mischungsverluste.

4.4.1 Die Ersatzschaltung der „idealen" Leitungszusammenführung

Unter der Annahme, daß das Medium inkompressibel oder zumindest schwach kompressibel ist, lauten die Gleichungen für die Strompfade von 1 nach 3 und von 2 nach 3 nach Bernoulli

$$p_1 + \frac{1}{2}\rho\bar{v}_1^2 = p_3 + \frac{1}{2}\rho\bar{v}_3^2 + H_{13} \tag{4.4.1}$$

$$p_2 + \frac{1}{2}\rho\bar{v}_2^2 = p_3 + \frac{1}{2}\bar{v}_3^2 + H_{23}\,. \tag{4.4.2}$$

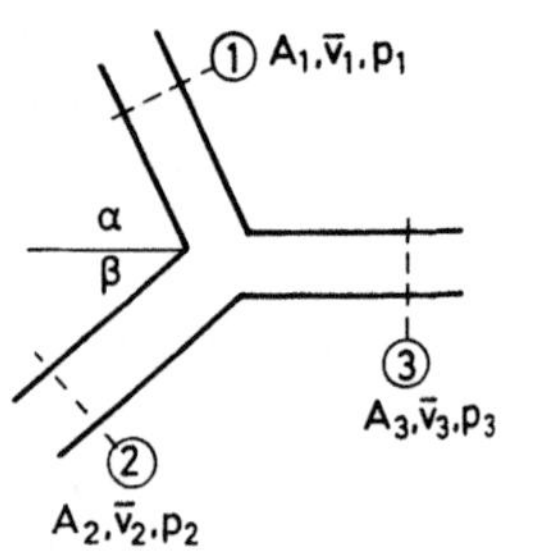

Bild 4.4.1
Fluidische Leitungszusammenführung

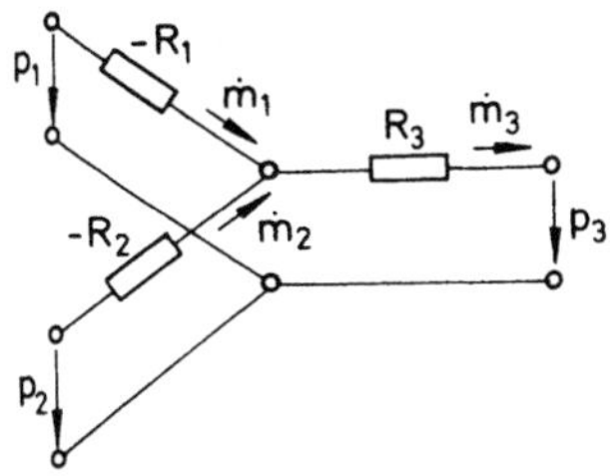

Bild 4.4.2
Ersatzschaltung für die „ideale" Leitungszusammenführung

Die Gesamtverluste H_{13} und H_{23} können wie in Abschnitt 4.3 in Mischungsverluste h und Reibungsverluste einschließlich der Profilentwicklungsverluste unterteilt werden. Nach Einführen des Massenstromes erhalten wir die Maschengleichungen

$$p_1 + R_1 \dot m_1 = p_3 + R_3 \dot m_3 + H_{13} \tag{4.4.3}$$

$$p_2 + R_2 \dot m_2 = p_3 + R_3 \dot m_3 + H_{23}\ , \tag{4.4.4}$$

wobei R_1, R_2 und R_3 die Querschnittswiderstände nach Abschnitt 3.2 sind

$$R_1 = \frac{\dot m_1}{2\rho A_1^2} \qquad R_2 = \frac{\dot m_2}{2\rho A_2^2} \qquad R_3 = \frac{\dot m_3}{2\rho A_3^2}\ . \tag{4.4.5}$$

Wenn die Gesamtverluste H_{13} und H_{23} unberücksichtigt bleiben, erhält man die „ideale" Leitungszusammenführung" mit ihrer Ersatzschaltung nach Bild 4.4.2. Die Ersatzschaltung der realen Zusammenführung ergibt sich dann durch Hinzufügen der Verluste.

4.4.2 Die Ersatzschaltung der verlustbehafteten Leitungszusammenführung

Vazsonyi gibt für die Mischungsverluste die nachfolgenden Gleichungen [4.11] an

$$2\,h_{13} = \rho\left[\lambda_3(\alpha)\,\overline{v}_1^2 + \overline{v}_3^2 - 2\,\overline{v}_3\left(\frac{\overline{v}_1\,\dot m_1}{\dot m_3}\cos\alpha' + \frac{\overline{v}_2\,\dot m_2}{\dot m_3}\cos\beta'\right)\right] \tag{4.4.6}$$

$$2\,h_{23} = \rho\left[\lambda_3(\beta)\,\overline{v}_2^2 + \overline{v}_3^2 - 2\,\overline{v}_3\left(\frac{\overline{v}_2\,\dot m_2}{\dot m_3}\cos\beta' + \frac{\overline{v}_1\,\dot m_1}{\dot m_3}\cos\alpha'\right)\right]. \tag{4.4.7}$$

Der Verlustbeiwert λ_3 kann aus Bild 4.4.3 und die effektiven Winkel können aus Bild 4.3.5 entnommen werden.

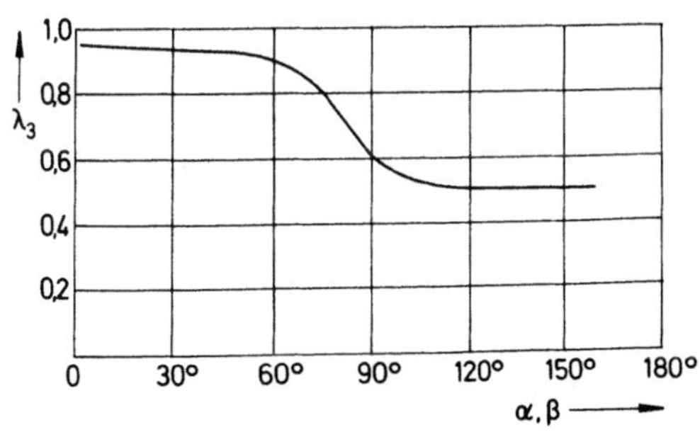

Bild 4.4.3
Verlustbeiwert als Funktion des Zusammenführungswinkels

Unter Berücksichtigung der Mischungsverluste ergibt sich die Ersatzschaltung nach Bild 4.4.4, mit

$$
\begin{aligned}
R_{11} &= R_1 K_{11} & \Delta p_{11} &\sim \dot{m}_1^2 \\
R_{12} &= R_1 K_{12} \left(\frac{\dot{m}_2}{\dot{m}_1}\right)^2 & \Delta p_{12} &\sim \dot{m}_2^2 \\
R_{13} &= R_1 K_{13} \frac{\dot{m}_2}{\dot{m}_1} & \Delta p_{13} &\sim \dot{m}_1 \dot{m}_2 \\
R_{21} &= R_2 K_{21} & \Delta p_{21} &\sim \dot{m}_2^2 \\
R_{22} &= R_2 K_{22} \left(\frac{\dot{m}_1}{\dot{m}_2}\right)^2 & \Delta p_{21} &\sim \dot{m}_1^2 \\
R_{23} &= R_2 K_{23} \frac{\dot{m}_1}{\dot{m}_2} & \Delta p_{23} &\sim \dot{m}_2 \dot{m}_1 \; .
\end{aligned}
\tag{4.4.8}
$$

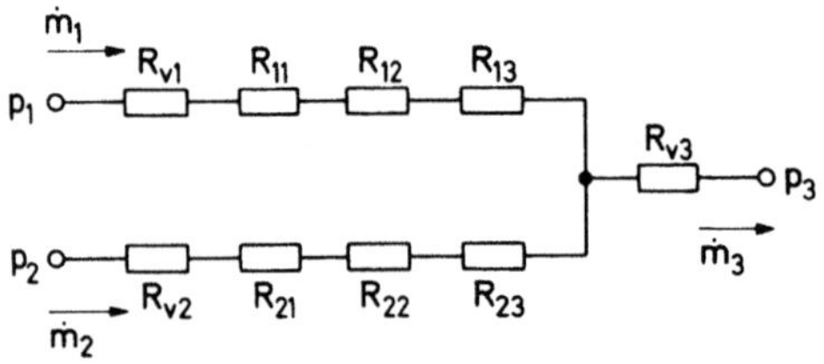

Bild 4.4.4
Ersatzschaltung der realen Leitungszusammenführung

Die Korrekturbeiwerte K werden nur durch die Geometrie bestimmt und sind unabhängig von den jeweiligen Massenströmen in den einzelnen Zweigen der Zusammenführung

$$
\begin{aligned}
K_{11} &= \lambda_3(\alpha) - 1 - 2\,\frac{A_1}{A_3}\cos\alpha' + 2\left(\frac{A_1}{A_3}\right)^2 \\
K_{12} &= 2\left(\frac{A_1}{A_3}\right)^2 - 2\,\frac{A_1^2}{A_2 A_3}\cos\beta' \\
K_{13} &= 4\left(\frac{A_1}{A_3}\right)^2 \\
K_{21} &= \lambda_3(\beta) - 1 - 2\,\frac{A_2}{A_3}\cos\beta' + 2\left(\frac{A_2}{A_3}\right)^2 \\
K_{22} &= 2\left(\frac{A_2}{A_3}\right)^2 - 2\,\frac{A_2^2}{A_1 A_3}\cos\alpha' \\
K_{23} &= 4\left(\frac{A_2}{A_3}\right)^2 \; .
\end{aligned}
\tag{4.4.9}
$$

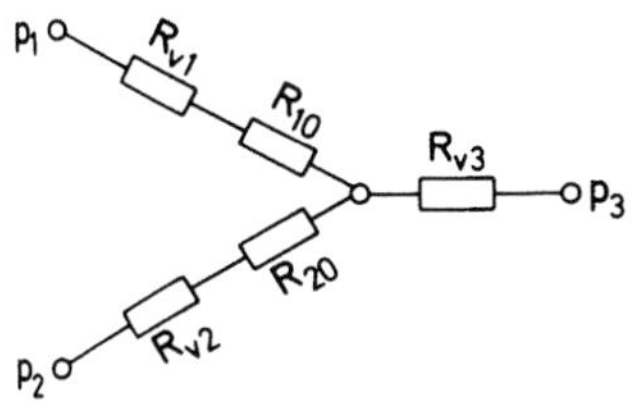

Bild 4.4.5 Ersatzschaltung der Zusammenführung mit Zweigwiderständen

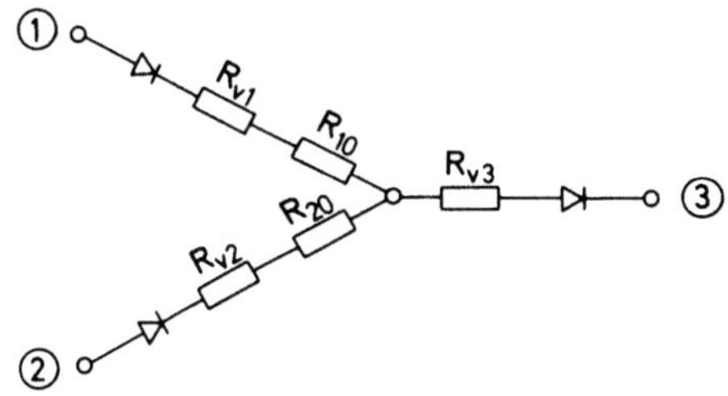

Bild 4.4.6 Ersatzschaltung der Zusammenführung mit Strömungsdioden zur Kennzeichnung der Strömungsrichtung

Die Widerstände R_{v1}, R_{v2} und R_{v3} berücksichtigen die Druckverluste in den Zweigen, die durch Reibung und Profilentwicklung hervorgerufen werden.
Ähnlich wie in der Ersatzschaltung für die Leitungsverzweigung hängen die Widerstände R_{11} und R_{21} nur von dem Massenstrom des Zweiges ab, dem sie zugeordnet sind. Die Widerstände R_{12}, R_{13} und R_{23} sind eine Funktion des Massenstromverhältnisses von $\dot{m}_1$ und $\dot{m}_2$. Wie in Abschnitt 4.3.2 liegen stromgesteuerte Widerstände vor.
Die Zweigwiderstände nach Bild 4.4.5 ergeben sich zu

$$\begin{aligned} R_{10} &= K_{10} R_1 \\ R_{20} &= K_{20} R_2 \, , \end{aligned} \tag{4.4.10}$$

wobei diese über die Korrekturbeiwerte

$$\begin{aligned} K_{10} &= K_{11} + K_{12} \left(\frac{\dot{m}_2}{\dot{m}_1} \right)^2 + K_{13} \frac{\dot{m}_2}{\dot{m}_1} \\ K_{20} &= K_{21} + K_{22} \left(\frac{\dot{m}_1}{\dot{m}_2} \right)^2 + K_{23} \frac{\dot{m}_1}{\dot{m}_2} \end{aligned} \tag{4.4.11}$$

auf die Querschnittswiderstände bezogen sind. Wie schon im Abschnitt 4.3.2 ausgeführt hängt die Ersatzschaltung von der Richtung der Zweigströme ab. Als Hilfsmittel zur Kennzeichnung der Strömungsrichtung, für die die Ersatzschaltung gilt, können auch hier Strömungsdioden in die Ersatzschaltung eingezeichnet werden.

4.4.3 Die symmetrische Leitungszusammenführung

Für eine symmetrische Leitungszusammenführung mit $A_1 = A_2$ und $\alpha = \beta$ erhält man

$$\begin{aligned} K_{11} &= K_{21} \\ K_{12} &= K_{22} \\ K_{13} &= K_{23} \, . \end{aligned} \tag{4.4.12}$$

5 Fluidische Analogverstärker

5.1 Strahlablenkverstärker [5.1 bis 5.10]

Das Prinzip eines Strahlablenkverstärkers ist in Bild 5.1.1 angedeutet. Aus einer Versorgungsdüse tritt ein Leistungsstrahl aus, der von zwei Empfangsdüsen aufgefangen wird, so daß Differenzdruck und -fluß zwischen den Ausgängen verschwinden. Der Leistungsstrahl kann nun sowohl durch den Impulsfluß einer Steuerströmung als auch durch ein angelegtes Druckfeld, das über die Steuerkanäle auf den Strahl wirkt, abgelenkt werden.

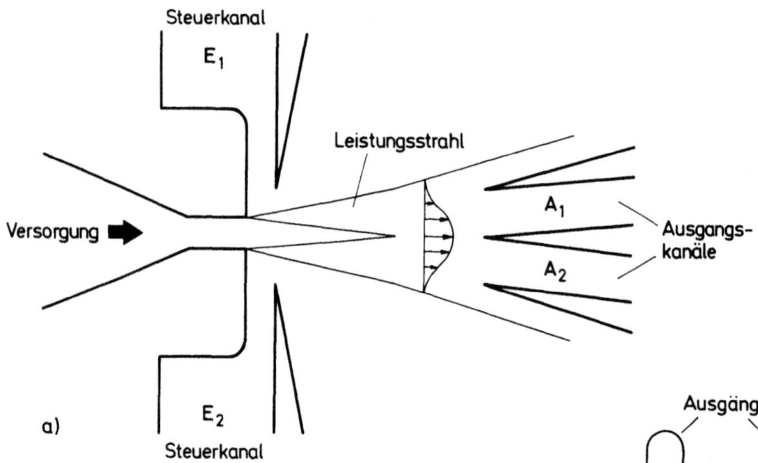

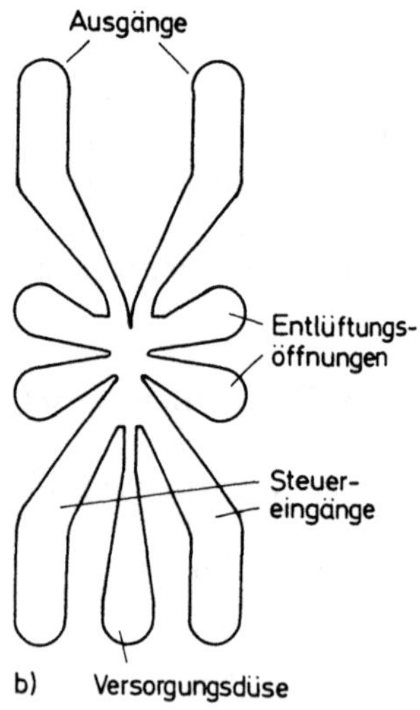

Bild 5.1.1 Strahlablenkverstärker
Strahlablenkverstärker
a) Strahlablenkverstärker mit überwiegender Impulssteuerung
b) Strahlablenkverstärker mit Druckfeldsteuerung

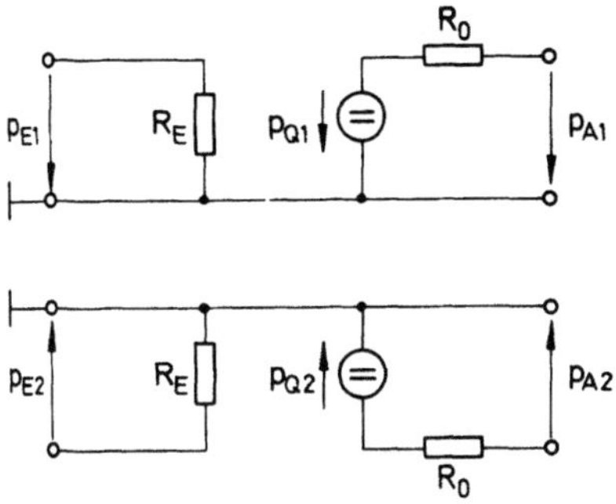

Bild 5.1.2
Gleichstromersatzschaltung des Strahlablenkverstärkers

Bei Strahlablenkverstärkern mit turbulentem Freistrahl findet eine überwiegende Impulssteuerung statt. Je kleiner die Versetzung s der Steuerdüsenkante gegenüber der Versorgungsdüse und je größer die Eingangsdüsenweite w_E sind (Bild 5.1.3), um so stärker wird das Druckfeld, das den Strahl ablenkt.
Der in den Harry Diamond Laboratories in Adelphi (Maryland, USA) entwickelte Laminarstrahlverstärker (Bild 5.1.1b) verwendet eine reine Druckfeldsteuerung. Da der Laminarstrahl gegenüber Störungen sehr empfindlich ist, neigt er dazu auseinanderzubrechen, wenn ein Hochgeschwindigkeitsstrahl auf ihn trifft. Ein breites, ruhiges Druckfeld dagegen stört die Strömung nicht nennenswert [5.2, 5.3].
Eine überwiegende Druckfeldsteuerung ist für einen turbulenten Freistrahl ungeeignet, da hierbei eine erhebliche Wechselwirkung zwischen dem unruhigen Leistungsstrahl und dem breiten Steuereingang auftritt, die ein zusätzliches Rauschen verursacht.
Durch die Steuergröße kann der Leistungsstrahl so aus seiner Ruhelage um einen kleinen Winkel abgelenkt werden, daß eine Empfangsdüse mehr beaufschlagt wird als die andere. Der Zusammenhang zwischen Ausgangs- und Eingangsdifferenzdruck ist in einem weiten Bereich linear. Über sogenannte Ausgleichsöffnungen (Vents) wird der Verstärker im Freistrahlbereich entlüftet. Hierdurch soll die Wechselwirkung zwischen Aus- und Eingängen und die Lastabhängigkeit so klein wie möglich gehalten werden. Beim Laminarstrahlverstärker (Bild 5.1.2) sind für die Eingangs- und die Empfangsdüsen getrennte Entlüftungsöffnungen vorgesehen. Diese Anordnung bewirkt eine fast ideale Entkopplung von Ausgangs- und Eingangskreis.
Der gesamte Verstärker ist mit einer Deck- und einer Bodenplatte versehen, so daß der Leistungsstrahl auf zwei Seiten geführt ist.

5.1.1 Gleichstromersatzschaltung von Strahlablenkverstärkern [5.4]

Das Gleichstromverhalten des Strahlablenkverstärkers kann durch eine Ersatzschaltung nach Bild 5.1.2 interpretiert werden. Der Verstärkereingang stellt einen nichtlinearen Widerstand R_E und der Verstärkerausgang eine Druckquelle mit nichtlinearem Innenwiderstand R_0 dar. Im nichtausgesteuerten Fall sind beide Empfangsdüsen durch den Quelldruck $\overline{p}_Q$ beaufschlagt. Wir nehmen nun an, daß die Empfangsdüsen durch einen

Gleichdruck $\bar{p}_E$ in einem Arbeitspunkt gehalten werden. In diesem soll der Verstärker durch einen Differenzdruck Δp_E so gesteuert werden, daß

$$p_{E1} = \bar{p}_E + \frac{\Delta p_E}{2} \tag{5.1.1}$$

und

$$p_{E2} = \bar{p}_E - \frac{\Delta p_E}{2}. \tag{5.1.2}$$

Der Versorgungsstrahl wird so ausgelenkt, daß er sich vom Ausgang A_1 zum Ausgang A_2 bewegt. Der Quelldruck im Ausgang A_1 sinkt auf

$$p_{Q1} = \bar{p}_Q - \frac{\Delta p_Q}{2} \tag{5.1.3}$$

und der Quelldruck im Ausgang A_2 steigt auf

$$p_{Q2} = \bar{p}_Q + \frac{\Delta p_Q}{2}. \tag{5.1.4}$$

Hieraus finden wir eine Leerlauf-Druckverstärkung

$$G_{p0} = \frac{\Delta p_Q}{\Delta p_E} = \frac{p_{Q1} - p_{Q2}}{p_{E1} - p_{E2}}. \tag{5.1.5}$$

Für eine endliche Belastung wird die Druckverstärkung

$$G_p = \frac{\Delta p_A}{\Delta p_E} = \frac{p_{A1} - p_{A2}}{p_{E1} - p_{E2}}. \tag{5.1.6}$$

5.1.2 Vereinfachte Berechnung von Druck- und Stromverstärkung für den impulsgesteuerten Strahlablenkverstärker

Zur groben Abschätzung der Größenordnung der Druck- und Stromverstärkung nehmen wir eine asymmetrische Verstärkeranordnung nach Bild 5.1.3 an. Aus der Versorgungsdüse tritt der Leistungsstrahl aus und wird im nicht ausgesteuerten Fall von der gegenüberliegenden Empfangsdüse 1 aufgenommen.

Wir wollen annehmen, daß der Leistungsstrahl nach Austritt aus der Versorgungsdüse keinerlei Verluste erleidet. Der Strahl soll also am Ende der Freistrahlstrecke l die gleiche Breite wie am Ausgang der Versorgungsdüse haben, und die mittlere Geschwindigkeit am Strahlende soll gleich der Geschwindigkeit am Ausgang der Versorgungsdüse sein. Dichteänderungen werden als vernachlässigbar angenommen.

Durch ein Steuersignal soll nun der Strahl so abgelenkt werden, daß er voll von der Empfangsdüse 2 aufgenommen wird. Die Breite der Versorgungsdüse und der Empfängerdüsen sei w.

Der Ablenkwinkel Θ errechnet sich aus den Kräften der aufeinanderwirkenden Strahlen. Allgemein gilt

$$F = \frac{d}{dt}(mv) = \dot{m}v + m\,\frac{\partial v}{\partial t}. \tag{5.1.7}$$

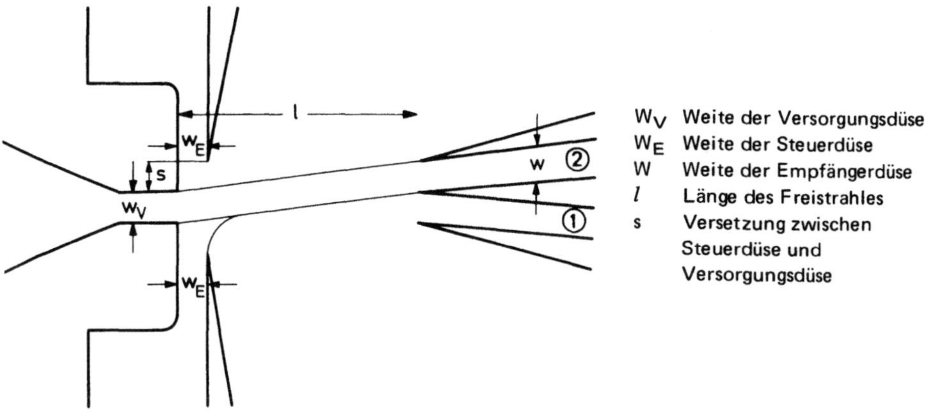

Bild 5.1.3 Vereinfachter Strahlmechanismus im Strahlablenkverstärker mit Impulssteuerung

Für die Fluidströmung im stationären Fall folgt hieraus mit v = konst.

$$F = \dot{m}v = \dot{I} \qquad \text{zeitlicher Impuls.} \tag{5.1.8}$$

Der Ablenkwinkel findet sich damit aus der Beziehung

$$\tan\Theta = \frac{\dot{I}_E}{\dot{I}_v} = \frac{\dot{m}_E v_E}{\dot{m}_v v_v} = \frac{w}{l}. \tag{5.1.9}$$

Da wir vorausgesetzt haben, daß keine Verluste im Freistrahl auftreten, gelangt der gesamte Massenstrom, der von der Versorgungsdüse ausgesandt wird, in die Empfangsdüse. Für den Fall, daß die Empfangsdüse im Kurzschluß zur Atmosphäre arbeitet, tritt der volle Massenstrom $\dot{m}_v$ durch sie hindurch. Mit der Beziehung für den Massenstrom

$$\dot{m} = \rho v A \tag{5.1.10}$$

erhalten wir aus Gl. (5.1.9) die Kurzschluß-Stromverstärkung zu

$$G_{\dot{m}K} = \frac{\dot{m}_v}{\dot{m}_E} = \sqrt{\frac{A_v}{A_E} \cdot \frac{l}{w}}. \tag{5.1.11}$$

Als nächstes soll nun die Leerlauf-Druckverstärkung berechnet werden. Hierzu nehmen wir an, die Strahlempfängerdüse sei blind abgeschlossen. Der Druck, den wir dann in der Düse empfangen, ist

$$p_Q = \frac{\dot{m}_v^2}{2\rho A_v^2}. \tag{5.1.12}$$

Der Druck in der Steuerdüse errechnet sich aus dem Steuerfluß zu

$$p_E = \frac{\dot{m}_E^2}{2\rho A_E^2}\left(1 - \left(\frac{A_E}{A_{E0}}\right)^2\right). \tag{5.1.13}$$

Der zeitliche Steuerimpuls folgt aus Gl. (5.1.13) zu

$$\dot{I}_E = \dot{m}_E v_E = \frac{2\, p_E A_E}{1 - (A_E/A_{E0})^2} \tag{5.1.14}$$

und der der zeitliche Impuls des Hauptstrahles aus Gl. (5.12) zu

$$\dot{I}_v = \dot{m}_v v_v = 2\, p_Q A_v \,. \tag{5.1.15}$$

Aus Gl. (5.1.9), Gl. (5.1.14) und Gl. (5.1.15) wird die Leerlauf-Druckverstärkung

$$G_{p0} = \frac{p_Q}{p_E} = \frac{\frac{l}{w} \cdot \frac{A_E}{A_v}}{1 - \left(\frac{A_E}{A_v}\right)^2} \,. \tag{5.1.16}$$

Für eine typische Verstärkergeometrie mit

$$\frac{l}{w} = 10 \qquad A_E = A_V \qquad \left(\frac{A_E}{A_1}\right)^2 \ll 1$$

erhalten wir eine Kurzschluß-Stromverstärkung von

$$G_{\dot{m}K} = \sqrt{10} = 3,16$$

und eine Leerlauf-Druckverstärkung von

$$G_{p0} = 10.$$

5.1.3 Kennlinien der Strahlablenkverstärker

5.1.3.1 Kennlinien des Strahlablenkverstärkers mit turbulentem Freistrahl

Typische Ausgangskennlinien eines Verstärkers bei verschiedener Aussteuerung zeigt Bild 5.1.4. In die gleiche Abbildung ist eine Eingangskennlinie eines Verstärkers gezeichnet. Bei der Zusammenschaltung von 2 Verstärkern bestimmt der Schnittpunkt zwischen Ausgangs- und Eingangskennlinie den Arbeitspunkt.
Die Druckübertragungskennlinie zeigt für den Betrieb eines einzelnen Empfangskanales eine starke Nichtlinearität (Bild 5.1.5). Erst bei Gegentaktbetrieb (ausgezogene Kennlinie) läßt sich über einen gewissen Bereich eine lineare Druckübertragungskennlinie erreichen.
Im symmetrischen wie im unsymmetrischen Betrieb durchläuft die Druckübertragungskennlinie mit steigender Aussteuerung ein Maximum, um anschließend abzufallen. Der Leistungsstrahl wird so weit ausgelenkt, daß nur noch die Randzonen des Strahlprofiles von der Empfängerdüse aufgenommen werden. Der Hauptanteil des Strahles gelangt in den Vent.

Um den Gleichdruckanteil in den Ausgangskanälen im nichtausgesteuerten Zustand abzusenken, kann eine Ausgleichsöffnung (Vent) zwischen den beiden Ausgangskanälen angebracht werden (Bild 5.1.6). Dies ist wichtig, da die Verstärkung des nachfolgenden Verstärkers vom Gleichanteil des vorherigen abhängt. Mit wachsendem Gleichdruck in den Eingangskanälen sinkt die Verstärkung, wie in Bild 5.1.7 angedeutet.

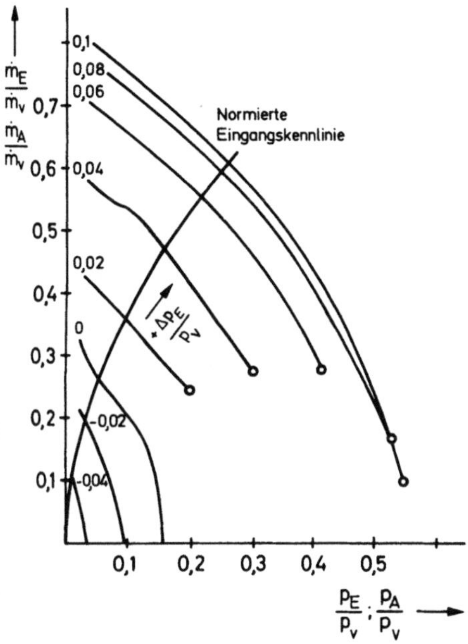

Bild 5.1.4
Ausgangs- und Eingangskennlinien des Strahlablenkverstärkers

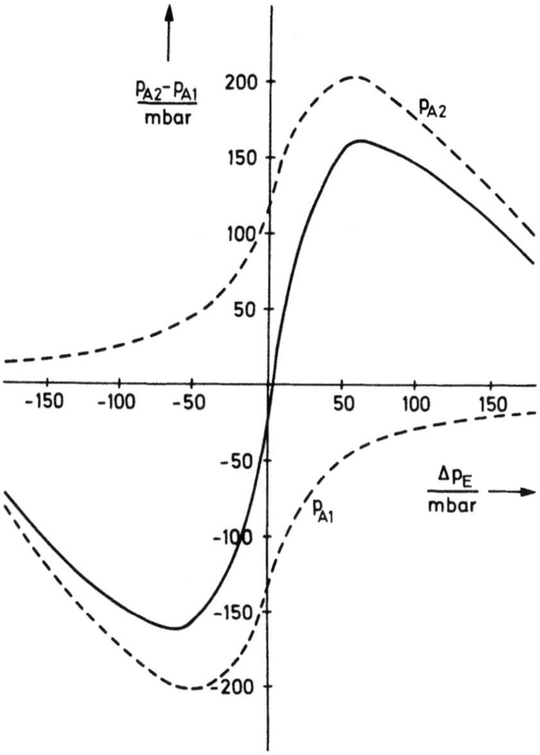

Bild 5.1.5
Druckübertragungskennlinie für Differenzbetrieb

Bild 5.1.6
Strahlablenkverstärker mit Mittelvent

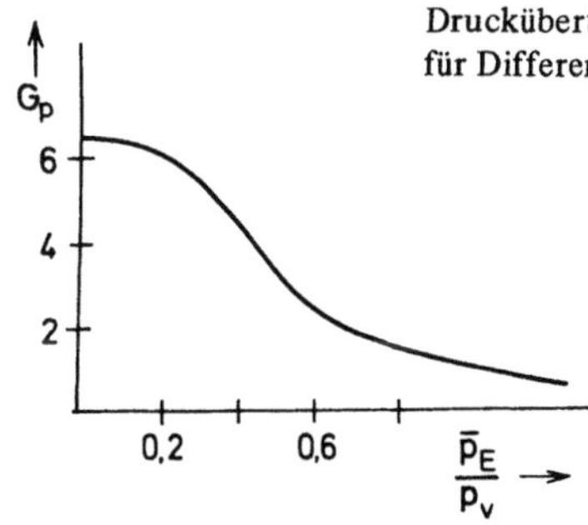

Bild 5.1.7
Abhängigkeit der Druckverstärkung vom Gleichtaktdruck

5.1.3.2 Kennlinien des Strahlablenkverstärkers mit laminarem Freistrahl

Die Ein- und Ausgangskennlinien des Strahlablenkverstärkers mit laminarem Freistrahl sind denen des Verstärkers mit turbulentem Freistrahl sehr ähnlich (Bild 5.1.8). Durch speziellen geometrischen Aufbau nach Bild 5.1.1b wird bei der Druckübertragungskennlinie (Bild 5.1.9) erreicht, daß der Verstärker bei großer Aussteuerung in die Sättigung

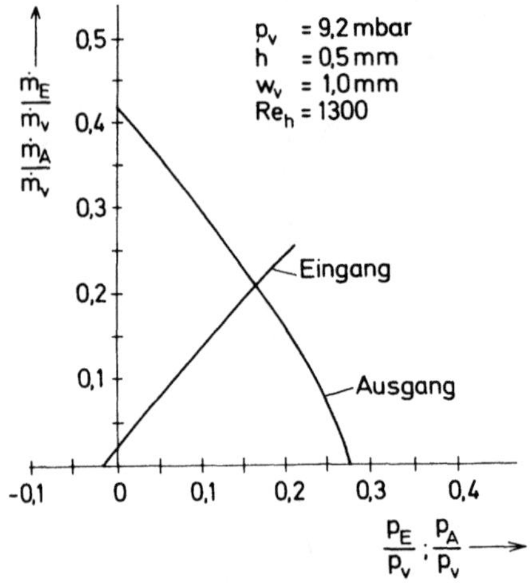

Bild 5.1.8 Ausgangs- und Eingangskennlinien eines Laminarstrahlverstärkers [5.2]

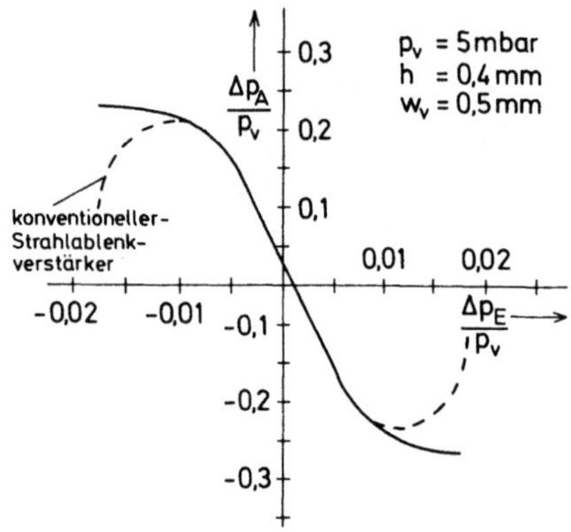

Bild 5.1.9 Druckübertragungskennlinie eines Laminarstrahlverstärkers für Differenzbetrieb [5.2]

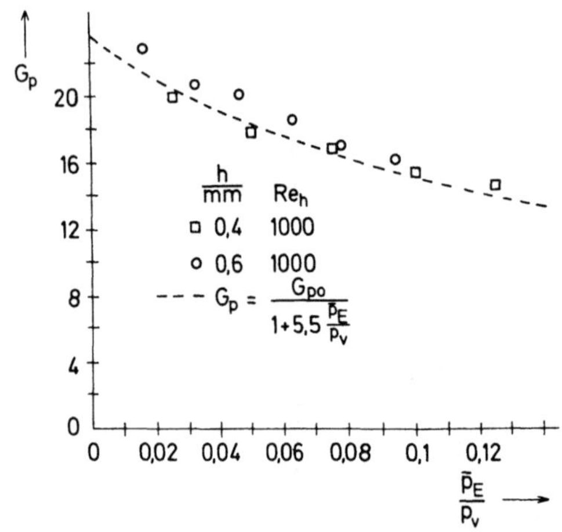

Bild 5.1.10 Abhängigkeit der Druckverstärkung vom Gleichtakt beim Laminarstrahlverstärker [5.2]

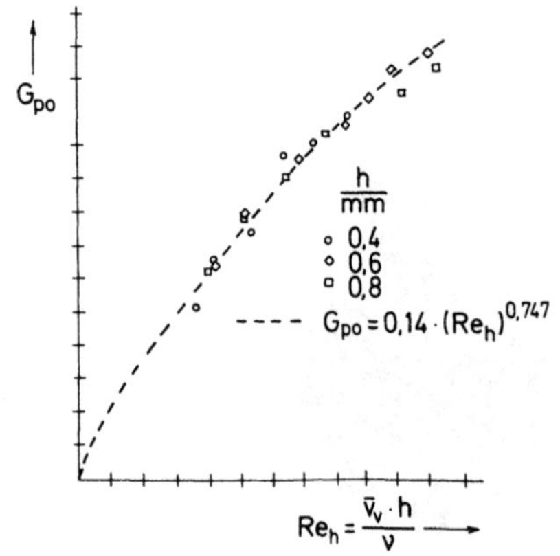

Bild 5.1.11 Abhängigkeit der Druckverstärkung von der Reynolds-Zahl beim Laminarstrahlverstärker [5.2]

geht. Die Abhängigkeit der Druckverstärkung vom Gleichtakt ist wiederum ähnlich wie beim Verstärker mit turbulentem Freistrahl. Mit wachsendem Gleichdruckanteil sinkt die Verstärkung (Bild 5.1.10). Allerdings liegen die erzielbaren Verstärkungswerte erheblich höher als beim Verstärker mit turbulentem Freistrahl. Typische Werte für die Druckverstärkung sind bei turbulentem Freistrahl 5 . . . 10. Bei laminarem Freistrahl dagegen sind Werte um 20 für die Druckverstärkung üblich. Wie Bild 5.1.11 jedoch zeigt, ist die Druckverstärkung stark von der Reynolds-Zahl abhängig. Die Reynolds-Zahl ist hier auf die Elementtiefe h bezogen. Je niedriger die Reynolds-Zahl gewählt wird, umso niedriger liegt die Verstärkung aber auch das Rauschen des Elementes. Für eine Verstärkung von 20 läßt sich ein Signal/Rausch-Verhältnis von etwa 2000 erreichen (siehe Druckübertragungskennlinie in Bild 5.9.1), bei einer Bandbreite von 0 . . . 20 Hz [5.2].

5.1.4 Wechselstromersatzschaltung von Strahlablenkverstärkern

5.1.4.1 Niederfrequenzersatzschaltung

Die Gleichstromersatzschaltung soll uns als Grundlage für die Ersatzschaltung für tiefe Frequenzen dienen. Wir nehmen an, daß auf der Eingangs- und auf der Ausgangskennlinie Arbeitspunkte eingestellt sind, in denen der Verstärker mit kleinen Signalen ausgesteuert wird (Bild 5.1.12). Der Innenwiderstand für tiefe Frequenzen kann aus der Quellkennlinie durch Anlegen der Tangente im Arbeitspunkt gefunden werden. Aus dem statischen Innenwiderstand ergibt sich der dynamische Innenwiderstand zu

$$r_0 = \zeta \frac{\bar{\dot{m}}_A}{\rho A_A^2} . \tag{5.1.17}$$

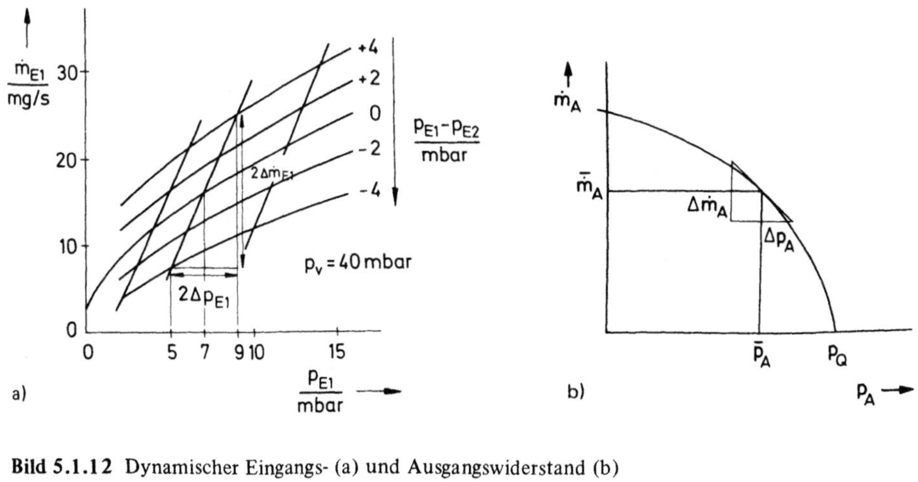

Bild 5.1.12 Dynamischer Eingangs- (a) und Ausgangswiderstand (b)

ζ berücksichtigt Abweichungen von der idealen Empfängerdüse, wie inhomogene Geschwindigkeitsverteilung im Freistrahl, Einschnürung der Strömung im Empfangsquerschnitt usw. Im allgemeinen unterscheidet sich ζ nur wenig von 1.
Der dynamische Eingangswiderstand r_E kann nicht so ohne weiteres auf gleiche Weise aus der Eingangskennlinie bei Gleichstrom bestimmt werden. Bei den geringen Versetzungen der industriellen Strahlablenkverstärker zwischen Versorgungs- und Steuerdüse bestehen erhebliche Rückwirkungen zwischen Strahl und Steuerdüse. Der Eingangswiderstand für einseitige Aussteuerung weicht daher erheblich von dem Eingangswiderstand für Gegentaktaussteuerung ab. Ausgehend von dem Gleichtakt $\overline{p}_E$ wird bei Gegentaktaussteuerung der Druck auf der einen Seite um den gleichen Betrag $\Delta p_E/2$ erhöht wie er auf der anderen Seite erniedrigt wird. Um den dynamischen Widerstand bei Gegentaktbetrieb ermitteln zu können, muß daher vorher ein Kennlinienfeld $\dot{m}_E = f(p_E)$ mit dem Parameter $p_{E1} - p_{E2}$ aufgenommen werden. Wie in Bild 5.1.12a angedeutet, liegt der Arbeitspunkt auf der Kennlinie $p_{E1} - p_{E2} = 0$. Bei der Erhöhung des Eingangsdruckes p_{E1} um $\Delta p_E/2$ muß auf die Kennlinie mit dem Parameter $p_{E1} - p_{E2} = \Delta p_E$ übergegangen werden. Die Kennlinie für den dynamischen Eingangswiderstand ist daher steiler als die Kennlinie für Gleichstromaussteuerung. Der dynamische Eingangswiderstand bei Gegentaktaussteuerung ist somit kleiner als der dynamische Eingangswiderstand bei einseitiger Aussteuerung, den man durch Anlegen der Tangente im Arbeitspunkt an die Kennlinie mit dem Parameter $p_{E1} - p_{E2} = 0$ erhält. Eine Erklärung dieses Effektes folgt in Abschnitt 10.2.
Bild 5.1.19 zeigt die Niederfrequenzersatzschaltung.

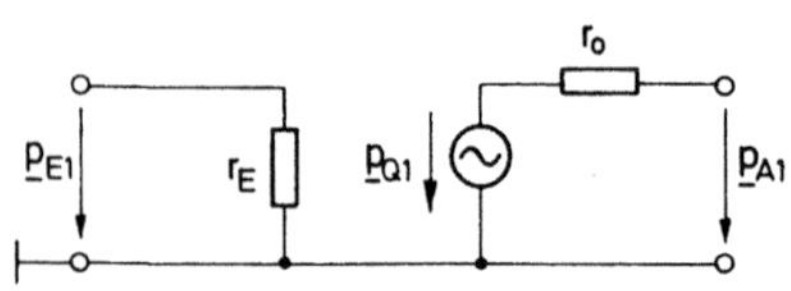

Bild 5.1.13
Niederfrequenz-Ersatzschaltung eines Strahlablenkverstärkers

Die Konstantdruckquelle im Ausgang ist durch den Eingangsstrom bzw. den Eingangsdruck gesteuert

$$\underline{p}_Q = \underline{Z}_{ü}\,\dot{m}_E \qquad \text{bzw.} \qquad \underline{p}_Q = \underline{G}_p\,\underline{p}\,. \tag{5.1.18}$$

In der Übertragungsimpedanz $Z_{ü}$ bzw. der Leerlaufdruckverstärkung G_p ist die Phasendrehung aufgrund der Signallaufzeit t_s im Freistrahl enthalten

$$\underline{Z}_{ü} = Z_{ü0}\,e^{-j\omega t_s} \qquad \text{bzw.} \qquad \underline{G}_{p0}\,e^{-j\omega t_s}\,. \tag{5.1.19}$$

Die Signaltransportgeschwindigkeit v_s im Strahl ist nicht gleich der Teilchengeschwindigkeit im Strahl $\overline{v}_v$. Massen [5.9] gibt aus Korrelationsmessungen am Freistrahl folgenden

Zusammenhang zwischen Signaltransportgeschwindigkeit und Teilchengeschwindigkeit (gemessen am Versorgungsdüsenaustritt)

$$v_s = 0{,}48\,\bar{v}_v\,. \qquad (5.1.20)$$

Diese Beziehung wird durch die Untersuchungen in [5.10] bestätigt.

Daraus folgt für die Signaltransportzeit t_s entlang des Strahles mit der Länge l

$$t_s = \frac{l}{v_s} = 2{,}08\,\frac{l}{\bar{v}_v} = 2{,}08\,t_v \qquad t_v \text{ mittlere Strahllaufzeit} \qquad (5.1.21)$$

Nach Massen [5.9] erfolgt die Signalausbreitung im Strahl durch angeregte Störungen längs des im niedrigen Geschwindigkeitsbereich besonders empfindlichen Strahles, wahrscheinlich durch Anregung von Scherwellen.

5.1.4.2 Hochfrequenzersatzschaltung

Für hohe Frequenzen (Wellenlänge in der Größenordnung der Verstärkerabmessungen) müssen die Kanäle als Übertragungsleitungen (siehe Kapitel 9) betrachtet werden. Weiterhin müssen die Frequenzgänge von Strahl und Entlastungsöffnungen berücksichtigt werden.

5.1.4.2.1 Eingangskreis

Die Steuerdüse des Strahlablenkverstärkers kann in erster Näherung wie ein RL-Tiefpaßfilter behandelt werden (siehe Abschnitt 10.4.2). In Reihe mit dem dynamischen Düsenwiderstand r_E liegt die Induktivität der Düsenmündung $L_E = l_E / A_E$ (Bild 5.1.14). Bei einer genaueren Betrachtung kommt noch eine kapazitive Komponente hinzu aufgrund der Steifigkeit des Versorgungsstrahles, der auf den Düsenausgang einwirkt (siehe nächster Abschnitt).

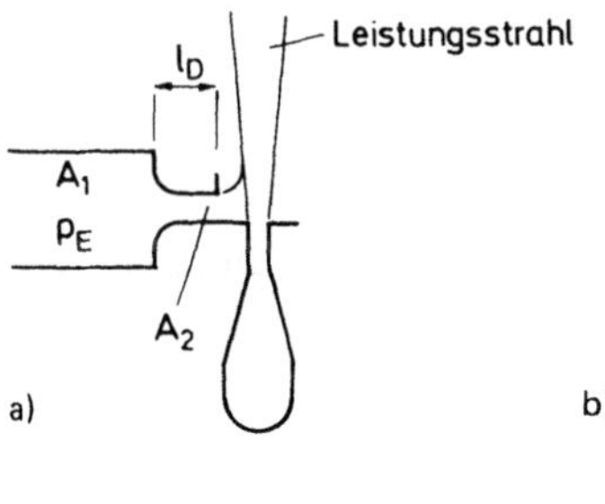

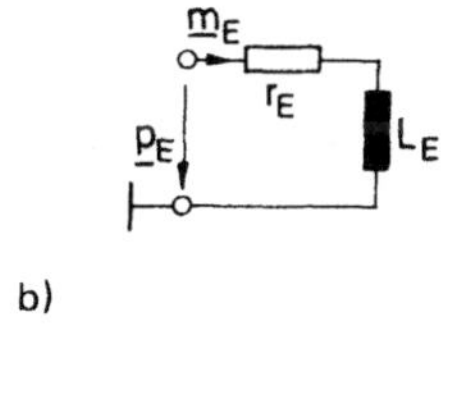

Bild 5.1.14
Steuerdüse (a) und Ersatzschaltung (b)

5.1.4.2.2 Freistrahl-Vent-System

Durch eine seitliche Ablenkung übt der Strahl Kräfte auf seine Umgebung aus, die sein Frequenzverhalten bestimmen. Für einen Gedankenversuch nehmen wir die in Bild 5.1.15 gezeigte Anordnung an. Aus einer Versorgungsdüse tritt ein Freistrahl aus, der an die Kanäle ① und ② gekoppelt ist. Zur angenäherten Betrachtung wird angenommen, daß kein Anteil des Strahles in die Kanäle tritt. Weiterhin soll der Strahl sich nicht verbreitern und seine mittlere Geschwindigkeit am Strahlende soll gleich der Geschwindigkeit am Ausgang der Versorgungsdüse sein. Wir bringen nun einen periodischen Differenzdruck $p_2 - p_1$ in den Kanälen auf.

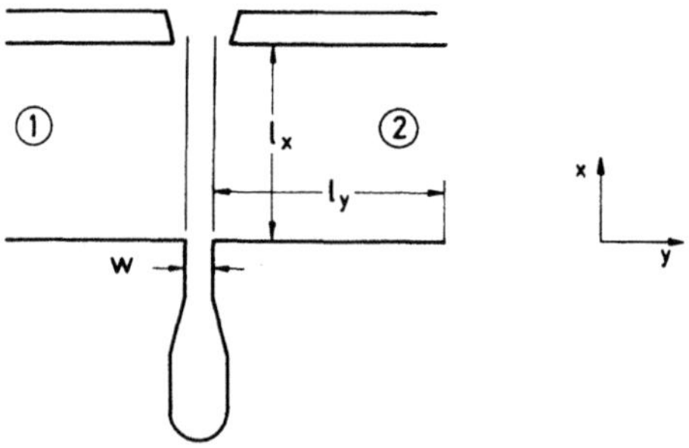

Bild 5.1.15
Freistrahlmodell mit angekoppelten Leitungen

Strahlinduktivität

Die Kraft quer zum Strahl $(p_2 - p_1)\, h\, l$ ist im Gleichgewicht mit den Massenkräften des in y-Richtung beschleunigten Strahles

$$(p_2 - p_1)\, h\, l = \int_0^l \rho\, w\, h\, \frac{d\, v_y}{dt}\, d\, l\,. \tag{5.1.22}$$

Führen wir hierin den in den Vent fließenden Massenstrom

$$\dot{m}_y = \int_0^l \rho\, h\, v_y\, d\, l \tag{5.1.23}$$

ein, so folgt der Druckgradient als Funktion der zeitlichen Massenstromänderung zu

$$p_2 - p_1 = L_S\, \frac{d\, \dot{m}_y}{dt}\,. \tag{5.1.24}$$

Mit der Strahlinduktivität

$$L_S = \frac{w}{h\, l}\,. \tag{5.1.25}$$

Strahlkapazität

Bei Anlegen einer statischen Druckdifferenz an die Strahlgrenzen wird ein Volumenelement des Strahles um den Winkel Θ ausgelenkt (Bild 5.1.16)

$$\tan\Theta = \frac{d\delta}{dl} = \frac{(p_2 - p_1)\,h\,dl}{\dot{I}_v}. \qquad (5.1.26)$$

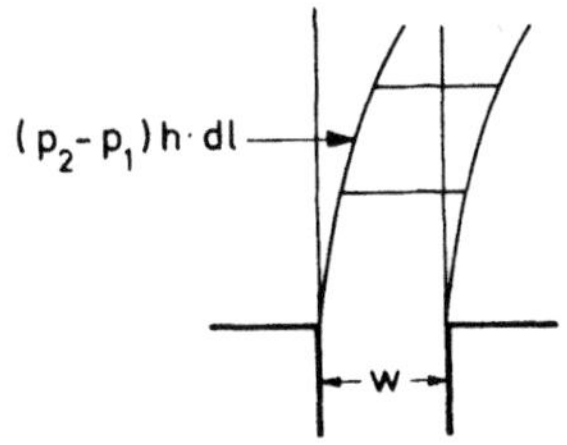

Bild 5.1.16 Freistrahlablenkung durch ein Druckfeld

Der zeitliche Strahlimpuls ist

$$\dot{I}_v = \dot{m}_v \bar{v}_v = \rho \bar{v}_v^2 h w. \qquad (5.1.27)$$

Die Auslenkung δ an der Stelle l folgt dann für kleine Winkel zu

$$\delta = \int_0^l \left\{ \int_0^l \frac{p_2 - p_1}{\dot{I}_v} h\,dl \right\} dl = \frac{p_2 - p_1}{\dot{m}_v \bar{v}_v} h \frac{l^2}{2}. \qquad (5.1.28)$$

Mit

$$v_y = \frac{d\delta}{dt} \qquad (5.1.29)$$

wird der Massenfluß im angekoppelten Leiter

$$\dot{m}_y = \int_A \rho v_y dA = \rho h \frac{d}{dt} \int \delta\,dl. \qquad (5.1.30)$$

Führen wir Gl. (5.1.28) in Gl. (5.1.30) ein, so wird

$$\dot{m}_y = \frac{\rho h^2 l^3}{6 \dot{I}_v} \frac{d(p_2 - p_1)}{dt} = C_S \frac{d}{dt}(p_2 - p_1) \qquad (5.1.31)$$

mit der Strahlkapazität

$$C_S = \frac{h^2 l^3}{6 A_v \bar{v}_v^2} = \frac{1}{6}\left(\frac{l}{w}\right)^2 \frac{V_{Strahl}}{v_v^2}. \qquad (5.1.32)$$

Nehmen wir nun die Kanäle mit einer Länge l_y und dem Querschnitt $A = lh$ an, so folgt die Kanalinduktivität zu

$$L_y = \frac{l_y}{lh}. \qquad (5.1.33)$$

Die Gesamtinduktivität des Systems ist daher

$$L = \frac{w + 2 l_y}{l h}. \tag{5.1.34}$$

Damit folgt die Eigenfrequenz des Systems zu

$$f_0 = \frac{1}{2\pi} = \frac{1}{\sqrt{L C_S}} = \frac{1}{2\pi} \frac{\bar{v}_v}{l} \sqrt{\frac{6}{1 + 2 l_y / w}}. \tag{5.1.35}$$

Die Ersatzschaltung für das Freistrahlsystem mit angekoppelten Kanälen in Bild 5.1.15 ist demnach eine Reihenschaltung aus der Strahlkapazität C_S und der Gesamtinduktivität $L = L_S + 2 L_y$. Die Verluste im Kreis wollen wir durch den Widerstand r_S berücksichtigen (Bild 5.1.17).
Solange die Leiterlängen klein gegen die Wellenlängen der Betriebsfrequenzen sind, ist diese Ersatzschaltung hinreichend genau (siehe Abschnitt 10.3). Ist dies nicht der Fall, so müssen die Zuleitungen als „Übertragungsleitungen" betrachtet werden (siehe Kapitel 9).

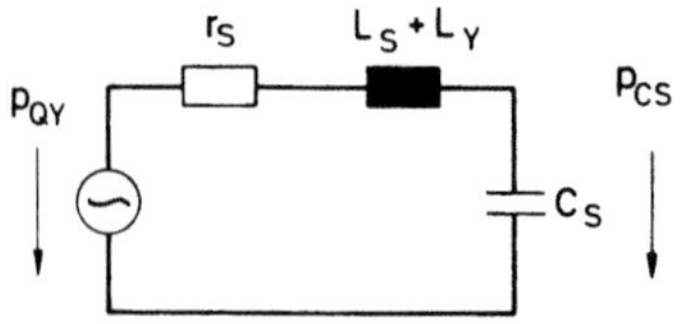

Bild 5.1.17
Ersatzschaltung eines Freistrahls mit angekoppelten Leitungen nach Bild 5.1.15

5.1.4.2.3 Gesamtersatzschaltung des Strahlablenkverstärkers

Experimentelle Untersuchungen [5.5, 5.7, 5.8] haben gezeigt, daß sich das Übertragungsverhalten eines Strahlablenksystems durch Übertragungsglied 2. Ordnung mit Totzeit beschreiben läßt. Bild 5.1.8 gibt die Ersatzschaltung eines Strahlablenkverstärkers, wobei die Übertragungsimpedanz durch

$$\underline{Z}_ü = \frac{Z_{ü0}}{1 + j 2 D (f/f_0) - (f/f_0)^2} e^{-j 2 \pi f t_s} \tag{5.1.36}$$

gegeben ist. In ihr sind die Eigenschaften des Freistrahls und der angekoppelten Vents berücksichtigt.

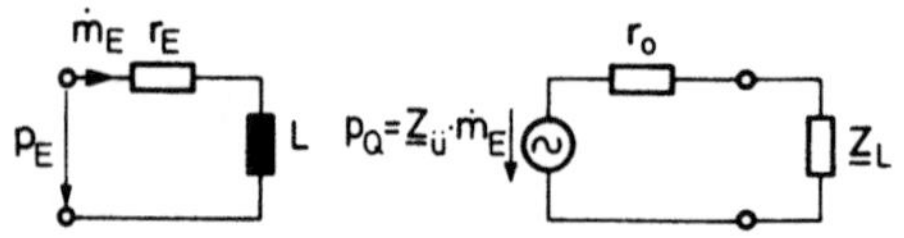

Bild 5.1.18
Ersatzschaltung des Strahlablenkverstärkers

Die Druckübertragungsfunktion folgt daraus zu

$$\frac{\underline{p}_Q}{\underline{p}_E} = \frac{Z_{ü0}\, e^{-j 2\pi f t_s}}{(r_E + j 2\pi f L_E)(1 + j 2D(f/f_0) - (f/f_0)^2)} \qquad (5.1.37)$$

$$= \underbrace{\frac{Z_{ü0}}{r_E}}_{G_{p0}} \frac{e^{-j 2\pi f t_s}}{(1 + j 2\pi f \tau_E)(1 + j 2D(f/f_0) - (f/f_0)^2)} .$$

In den meisten Fällen ist die Zeitkonstante des Eingangskreises so klein, daß die Eckfrequenz weit oberhalb des Eigenfrequenz des Strahlsystems liegt. In erster Näherung kann daher der Strahlablenkverstärker im interessierenden Frequenzbereich durch

$$\frac{\underline{p}_Q}{\underline{p}_E} \approx \frac{G_{p0}\, e^{-j 2\pi f t_s}}{1 + j 2D(f/f_0) - (f/f_0)^2} \qquad (5.1.38)$$

beschrieben werden.
Wir schreiben nun die Eigenfrequenz des realen Systems in Anlehnung an Gl. (5.1.35)

$$f_0 = \frac{1}{2\pi t_v S \sqrt{1 + 2 l_y/w}} , \qquad (5.1.39)$$

wobei S als Strouhal-Zahl des Strahles bezeichnet wird. Unter Berücksichtigung der Tatsache, daß nach Gl (5.1.21) die Signalgeschwindigkeit v_S im Verstärker nur das 0,48 fache der Teilchengeschwindigkeit $\bar{v}_v$ beträgt, berechnet sich die theoretische Strouhal-Zahl des Strahles zu

$$S_{theor} = \frac{1}{\sqrt{6}\, v_S/v_V} = 0{,}851 . \qquad (5.1.40)$$

Experimentelle Untersuchungen zeigen, daß die Strouhal-Zahl in Wirklichkeit keine Konstante sondern vom Verhältnis l/w des Verstärkers abhängig ist.
In Bild 5.1.19 und Bild 5.1.20 sind Messungen an Verstärkern bei variabler Ventlänge für $l/w = 8{,}77$ und $l/w = 4{,}19$ zu sehen.

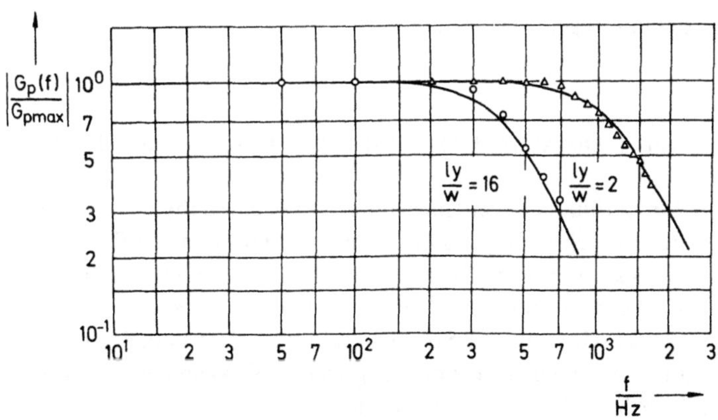

Bild 5.1.19
Amplitudengang des Verstärkers Typ 1 bei verschiedenen Ventlängen

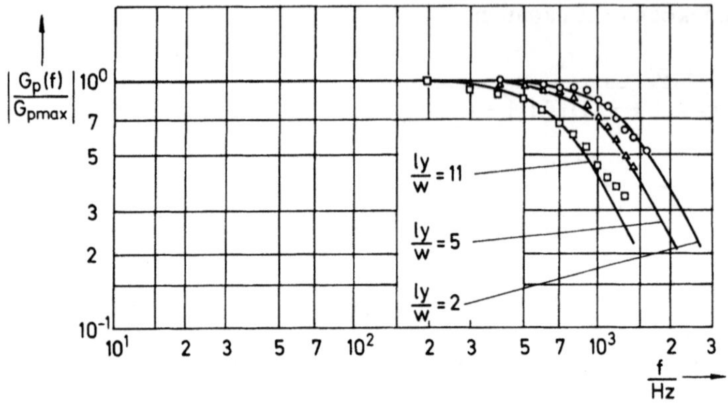

Bild 5.1.20
Amplitudengang des Verstärkers Typ 2 bei verschiedenen Ventlängen

Die Daten für den Verstärker Typ 1 In Bild 5.1.19 sind:

l = 5,0 mm $\quad$ p_v 30 mbar

w = 0,57 mm $\quad$ $\bar{v}_v = 60{,}5 \cdot 10^3 \ \frac{mm}{s}$

h = 1,05 mm

Aus den Messungen ergibt sich die Eigenfrequenz zu

$$f_0 = \frac{2{,}18}{\sqrt{1 + 2\,l_y/w}}$$

mit einer Strouhal-Zahl S = 0,885. Die Abweichung von 4 % zur theoretischen Strouhal-Zahl liegt innerhalb der Meßgenauigkeit (Bild 5.1.23).
Die Daten für den Verstärker Typ 2 in Bild 5.1.20 sind:

l = 2,6 mm $\quad$ p_v = 40 mbar

w = 0,62 mm $\quad$ $\bar{v}_v = 71{,}3 \cdot 10^3 \ \frac{mm}{s}$

h = 1,05 mm .

Aus den Messungen ergibt sich die Eigenfrequenz zu

$$f_0 = \frac{3{,}08}{\sqrt{1 + 2\,l_y/w}}$$

mit einer Strouhal-Zahl S = 1,414. Die Abweichung zur theoretischen Strouhal-Zahl beträgt etwa 66 % (Bild 5.1.23).
Die Messungen zeigen, daß der Einfluß der Ventlänge auf das Frequenzverhalten sehr genau durch Gl. (5.1.39) erfaßt wird. Der Dämpfungsgrad ist annähernd konstant D = 0,7.
Die Strouhal-Zahl des Strahles S stimmt für Verhältnisse l/w = 9 mit der theoretisch ermittelten sehr gut überein. Mit kürzer werdendem Abstand zwischen Empfängerdüse und Versorgungsdüse wächst die praktisch ermittelte Strouhal-Zahl stark. Das Verhältnis l/w industrieller Verstärker liegt immer in der Größenordnung von 10. Es kann daher hier mit der theoretischen Strouhal-Zahl S = 0,851 gerechnet werden.

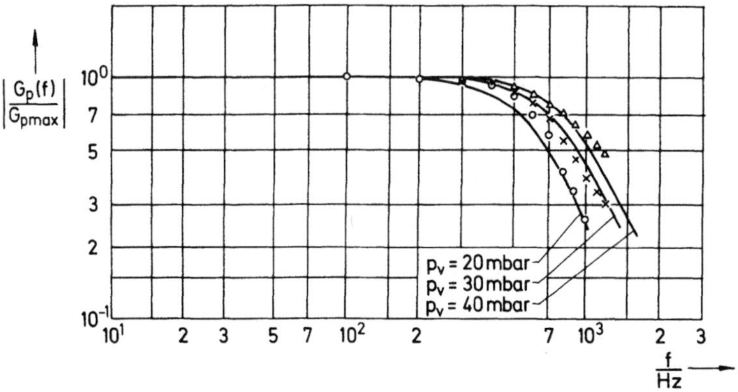

Bild 5.1.21
Amplitudengang des Verstärkers Typ 3 bei verschiedenen Versorgungsdrücken

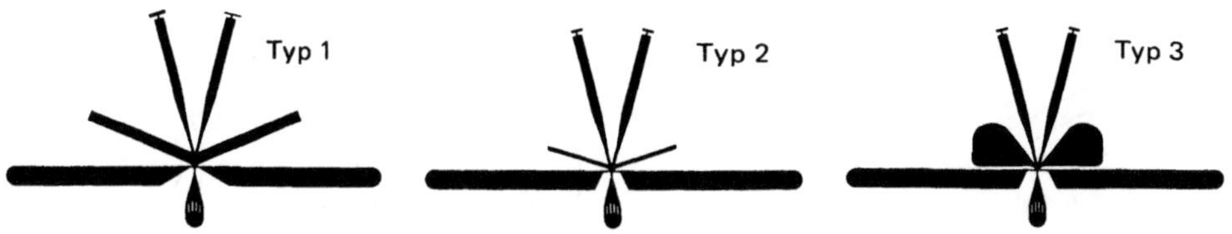

Bild 5.1.22 Verstärkersilhouetten

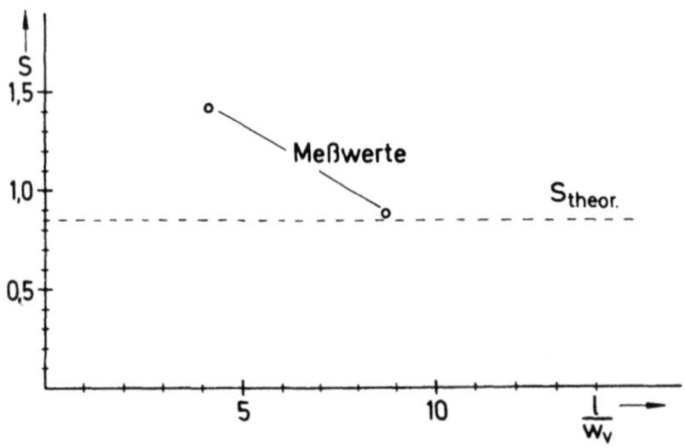

Bild 5.1.23
Strouhal-Zahl S in Abhängigkeit von der normierten Strahllänge l/w

Die Druckabhängigkeit der Eigenfrequenz eines Verstärkers vom Typ 3 mit einer effektiven Ventlänge l_y = 8 w zeigt Bild 5.1.21.
Die Daten für den Verstärker Typ 3 sind:

l = 2,6 mm	p_{v1} = 20 mbar	$\bar{v}_{v1} = 51 \cdot 10^3 \frac{mm}{s}$
w = 0,55 mm	p_{v2} = 30 mbar	$\bar{v}_{v2} = 65 \cdot 10^3 \frac{mm}{s}$
h = 1,05 mm	p_{v3} = 40 mbar	$\bar{v}_{v3} = 76 \cdot 10^3 \frac{mm}{s}$.

In Bild 5.1.22 sind die Silhouetten der untersuchten Verstärker Typ 1 bis 3 wiedergegeben. Der Verstärker Typ 3 unterscheidet sich vom Verstärker Typ 2 nur durch seine Ventausbildung.

5.2 Wirbelkammerverstärker [5.11 bis 5.14]

Der Wirbelkammerverstärker entspricht in seinem Prinzip einem steuerbaren Widerstand. Er kann daher ohne weiteres mit dem Transistor aus der Elektronik verglichen werden. Bild 5.2.1a zeigt die perspektivische Ansicht eines Wirbelkammerverstärkers mit seitlicher Einspeisung. Über einen Versorgungskanal tritt ein Leistungsstrahl seitlich in eine zylindrische Kammer (Wirbelkammer) ein und verläßt diese bei fehlendem Steuersignal durch eine konzentrisch in der Bodenplatte der Kammer angeordnete Ausgangsöffnung. Der Steuerstrahl wirkt senkrecht auf den Leistungsstrahl. Je nach Stärke des Steuerstrahles wird der Leistungsstrahl abgelenkt und beschreibt eine spiralförmige Bahn, bis er die Wirbelkammer durch die Ausgangsöffnung wieder verläßt. Je stärker der Wirbel ausgebildet wird, umso höher ist der Druckabfall in der Kammer.

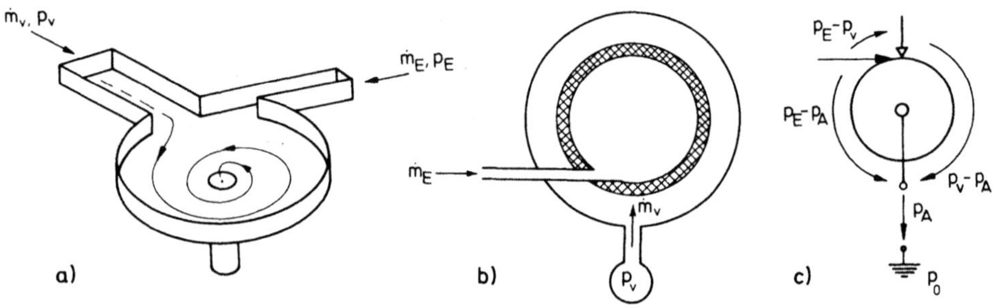

Bild 5.2.1 Wirbelkammerverstärker mit seitlicher Speisung (a), mit konzentrischer Speisung (b), Symbol (c)

5.2.1 Berechnung der Leerlaufdruckverstärkung unter stark vereinfachten Bedingungen

Es soll nun an Hand eines stark vereinfachten Modelles der Druckabfall in der Strömungskammer berechnet werden. Das Medium wird als verlustlos und inkompressible angenommen.

Beim Aufeinandertreffen der Steuer- und der Versorgungsströmung wird sich eine resultierende Strömungsbahn einstellen, die sich aus der vektoriellen Impulsaddition ergibt. Für den tangentialen Anteil des resultierenden Impulses gilt

$$v_t \, \dot{m}_{ges} = v_t \, (\dot{m}_E + \dot{m}_v) = v_E \, \dot{m}_E \, , \tag{5.2.1}$$

da der tangentiale Anteil des resultierenden Impulses dem Steuerimpuls gleichgerichtet ist. Die tangentiale Geschwindigkeit an der Wirbelkammerwand wird dann

$$v_t = v_E \, \frac{\dot{m}_E}{\dot{m}_E \, \dot{m}_v} \, . \tag{5.2.2}$$

Der Druckabfall in der Kammer wird nach Bernoulli

$$p_a - p_i = \Delta p = \frac{\rho}{2}(v_i^2 - v_t^2)\,, \tag{5.2.3}$$

wenn p_i und v_i Druck und Geschwindigkeit an der Austrittsöffnung sind. Aus dem Erhaltungssatz des Drehimpulses folgt weiterhin

$$v_t\, r_a = v_i\, r_i \tag{5.2.4}$$

mit r_a Kammerradius, r_i Radius der Austrittsöffnung.
Dies in Gl. (5.2.3) eingesetz ergibt

$$\Delta p = \frac{\rho}{2}\left[v_t^2\left(\frac{r_a}{r_i}\right)^2 - v_t^2\right] = \frac{\rho}{2}\, v_t^2\left[\left(\frac{r_a}{r_i}\right)^2 - 1\right]. \tag{5.2.5}$$

Mit Gl. (5.2.2) folgt der Druckabfall in der Kammer zu

$$\Delta p = \frac{\rho}{2}\left(\left(\frac{r_a}{r_i}\right)^2 - 1\right)\left(\frac{\dot m_E}{\dot m_E + \dot m_v}\right)^2 v_E^2\,. \tag{5.2.6}$$

Mit

$$p_E = \frac{\rho}{2}\, v_E^2 \tag{5.2.7}$$

für eine Düse mit großem Querschnittsübergang folgt dann die Leerlaufdruckverstärkung zu

$$G_{p0} = \frac{\Delta p}{p_E} = \left(\left(\frac{r_a}{r_i}\right)^2 - 1\right)\left(\frac{\dot m_E}{\dot m_E + \dot m_v}\right)^2. \tag{5.2.8}$$

Gl. (5.2.8), die an Hand eines stark vereinfachten 2-dimensionalen Modells abgeleitet wurde, kann die tatsächlichen Verhältnisse nur sehr grob beschreiben, da in Wirklichkeit eine 3-dimensionale Strömung vorliegt, bei der die Reibungskräfte einen wesentlichen Einfluß haben.

5.2.2 Kennlinien des Wirbelkammerverstärkers

Bild 5.2.2 zeigt typische Drucksteuerkennlinien eines Wirbelkammerverstärkers, wenn der Versorgungseingang durch eine Konstantdruckquelle gespeist wird. Mit wachsendem Steuerdruck wird die Versorgungsströmung abgedrosselt, bis auf der gestrichelt eingetragenen Kennlinie nur noch der Steuerfluß übrig bleibt. Der Verstärker hat eine invertierende Charakteristik.
Einen wesentlichen Einfluß auf die Steuerkennlinie hat die Ausgangskanalgeometrie. In Bild 5.2.3 ist die Massenstromsteuerkennlinie eines Wirbelkammerverstärkers mit dem Verhältnis von Ausgangskanalöffnung zu Wirbelkammerdurchmesser als Parameter aufgetragen. Es ist zu sehen, daß von einem Radiusverhältnis $r_a/r_i = 0.125$ ab die Kennlinie nicht mehr eindeutig ist. Der Verstärker nimmt bistabiles Verhalten an. Zur Verbesserung

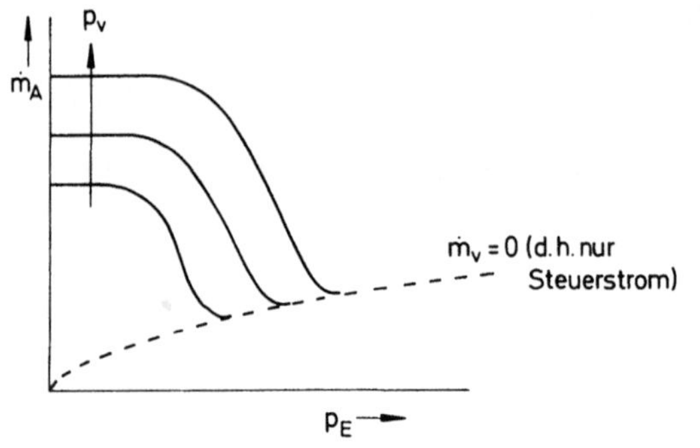

Bild 5.2.2
Typische Drucksteuerkennlinie eines Wirbelkammerverstärkers

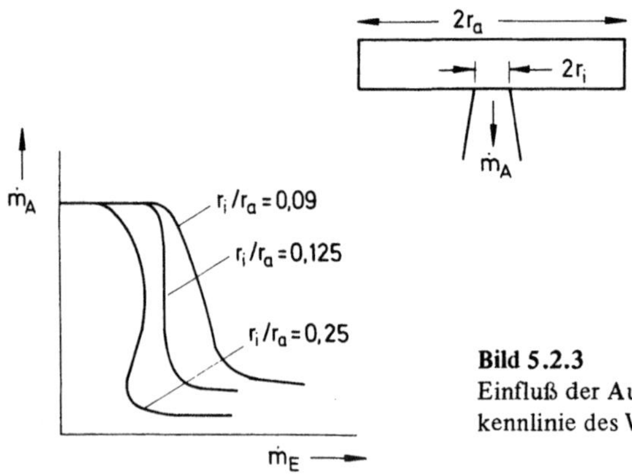

Bild 5.2.3
Einfluß der Ausgangskanalgeometrie auf die Massenstromkennlinie des Wirbelkammerverstärkers [5.12]

des Wirkungsgrades sollte der Ausgangskanal in Art eines Diffusors ausgebildet sein. Ein günstiger Wert für den totalen Öffnungswinkel ist 8°.
Um ein vollständiges Absperren der Strömung zu erreichen, muß der Wirbelkammerverstärker mit einer Entlastungsöffnung versehen werden, wie in Bild 5.2.4 angedeutet wird. Die Empfängerdüse ist so gegenüber dem Ausgangsloch in der Kammer versetzt, daß ein Ringspalt entsteht. Bei Verwirbelung der Strömung in der Kammer kann der ganze Strom in Form eines sich erweiternden Strömungskegels aus diesem Spalt austreten. Bild 5.2.5 stellt die Drucksteuerkennlinien eines Verstärkers mit und ohne Entlastungsöffnung gegenüber. Als Steuergröße ist hier nicht der Steuerdruck gegen Atmosphäre p_E, sondern $p_E - p_v$ gewählt. Um eine Strömungseinschnürung zu erreichen, muß der Steuerdruck größer als der Versorgungsdruck sein. Es kann daher nur für Wechseldruckgrößen eine Druckverstärkung erzielt werden.
Man unterscheidet Wirbelkammerverstärker mit einer seitlichen Einströmung und konzentrischer Einströmung.
Bild 5.2.6a zeigt den prinzipiellen Verlauf der Stromlinien für verschwindendes Steuersignal bei seitlicher Einspeisung. Es breitet sich ein Versorgungsstrahl in der Kammer aus, der zu beiden Seiten Wirbel ausbildet.

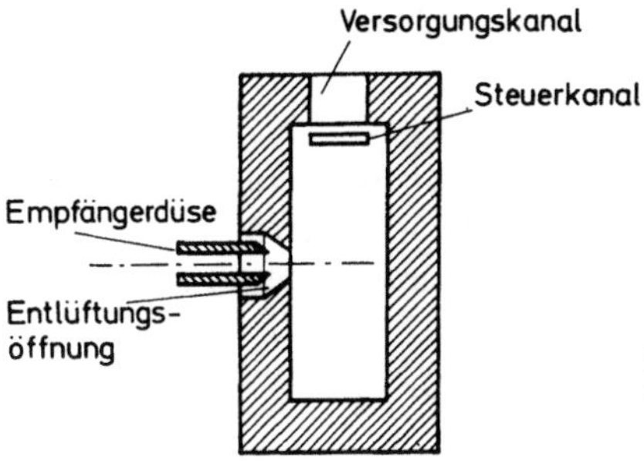

Bild 5.2.4
Wirbelkammerverstärker mit Entlastungsöffnung [5.11]

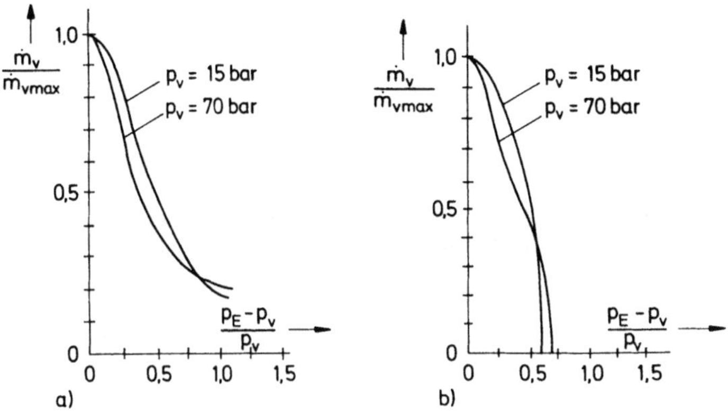

Bild 5.2.5 Drucksteuerkennlinien eines Wirbelkammerverstärkers ohne (a) und mit Entlastungsöffnung [5.11]

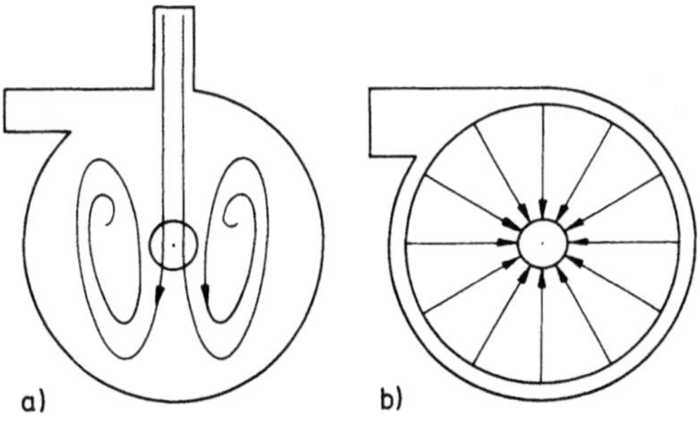

Bild 5.2.6
Strömungsverlauf in der Wirbelkammer für verschwindendes Steuersignal bei seitlicher (a) und konzentrischer (b) Versorgung

Bei der konzentrischen Versorgung wird die Strömung über einen porösen Ring oder einen pilzförmigen Einsatz in die Kammer, der mit der Kammer einen Ringspalt bildet, eingespeist. Die Strömungslinien laufen hierbei bei verschwindendem Steuersignal radial auf den Ausgangskanal zu. Wegen der geringeren Verluste aufgrund der günstigeren Strömungsausbildung erreicht der Wirbelkammerverstärker mit konzentrischer Versorgung höhere Wirkungsgrade.

5.2.3 Statische und dynamische Ersatzschaltung des Wirbelkammerverstärkers [5.13, 5.14]

Die Ersatzschaltung des Wirbelkammerverstärkers für Kleinsignalaussteuerung ist in Bild 5.2.7 zu sehen. Über dem Eingangswiderstand wirkt die Druckdifferenz $p_E - p_v$. Die Druckquelle im Ausgangskreis wird von dieser Druckdifferenz gesteuert. Für die einzelnen Größen der Ersatzschaltung gilt

$$r_E = \frac{\partial (p_E - p_v)}{\partial \dot{m}_E} \quad \text{Eingangswiderstand} \tag{5.2.9}$$

$$r_0 = \frac{\partial (p_v - p_A)}{\partial \dot{m}_A} \quad \text{Ausgangswiderstand} \tag{5.2.10}$$

$$G_p = \frac{\partial (p_v - p_A)}{\partial (p_E - p_v)} \quad \text{Druckverstärkungsfaktor .} \tag{5.2.11}$$

Das dynamische Verhalten der Wirbelkammer kann durch eine Totzeit und eine Verzögerungszeit beschrieben werden. Nach Taplin gilt für den Druckverstärkungsfaktor

$$G_p = G_{p0} \frac{e^{-j\omega T_t}}{1 + j\omega\tau} \tag{5.2.12}$$

mit

$$T_t \approx 0{,}25\, T_f \tag{5.2.13}$$

$$\tau \approx 0{,}25\, T_f \tag{5.2.14}$$

hierbei ist

$$T_f = \frac{\rho\pi(r_a^2 - r_i^2)}{\bar{\dot{m}}} \quad \text{Füllzeit der Wirbelkammer bei dem mittleren Massenstrom } \bar{\dot{m}}. \tag{5.2.15}$$

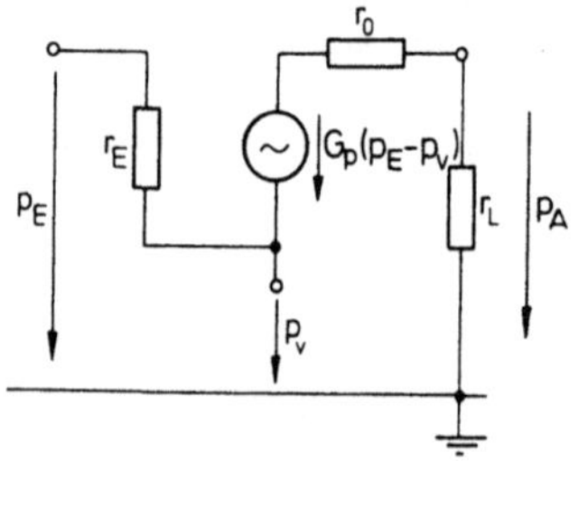

Bild 5.2.7
Ersatzschaltung des Wirbelkammerverstärkers für Kleinsignalaussteuerung

5.2.4 Grundschaltungen des Wirbelkammerverstärkers [5.14]

Der Wirbelkammerverstärker zeichnet sich dadurch vor allen anderen fluidischen Verstärkern aus, daß er als einziger den Versorgungsfluß moduliert. Die anderen fluidischen Verstärker verwenden einen konstanten Versorgungsfluß. Eine Verstärkerwirkung wird durch Strahlablenkung oder Änderung der Strömungszustände erzielt. Der Wirbelkammerverstärker ist in mancher Hinsicht dem Transistor ähnlich. In seiner einfachsten Form ist er ein Dreipol, der in drei verschiedenen Grundschaltungen analog den drei Transistor-Grundschaltungen betrieben werden kann.

5.2.4.1 Versorgungskanal-Schaltung

In den meisten Schaltungen wird der Versorgungsdruck konstant gehalten und das Eingangssignal auf den Steuerkanal gegeben. Der Ausgangskanal ist mit der Last verbunden. Diese Schaltung nach Bild 5.2.8 entspricht der Emitterschaltung des Transistors. Der Emitter entspricht dem Versorgungskanal, die Basis dem Steuerkanal und der Kollektor dem Ausgangskanal. Als Vergleichstyp wird ein pnp-Transistor gewählt. Während die Basis des Transistors gegenüber dem Emitter negativ vorgespannt ist, ist der Steuerkanal des Wirbelkammerverstärkers gegenüber dem Versorgungskanal dagegen positiv vorgespannt. Diese Schaltung gewährleistet sowohl Druck- als auch Stromverstärkung und eine Leistungsverstärkung, die größer als in den beiden übrigen Grundschaltungen ist. Die Eingangsimpedanz ist relativ hoch. Die Ausgangsimpedanz ist relativ gering, wenn die Ausgangsöffnung bei niedrigen Druckdifferenzen betrieben wird.

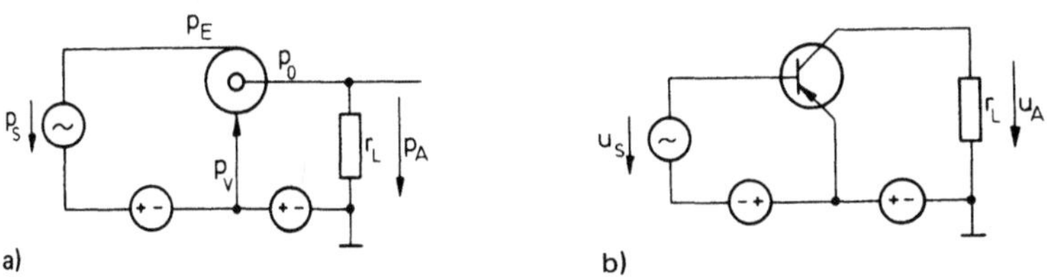

Bild 5.2.8
Versorgungskanalschaltung des Wirbelkammerverstärkers (a) und Emitterschaltung des Transistors (b)

5.2.4.2 Steuerkanal-Schaltung

Bild 5.2.9 zeigt die Steuerkanal-Schaltung des Wirbelkammerverstärkers bei der der Steuerkanal auf konstantem Druck gehalten wird. Die entsprechende Transistorschaltung ist die Basisschaltung. Die Eingangsimpedanz ist relativ gering; die Ausgangsimpedanz bleibt im Wesentlichen die gleiche wie in Versorgungskanalschaltung. Die Massenstromverstärkung ist etwas kleiner als 1, eine mäßige Druckverstärkung ist möglich.

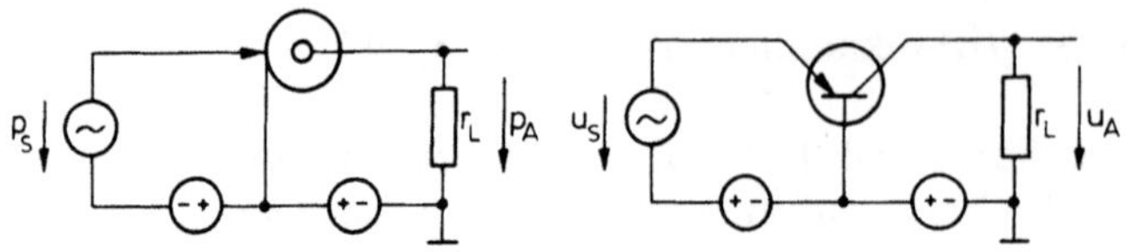

Bild 5.2.9 Steuerkanalschaltung des Wirbelkammerverstärkers (a) und Basisschaltung des Transistors (b)

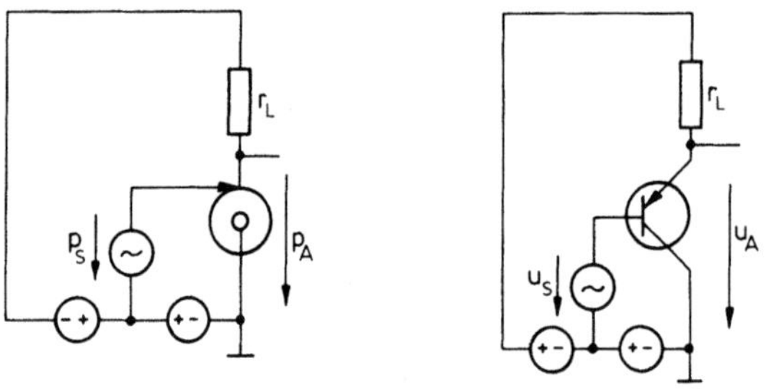

Bild 5.2.10
Ausgangskanalschaltung des Wirbelkammerverstärkers (a) und Kollektorschaltung des Transistors (b)

5.2.4.3 Ausgangskanal-Schaltung

In der Ausgangskanal-Schaltung (Bild 5.2.10) wird der Ausgangskanal auf konstantem Druck gehalten. Diese Schaltung entspricht der Kollektor-Schaltung des Transistors. Die Eingangsimpedanz ist sehr hoch, während die Ausgangsimpedanz gering ist. Die Druckverstärkung ist kleiner als 1, die Massenstromverstärkung dagegen relativ groß.

6 Fluidische Operationsverstärker und ihre Schaltungstechnik

6.1 Aufbau und Ersatzschaltung

Ähnlich wie in der Elektronik lassen sich in der Fluidik Operationsverstärker durch Hintereinanderschalten mehrerer Verstärkerstufen aufbauen. Mit einer Leerlaufverstärkung von 2000 und mehr ist ihr Übertragungsverhalten weitgehend nur von der äußeren Beschaltung abhängig [6.1, 6.2].
Aus der Anwendung sind überwiegend die Operationsverstärker nach dem Strahlablenkprinzip bekannt geworden. Hier lassen sich grundsätzlich die mit turbulentem und die mit laminarem Freistrahl unterscheiden.

6.1.1 Operationsverstärker mit turbulentem Freistrahl

Der fünfstufige Operationsverstärker CR280AM12B der Firma General Electric (Datenblatt siehe Bild 6.1.1) arbeitet im turbulenten Gebiet der Freistrahlen und weist daher ein relativ bescheidenes Signal/Rauschverhältnis auf. Für eine Bandbreite von 0 . . . 25 Hz wird ein Wert von etwa 200 angegeben. Je nach Belastung und Versorgungsdruck kann mit einer Druckverstärkung von 1000 . . . 2000 gerechnet werden.
Ähnliche Werte gibt die Firma Bertin & Cie. (Frankreich) für ihren dreistufigen Operationsverstärker an. Bei einer Druckverstärkung von 1500 wird bei einer Bandbreite von 30 Hz ein Signal/Rausch-Verhältnis von 220 erzielt. Wie sich das Signal/Rausch-Verhältnis mit der gewählten Bandbreite ändert kann Bild 6.1.2 entnommen werden. Mit größer werdender Bandbreite geht das Signal/Rausch-Verhältnis asymptotisch gegen den Wert 55 [6.3].
Um das Rauschen möglichst niedrig zu halten,wird der Operationsverstärker CR280AM12B in 6 bis 8 parallelgeschaltete Strömungspfade unterteilt, die durch dünne Bleche voneinander getrennt sind. Bei Verwendung von n parallelen Pfaden kann das Rauschen gegenüber einem nicht geschichteten Verstärker um den Faktor $1/\sqrt{n}$ verringert werden [6.4], da dies einer Parallelschaltung von n nichtkorrelierten Rauschquellen entspricht. Die Laminate haben eine Dicke von ca. 0,10 mm. Die Versorgungsdüsenweite beträgt ca. 0,25 mm. Die Versorgungsdrucke der fünf einzelnen Stufen sind über integrierte Vorwiderstände gegeneinander abgestuft (Bild 6.1.3).
Die Ersatzschaltung des Operationsverstärkers ist in Bild 6.1.4 zu sehen. Zwischen dem Quelldruck Δp_0 am Operationsverstärkerausgang und dem Eingangsdruck besteht die Beziehung

$$\Delta \underline{p}_0 = - \underline{A}\, \Delta \underline{p}_i \, . \qquad (6.1.1)$$

(Siehe Abschnitt 12.6 komplexe Schwingung und komplexe Amplitude.)

Circuit Diagram

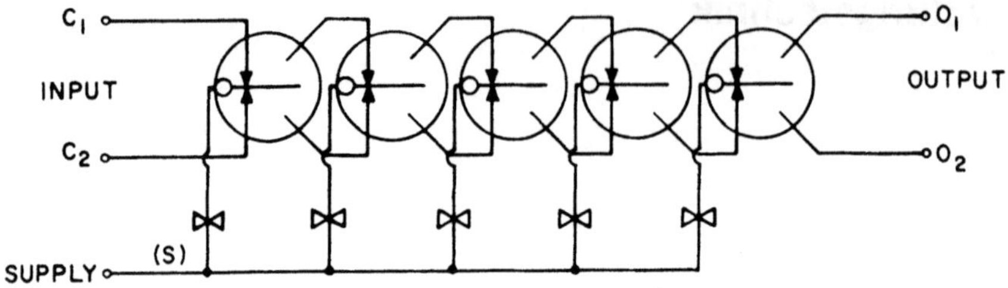

Operating Characteristics (Air 68 F)

Linear Output Pressure Range
Differential pressure at O_1 and O_2 of up ± 15 psi for an input supply pressure of 30 psig.

Forward Gain
See pressure gain curves

Control Pressure
The average control pressure level should be approximately. 01 psi or less.

Frequency Response
Phase shift is approximately 0.2 degrees per Hz.

Signal-To-Noise Ratio
200:1 minimum over a frequency range of 0 to 25 Hz.

Input Impedance Range
4500 to 23,000 sec/in^2 (function of supply pressure).

Operating Temperature
To 400 F. Greater than 1000 F using special metal alloys.

Supply Conditions
Fluid supply should be filtered to 10-20 microns. When gas is used, supply should be free of water and oil.

Operating Fluids
Performance data shown are for air at 68 F. Other gases or liquids may also be used.

Supply Flow
0.4 scfm (5×10^{-4} lbs/sec) at 10 psig.

Signal Amplification with Various Loads

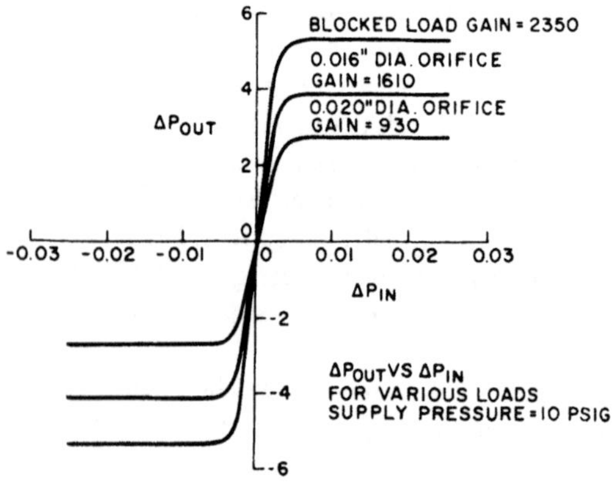

Signal Amplification at Various Supply Pressures

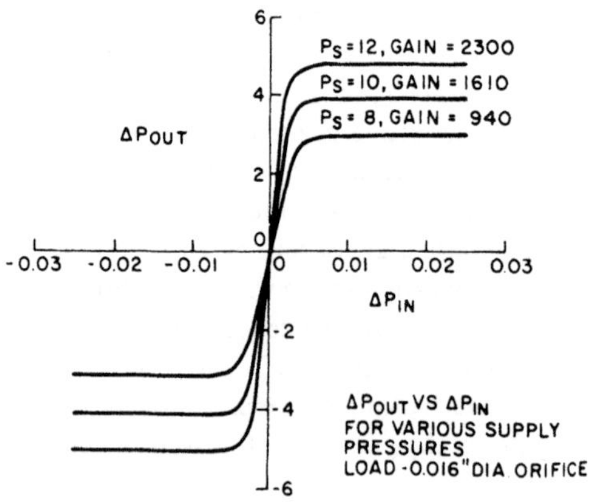

Bild 6.1.1 Datenblatt des Operationsverstärkers CR280 AM12B (General Electric, TriTec)

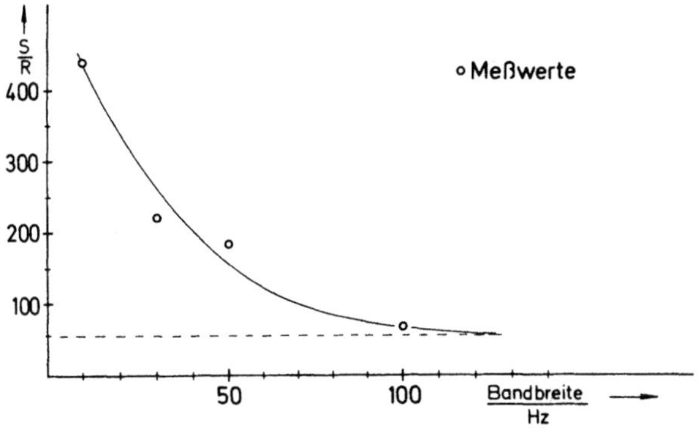

Bild 6.1.2
Signal/Rauschverhältnis eines fluidischen Operationsverstärkers in Abhängigkeit von der Bandbreite

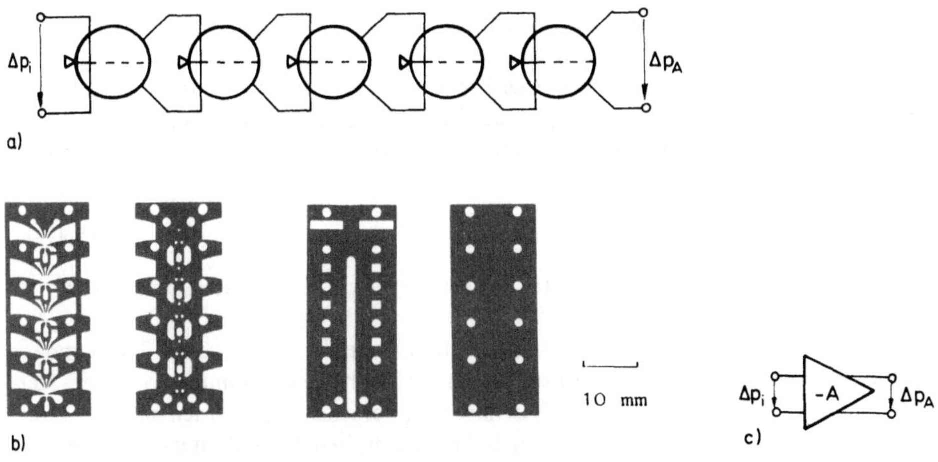

Bild 6.1.3 Schaltung (a), Aufbau (b) und Symbol (c) des Operationsverstärkers

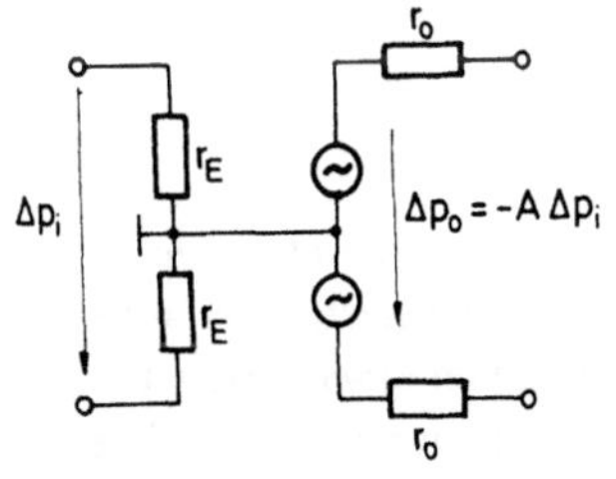

Bild 6.1.4
Ersatzschaltung des Operationsverstärkers

Bild 6.1.5
Operationsverstärker CR 280 AM12B (eingelegter Maßstab in Inch)

Die Leerlaufdruckverstärkung A ist frequenzabhängig, wie schon aus Abschnitt 5.1.5 für den einzelnen Analogverstärker zu entnehmen ist. Aufgrund der hohen Eigenfrequenz der einzelnen Stufen genügt es bis zu einer Frequenz von etwa 2 kHz nur die Totzeit, verursacht durch die endliche Signalgeschwindigkeit im Strahl, zu berücksichtigen. Die frequenzabhängige Leerlaufdruckverstärkung kann daher mit ausreichender Genauigkeit durch

$$\underline{A} = A_0 \, e^{-j\omega T_t} \qquad (6.1.2)$$

beschrieben werden, wobei $T_t = 5{,}5 \; 10^{-4}$s. Dies entspricht einer Phasendrehung von etwa 0,2 Grad pro Hz.
Erst oberhalb von 2 kHz verhält sich der Operationsverstärker aufgrund der Trägheit der Strahlen der einzelnen Verstärkerstufen wie ein System höherer Ordnung, so daß ein Verstärkungsabfall und eine zusätzliche Phasendrehung berücksichtigt werden müssen. Die starke Phasendrehung, hervorgerufen durch die Totzeit, bedingt Stabilitätsprobleme des gegengekoppelten Operationsverstärkers. Es muß daher Sorge dafür getragen werden, daß die Schleifenverstärkung des gegengekoppelten Verstärkers bei einer Phasendrehung von 180° kleiner als 1 ist. Dies erreicht man durch Einfügen entsprechender Netzwerke in die Schaltung des gegengekoppelten Operationsverstärkers.
Das Schaltungssymbol des Operationsverstärkers ist ebenfalls Bild 6.1.3 zu entnehmen. Die industrielle Ausführung eines OPV zeigt Bild 6.1.5.

6.1.2 Operationsverstärker mit laminarem Freistrahl

In den Harry Diamond Laboratories in Adelphi (Maryland, USA) ist ein dreistufiger Operationsverstärker entwickelt worden, der im Laminarbereich der Freistrahlen arbeitet [6.5, 6.6] (siehe auch Abschnitt 5.1). Bei einer Druckverstärkung von etwa 3000 wird ein Signal/Rausch-Verhältnis von mehr als 2000 für eine Bandbreite von 0 . . . 20 Hz er-

reicht [6.5]. Bei einer Versorgungsdüsenweite von 0,5 mm betrug die 90°-Frequenz ca. 600 Hz. Die Bandbreite kann aber durch Verringern der Düsenweite noch erhöht werden. Die Versorgungsdrucke liegen bei einigen Millibar, da alle Stufen im Laminarbereich arbeiten.
Wegen des hohen Signal/Rausch-Verhältnisses lassen sich noch Drucke in der Größenordnung von einigen Mikrobar verarbeiten. Der Operationsverstärker mit laminarem Freistrahl wird daher vorwiegend als Meßverstärker eingesetzt, wenn extrem kleine Signale von Meßaufnehmern anstehen (z.B. Drehbeschleunigungsaufnehmer nach dem Wirbelkammerprinzip und nach Laminarstrahlprinzip).
Die einzelne Verstärkerstufe läßt sich als System 2. Ordnung mit Totzeit (Signallaufzeit im Strahl) beschreiben. Bei Gegenkopplungsschaltungen treten daher die gleichen Stabilitätsprobleme wie beim Operationsverstärker mit turbulentem Freistrahl auf.

6.2 Grundschaltungen des idealen Operationsverstärkers

Das Prinzip der wichtigsten Grundschaltungen soll zuerst mit Hilfe des idealen Operationsverstärkers erklärt werden. Die Ersatzschaltung des idealen Operationsverstärkers ist in Bild 6.2.1 zu sehen. Der Eingangswiderstand r_E ist unendlich groß und der Ausgangswiderstand r_0 unendlich klein. Die Leerlaufdruckverstärkung A sei sehr groß gegen 1 und unabhängig von der Frequenz. Offset- und Driftgrößen seien vernachlässigbar klein. In den Schaltungsdiagrammen wollen wir mit dem Schaltsymbol aus Bild 6.1.3 arbeiten. Der Übersichtlichkeit wegen zeichnen wir vorerst nur die Beschaltung eines Ausganges. Diesem Ausgang ordnen wir einen invertierenden und einen nichtinvertierenden Eingang zu. Zur Kennzeichnung werden am Eingang die Symbole (–) und (+) verwandt.

6.2.1 Proportionalverstärker-Schaltung

Durch die Beschaltung des Operationsverstärkers mit Widerständen in der in Bild 6.2.2 angedeuteten Weise läßt sich ein Proportionalverstärker aufbauen, dessen Verstärkung nur von der Größe der Beschaltungswiderstände abhängt.

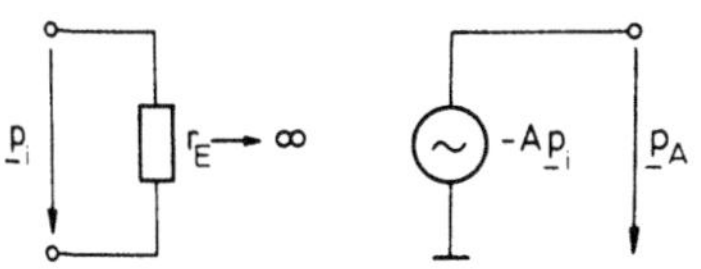

Bild 6.2.1 Ersatzschaltung des idealen Operationsverstärkers

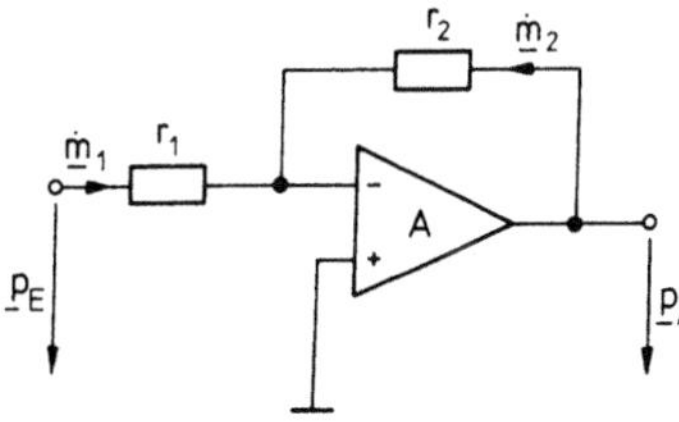

Bild 6.2.2 Proportionalverstärker (P-Glied)

Wegen der hohen Verstärkung A des Operationsverstärkers kann der Druck am Eingang des Verstärkers gegenüber dem Eingangsdruck und dem Ausgangsdruck der Schaltung vernachlässigt werden. Ebenso kann der Eingangsstrom des Operationsverstärkers gegenüber den Strömen in den Beschaltungswiderständen vernachlässigt werden, da der Eingangswiderstand des Operationsverstärkers zu unendlich angenommen wurde.
Für den Stromknoten am Verstärkereingang erhalten wir dann

$$\dot{m}_2 + \dot{m}_1 = 0 \tag{6.2.1}$$

und wenn wir die Ströme durch die entsprechenden Drucke und Widerstände ausdrücken

$$\frac{\underline{p}_A}{\underline{p}_E} = -\frac{r_2}{r_1} = V\,. \tag{6.2.2}$$

Damit wird das Verhältnis der Drucke am Ausgang und Eingang der Schaltung dem Verhältnis der Widerstände r_2 und r_1 proportional.
Die Verstärkung V der Schaltung ist demnach nur von der äußeren Beschaltung abhängig.

6.2.2 Summerverstärker-Schaltung

Durch Hinzufügen weiterer Widerstände an den Eingang erhält man die Möglichkeit Drucke mit beliebiger Wertigkeit zu addieren (Bild 6.2.3).
Für den Stromknoten am Eingang folgt unter den gleichen Bedingungen wie in Abschnitt 6.2.1

$$\underline{\dot{m}}_1 + \underline{\dot{m}}_1' + \underline{\dot{m}}_1'' + \ldots \underline{\dot{m}}_1^{(n)} + \underline{\dot{m}}_2 = 0 \tag{6.2.3}$$

und wenn die Ströme durch die entsprechenden Drucke und Widerstände ausgedrückt werden

$$\underline{p}_A = -\left\{\underline{p}_E \frac{r_2}{r_1} + \underline{p}_E' \frac{r_2}{r_1'} + \underline{p}_E'' \frac{r_2}{r_1''} + \ldots + \underline{p}_E^{(n)} \frac{r_2}{r_1^{(n)}}\right\} \tag{6.2.4}$$

und für $r_1' = r_1'' = \ldots = r_1^{(n)}$

$$\underline{p}_A = -\frac{r_2}{r_1}\left(\underline{p}_E + \underline{p}_E' + \ldots + \underline{p}_E^{(n)}\right). \tag{6.2.5}$$

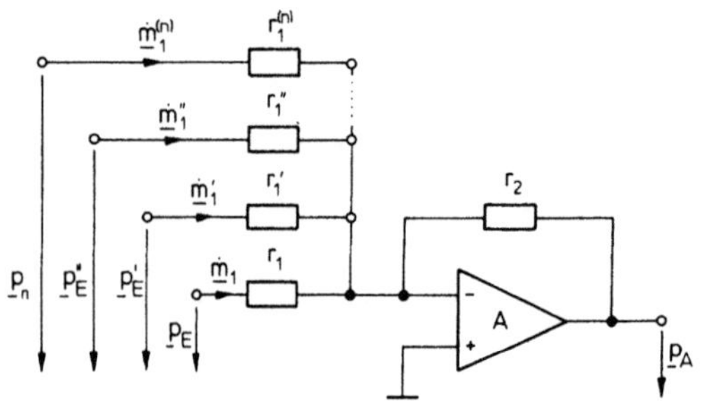

Bild 6.2.3 Summierverstärker

6.2.3 Integrier-Schaltungen

Bei Verwendung einer Serienkapazität läßt sich die Integrierschaltung nach Bild 6.2.4 aufbauen. Für den Stromknoten am Eingang gilt

$$\underline{\dot{m}}_1 + \underline{\dot{m}}_C = 0 \tag{6.2.6}$$

und nach Einführen der entsprechenden Drucke und Impedanzen

$$\frac{\underline{p}_A}{\underline{p}_E} = -\frac{1}{j\omega RC} = -\frac{1}{j\omega T_I} \tag{6.2.7a}$$

mit der Integrierzeit T_I oder im Zeitbereich ausgedrückt

$$p_A = -\frac{1}{RC}\int p_E\,dt + p_E(0)\,. \tag{6.2.7b}$$

In Abschnitt 10.3.1 wird ausgeführt, daß Serienkapazität nur sehr unvollkommen mit Hilfe von Faltenbälgen oder Membranen realisiert werden können. Ihre Anwendung ist auf sehr tiefe Frequenzen (einige Hz) bzw. relativ große Zeitkonstanten beschränkt. Im allgemeinen wird man daher zu dem sogenannten Bootstrap-Integrator greifen, der eine Verwendung einer einseitig auf Atmosphärenpotential liegenden Kapazität zuläßt (Bild 6.2.5).
Ohne den Mitkopplungswiderstand r_2 läge ein RC-Glied mit nachgeschaltetem Verstärker vor, der eine einstellbare, endliche Verstärkung V haben soll. Beim Aufladen der Kapazität mit einem Drucksprung am Schaltungseingang wird der Ladedruck $p_E - p_i$ mit fortschreitender Ladung immer kleiner, so daß der Ladestrom $\dot{m}_C = (p_E - p_i)/r_1$ ebenfalls abnimmt. Dies bewirkt, daß der Druck an der Kapazität mit der Zeit mit der Funktion $1 - e^{-t/r_1 C}$ zunimmt und nicht linear, wie es für einen Integrator erforderlich wäre. Über den Widerstand r_2 wird nun ein zusätzlicher Ladestrom hinzugefügt, der die zeitliche Abnahme von $\dot{m}_1$ kompensieren soll, so daß der gesamte Ladestrom $\dot{m}_C$ konstant bleibt.
Aus der Gleichung für den Knotenpunkt

$$\underline{\dot{m}}_1 + \underline{\dot{m}}_2 - \underline{\dot{m}}_C = 0 \tag{6.2.8}$$

folgt nach Ersetzen der Massenströme durch die entsprechenden Drucke und Impedanzen

$$\frac{\underline{p}_E - \underline{p}_i}{r_1} + \frac{\underline{p}_A - \underline{p}_i}{r_2} = \underline{p}_i\, j\omega C\ . \tag{6.2.9}$$

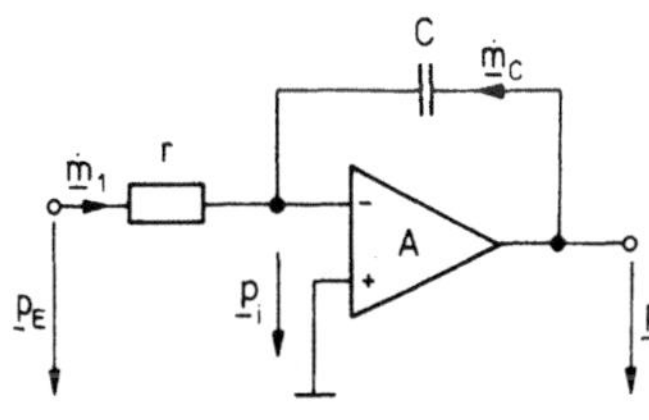

Bild 6.2.4 Integrator (I-Glied)

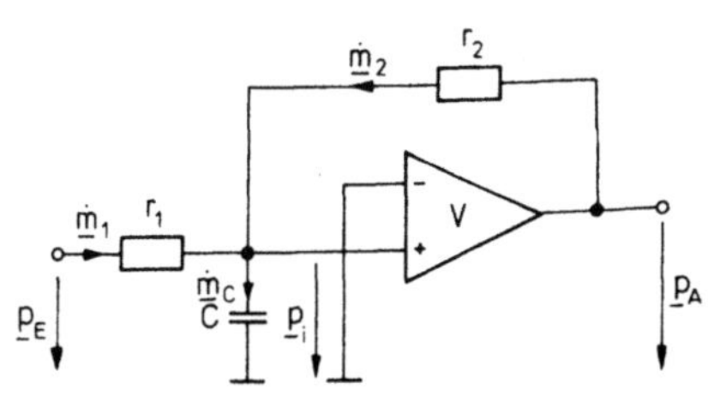

Bild 6.2.5 Bootstrap-Integrator (I-Glied)

Nach Einführen der Verstärkergleichung

$$\underline{p}_A = + V \cdot \underline{p}_i \tag{6.2.10}$$

erhält man

$$\frac{\underline{p}_A}{\underline{p}_E} = \frac{\frac{1}{r_1}}{-\frac{1}{r_2} + \frac{1}{V}\left(j\omega C + \frac{1}{r_1} + \frac{1}{r_2}\right)} . \tag{6.2.11}$$

Die Bedingung für einen abgeglichenen Integrator lautet

$$\frac{1}{r_2} = \frac{1}{V}\left(\frac{1}{r_1} + \frac{1}{r_2}\right) \tag{6.2.12a}$$

oder umgestellt

$$V = 1 + \frac{r_2}{r_1} . \tag{6.2.12b}$$

Unter dieser Bedingung vereinfacht sich Gl. (6.2.11) zu

$$\frac{\underline{p}_A}{\underline{p}_E} = \frac{1 + \frac{r_2}{r_1}}{j\omega r_1 C} = \frac{1}{j\omega T_I} \tag{6.2.13}$$

mit der Integrierzeit T_I.

6.2.4 Differenzier-Schaltung

Die Differenzierschaltung in Bild 6.2.6 verwendet eine Serienkapazität. Wie schon in Abschnitt 6.2.3 erläutert, ist eine derartige Kapazität mit Hilfe von Faltenbälgen realisierbar und nur auf sehr tiefe Frequenzen (einige Hz) beschränkt.
Aus der Knotenpunktgleichung für die Massenströme

$$\underline{\dot{m}}_C + \underline{\dot{m}}_2 = 0 \tag{6.2.14}$$

folgt nach Einführen der entsprechenden Drucke und Impedanzen

$$\frac{\underline{p}_A}{\underline{p}_E} = - r j\omega C = - j\omega K_D \tag{6.2.15}$$

mit dem Differenzierbeiwert K_D, oder im Zeitbereich ausgedrückt

$$\underline{p}_A = - r C \frac{d\,\underline{p}_E}{dt} . \tag{6.2.16}$$

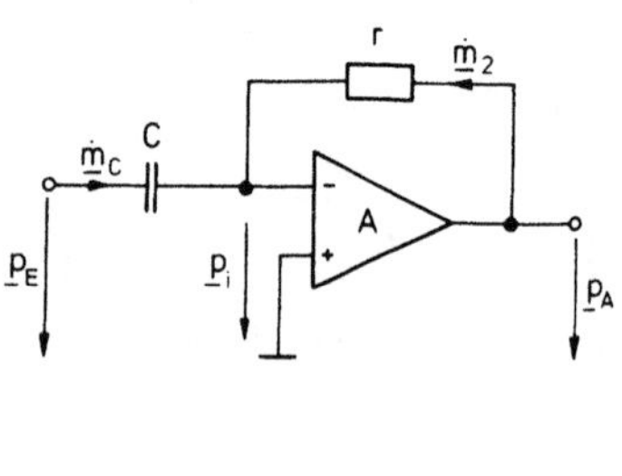

Bild 6.2.6 Differenzierer (D-Glied)

6.2.5 Proportionalverstärker mit Differentialanteil (PD-Glied)

Wegen der erwähnten Nachteile der Faltenbälge als Reihenkapazitäten findet meistens die Schaltung nach Bild 6.2.7 Verwendung, wenn ein Differentialanteil benötigt wird. Die Knotenpunktgleichung für die Masseströme lautet

$$\underline{\dot{m}}_1 + \underline{\dot{m}}_2 = 0. \tag{6.2.17}$$

Der Massenstrom $\dot{m}_2$ folgt zu

$$\underline{\dot{m}}_2 = \frac{\underline{p}_C}{r_{21}} = \frac{1}{r_{21}} \frac{\frac{1}{j\omega C} \| r_{21}}{r_{22} + \frac{1}{j\omega C} \| r_{21}} \underline{p}_A . \tag{6.2.18}$$

Mit der Beziehung zwischen Druck p_E und Massenstrom $\dot{m}_1$ und Gl. (6.2.18) wird das Druckübertragungsverhältnis

$$\frac{\underline{p}_a}{\underline{p}_E} = -\frac{r_{21}}{r_1} \frac{r_{22} + \frac{1}{j\omega C} \| r_{21}}{\frac{1}{j\omega C} \| r_{21}}, \tag{6.2.19}$$

woraus sich

$$K_R = -\frac{r_{21} + r_{22}}{r_1} \qquad \text{Proportionalbeiwert} \tag{6.2.21}$$

und

$$T_V = \frac{r_{21}\, r_{22}}{r_{21} + r_{22}}\, C \qquad \text{Vorhaltzeit} \tag{6.2.22}$$

ergeben. Der Differenzierbeiwert folgt hieraus zu

$$K_D = \frac{-r_{21}\, r_{22}}{r_{21} + r_{22}}\, C . \tag{6.2.23}$$

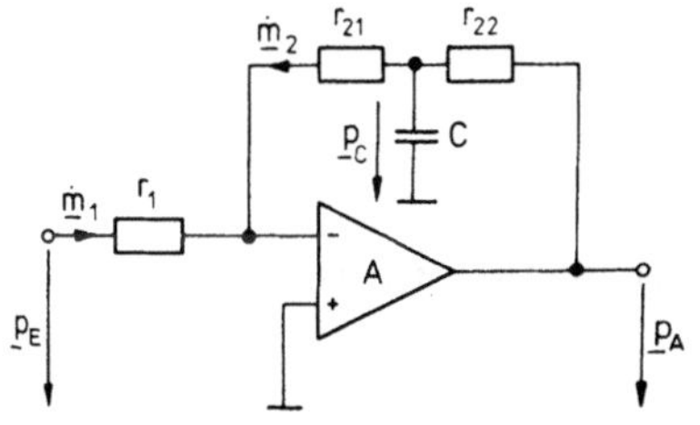

Bild 6.2.7
Proportionalverstärker mit Differentialanteil (PD-Glied)

6.2.6 Proportionalverstärker mit Integralanteil (PI-Glied)

Durch eine rein proportionale Gegen- und eine verzögerte Mitkopplung eines Operationsverstärkers (Bild 6.2.8) läßt sich bei geeignetem Abgleich der Widerstände ein PI-Glied verwirklichen. Aus den Knotenpunktgleichungen für ① und ②

$$\underline{\dot{m}}_1 + \underline{\dot{m}}_2 = 0 \tag{6.2.24}$$

und

$$\underline{\dot{m}}'_1 + \underline{\dot{m}}_{31} = 0 \tag{6.2.25}$$

folgt nach Einführen der entsprechenden Drucke und Impedanzen

$$\underline{p}_{E1} = -\frac{r_1}{r_2}\underline{p}_A \tag{6.2.26}$$

und

$$\underline{p}_{E2} = -\underline{p}_A \frac{r_1}{r_{31} + r_{32} + j\,\omega\,C\,r_{31}\,r_{32}} = -\underline{p}_A \frac{r_1}{r_{31} + r_{32}} \cdot \frac{1}{1 + j\,\omega\,C \dfrac{r_{31}\,r_{32}}{r_{31} + r_{32}}}. \tag{6.2.27}$$

Aus Gl. (6.2.26) und Gl. (6.2.27) findet sich das Druckübertragungsverhältnis des PI-Gliedes zu

$$\frac{\underline{p}_A}{\underline{p}_{E1} - \underline{p}_{E2}} = -\frac{r_2}{r_1} \cdot \frac{r_{31} + r_{32} + j\,\omega\,C\,r_{31}\,r_{32}}{r_{31} + r_{32} - r_2 + j\,\omega\,C\,r_{31}\,r_{32}}. \tag{6.2.28}$$

Mit der Abgleichbedingung

$$r_{31} + r_{32} = r_2 \tag{6.2.29}$$

vereinfacht sich das Druckübertragungsverhältnis zu

$$\frac{\underline{p}_A}{\underline{p}_{E1} - \underline{p}_{E2}} = -\frac{r_2}{r_1}\left\{1 + \frac{1}{j\,\omega\,C \dfrac{r_{31}\,r_{32}}{r_{31} + r_{32}}}\right\}. \tag{6.2.30}$$

Hieraus ergeben sich die Kenngrößen des PI-Gliedes zu

$$K_R = -\frac{r_2}{r_1} \qquad \text{Proportionalbeiwert} \tag{6.2.31}$$

und

$$T_N = \frac{r_{31}\,r_{32}}{r_{31} + r_{32}}\,C \qquad \text{Nachstellzeit.} \tag{6.2.32}$$

Sinnvollerweise wird $r_{31} = r_{32} = r = r_2/2$ gewählt, so daß die Nachstellzeit

$$T_N = \frac{r}{2}\,C = \frac{r_2}{4}\,C \tag{6.2.33}$$

wird.

6.2.7 Proportionalverstärker mit Integral- und Differentialanteil (PID-Glied)

Die Schaltung nach Bild 6.2.8 läßt sich durch Ergänzung der proportionalen zu einer verzögerten Gegenkopplung, wie in Bild 6.2.9 gezeigt, zu einem PID-Glied ausbauen.
Aus den Knotenpunktgleichungen für ① und ②

$$\underline{\dot{m}}_1 + \underline{\dot{m}}_{21} = 0 \tag{6.2.34}$$

und

$$\underline{\dot{m}}'_1 + \underline{\dot{m}}_{31} = 0 \tag{6.2.35}$$

erhält man für die einzelnen Eingangsdrucke p_{E1} und p_{E2}

$$\underline{p}_{E1} = -\underline{p}_A \frac{r_1}{r_{21} + r_{22} + j\omega C_1 r_{21} r_{22}} \tag{6.2.36}$$

und

$$\underline{p}_{E2} = -\underline{p}_A \frac{r_1}{r_{31} + r_{32} + j\omega C_2 r_{31} r_{32}} . \tag{6.2.37}$$

Mit der Abgleichbedingung

$$r_{21} + r_{22} = r_2 = r_{31} + r_{32} = r_3 \tag{6.2.38}$$

und den Zeitkonstanten

$$\tau_1 = \frac{r_{21} r_{22}}{r_{21} + r_{22}} C_1 , \qquad \tau_2 = \frac{r_{31} r_{32}}{r_{31} + r_{32}} C_2 \tag{6.2.39}$$

wird das Druckübertragungsverhältnis des PID-Gliedes

$$\frac{\underline{p}_A}{\underline{p}_{E1} - \underline{p}_{E2}} = -\frac{r_2}{r_1} \left\{ \frac{(1 + j\omega\tau_1)(1 + j\omega\tau_2)}{j\omega(\tau_2 - \tau_1)} \right\} . \tag{6.2.40}$$

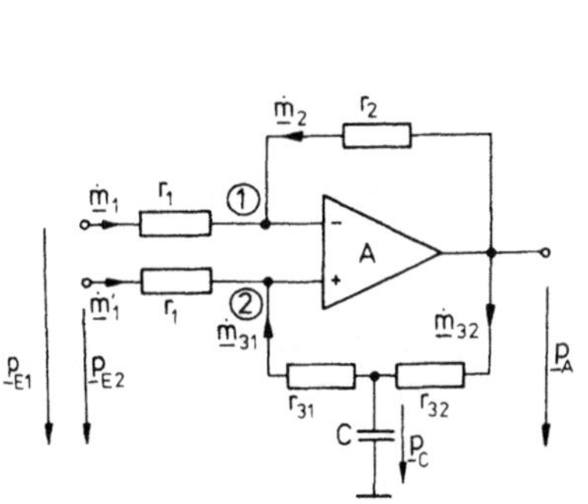

Bild 6.2.8 Proportionalverstärker mit Integralanteil (PI-Glied)

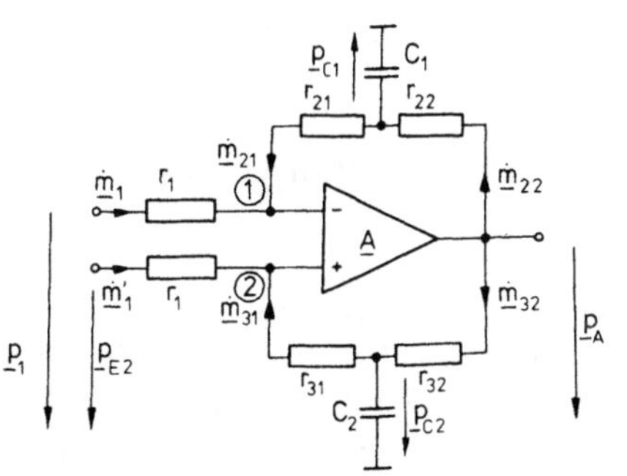

Bild 6.2.9 Proportionalverstärker mit Integral- und Differentialanteil (PID-Glied)

Durch geeignete Umformung findet man

$$\frac{\underline{p}_A}{\underline{p}_{E1} - \underline{p}_{E2}} = -\frac{r_2}{r_1}\frac{\tau_1 + \tau_2}{\tau_1 - \tau_2}\left\{1 + \frac{1}{j\omega(\tau_1 + \tau_2)} + j\omega\frac{\tau_1\tau_2}{\tau_1 + \tau_2}\right\}. \quad (6.2.41)$$

Die Kenngrößen des PID-Gliedes folgen hieraus zu

$$K_R = -\frac{r_2}{r_1}\cdot\frac{\tau_1 + \tau_2}{\tau_1 - \tau_2} \quad \text{Proportionalbeiwert} \quad (6.2.42)$$

$$T_V = \tau_1 + \tau_2 \quad \text{Vorhaltzeit} \quad (6.2.43)$$

$$T_N = \frac{\tau_1\tau_2}{\tau_1 + \tau_2} \quad \text{Nachstellzeit}\,. \quad (6.2.44)$$

Bei symmetrischem Aufbau der Verzögerungsglieder mit

$$r_{21} = r_{22} = r_{31} = r_{32} = r$$

können die Kenngrößen folgendermaßen bestimmt werden

$$K_R = -\frac{2r}{r_1}\cdot\frac{1 + \dfrac{C_1}{C_2}}{1 - \dfrac{C_1}{C_2}}$$

$$T_V = \frac{r}{2}C_1\,\frac{1}{1 + \dfrac{C_1}{C_2}} \quad (6.2.45)$$

$$T_N = \frac{r}{2}C_2\left(1 + \frac{C_1}{C_2}\right).$$

Wie aus Gl. (6.2.45) zu ersehen ist, sind die Kenngrößen im allgemeinen voneinander gegenseitig abhängig. Lediglich für den Fall $C_1 \ll C_2$ kann eine voneinander unabhängige Einstellung vorgenommen werden. Wegen der kleinen Vorhaltzeit T_V geht das PID-Glied dann aber praktisch in das PI-Glied aus Abschnitt 6.2.6 über.

6.3 Grundschaltungen des realen fluidischen Operationsverstärkers [6.7 bis 6.12]

Beim fluidischen Operationsverstärker nach dem Strahlablenkprinzip kann der Eingangswiderstand nicht als groß gegen die Beschaltungswiderstände angenommen werden, wie dies in der Elektronik möglich ist. In den meisten Fällen ist der Eingangswiderstand von derselben Größenordnung wie die Beschaltungswiderstände. Wie schon in Abschnitt 6.1 angedeutet wurde, muß auch die starke Phasendrehung im Verstärker aufgrund der Signaltransportzeit (Gl. (6.1.2)) bei der Stabilitätsbetrachtung berücksichtigt werden.

6.3.1 Proportionalverstärker-Schaltung

Bild 6.3.1 zeigt die Beschaltung des realen fluidischen Operationsverstärkers als Proportionalverstärker. Um einen linearen Betrieb zu gewährleisten, muß der Verstärker im Gegentakt betrieben und daher symmetrisch beschaltet werden. Die extern zugeschaltete Kapazität C bildet mit dem Innenwiderstand r_0 des Verstärkers einen Tiefpaß, der so dimensioniert sein muß, daß die Schleifenverstärkung des Kreises bei einer Phasendrehung von 360° kleiner als 1 ist.
Bild 6.3.2 zeigt die Ersatzschaltung des gegengekoppelten Verstärkers. Für die Stromknoten 1 und 2 gilt

$$\dot{\underline{m}}_1 + \dot{\underline{m}}_2 - \dot{\underline{m}}_E = 0 \qquad ① \tag{6.3.1}$$

$$\dot{\underline{m}}_0 - \dot{\underline{m}}_2 - \dot{\underline{m}}_C - \dot{\underline{m}}_L = 0\,. \qquad ② \tag{6.3.2}$$

Die Massenströme werden nun durch die Drucke und Widerstände ausgedrückt

$$\frac{\Delta \underline{p}_E - \Delta \underline{p}_i}{2 r_1} + \frac{\Delta \underline{p}_A - \Delta \underline{p}_i}{2 r_2} - \frac{\Delta \underline{p}_i}{2 r_E} = 0 \tag{6.3.3}$$

$$\frac{\Delta \underline{p}_0 - \Delta \underline{p}_A}{2 r_0} - \frac{\Delta \underline{p}_A - \Delta \underline{p}_i}{2 r_2} - \Delta \underline{p}_A\, j\omega \frac{C}{2} - \frac{\Delta \underline{p}_A}{2 r_L} = 0. \tag{6.3.4}$$

Weiterhin gilt für den Operationsverstärker

$$\Delta \underline{p}_0 = -A\, \Delta \underline{p}_i\,. \tag{6.3.5}$$

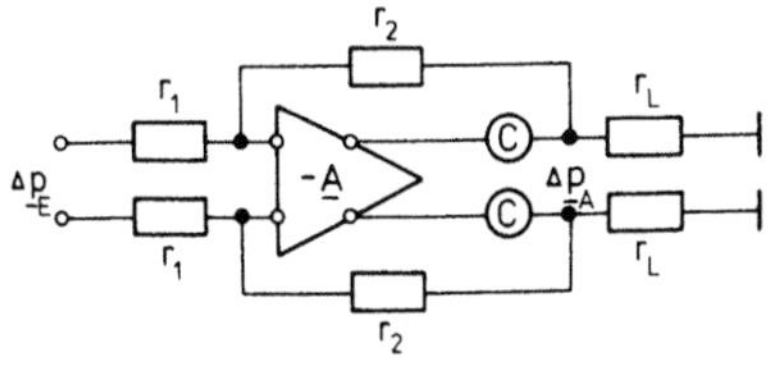

Bild 6.3.1 Proportionalverstärker

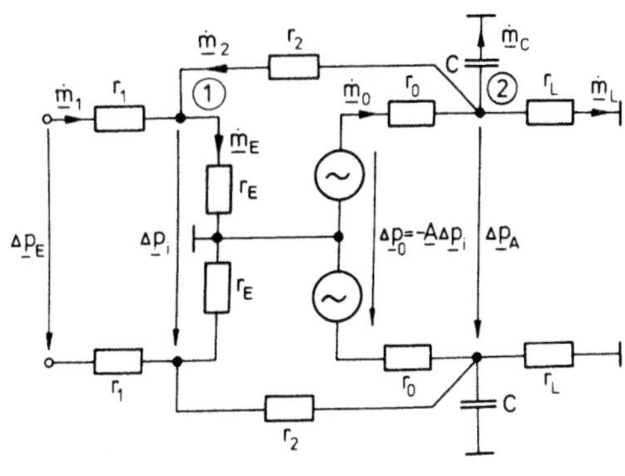

Bild 6.3.2 Ersatzschaltung des Proportionalverstärkers

Aus Gl. (6.3.3), Gl. (6.3.4) und Gl. (6.3.5) folgt dann der Frequenzgang des Proportionalverstärkers, wenn A im interessierenden Bereich als annähernd konstant angesehen werden kann, zu

$$\frac{\Delta \underline{p}_A}{\Delta \underline{p}_E} = \frac{K_p}{1 + j\omega\tau_p} \tag{6.3.6}$$

mit

$$K_p = \frac{\frac{r_2}{r_1}\left(1 - \frac{r_0}{r_2}\frac{1}{A}\right)}{1 + \frac{1}{A}\left\{\left(1 + \frac{r_0}{r_2} + \frac{r_0}{r_L}\right)\left(1 + \frac{r_2}{r_1} + \frac{r_2}{r_E}\right) - \frac{r_0}{r_2}\right\}} \tag{6.3.7}$$

und

$$\tau_p = \frac{\frac{1}{A}\left(1 + \frac{r_2}{r_1} + \frac{r_2}{r_E}\right) r_0 C}{1 + \frac{1}{A}\left\{\left(1 + \frac{r_0}{r_2} + \frac{r_0}{r_L}\right)\left(1 + \frac{r_2}{r_1} + \frac{r_2}{r_E}\right)\right\}} \tag{6.3.8}$$

Unter der Annahme

$$r_0 \ll r_L, r_2 \tag{6.3.9}$$

folgt

$$K_p = \frac{-\frac{r_2}{r_1}}{1 + \frac{1}{A}\left(1 + \frac{r_2}{r_1} + \frac{r_2}{r_E}\right)} \tag{6.3.10}$$

und

$$\tau_p = C r_0 \frac{1}{1 + \frac{A}{\left(1 + \frac{r_2}{r_1} + \frac{r_2}{r_E}\right)}} \, . \tag{6.3.11}$$

Beispiel

Bei einem Versorgungsdruck von $p_V = 700$ mbar sind die Daten des Operationsverstärkers CR 280 AM 12B der Firma General Electric wie folgt

$r_E = 0{,}23 \cdot 10^9 \, (\text{sm})^{-1}$

$r_0 = 0{,}66 \cdot 10^9 \, (\text{sm})^{-1}$

$A_0 = 1100$.

Bei einer Beschaltung des Operationsverstärkers mit den Widerständen

$$r_1 = 2 \cdot 10^9\,(\mathrm{sm})^{-1}$$

$$r_2 = 15 \cdot 10^9\,(\mathrm{sm})^{-1}$$

folgt dann

$$K_p = \frac{7{,}5}{1 + \frac{1}{1100}(1 + 7{,}5 + 65{,}2)} = 7{,}03\,.$$

Die Berechnung der Kapazität und damit der Zeitkonstanten erfolgt aus der Stabilitätsbetrachtung.

6.3.1.1 Phasenkompensation des Proportionalverstärkers mit einem Verzögerungsglied 1. Ordnung (Lag-Kompensation) [6.10]

Die Stabilität kann mit Hilfe des aufgeschnittenen Kreises berechnet werden. Aus der Ersatzschaltung in Bild 6.3.3 und 6.3.4 folgt die Druckübertragungsfunktion

$$\underline{H} = \frac{\underline{p}_i'}{\underline{p}_0} = \frac{1}{1 + \frac{r_0}{r_L}} \cdot \frac{1}{1 + \frac{r_2 + r_0'}{r_E} + \frac{r_2 + r_0'}{r_1}} \cdot \frac{1}{1 + j\omega\tau} \qquad (6.3.12)$$

mit

$$r_0' = \frac{r_0}{1 + \frac{r_0}{r_L}}$$

und

$$\tau = r_0' C \frac{1 + \frac{r_2}{r_E} + \frac{r_2}{r_1}}{1 + \frac{r_2 + r_0'}{r_E} + \frac{r_2 + r_0'}{r_1}} \approx r_0' C\,. \qquad (6.3.13)$$

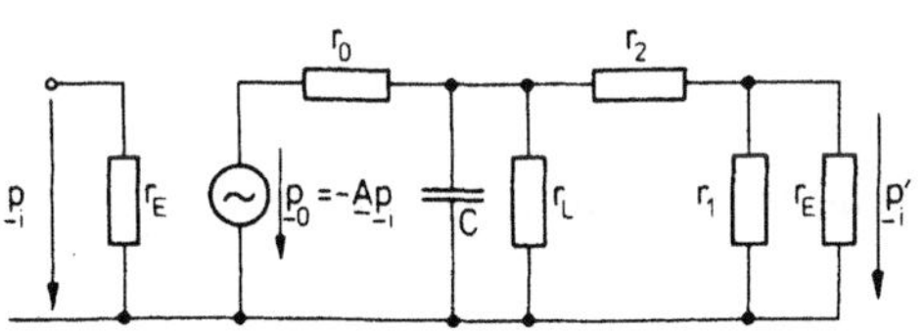

Bild 6.3.3 Stabilitätsbetrachtung am Proportionalverstärker an Hand der Druck-Schleifenverstärkung des aufgetrennten Kreises

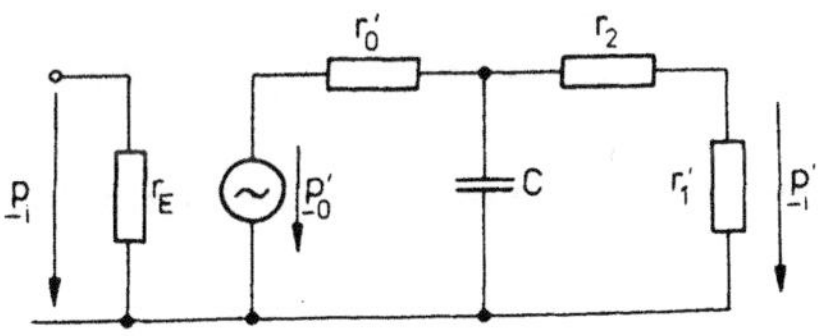

Bild 6.3.4 Vereinfachte Ersatzschaltung zur Berechnung der Druck-Schleifenverstärkung des Proportionalverstärkers

Aus der Gleichung des Operationsverstärkers

$$\underline{p}_0 = A\,\underline{p}_i = -A_0\,e^{-j\omega T_t}\,\underline{p}_i$$

wird

$$\underline{G} = -A_0\,e^{-j\omega T_t} = \frac{\underline{p}_0}{\underline{p}_i}\,. \qquad (6.3.14)$$

Der Frequenzgang des aufgeschnittenen Kreises ist damit

$$\underline{F}_0 = \underline{G}\,\underline{H} \approx -A^*\,\frac{e^{-j\omega T_t}}{1 + j\,r_0\,C} \qquad \text{für} \qquad r_0 \ll r_2, r_L \qquad (6.3.15)$$

mit

$$A^* = \frac{A_0}{1 + \frac{r_2}{r_E} + \frac{r_2}{r_1}}\,.$$

Es liegt eine Kettenschaltung von Totzeitglied und Verzögerungsglied erster Ordnung (Tiefpaß) vor. Im Normalfall ist $\tau = r_0\,C$ so groß, daß der Beitrag zur Phasendrehung in der Schleife mit 90° berücksichtigt werden kann. Die Phasendrehung des Operationsverstärkers beträgt 0,2 grad/Hz, zusätzlich einer Phasendrehung von 180° aufgrund der geometrischen Zuordnung zwischen den Differenzeingängen und -ausgängen. Bei einem geforderten Phasenrand von $\alpha_R = 40°$ darf der Operationsverstärker also nur 50° betragen. Dies erfolgt bei 250 Hz. Die Eckfrequenz des Tiefpasses muß daher so bemessen werden, daß die Durchtrittsfrequenz, bei der der Betrag der Schleifenverstärkung 1 wird, bei 250 Hz liegt. Bild 6.3.5 erläutert dies.

Für einen vorgegebenen Phasenrand α_R berechnet sich aus Gl. (6.3.15) die Eckfrequenz des Tiefpasses zu

$$f_1 = \frac{180° - \alpha_R - \arctan\sqrt{A^{*2} - 1}}{360° \cdot T_t\,\sqrt{A^{*2} - 1}}\,. \qquad (6.3.16)$$

Die notwendige Kapazität, die zugeschaltet werden muß folgt dann mit

$$f_1 = \frac{1}{2\pi\,r_0\,C}$$

zu

$$C = \frac{0{,}2\,\sqrt{A^{*2} - 1}\;\mathrm{s}}{2\pi\,r_0\,(180° - \alpha_R - \arctan\sqrt{A^{*2} - 1})}\,. \qquad (6.3.17)$$

Zwischen Phasenrand α_R und Amplitudenrand A_R herrscht die Beziehung

$$\alpha_R = 180° - \arctan\sqrt{A^{*2} - 1} - 90°\,\sqrt{\frac{A^{*2} - 1}{A_R^2\,A^{*2} - 1}}\,, \qquad (6.3.18)$$

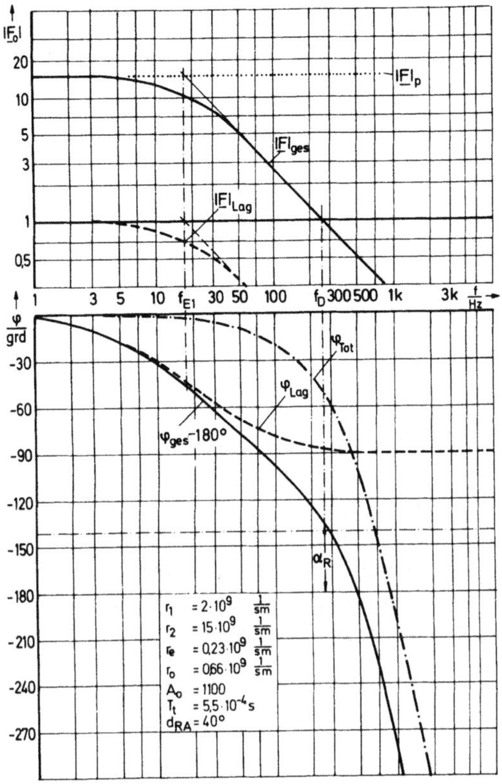

Bild 6.3.5 Stabilitätsbetrachtung mit Hilfe des Bode-Diagramms für Lag-Kompensation

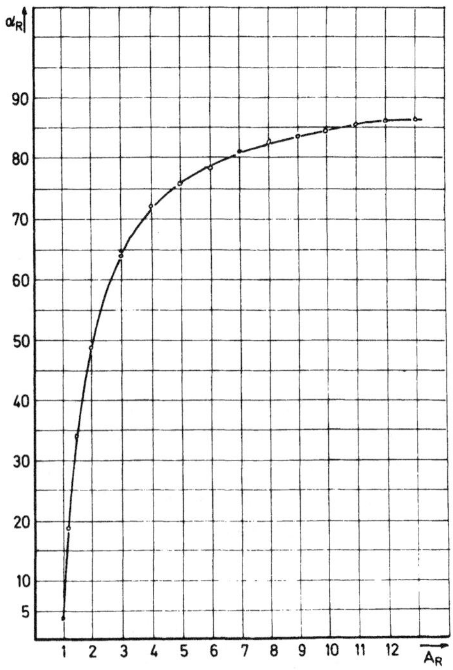

Bild 6.3.6 Zusammenhang zwischen Phasen- und Amplitudenrand für Lag-Kompensation

die in Bild 6.3.6 dargestellt ist. Für große A^* gilt annähernd

$$\alpha_R \approx 90° \left(1 - \frac{1}{A_R}\right). \qquad (6.3.19)$$

Mit der Wahl des Phasenrandes α_R liegt daher der Amplitudenrand A_R fest.

Bei der genauen Berechnung des Frequenzganges des phasenkompensierten Proportionalverstärkers muß die Frequenzabhängigkeit der Leerlauf-Druckverstärkung mit $A = A_0\, e^{-j\omega t}$ berücksichtigt werden

$$\underline{F} = -\frac{r_2}{r_1} \cdot \frac{1}{1 + \dfrac{1 + j\omega C r_0}{A_0\, e^{-j\omega T_t}} \left(1 + \dfrac{r_2}{r_1} + \dfrac{r_2}{r_E}\right)}. \qquad (6.3.20)$$

Hieraus ergeben sich Amplituden- und Phasengang zu

$$|\underline{F}| = \frac{\frac{r_2}{r_1}}{1\sqrt{1 + \frac{1 + \omega^2 r_0^2 C^2}{A^{*2}} - \frac{2}{A^*}(\cos\omega T_t - \omega r_0 C \sin\omega T_t)}} \tag{6.3.21a}$$

$$\varphi = -180^\circ - \arctan\frac{\sin\omega T_t + \omega r_0 C \cos\omega T_t}{A^* + \cos\omega T_t - \omega r_0 C \sin\omega T_t} \tag{6.3.21b}$$

mit

$$A^* = \frac{A_0}{1 + \frac{r_2}{r_1} + \frac{r_2}{r_E}}.$$

In Bild 6.3.7a und b sind die Frequenzgänge eines phasenkompensierten Operationsverstärkers für die Phasenränder $\alpha_R = 59{,}1^\circ$ und $\alpha_R = 83{,}4^\circ$ aufgetragen. Es zeigt sich eine befriedigende Übereinstimmung zwischen den berechneten und gemessenen Werten. Erstrebenswert ist im allgemeinen ein möglicher breiter Bereich konstanten Amplitudenganges. Während in Bild 6.3.7a eine kräftige Anhebung bei Frequenzen zwischen 200 und 400 Hz zu verzeichnen ist, fällt in Bild 6.3.7b der Betrag des Frequenzganges bereits bei einer Frequenz von etwa 100 Hz. Der optimale Phasenrand liegt daher zwischen diesen beiden gewählten Phasenrändern.

6.3.1.2 Phasenkompensation des Proportionalverstärkers mit einem PDT$_1$-Glied (Lag-Lead-Kompensation) [6.10], [6.13]

Durch eine gegenüber Abschnitt 6.3.1.1 leicht modifizierte Kompensationsschaltung nach Bild 6.3.8a kann erreicht werden, daß das Kompensationsglied von einer bestimmten Frequenz ab die Phase auf 0° zurückdreht und der Druckübertragungsbeiwert für hohe Frequenzen gegen einen endlichen Wert geht. Auf diese Weise ist eine höhere Durchtrittsfrequenz f_D als im vorigen Abschnitt bei einfacher Lag-Kompensation zu erreichen.

Der Frequenzgang des Phasenkompensationsgliedes ist

$$\underline{F} = \frac{\underline{p}_A}{\underline{p}_E} = \frac{r_C + \frac{1}{j\omega C}}{r_0 + r_C + \frac{1}{j\omega C}} = \frac{1 + j\omega r_C C}{1 + j\omega(r_0 + r_C)C}. \tag{6.2.22}$$

Es handelt sich demnach um ein PD-Glied mit Verzögerung 1. Ordnung. Die Eckfrequenzen sind

$$f_{E_1} = \frac{1}{2\pi(r_0 + r_C)C} \quad \text{Verzögerungsglied (Lag-Glied)} \tag{6.3.23}$$

$$f_{E_2} = \frac{1}{2\pi r_0 C} \quad \text{PD-Glied (Lead-Glied)} \tag{6.3.24}$$

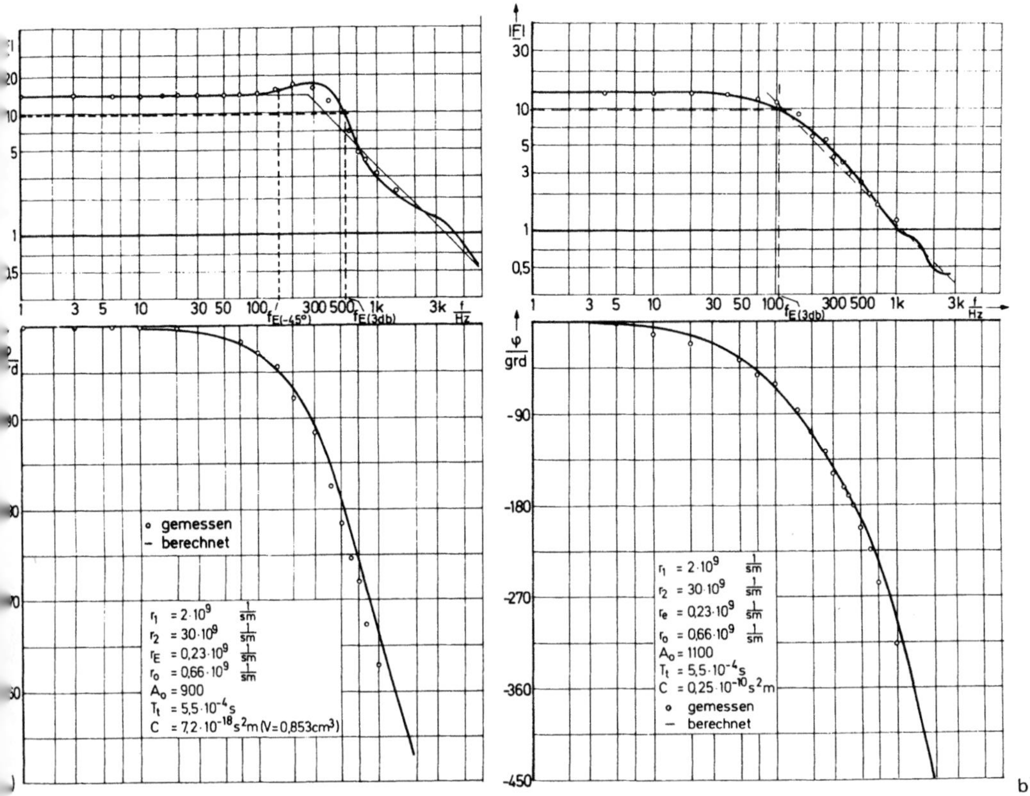

Bild 6.3.7 Gegengekoppelter Operationsverstärker mit Lag-Kompensation
a) $\alpha_R = 59°$ und $A_R = 2{,}3$ b) $\alpha_R = 83°$ und $A_R = 6{,}4$

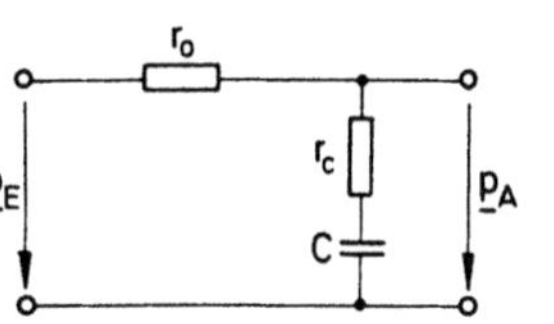

Bild 6.3.8a
Lag-Lead-Glied zur Phasenkompensation

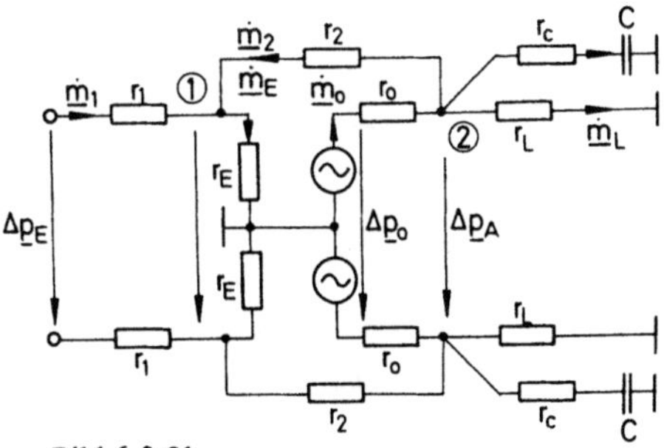

Bild 6.3.8b
Ersatzschaltung des Proportionalverstärkers mit Lag-Lead-Phasenkompensationsglied

Die Ersatzschaltung des kompensierten Verstärkers ist in Bild 6.3.8b zu sehen. Hiernach wird der Frequenzgang des aufgeschnittenen Regelkreises

$$\underline{F}_0 = -\frac{A_0}{1 + \frac{r_2}{r_E} + \frac{r_2}{r_1}} \, e^{-j\omega T_t} \, \frac{1 + j\,\omega\, r_C\, C}{1 + j\,\omega\,(r_0 + r_E)\,C} \, . \tag{6.3.25}$$

Es liegt eine Kettenschaltung aus Totzeitglied, Verzögerungsglied (Tiefpaß) und PD-Glied (Hochpaß) vor. Die Stabilitätsbetrachtung ist in Bild 6.3.9 graphisch erläutert. Der Differenzieranteil bewirkt, daß oberhalb der Grenzfrequenz f_{E2} der Betrag der Schleifenverstärkung konstant bleibt. Durch die Phasendrehung des Differenzieranteils wird die Phasendrehung des Verzögerungsgliedes (Tiefpaß) rückgängig gemacht, so daß die gesamte Phasendrehung des Kompensationsgliedes nach Durchlaufen eines Maximalwertes, der immer kleiner als 90° ist, mit steigender Frequenz zu Null wird.

In Bild 6.3.10a und b sind die Frequenzgänge für einen Verstärker mit folgenden Phasen- und Amplitudenrändern

a) $\alpha_R = 54{,}1°$ und $A_R = 2{,}06$

b) $\alpha_R = 80°$ und $A_R = 4{,}64$

aufgetragen. Beschaltungswiderstände und Verstärkerdaten sind die Gleichen wie in Bild 6.3.7a und b für Lag-Kompensation. Es ist deutlich zu erkennen, daß bei etwa gleichem Phasenrand die Lag-Lead-Kompensation der Lag-Kompensation durch eine größere erzielbare Bandbreite des beschalteten Operationsverstärkers überlegen ist.

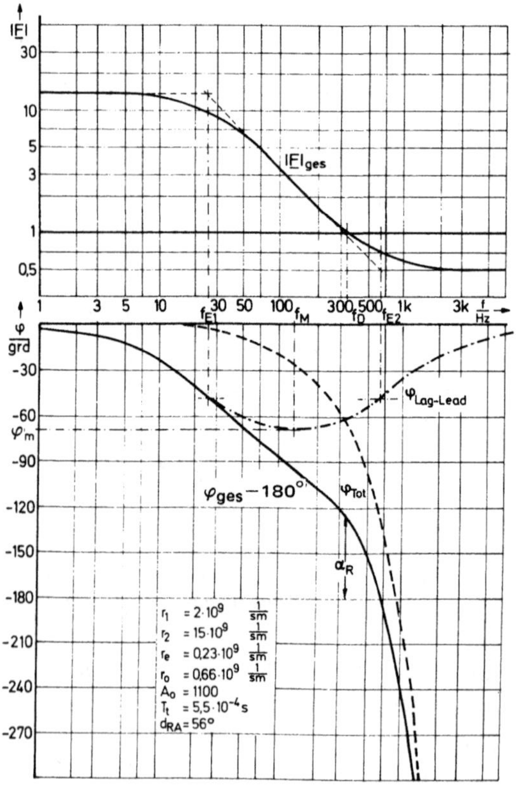

Bild 6.3.9
Stabilitätsbetrachtung mit Hilfe des Bode-Diagramms bei Lag-Lead-Kompensation

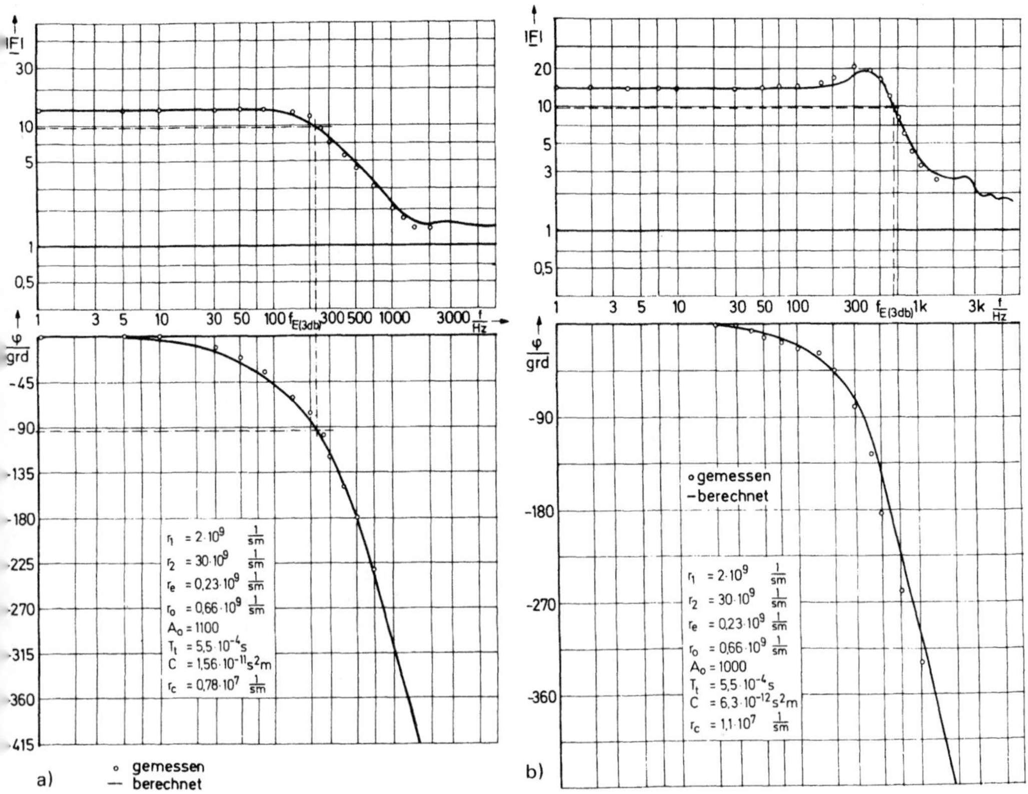

Bild 6.3.10 Gegengekoppelter Operationsverstärker mit Lag-Lead-Kompensation
a) $\alpha_R = 54°$ und $A_R = 2{,}1$ b) $\alpha_R = 80°$ und $A_R = 4{,}6$

Für eine vorgegebene Verstärkung von $K_R = 7$ sind mit Hilfe eines Rechenprogrammes die optimalen Phasen- und Amplitudenränder für beide Kompensationsmethoden in [6.13] untersucht worden. Bild 6.3.11 zeigt die Ergebnisse. Eine optimale Anschmiegung des Betrages des Frequenzganges wird für Lag-Kompensation für einen Phasenrand $\alpha_R = 64°$ erreicht.

Für die Lag-Lead-Kompensation erweist sich ein Phasenrand von $\alpha_R = 66°$ bei einem Amplitudenrand von $A_R = 2{,}2$ als günstig. Die Grenzfrequenzen für eine Amplitudenabfall von 3 dB ergeben sich zu

$f_E = 365$ Hz für Lag-Kompensation

$f_E = 825$ Hz für Lag-Lead-Kompensation,

was einer Erweiterung der Bandbreite um den Faktor 2,2 entspricht.

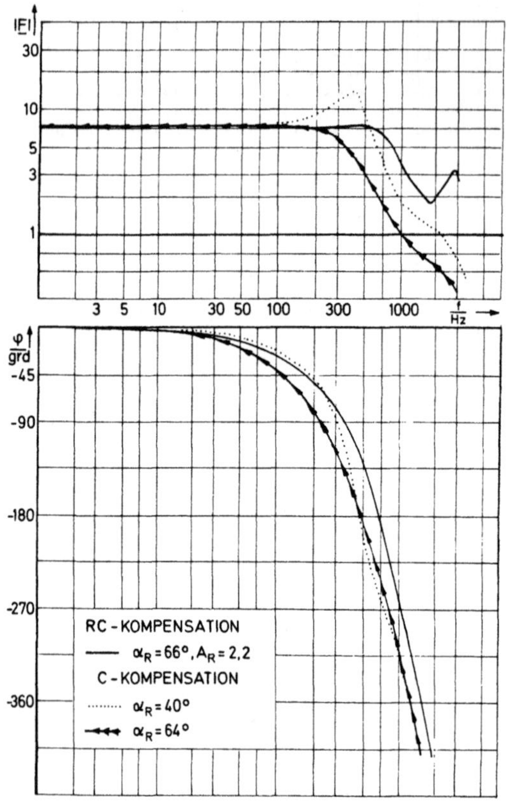

Bild 6.3.11
Frequenzgänge gegengekoppelter Operationsverstärker mit Lag- und Lag-Lead-Kompensation für optimale Amplituden- und Phasenränder ($K_R = 7$)

Die Realisierung des Vorwiderstandes r_C ist sehr kritisch, da der induktive Anteil so klein wie möglich gemacht werden muß. Das bedeutet aber nach Abschnitt 10.3.3, daß Querschnittsflächen von etwa 0,02 mm^2 notwendig sind. Um einen Widerstandswert in der Größenordnung von $10^7 \cdot (\mathrm{sm})^{-1}$ zu verwirklichen, müssen eine Vielzahl von sehr kurzen Leitern dieses Querschnitts parallelgeschaltet werden. r_C ist selbst im Vergleich zu den Ein- und Ausgangswiderständen des Operationsverstärkers sehr klein. Eine sehr gute Möglichkeit zur Realisierung des Widerstandes bietet ein geflochtenes Metallnetz mit einer Maschenweite von etwa 0,1 mm. Dieses Netz kann in die Ankoppelöffnung des Kondensators eingelassen werden. Durch Variation der Öffnung (2 … 3 mm Netzdurchmesser) und durch Hintereinanderschalten von mehreren Sieben kann jeder gewünschte Widerstandswert eingestellt werden. Da r_C im rein akustischen Betrieb arbeitet, d.h. ohne überlagerte Gleichströmung, sind nichtlineare Einflüsse von untergeordneter Bedeutung.

Der Frequenzgang des phasenkompensierten Proportionalverstärkers wird

$$|F| = \frac{\frac{r_2}{r_1}\sqrt{1+(\omega C r_C)^2}}{\sqrt{\left(1+\frac{1}{A^*}(\cos\omega T_t - \omega C(r_0+r_C)\sin\omega T_t)\right)^2 + \left(\frac{\omega C(r_0+r_C)}{A^*}\cos\omega T_t + \omega r_C C + \frac{1}{A^*}\sin\omega T_t\right)^2}} \tag{6.3.26a}$$

$$\varphi = \arctan\omega C_{r_C} - \arctan\frac{\frac{1}{A^*}(\omega C(r_C+r_0)\cos\omega T_t + \sin\omega T_t) + \omega C_{r_C}}{1+\frac{1}{A^*}(\cos\omega T_t - \omega C(r_C+r_0)\sin\omega T_t)} \tag{6.2.26b}$$

mit

$$A^* = \frac{A_0}{1+\frac{r_2}{r_1}+\frac{r_2}{r_E}}\ .$$

6.3.2 Verstärker mit Proportional- und Differentialanteil

Aus der Schaltung nach Bild 6.3.12 läßt sich die Ersatzschaltung in Bild 6.3.13 ableiten. Der Ansatz für die Stromknoten ①, ② und ③ liefert

$$\underline{\dot{m}}_1 + \underline{\dot{m}}_{21} - \underline{\dot{m}}_E = 0 \quad ① \tag{6.3.27}$$

$$\underline{\dot{m}}_0 - \underline{\dot{m}}_{22} - \underline{\dot{m}}_L = 0 \quad ② \tag{6.3.28}$$

$$\underline{\dot{m}}_{22} - \underline{\dot{m}}_{21} - \underline{\dot{m}}_C = 0 \quad ③ \tag{6.3.29}$$

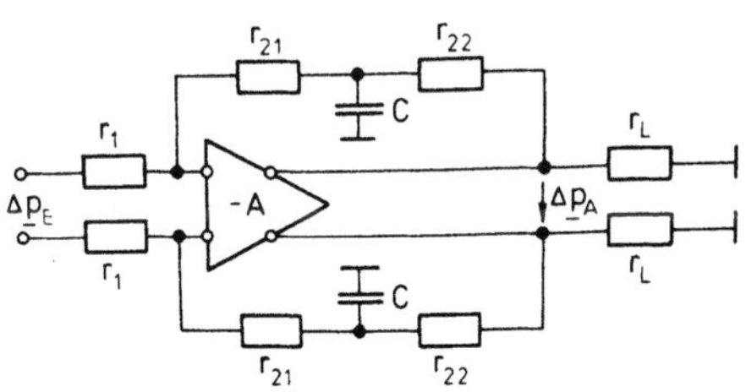

Bild 6.3.12
Proportionalverstärker mit Differentialanteil

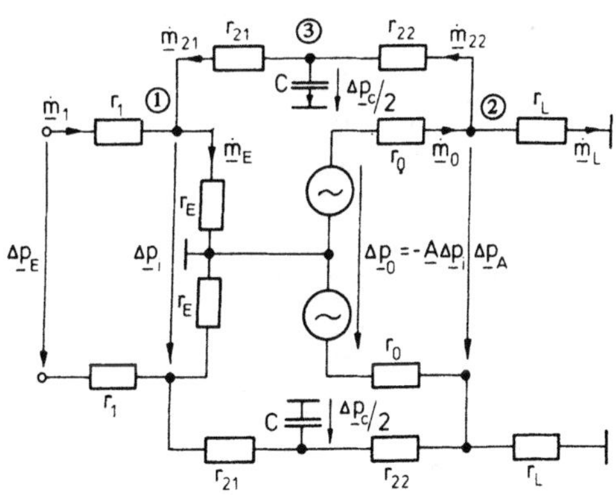

Bild 6.3.13
Ersatzschaltung des Proportionalverstärkers mit Differentialanteil

Die Massenströme werden durch die entsprechenden Drucke und Impedanzen ausgedrückt

$$\frac{\underline{p}_E - \underline{p}_i}{2\,r_1} + \frac{\underline{p}_C - \underline{p}_i}{2\,r_{21}} - \frac{\underline{p}_i}{2\,r_E} = 0 \qquad ① \tag{6.3.30}$$

$$\frac{\underline{p}_0 - \underline{p}_A}{2\,r_0} - \frac{\underline{p}_A - \underline{p}_C}{2\,r_{22}} - \frac{\underline{p}_A}{2\,r_L} = 0 \qquad ② \tag{6.3.31}$$

$$\frac{\underline{p}_A - \underline{p}_C}{2\,r_{22}} - \frac{\underline{p}_C - \underline{p}_i}{2\,r_{21}} - \frac{\underline{p}_C}{2}\,j\,\omega C = 0\,. \qquad ③ \tag{6.3.32}$$

Unter Berücksichtigung der Verstärkergleichung

$$\underline{p}_0 = -A\,\underline{p}_i \tag{6.3.5}$$

folgt dann der Frequenzgang, wenn A im interessierenden Frequenzbereich als annähernd konstant angesehen werden kann, zu

$$\frac{\underline{p}_A}{\underline{p}_E} = K_p\,\frac{1 + j\,\omega T_V}{1 + j\,\omega\tau} \tag{6.3.33}$$

mit

$$K_p = \frac{-A\,(r_{21} + r_{22})}{r_1\left[B\left(1 + \frac{r_0}{r_L}\right) + \frac{r_0}{r_{21}}\,D\,(B-1) + A\right]} \qquad \text{Proportionalbeiwert} \tag{6.3.34}$$

$$T_V = \frac{r_{21}\,r_{21}}{r_{21} + r_{21}}\,C\,. \qquad \text{Vorhaltzeit} \tag{6.3.35}$$

$$\tau = \frac{r_{22}\,C}{\frac{r_{22}}{r_{21}} + \frac{A\,r_{22}}{B\,D\,r_0}}\,, \qquad \text{Verzögerungszeit} \tag{6.3.36}$$

wobei

$$B = 1 + \frac{r_{21}}{r_1} + \frac{r_{21}}{r_E}$$

$$D = 1 + \frac{r_{22}}{r_0} + \frac{r_{22}}{r_L}\,.$$

Für $A \gg 1$ läßt sich vereinfacht schreiben

$$K_p = -\frac{r_{21} + r_{22}}{r_1} \tag{6.3.37}$$

$$T_V = \frac{r_{21}\,r_{22}}{r_{21} + r_{22}}\,C \tag{6.3.38}$$

$$\tau = r_0\,C\left(1 + \frac{r_{21}}{r_1} + \frac{r_{21}}{r_E}\right)\left(1 + \frac{r_{22}}{r_0} + \frac{r_{22}}{r_L}\right)\Big/ A\,. \tag{6.3.39}$$

Der wirksame Differenzierbereich wird durch die Eckfrequenz des Tiefpaßanteiles $f_E = \frac{1}{2\pi\tau}$ begrenzt. Oberhalb dieser Frequenz wird der Differenzieranteil durch den Verzögerungsanteil kompensiert.

Stabilitätsbetrachtung

Der Frequenzgang des aufgeschnittenen Kreises wird nach Bild 6.3.14 und 6.3.15

$$\underline{F}_0 = -\underline{G}\,\underline{H} = -A_0\, e^{-j\omega T_t}\, \frac{H_0}{1 + j\omega\tau} \tag{6.3.40}$$

mit

$$\underline{G} = A_0\, e^{-j\omega T_t} \tag{6.3.41}$$

$$H_0 = \frac{1}{1 + \frac{r_{21} + r_{22} + r_0'}{r_1} + \frac{r_{21} + r_{22} + r_0'}{r_E}} \cdot \frac{1}{1 + \frac{r_0}{r_L}} \tag{6.3.42}$$

und

$$\tau = (r_{22} + r_0')\, C\, \frac{1 + \frac{r_{21}}{r_E} + \frac{r_{21}}{r_1}}{1 + \frac{r_{21} + r_{22} + r_0'}{r_E} + \frac{r_{21} + r_{22} + r_0'}{r_1}}\,. \tag{6.3.43}$$

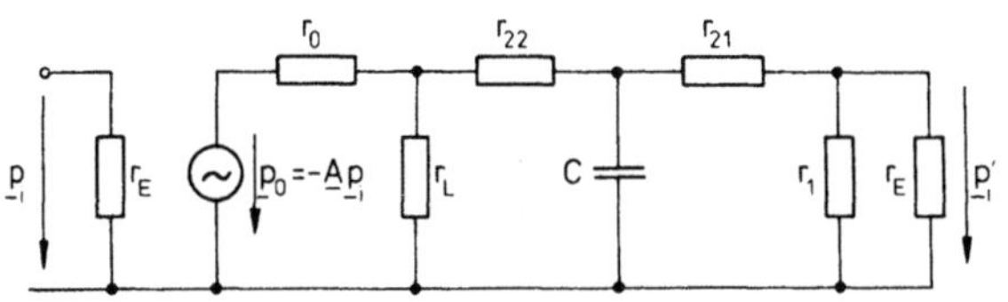

Bild 6.3.14
Stabilitätsbetrachtung am Proportionalverstärker mit Differentialanteil an Hand der Druck-Schleifenverstärkung des aufgeschnittenen Kreises

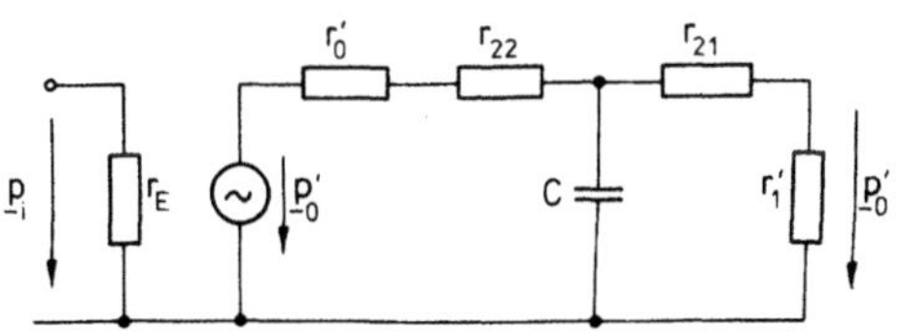

Bild 6.3.15
Vereinfachte Ersatzschaltung zur Berechnung der Druck-Schleifenverstärkung des Proportionalverstärkers mit Differentialanteil

Wenn man die Phasendrehung des Tiefpaßgliedes zu 90° berücksichtigt, darf der Operationsverstärker bei einem geforderten Phasenrand von 40° noch 50° beitragen. Dies erfolgt bei einer Frequenz von 250 Hz. Bei dieser Frequenz wird der Betrag der Schleifenverstärkung $\underline{F}_0$ gleich 1. Nach Abschnitt 6.3.1.1 gilt für die Betragsasymptote für hohe Frequenzen

$$f\,|\underline{F}_0| = 250\ \text{Hz} \tag{6.3.16}$$

und bei der Eckfrequenz gilt für den Schnittpunkt der Asymptoten mit $r_0 \ll r_L$

$$|\underline{F}_0|_{f_E} = A_0 H = \frac{A_0}{1 + \dfrac{r_{21} + r_{22} + r_0}{r_1} + \dfrac{r_{21} + r_{22} + r_0}{r_E}} \tag{6.3.44}$$

so daß die Eckfrequenz zu

$$f_E = \frac{250}{A_0}\left(1 + \frac{r_{21} + r_{22} + r_0}{r_1} + \frac{r_{21} + r_{22} + r_0}{r_E}\right)\text{Hz} \tag{6.3.45}$$

folgt und der Kondensator folgender Bedingung genügen muß

$$C \geqslant \frac{1}{2\pi(r_0 + r_{22})} \frac{A_0 \quad s}{\left(1 + \dfrac{r_{21}}{r_E} + \dfrac{r_{21}}{r_1}\right)250} . \tag{6.3.46}$$

Ansonsten gelten die gleichen Überlegungen wie unter Abschnitt 6.3.1.1 und 6.3.1.2. Durch die Einführung eines Vorwiderstandes kann der Frequenzbereich des PD-Gliedes erweitert werden.

6.3.3 Bootstrap-Integrator

Bild 6.3.16 zeigt die Schaltung des Bootstrap-Integrators. Im Vergleich mit Bild 6.2.4 sehen wir, daß der Verstärker mit der Verstärkung V durch einen gegengekoppelten Operationsverstärker mit den Widerständen r_3 und r_4 realisiert wurde. Die Kapazitäten C sind zur Phasenkompensation vorgesehen.

Die Analyse führt zu der Beziehung

$$\frac{\underline{p}_A}{\underline{p}_E} = \frac{-V}{1 + \dfrac{r_1}{r_2} + \dfrac{r_1}{r_3} - V\dfrac{r_1}{r_2} + j\omega r_1 C_0}, \tag{6.3.47}$$

wobei

$$V = \frac{\dfrac{r_4}{r_3}}{1 + \dfrac{1}{A}\left(1 + \dfrac{r_4}{r_3} + \dfrac{r_4}{r_E}\right)} . \tag{6.3.48}$$

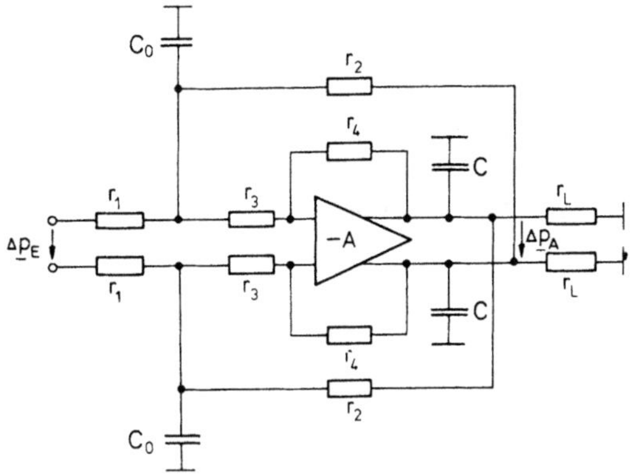

Bild 6.3.16
Bootstrap-Integrator

die Verstärkung des gegengekoppelten Operationsverstärkers ist. Die Bedingung für den abgeglichenen Integrator lautet

$$V = \frac{r_2}{r_1}\left(1 + \frac{r_1}{r_2} + \frac{r_1}{r_3}\right) = 1 + \frac{r_2}{r_1} + \frac{r_2}{r_3}\,. \tag{6.3.49}$$

Unter dieser Bedingung vereinfacht sich die Gleichung zu

$$\frac{\underline{p}_A}{\underline{p}_E} = \frac{-V}{j\,\omega\, r_1\, C_0} = -\frac{1}{j\,\omega\, T_I} \tag{6.3.50}$$

mit

$$T_I = \frac{r_1\, C_0}{1 + \dfrac{r_2}{r_1} + \dfrac{r_2}{r_3}} \qquad \text{Integrierzeit}\,. \tag{6.3.51}$$

Die Stabilisierungskapazität C berechnet sich ähnlich wie in Abschnitt 6.3.1.1 für einen Phasenrand von 40° zu

$$C = \frac{1}{2\,\pi\, r_0}\,\frac{A_0\ \ s}{\left(1 + \dfrac{r_4}{r_E} + \dfrac{r_4}{r_3}\right)\cdot 250}\,. \tag{6.3.52}$$

Durch einen Vorwiderstand zur Stabilisierungskapazität kann wie in Abschnitt 6.3.1.2 der Frequenzbereich des Integrators erweitert werden.

6.4 Eingangs- und Ausgangswiderstand des stromgegengekoppelten Operationsverstärkers

Bild 6.4.1 zeigt den stromgegengekoppelten Operationsverstärker. Es soll der Eingangswiderstand r_i des gegengekoppelten Verstärkers zwischen den Klemmen 1 – 1' bestimmt werden. Es gilt die Ersatzschaltung nach Bild 6.4.2a, die sich mit

$$r_0' = r_0 \frac{1}{1 + \frac{r_0}{r_L}} \quad (6.4.1a) \quad (6.4.1b)$$

durch Bild 6.4.2b ersetzen läßt.
Für den Stromknoten gilt

$$\underline{\dot{m}}_E = \underline{\dot{m}}_1 + \underline{\dot{m}}_2 \,. \quad (6.4.2)$$

Mit

$$\underline{\dot{m}}_E = \frac{\underline{p}_i}{r_E} \quad (6.4.3)$$

und

$$\underline{\dot{m}}_2 = \left\{ - \frac{A\,\underline{p}_i}{1 + \frac{r_0}{r_L}} - \underline{p}_i \right\} \frac{1}{r_0' + r_2} \quad (6.4.4)$$

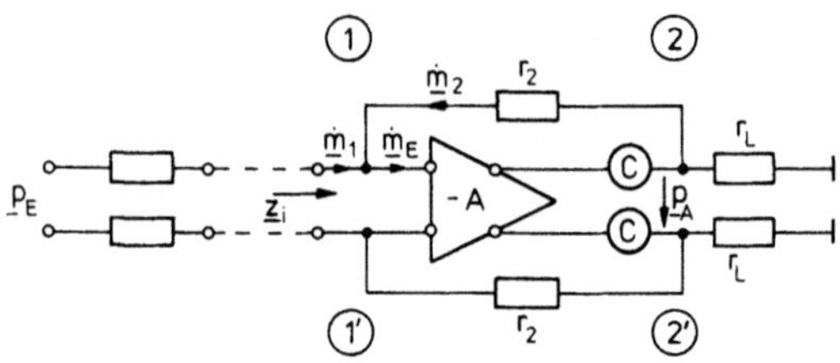

Bild 6.4.1
Stromgegengekoppelter Operationsverstärker

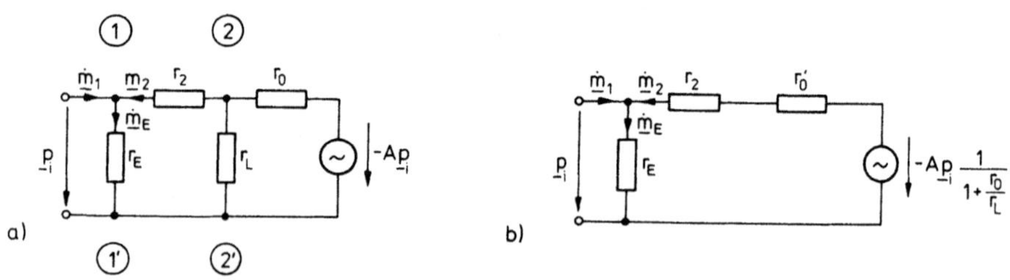

Bild 6.4.2 Eingangsersatzschaltung des stromgegengekoppelten Operationsverstärkers

wird dann der Eingangsstrom der Schaltung

$$\dot{\underline{m}}_1 = \dot{\underline{m}}_E - \dot{\underline{m}}_2 = \frac{\underline{p}_i}{r_E} = \frac{\underline{p}_i \left\{1 + \dfrac{A}{1 + \dfrac{r_0}{r_L}}\right\}}{r_2 + r_0 \dfrac{1}{1 + \dfrac{r_0}{r_L}}} \tag{6.4.5}$$

und die Eingangsimpedanz

$$\underline{Z}_i = \frac{\underline{p}_i}{\dot{\underline{m}}_1} = \frac{1}{\dfrac{1}{r_E} + \dfrac{1 + A\Big/\left(1 + \dfrac{r_0}{r_L}\right)}{r_2 + r_0 \dfrac{1}{1 + \dfrac{r_0}{r_L}}}} . \tag{6.4.6}$$

Unter der Bedingung

$$\frac{r_0}{r_L} \ll 1$$

und

$$A = A_0 \gg 1$$

folgt

$$\underline{Z}_i = r_i = \frac{1}{\dfrac{1}{r_E} + \dfrac{A_0}{r_2 + r_0}} = r_E \parallel \frac{r_2 + r_0}{A_0} . \tag{6.4.7}$$

Mit den Daten aus Abschnitt 6.3.1

$$\begin{aligned} r_E &= 0{,}23\ 10^9\ (sm)^{-1} \\ r_0 &= 0{,}66\ 10^9\ (sm)^{-1} \\ A_0 &= 1100 \\ T_t &= 5{,}5 \cdot 10^{-4}\ s \\ r_1 &= 2\ 10^9\ (sm)^{-1} \\ r_2 &= 15\ 10^9\ (sm)^{-1} \end{aligned}$$

folgt

$$\frac{r_2 + r_0}{A_0} = \frac{15{,}66 \cdot 10^9 \dfrac{1}{sm}}{1100} = 14{,}2 \cdot 10^6 \frac{1}{sm}$$

und daraus, daß Z_i klein gegen r_E ist

$$Z_i \approx \frac{r_2 + r_0}{A_0} = 0{,}0142 \cdot 10^9 \frac{1}{sm} .$$

Der Eingangswiderstand der gesamten Schaltung ist daher praktisch gleich r_1, da Z_i verschwindend klein gegen r_1 ist.
Auf ähnliche Weise wird die Ausgangsimpedanz der Schaltung Z_A zu

$$Z_A = \frac{r_0}{A_0}\left(1 + \frac{r_2}{r_E} + \frac{r_2}{r_1}\right) \tag{6.4.8}$$

mit den oben angegebenen Daten wird damit

$$Z_A = \frac{r_0}{A_0}\left(1 + \frac{r_2}{r_E} + \frac{r_2}{r_1}\right) = 0{,}0442 \cdot 10^9 \, \frac{1}{\text{sm}} \, .$$

Die Ersatzschaltung des als Proportionalverstärker geschalteten Operationsverstärkers ist in Bild 6.4.3 zu sehen. Der frequenzabhängige Verstärkungsfaktor V berechnet sich je nach Art des Phasenkompensationsnetzwerkes nach Gl. (6.3.21) bzw. (6.3.26).

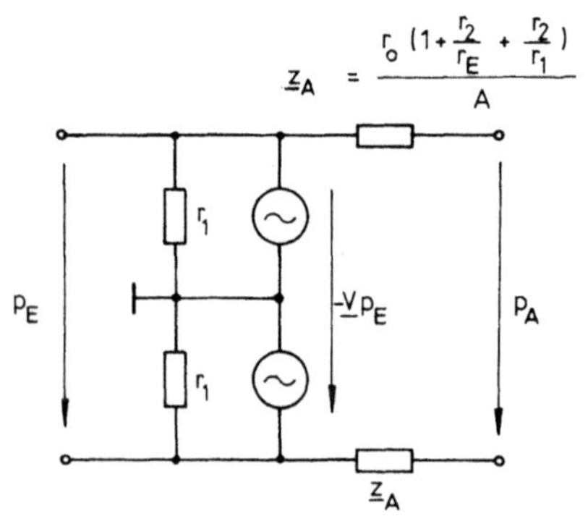

Bild 6.4.3
Ersatzschaltung des gegengekoppelten Operationsverstärkers

6.5 Großsignalbandbreite des fluidischen Operationsverstärkers

6.5.1 Großsignalbandbreite des fluidischen Operationsverstärkers bei Lag-Kompensation

Für vernachlässigbar großen Lastwiderstand r_L ist bei sehr tiefen Frequenzen der Quelldruck des Operationsverstärkers p_0 gleich dem Ausgangsdruck p_A. Das auf den Eingang des Verstärkers zurückgekoppelte Drucksignal p_i' ist demnach proportional dem Quelldruck p_0. Bild 6.5.1 zeigt die Ersatzschaltung des beschalteten Verstärkers und Bild 6.5.2 das daraus abgeleitete Gegenkopplungsnetzwerk. Wir nehmen nun an, daß $p_{E\,max}$ der Eingangsdruck ist, der den Verstärker bei sehr tiefen Frequenzen maximal aussteuert. Dann gehört hierzu ein Ausgangsdruck $p_{A\,max} = p_{0\,max}$, so daß p_i verschwindet ($A \gg 1$ angenommen).

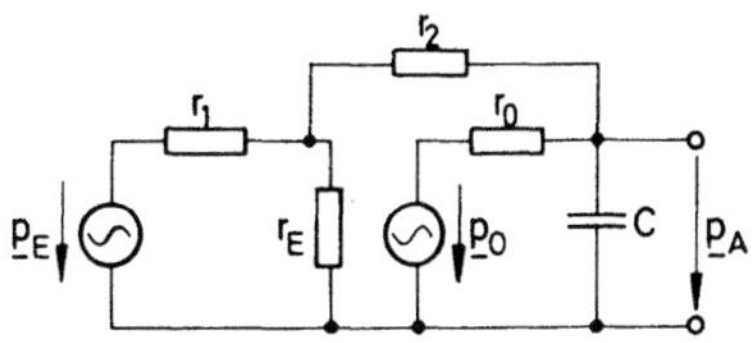

Bild 6.5.1 Ersatzschaltung des gegengekoppelten Operationsverstärkers mit Lag-Kompensation am Ausgang

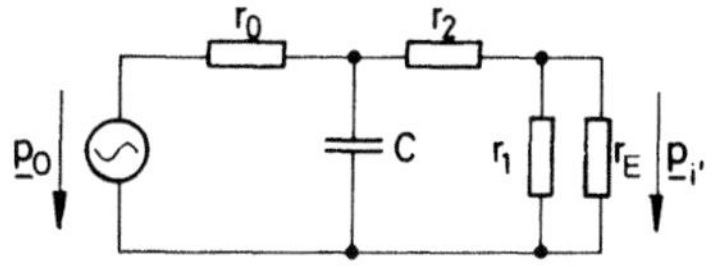

Bild 6.5.2 Gegenkopplungsnetzwerk bei Lag-Kompensation

Mit steigender Frequenz wird nun das zurückgekoppelte Signal kleiner. Aus Bild 6.5.2 folgt der auf den maximalen Aussteuerungsdruck $p_{E\,max}$ bezogene Aussteuerungsdruck p_E in Abhängigkeit von der Frequenz zu

$$\frac{\underline{p}_E}{\underline{p}_{E\,max}} = \frac{1}{1 + j\omega C r_0 \dfrac{1 + \dfrac{r_2}{r_E \parallel r_1}}{1 + \dfrac{r_2 + r_0}{r_E \parallel r_1}}} \qquad (6.5.1)$$

Die Eckfrequenz des Frequenzganges liegt bei

$$f_E = \frac{1}{2\pi C r_0 \dfrac{r_E \parallel r_1 + r_2}{r_E \parallel r_1 + r_2 + r_0}} \approx \frac{1}{2\pi C r_0} . \qquad (6.5.2)$$

Oberhalb dieser Eckfrequenz sinkt demnach die maximale Aussteuerungsamplitude mit wachsender Frequenz. Die Eckfrequenz f_E entspricht der Eckfrequenz f_1 des Frequenzganges des aufgeschnittenen Regelkreises in Abschnitt 6.3.1.1. Es gilt daher auch

$$f_1 = f_E = \frac{180° - \alpha_R - \arctan\sqrt{A^{*2} - 1}}{360° \cdot T_t \cdot \sqrt{A^{*2} - 1}} . \qquad (6.3.16)$$

Für das optimierte Beispiel in Bild 6.3.11 in Abschnitt 6.3.1 mit den Daten

$A_0 = 1100$
$T_t = 5{,}5\ 10^{-4}$
$r_0 = 0{,}66\ 10^9\ (sm)^{-1}$
$r_E = 0{,}23\ 10^9\ (sm)^{-1}$
$r_1 = 2\ 10^9\ (sm)^{-1}$
$r_2 = 15\ 10^9\ (sm)^{-1}$

folgt damit für einen Phasenrand $\alpha_R = 64°$ bei einer Kompensationskapazität $C = 3{,}38\ 10^{-11}\ s^2m$ die Eckfrequenz des Großsignalfrequenzganges zu

$$f_E = 7{,}43\ Hz .$$

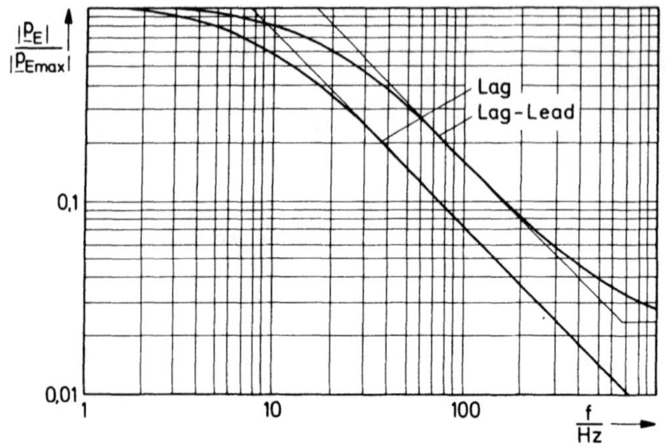

Bild 6.5.3 Großsignalfrequenzgang für Lag- und Lag-Lead-Kompensation

In Bild 6.5.3 ist die normierte zulässige Eingangsamplitude $p_E/p_{E\,max}$ über der Frequenz aufgetragen. Bei einer Frequenz von 74,3 Hz beträgt die zulässige Eingangsamplitude daher nur noch 10 % des Wertes bei tiefen Frequenzen.

Unter der Annahme eines Versorgungsdruckes von p_v = 700 mbar (ca. 10 psi) beträgt die maximale Ausgangsamplitude etwa 280 mbar (d.h. 40 % p_v) im Gleichstromfall. Bei dem oben gewählten Beispiel wäre damit bei der in Abschnitt 6.3.1.1 errechneten Kleinsignal-Grenzfrequenz von 365 Hz die maximale Ausgangsamplitude nur noch 57 mbar. Dies entspricht einer maximalen Eingangsamplitude von 7,6 mbar, d.h. nur noch dem 0,2 fachen des Wertes bei sehr tiefen Frequenzen.

6.5.2 Großsignalbandbreite des fluidischen Operationsverstärkers bei Lag-Lead-Kompensation

Durch Zuschalten eines Widerstandes r_C in das Kompensationsnetzwerk nach Bild 6.5.2 kann, wie in Abschnitt 6.3.1.2 erläutert, die Kleinsignalbandbreite erheblich erweitert werden. Bild 6.5.4 zeigt die gesamte Ersatzschaltung des Operationsverstärkers mit Lag-Lead-Kompensation. Daraus folgt die Schaltung des Gegenkopplungsnetzwerkes in Bild 6.5.5. Der Großsignalfrequenzgang wird hiernach entsprechend den Überlegungen in Abschnitt 6.5.1

$$\underline{F} = \frac{\underline{p}_E}{\underline{p}_{E\,max}} = \frac{1 + j\omega C r_E}{1 + j\omega C \dfrac{(r_0 + r_C)\left(1 + \dfrac{r_2}{r_E \parallel r_1}\right) + \dfrac{r_C\, r_0}{r_E \parallel r_1}}{1 + \dfrac{r_2 + r_0}{r_E \parallel r_1}}} . \tag{6.5.3}$$

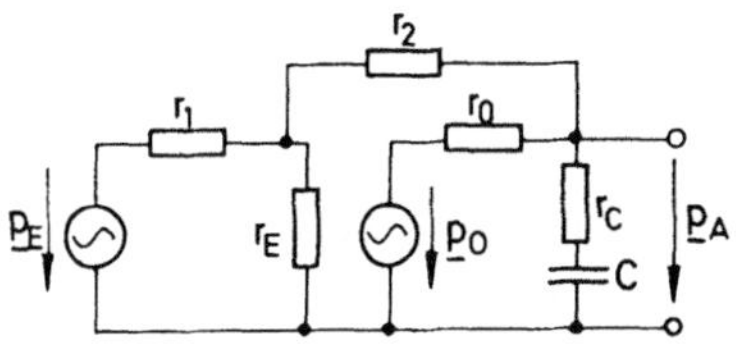

Bild 6.5.4
Ersatzschaltung des gegengekoppelten Operationsverstärkers mit Lag-Lead-Kompensation am Ausgang

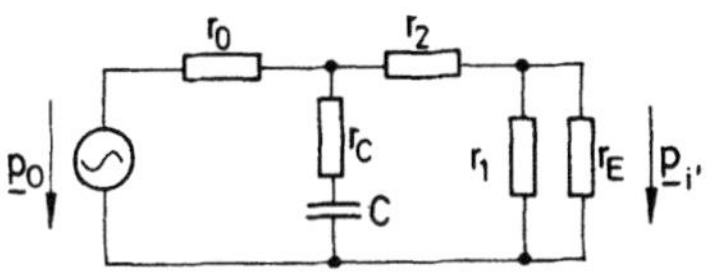

Bild 6.5.5
Gegenkopplungsnetzwerk bei Lag-Lead-Kompensation

Bis auf den Term $A = A_0\, e^{-j\omega T_t}$ entspricht dies dem Frequenzgang des aufgeschnittenen Regelkreises nach Abschnitt 6.3.1.2. Es handelt sich um ein Tiefpaßglied mit PD-Anteil.

Die Eckfrequenz des Tiefpaßgliedes liegt bei

$$f_E = f_1 = \frac{1}{2\pi C \dfrac{(r_0 + r_C)(r_E \parallel r_1 + r_2) + r_C r_0}{r_E \parallel r_1 + r_2 + r_0}} \tag{6.5.4}$$

und die Eckfrequenz des PD-Gliedes bei

$$f_2 = \frac{1}{2\pi r_C C}\,. \tag{6.5.5}$$

Für das Beispiel in Bild 6.3.11 Abschnitt 6.3.1 mit den in Abschnitt 6.5.1 angegebenen Daten und für einen optimalen Phasenrand $\alpha_R = 66°$ bei einem Amplitudenrand $A_R = 2{,}1$ mit

$$r_C = 1{,}57\ 10^7\,(\mathrm{sm})^{-1}$$
$$C = 1{,}55\ 10^{-11}\ \mathrm{s^2 m}$$

wird die Grenzfrequenz für Großsignalverhalten $f_e = 15{,}84$ Hz. Der Frequenzgang ist in Bild 6.5.3 im Vergleich zur Lag-Kompensation eingezeichnet. Die Großsignalbandbreite hat sich demnach mehr als verdoppelt im Vergleich zur reinen Lag-Kompensation. Zudem geht der Betrag des Großsignalfrequenzganges oberhalb der Eckfrequenz des PD-Gliedes $f_2 = 655$ Hz gegen den Wert 0,024. Daher beträgt die maximal zulässige Eingangsamplitude bei der Kleinsignal-Grenzfrequenz von 825 Hz das 0,024 fache des Wertes für tiefe Frequenzen. Bei reiner Lag-Kompensation wird dieser Wert bereits für 300 Hz erreicht.

6.5.3 Wahl des Kompensationspunktes

Im Prinzip ist die Wahl des Kompensationspunktes für die Stabilitätsbetrachtung gleichgültig. Es ist daher durchaus möglich, das Kompensationsglied (Lag- bzw. Lag-Lead-Glied) am Verstärkereingang anzubringen, wie in Bild 6.5.6 angedeutet. Der Vorteil ist, daß das zurückgekoppelte Drucksignal nicht mit wachsender Frequenz abgesenkt würde. Das Kompensationsglied hätte demnach keinen Einfluß auf die Aussteuerbarkeit des Verstärkers.

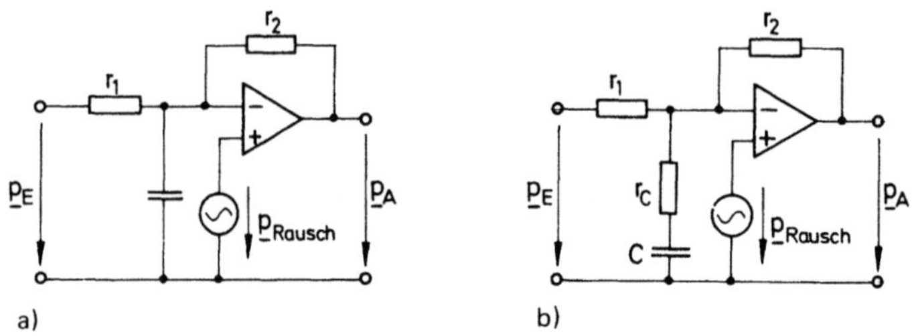

Bild 6.5.6 Phasenkompensationsnetzwerke am Eingang des Operationsverstärkers

Am nichtinvertierenden Eingang des Operationsverstärkers ist eine Rauschquelle eingezeichnet, die das Eingangsrauschen repräsentiert. Für verschwindend kleines p_i gilt

$$\frac{\underline{p}_E - \underline{p}_R}{r_1} + \frac{\underline{p}_A - \underline{p}_R}{r_2} - \frac{\underline{p}_R}{r_C + \dfrac{1}{j\omega C}} = 0 . \tag{6.5.6}$$

Daraus folgt die Verstärkung für das Rauschsignal zu

$$\frac{\underline{p}_A}{\underline{p}_R} = \underline{F}_R = \left(1 + \frac{r_2}{r_1}\right)\frac{1 + j\omega C(r_2 + r_C)C}{1 + j\omega C r_C} \tag{6.5.7}$$

während die Verstärkung des Nutzsignales

$$\frac{\underline{p}_A}{\underline{p}_E} = -\frac{r_2}{r_1} \tag{6.5.8}$$

ist.

Oberhalb der Eckfrequenz des PD-Anteiles werden die Frequenzen des Rauschsignales mit steigender Frequenz verstärkt. Für hohe Frequenzen geht der Wert gegen

$$\underline{F}_R\Big|_{\omega\to\infty} = \left(1 + \frac{r_2}{r_1}\right)\left(1 + \frac{r_2}{r_C}\right) \approx \left(1 + \frac{r_2}{r_1}\right)\frac{r_2}{r_C} . \tag{6.5.9}$$

Da aber r_2 sehr groß gegen r_C im allgemeinen ist, kann dieser Grenzwert in der Größenordnung von einigen 1000 sein.

Die Eckfrequenz beträgt

$$f_{ER} = \frac{1}{2\pi(r_2 + r_C)} \approx \frac{1}{2\pi r_2 C} . \tag{6.5.10}$$

Entsprechend dem Beispiel in den Abschnitten 6.5.1 und 6.5.2 liegen diese Frequenzen bei

f_{ER} = 7,43 Hz für Lag-Kompensation

f_{ER} = 15,84 Hz für Lag-Lead-Kompensation .

Die Frequenzanteile des Rauschens oberhalb dieser Eckfrequenzen würden daher den Verstärker vollkommen in die Sättigung steuern. Damit wäre der Verstärker unbrauchbar.
Bei einer Zuschaltung des Kompensationsgliedes am Ausgang des Operationsverstärkers werden das Nutzsignal und das Rauschsignal mit dem gleichen Frequenzgang im aufgetrennten Regelkreis übertragen und oberhalb der Eckfrequenz des Tiefpaßgliedes abgesenkt. Die damit verbundene Bandbegrenzung des Rauschens verbessert das Signal/Rausch-Verhältnis des beschalteten Operationsverstärkers, da die Rauschsignalenergie dadurch verringert wird.

7 Elemente und Bausteine der Digitaltechnik

Unter Ausnutzung verschiedenartiger strömungsmechanischer Effekte lassen sich passive und aktive digitale Elemente verwirklichen, die sich zur Verarbeitung binärer Signale eignen. Die Werte einer binären Variablen können durch Drucke oder Massenströme realisiert werden, die zwei voneinander getrennten Wertebereichen angehören. Zur Kennzeichnung der Werte einer binären Variablen werden die Ziffern 0 und 1 verwendet. Im allgemeinen wird man die positive Logik anwenden, d.h. dem logischen Wert 0 entspricht der niedrige Druck (bzw. Massenstrom), dem logischen Wert 1 entspricht der hohe Druck (bzw. Massenstrom). Die Pegel werden allgemein durch L (low) und H (high) unterschieden.

7.1 Turbulenzverstärker [7.1 bis 7.6]

Beim Turbulenzverstärker wird der Effekt ausgenutzt, daß ein laminarer Freistrahl durch die Zuführung einer kleinen Störung in den turbulenten Zustand gesteuert werden kann. Diese Störung kann sein: a) ein hochfrequentes akustisches Signal oder b) eine Gleichströmung die auf den Strahl einwirken.

7.1.1 Koaxial-Turbulenzverstärker

Bild 7.1.1 zeigt die Anordnung eines Koaxial-Turbulenzverstärkers nach R. N. Auger. Über ein relativ langes Versorgungsröhrchen mit einem Durchmesser von ca. 0,8 ... 1,0 mm wird ein laminarer Freistrahl erzeugt. Das Röhrchen muß so lang gewählt werden, daß sich die laminare Strömung voll entwickeln kann. (Siehe Abschnitt 4.1.1.) Daraus folgt, daß die Länge des Versorgungsröhrchens etwa das 60fache des Rohrdurchmessers betragen muß.

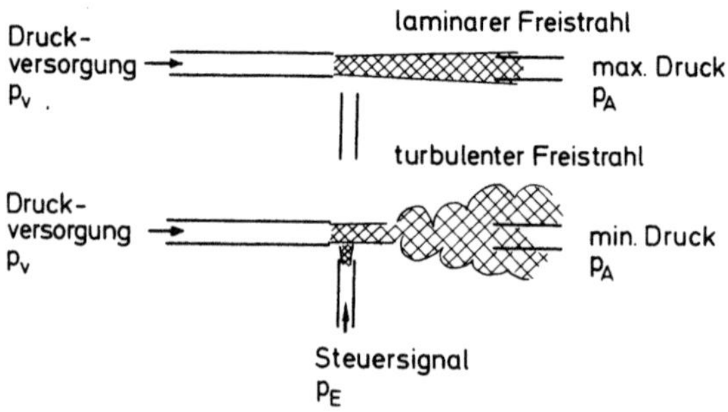

Bild 7.1.1
Prinzip des Turbulenzverstärkers

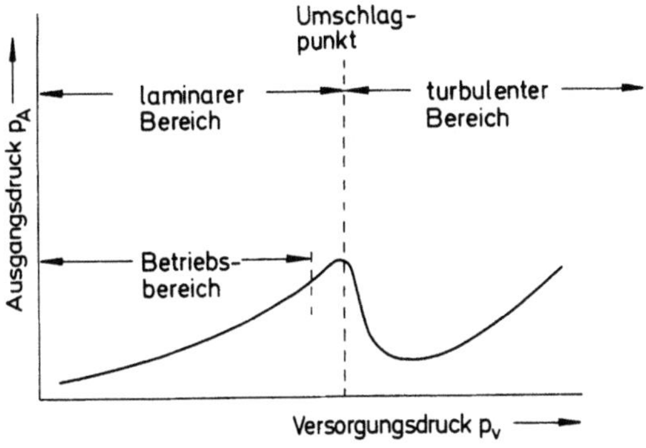

Bild 7.1.2
Abhängigkeit des Ausgangsdruckes vom Versorgungsdruck

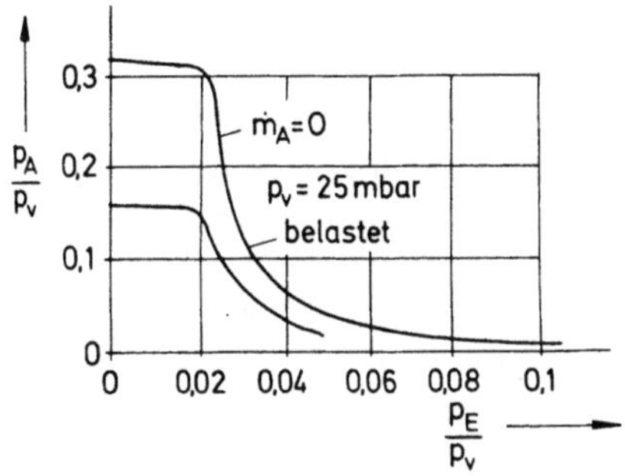

Bild 7.1.3
Drucksteuerkennlinie des Turbulenzverstärkers

Der Laminarstrahl zerfällt nach einer bestimmten Entfernung in Turbulenz. Bei gegebener Geometrie ist diese Entfernung abhängig vom Versorgungsdruck p_v. Bild 7.1.2 zeigt die Abhängigkeit des Ausgangsdruckes p_A vom Versorgungsdruck p_v bei unveränderter Geometrie. Im laminaren Betrieb steigt der Ausgangsdruck mit dem Versorgungsdruck an und erreicht vor dem Übergang zum turbulenten Betrieb ein Maximum. Im turbulenten Betrieb fällt der Ausgangsdruck mit zunehmendem Turbulenzgrad um dann voll ausgebildeter Turbulenz wieder mit dem Druck anzusteigen.

Für den Laminarbetrieb muß der Punkt des Zerfalls so liegen, daß er hinter dem Eingang des Auffangröhrchens zu liegen kommt. Der Versorgungsdruck muß demnach so gewählt werden, daß er nach Bild 7.1.2 im genügenden Abstand vom Umschlagpunkt liegt, damit ein störungsfreier Betrieb möglich ist. Durch eine Steuerströmung kann nun der Laminarstrahl gezielt in den turbulenten Zustand gesteuert werden. Zu diesem Zweck werden ein oder mehrere Steuerröhrchen möglichst nahe an der Strahlaustrittsstelle angeordnet, wie in Bild 7.1.1 angedeutet. Im ungestörten Zustand baut sich im Empfängerröhrchen ein statischer Druck auf, der bei Leerlaufbetrieb (blockierter Ausgang) etwa 30 % des Versorgungsdruckes beträgt. Überschreitet der Druck am Steuereingang einen bestimmten Wert, der verhältnismäßig klein gegen den Versorgungsdruck ist, fällt der Ausgangsdruck auf verschwindend kleine Werte. Bild 7.1.3 zeigt den Zusammenhang zwischen Ausgangs- und Eingangsdruck für einen Koaxial-Turbulenzverstärker in normierter Form.

In Bild 7.1.4 ist die Skizze einer technischen Ausführung zu sehen. Die Versorgungs-, Eingangs- und Ausgangskanäle sind in einem zylindrischen Behälter angeordnet, der den empfindlichen Freistrahl gleichzeitig schützen soll. In der Nähe des Empfängers ist eine Entlüftungsöffnung angeordnet (Vent), die eine Absenkung des Druckes im Verstärker auf annähernd Atmosphärenpotential bewirkt.
In Bild 7.1.5 sind Aufnahmen an einem Wassertischmodell eines Turbulenzverstärkers (Glättli) zu sehen. Der Steuerdruck, d.h. die Steuerströmung wächst in Richtung der Bilder 1 bis 5. Deutlich ist die Zurückverlegung des Punktes des Strahlzerfalles zu sehen. Gleichzeitig mit zunehmender Turbulenz des Versorgungsstrahles ist eine Ablenkung des Strahles entsprechend der Impulswechselwirkung der Strahlen zu sehen, ein Effekt, der hier von untergeordneter Bedeutung ist.
Bei nur einem Steuereingang ist die logische Funktion des Turbulenzverstärkers die eines Inverters. Ordnen wir dem Signal „Druck vorhanden" die logische „1" und dem Signal „kein Druck vorhanden" die logische „0" zu, so realisiert der Turbulenzverstärker die NOR-Funktion.
Ein Leistungsverbrauch von ca. 10 mW und dementsprechend geringe Steuerleistungen zählen zu den großen Vorteilen des Turbulenzverstärkers. Die Ausgangsauffächerung (fan-out) beträgt wegen der geringen Steuerleistungen je nach Ausführung des Turbulenzverstärkers bis zu 10,Werte die im Vergleich zu Wandstrahlelementen sehr hoch sind. Nachteilig sind die verhältnismäßig großen Schaltzeiten. Der Umschlag laminar-turbulent erfordert etwa 1 ms und der Umschlag turbulent-laminar etwa 2 bis 6 ms. Ein weiterer Nachteil des Turbulenzverstärkers ist die geringe logische Kapazität, da er nur die logischen Funktionen NICHT und NOR realisiert. Mit einer Baulänge von mehr als 100 mm ist er zudem recht unhandlich und für integrierte Schaltungen in der Form der Koaxialverstärker nicht geeignet.

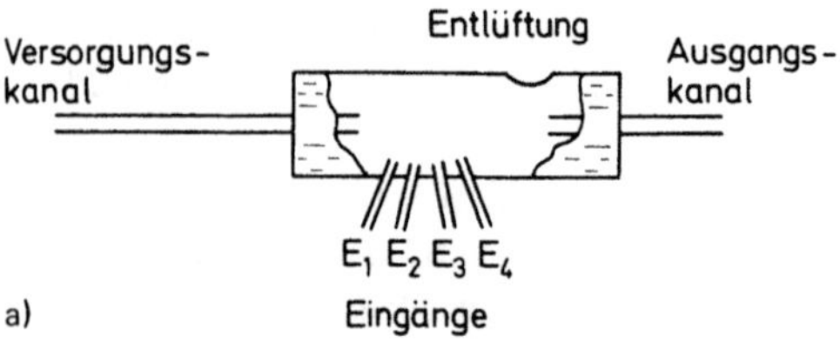

a)

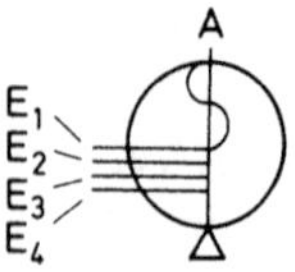

b)

Bild 7.1.4
Koaxial-Turbulenzverstärker (a) und
Arbeitsprinzip-Symbol (b)

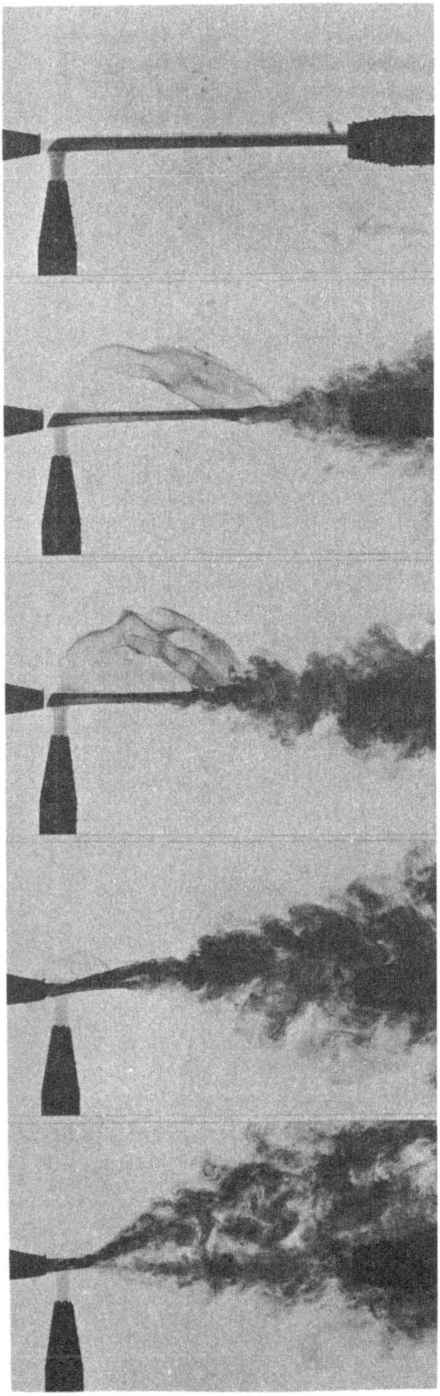

7.1.2 Planar-Turbulenzverstärker

Eine wesentliche Verbesserung stellen die Planar-Ausführungen der Firmen Maxam Power (Bild 7.1.6) und Martonair dar, die eine teilweise Integration von Schaltungen ermöglichen. Der Verstärker der Firma Maxam wird in Kunststoffspritztechnik hergestellt. Die Strömungskanäle sind als rechteckige Kanäle in einer Grundplatte enthalten, die mit einer Deckplatte abgedeckt werden. Bild 7.1.6a zeigt neben der Ausführungsform (Größe etwa 2 cm X 4 cm) die charakteristischen Daten des Verstärkers. Bei dem „Pneumistor" der Firma Martonair ist die Verstärkergeometrie in ein dünnes Leichtmetallblech geformt und durch eine Kunststoffplatte abgedeckt, die auch die Steuerkanäle in Form von Bohrungen enthält.

7.1.3 Schaltungen mit Turbulenzverstärkern

Mit Hilfe der NOR-Funktion lassen sich alle logischen Funktionen realisieren.
Bild 7.1.7 zeigt einige Schaltungen, die aus NOR-Gattern aufgebaut sind und die ohne weiteres mit Turbulenzverstärkern realisiert werden können. Aus diesen Beispielen ist zu ersehen, daß der Aufwand an Elementen bei größeren Schaltungen sehr hoch ist. Durch entsprechende Entwicklung von integrierten Baugruppen ist dennoch ein Einsatz von Turbulenzverstärkern auch bei umfangreicheren Steuerungen möglich.

Bild 7.1.5
Wassertisch-Aufnahmen am Turbulenzverstärker (Glättli)

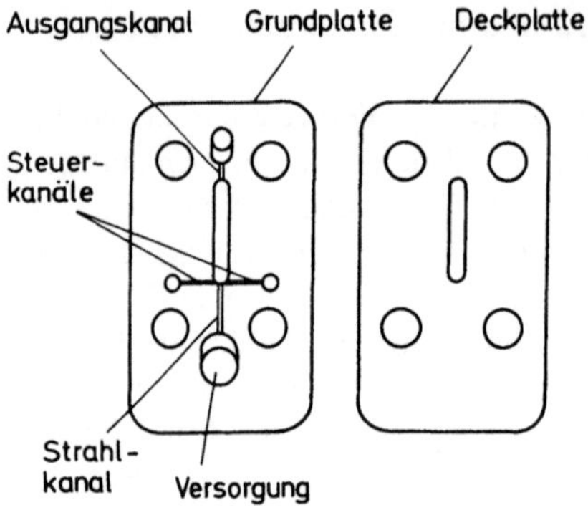

Daten:

Versorgungsdruck	$p_V = 15$ mbar
Ausgangsdruck (Leerlauf)	$p_A \approx 0{,}5\ p_V$
Leistungsaufnahme	$P_V \approx 7$ mW
Schaltzeit	$t_S \leqslant 1{,}5$ ms
Fan out	$\leqslant 4$
Versorgungsdrucktoleranz	± 20 %

Bild 7.1.6 Planar-Turbulenzverstärker

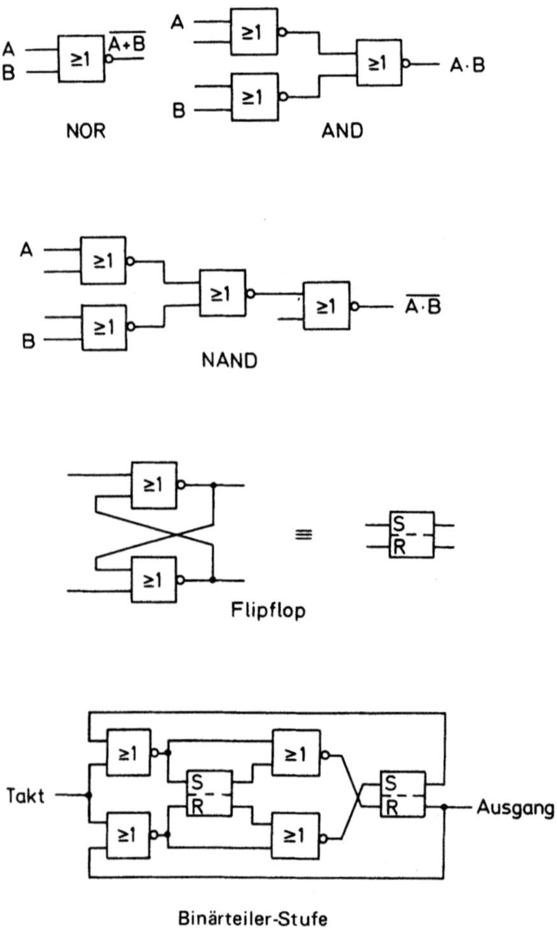

Bild 7.1.7
Realisierung von logischen Funktionen mit Turbulenzverstärkern

7.2 Haftstrahlelemente [7.6 bis 7.14]

7.2.1 Haftstrahl-Effekt (Coanda-Effekt)

Ein turbulenter Freistrahl, der aus einer Düse austritt, breitet sich entlang der ursprünglichen Symmetrielinie aus. Aufgrund der auftretenden Scherkräfte zwischen Strahl und umgebenden Medium werden ständig Teilchen vom Strahl mitgerissen. Dies führt zu einer Sekundärströmung, die mitgerissenen Teilchen nachliefert, wie in Bild 7.2.1 angedeutet. Wird der Querschnitt der Sekundärströmung einseitig durch eine feste Wand reduziert (Bild 7.2.2), so führt dies zu einer Erhöhung der Strömungsgeschwindigkeit und zu einer Absenkung des statischen Druckes auf dieser Seite. Es kommt zu einer Störung des Kräftegleichgewichtes um den Freistrahl und zur Ausbildung einer Querkraft auf den Strahl, die diesen zur Wand hin ablenkt. Durch die weitere Reduzierung des Querschnitts der Sekundärströmung erhöht sich die Strömungsgeschwindigkeit, was eine weitere Absenkung des statischen Druckes zwischen Strahl und Wand und eine Verstärkung der Strahlablenkung zur Folge hat. Dieser Rückkopplungsprozeß schreitet solange fort bis der Strahl an der Wand haftet, wie in Bild 7.2.2 dargestellt. Zwischen Strahl und Wand ist eine Unterdruckblase entstanden, in der sich ein Wirbel ausgebildet hat. Diese Unterdruckblase hält den Strahl stabil an der Wand. Vom Anlegepunkt des Strahles aus werden ständig Flüssigkeitsteilchen aus dem Strahl nachgeliefert, die den Wirbel und damit die Unterdruckblase aufrechterhalten.

Über einen Steuerkanal kann man die Unterdruckblase auffüllen und den Strahl zur Ablösung bringen. Hierbei verschiebt sich der Anlegepunkt allmählich stromabwärts bis der Strahl abreißt. Während des Haftens an der Wand saugt der Strahl aus dem Steuerkanal Teilchen nach, die zu einem Teil zu einem Auffüllen der Unterdruckblase beitragen. Um eine Ablösung des Strahles zu verhindern, muß der Steuerkanalquerschnitt daher genügend klein gewählt werden.

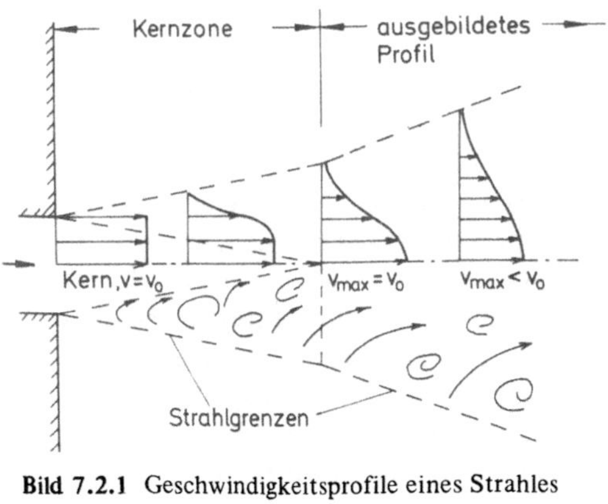

Bild 7.2.1 Geschwindigkeitsprofile eines Strahles beim Austritt aus einem Schlitz

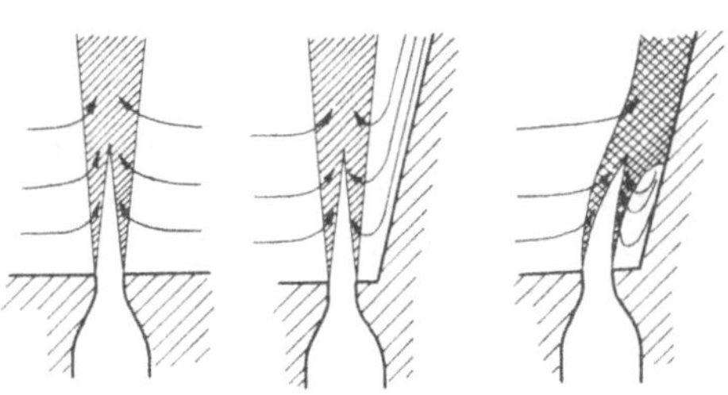

Bild 7.2.2 Ausbildung des Haftstrahles

7.2.2 Bistabiles Haftstrahlelement (Flipflop)

Durch eine symmetrische Anordnung von zwei Haftwänden und zwei Steuerkanälen läßt sich ein Element mit zwei stabilen Lagen aufbauen (Bild 7.2.3). Beide Haftlagen sind bei einem symmetrischen Aufbau gleichberechtigt. Durch Steuerimpulse in den Eingängen läßt sich der Strahl von einer Lage in die andere steuern. Nach Wegfall des Steuersignals verharrt der Strahl in seiner zuletzt eingenommenen Lage. Es liegt demnach ein fluidisches Flipflop vom SR Typ vor. Ein gleichzeitiges Einwirken von Steuersignalen mit logisch „1" auf die beiden Eingänge ist nicht erlaubt, da während des Einwirkens nicht garantiert ist, daß die beiden Ausgänge den entgegengesetzten logischen Zustand einnehmen und nach dem Einwirken der Zustand nicht definiert ist. Die beiden Ausgänge sind durch einen Keil voneinander getrennt.
Bild 7.2.4 zeigt Arbeitsprinzip-Symbol, Schaltzeichen und Wahrheitstabelle des bistabilen Haftstrahlelementes.

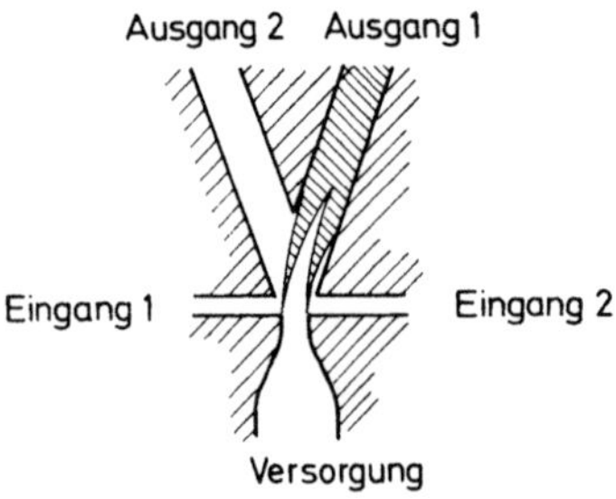

Bild 7.2.3 Bistabiles Haftstrahlelement

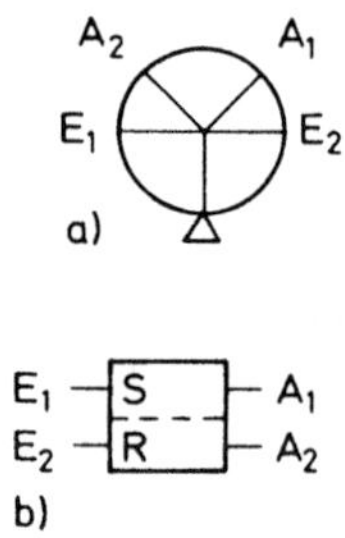

E_1^n	E_2^n	A_1^{n+1}
0	0	A_1^n
0	1	0
1	0	1
1	1	undef.

c)

Bild 7.2.4 Arbeitsprinzip-Symbol (a), Schaltzeichen (b) und Wahrheitstafel (c) des bistabilen Haftstrahlelementes

Sowohl strömungsmechanische Parameter (Reynolds-Zahl, Mach-Zahl) als auch geometrische Parameter (Öffnungswinkel, Keilposition, Steuerkanalbreite, Versetzung zwischen Steuerkanal und Versorgungskanal, Elementtiefe) beeinflussen in gegenseitiger Abhängigkeit die Eigenschaften des Haftstrahlverstärkers. Nach Glättli [7.10] ordnet sich die verwirrende Vielfalt etwas, wenn man berücksichtigt, daß eine bestimmte Reynolds-Zahl vorhanden sein muß, damit Anlegen stattfindet bzw. nicht stattfindet. Im Übergangsgebiet zwischen laminar und turbulent ist die Beeinflussung zwischen Reynolds-Zahl und Geometrie sehr groß, da sich die Fähigkeit des Strahles sich anzulegen stark mit der Reynolds-Zahl ändert. Im vollturbulenten Bereich ist die Variationsmöglichkeit erheblich geringer. Hier müssen nur noch die geometrischen Größen aufeinander abgestimmt werden.

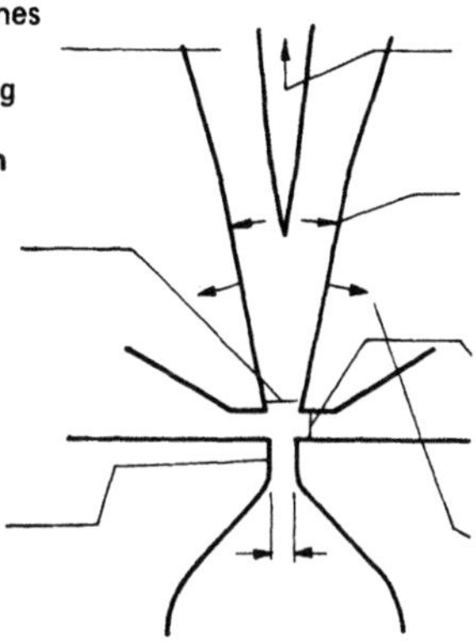

Bild 7.2.5 Einfluß der geometrischen Parameter auf die Eigenschaften des Haftstrahlelementes

Bild 7.2.5 gibt einen Überblick über den Einfluß der geometrischen Parameter auf die Eigenschaften des Haftstrahlelementes (nach Warren [7.7]).
Der Einfluß von Reynolds-Zahl, Öffnungswinkel und Versetzung auf die Haftfähigkeit des Strahles ist in sehr übersichtlicher Weise in den Bildern 7.2.6 und 7.2.7 (nach Glättli [7.10]) dargestellt. In Bild 7.2.6 sind die verschiedenen Stabilitätszustände des Haftstrahlelementes, bistabil-unistabil-tristabil, in Abhängigkeit von der Reynolds-Zahl und dem Öffnungswinkel dargestellt. Das Element ist unistabil, wenn der Strahl sich nur unter Einwirkung eines anstehenden Signales an eine Wand anlegt und sich bei Fortfall des Signales wieder ablöst. Das Element verhält sich tristabil, wenn außer den Haftlagen an den beiden Wänden, auch die symmetrische Mittenlage des Strahles stabil ist. Aus dem Diagramm 7.2.6 geht hervor, daß für bistabiles Verhalten eine Mindest-Reynolds-Zahl bei gegebenen Öffnungswinkel erforderlich ist. Als Re_{min} für Bistabilität wird die Reynolds-

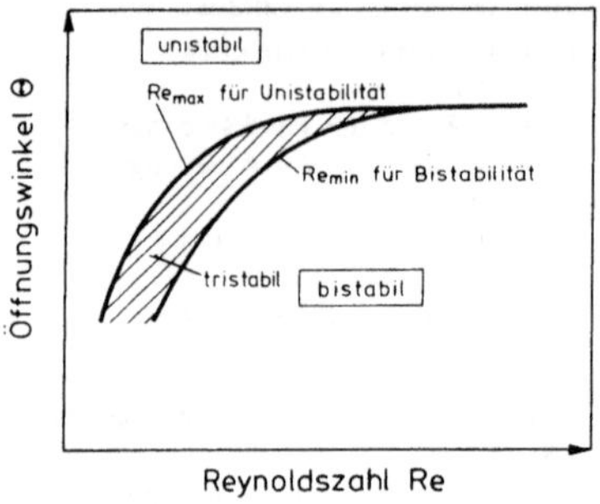

Bild 7.2.6
Stabilitätszustände eines Haftstrahlelementes

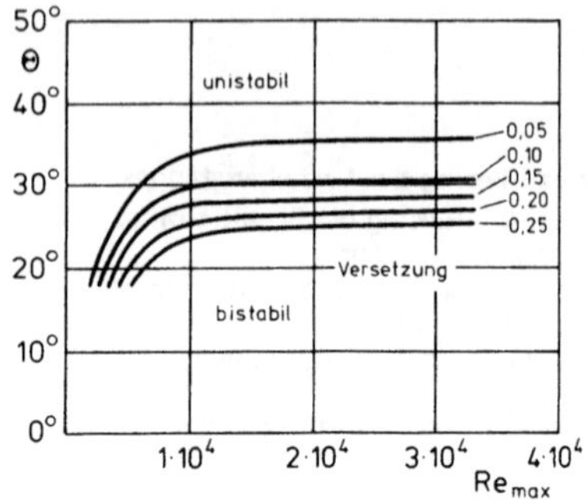

Bild 7.2.7
Maximale Reynoldszahl für Unistabilität in Abhängigkeit von Öffnungswinkel Θ und Versetzung

Zahl definiert, die im Augenblick des Anlegens des Strahles herrscht. Hierzu wurde im Versuch die Reynolds-Zahl allmählich erhöht bis ein Anlegen des Strahles stattfand. Als Re_{max} für Unistabilität wird die Reynolds-Zahl definiert, die im Augenblick des Abhebens des Strahles von der Wand herrscht. Hierzu wurde die Reynolds-Zahl aus dem bistabilen Bereich heraus allmählich verringert bis ein Abheben des Strahles stattfand.

Bei gegebenem Öffnungswinkel durchläuft das Haftstrahlelement bei Erhöhung der Reynolds-Zahl von kleinen Werten an nacheinander die Bereiche unistabil, tristabil und bistabil, solange ein bestimmter kritischer Winkel nicht überschritten wird. Bei Überschreiten dieses Winkels ist ein Haften des Strahles nicht mehr möglich.

Im unteren Reynolds-Zahl-Bereich durchläuft das Element bei vorgegebenener Reynolds-Zahl mit wachsendem Öffnungswinkel die Bereiche bistabil, tristabil und unistabil, wobei die Grenzen stark von der Reynolds-Zahl abhängen. Im oberen Reynolds-Zahl-Bereich ist kein tristabiles Verhalten mehr möglich. Es existiert eine scharfe Grenze zwischen den Bereichen für bistabiles und unistabiles Verhalten. In diesem Bereich verhält sich das Element unterhalb eines bestimmten Winkels unabhängig von der Reynolds-Zahl bistabil. Oberhalb eines bestimmten Winkels ist unabhängig von der Reynolds-Zahl ein Anlegen nicht mehr möglich.

In Bild 7.2.7 ist die maximale Reynolds-Zahl für Unistabilität in Abhängigkeit von Öffnungswinkel und Versetzung zwischen Düsenausgang und Anlegewand aufgetragen. Auch hier ist wieder zu sehen, daß im oberen Reynolds-Zahlen-Gebiet der Einfluß der Reynolds-Zahl verschwindet. Die Grenze zwischen Bistabilität und Unistabilität ist nur abhängig von der Versetzung. Je kleiner die Versetzung ist, um so größere Öffnungswinkel sind für ein Strahlhaften noch zulässig.

Einen großen Einfluß hat der Keilabstand. Bild 7.2.8 gibt einen Überblick über das Haftverhalten bei verschiedenen Keilabständen [7.8]. Der Keilabstand ist auf die Versorgungsdüsenweite w_v bezogen.

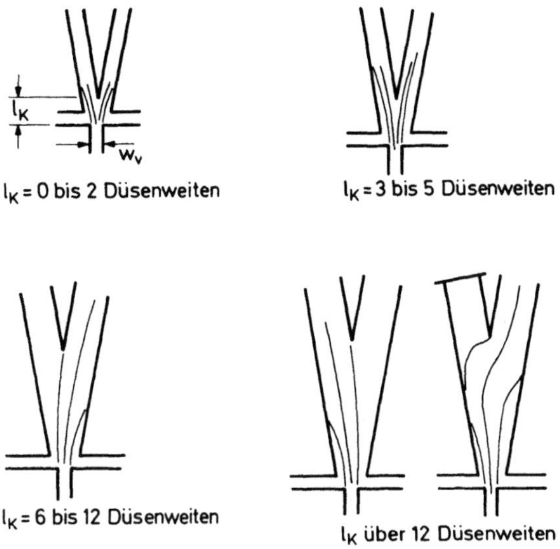

Bild 7.2.8
Einfluß des Keilabstandes l_K auf den Haftstrahl

Im Bereich 0...2 Düsenweiten tritt eine Strahlaufteilung auf. Der Differenzdruck über der geringen Länge von 2 Düsenweiten ist zu gering um ein Haften des Strahles zu erreichen. Der Strahl kann durch ein Steuersignal oder durch Blocken eines Ausganges vorübergehend an eine Wand geschaltet werden (unistabiles Verhalten).
Im Bereich 3 ... 5 Düsenweiten teilt sich der Strahl ungleichmäßig auf. Unistabiles Verhalten wie in Bereich 0 ... 2 Düsenweiten. Hohe Druckrückgewinnung.
Im Bereich 6 ... 12 Düsenweiten haftet der Strahl stabil an den Anlegewänden. Er kann durch ein Steuersignal oder durch Blocken des Ausganges von einer Seite auf die andere Seite geschaltet werden, wo er auch nach Wegfall des Signales verbleibt. Die Druckrückgewinnung aus dem Versorgungsstrahl ist noch relativ hoch.
Im Bereich über 12 Düsenweiten kann der Strahl nur noch durch ein Steuersignal geschaltet werden. Laständerungen, z.B. Blocken des Ausgangskanales, haben keinen Einfluß mehr auf die Lage des Strahles. Während des Blockens tritt zwar der Strahl am anderen Ausgang aus, aber der Strahl bleibt an der ursprünglichen Wand haften. Die Druckrückgewinnung in diesem Bereich ist relativ schlecht.
Um die oben geschilderte Lastabhängigkeit zu beseitigen, hat man sogenannte Entlüftungsöffnungen (Vents) eingeführt. Ohne diese Entlüftungsöffnungen kann bei Reduzierung des Ausgangsflusses, das zurückströmende Medium die Unterdruckblase auffüllen und den Strahl so ablösen. Da Keilabstände in der Größenordnung von 12 Versorgungsdüsenweiten mit einem sehr schlechten Druckrückgewinnungsfaktor verbunden sind, sind derartig große Keilabstände eine technisch unbefriedigende Lösung zur Erzielung der Lastunabhängigkeit.

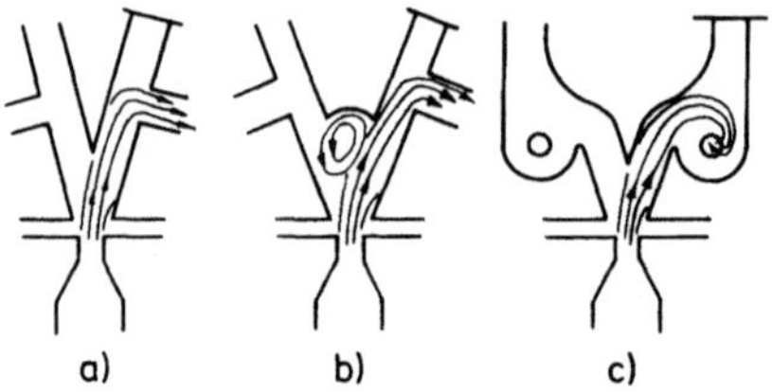

Bild 7.2.9 Entlüftungsanordnungen (Vents) des Haftstrahlelementes

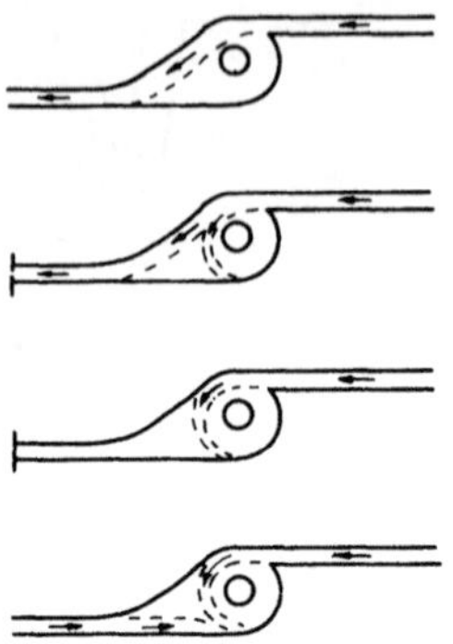

Bild 7.2.10 Funktionsweise der Wirbelkammer-Entlastungsöffnung

Bild 7.2.9 zeigt verschiedene Möglichkeiten einer Entlüftungsöffnung. Sinnvollerweise legt man die Entlüftungsöffnung an eine Stelle mit möglichst hoher Strömungsgeschwindigkeit, so daß sich bei unbelastetem Ausgang an dieser Stelle nur ein geringer statischer Druck ausbildet und im günstigsten Falle keine Strömung austreten kann. Bei blockiertem Ausgang wird die Strömung durch den seitlichen Entlastungskanal abgeführt, und nur ein geringer Teil der Strömung tritt durch den inaktiven Ausgang aus.
Zur Unterstützung der Ventanordnung nach Bild 7.2.9a kann der Keil mit einer Aushöhlung (Bild 7.2.9b) versehen werden, in dem sich ein sogenannter Stützwirbel ausbilden kann. Die Drehrichtung des Stützwirbels ändert sich beim Schalten von einer Wand zur anderen. Der Wirbel bewirkt eine zusätzliche Erhöhung des Druckrückgewinnungsfaktors. Je nach Ausführung können 40 ... 65 % erreicht werden. Teilweise wird die Ausbildung des Stützwirbels auch einfach durch eine Abflachung des Keils bewirkt. Die Wirkung ist hierbei geringer. Die Druckrückgewinnung bei spitzem Keil beträgt kaum mehr als 30 %. Als Nachteile bei der Wirbelausbildung müssen höhere Schaltzeiten und höhere Schaltleistungen in Kauf genommen werden.
Bild 7.2.9c zeigt die Ausbildung einer Wirbelkammer-Entlastungsöffnung [7.12]. Sie verträgt nicht nur einen Leerlauf des Ausgangskanales, sondern auch erhebliche Rückflüsse vom Ausgang her, wie sie beispielsweise bei der Ansteuerung von Zylindern auftreten können. Im dynamischen Betrieb werden durch den Vent reflektierte Wellen abgeleitet, so daß der Verstärker nicht durch Reflexionen an der Last geschaltet werden kann. Bild 7.2.10 veranschaulicht die verschiedenen Belastungsfälle der Wirbelkammer-Entlüftungsöffnung und die dabei auftretenden Strömungsausbildungen. Die überschüssige Strömung wird über eine Wirbelausbildung durch die Öffnung in der Abdeckung der Wirbelkammer abgeleitet.

Eine typische Eingangskennlinie eines fluidischen Flipflops nach dem Haftstrahleffekt ist in Bild 7.2.11a dargestellt. Im ungeschalteten Zustand liegt der Strahl auf der Seite des Steuereinganges, aus dem er relativ kräftig nachsaugt. Bei abgeschlossenem Steuereingang

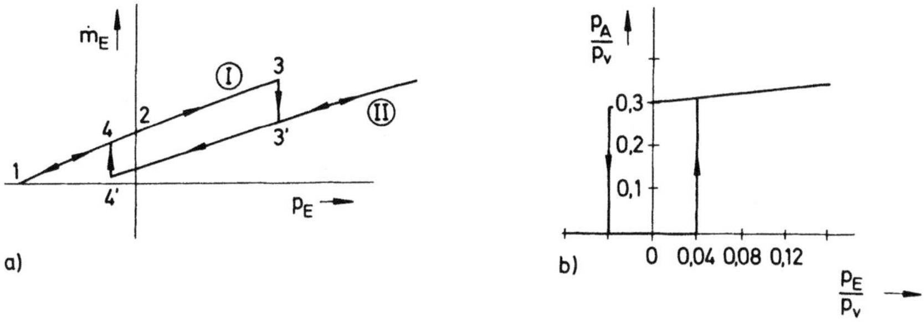

Bild 7.2.11 Eingangskennlinie (a) und Schaltkennlinie (b) eines bistabilen Haftstrahlelementes

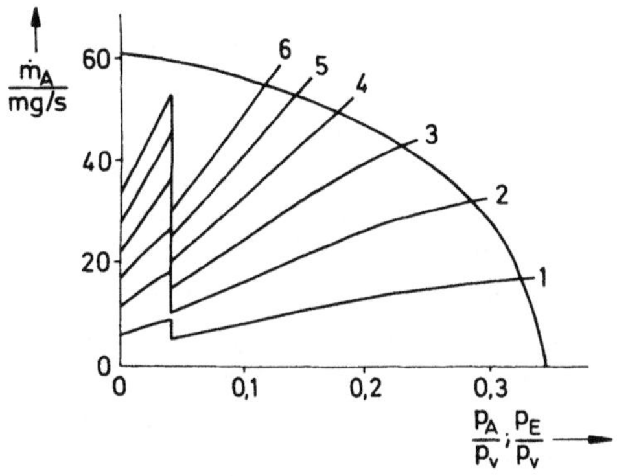

Bild 7.2.12
Grafische Bestimmung der Ausgangsauffächerung

(Punkt 1) entsteht daher bei $\dot{m}_E = 0$ ein Unterdruck. Bei voll geöffnetem Steuerkanal saugt der Strahl bei einem Steuerdruck $p_E = 0$ einen dem Punkt 2 entsprechenden Massenstrom nach. Bei weiterem Erhöhen des Steuerdruckes wächst der Steuerstrom entsprechend dem Kennlinienast I bis der Schaltpunkt 3 erreicht wird, in dem der Strahl auf die entgegengesetzte Wand vom betrachteten Eingang weggeschaltet wird. Da der Strahl von der gegenüberliegenden Wand her schwächer nachsaugt, fällt bei gleichbleibendem Steuerdruck der Steuerstrom um einen deutlichen Betrag. Bei einer weiteren Erhöhung des Steuerdruckes folgt der Massenstrom nun dem Kennlinienast II für den geschalteten Zustand. Bei einer Erniedrigung des Steuerdruckes fällt der Massenstrom im Steuerkanal ebenfalls entsprechend dem Kennlinienast II bis ein bestimmter negativer Steuerdruck in Punkt 4 erreicht ist, der ein Rückschalten des Strahles ermöglicht (sog. passives Schalten). Nach dem Rückschalten wird die Eingangskennlinie wieder durch den Kennlinienast I beschrieben. Eine typische Schaltkennlinie eines bistabilen Elementes ist in Bild 7.2.11b zu sehen.

Aus der Ausgangskennlinie und den Eingangskennlinien der nachgeschalteten Verstärker läßt sich die Ausgangsauffächerung des Flipflops bestimmen. Die Ausgangsauffächerung ist dabei immer auf die Belastung durch gleichartige Elemente bezogen (in diesem Fall gleichartige Flipflops). In Bild 7.2.12 sind die Ausgangskennlinie und die Kennlinien für 1 ... 6 paralell geschaltete Eingänge eingetragen. Die Kennlinie für mehrere parallel geschaltete Elemente erhält man, in dem man bei vorgegebenem Steuerdruck jeweils die Massenströme addiert.

Damit alle angeschlossenen Elemente sicher geschaltet werden, darf es nur einen Schnittpunkt zwischen der Ausgangskennlinie und der resultierenden Eingangskennlinie geben. In dieser Betrachtung sind die Verluste in den Verzweigungen vernachlässigt, was im allgemeinen zulässig ist. Eine längere gemeinsame Zuleitung kann durch eine entsprechende Scherung der Ausgangskennlinie um den auftretenden Druckabfall vorgenommen werden. Dies ist gleichbedeutend mit einer Erhöhung des Innenwiderstandes der Druckquelle, zu dem jetzt noch der Leitungswiderstand addiert wird. In dem abgebildeten Beispiel beträgt die Ausgangsauffächerung 6.

Grundsätzlich werden die Kennlinien der Elemente gleichen Typs aufgrund der Herstellungstoleranzen nicht identische Kennlinien aufweisen. Die Kennlinien werden vielmehr innerhalb eines vorgegebenen Toleranzbereiches liegen. Für eine Worst-Case-Berechnung (ungünstiger Fall) müssen die ungünstigsten Fälle herangezogen werden. Eine Bestimmung der Ausgangsauffächerung muß dann mit der Quellkennlinie an der unteren Toleranzgrenze und der Eingangskennlinie an der oberen Toleranzgrenze durchgeführt werden.

Der Eingangskreis eines Haftstrahlverstärkers kann entsprechend seiner Eingangskennlinie durch eine Ersatzschaltung nach Bild 7.2.13 interpretiert werden. Da die Eingangskurzschlußmassenströme je nach Schaltzustand zwei unterschiedliche Beträge aufweisen, werden zwei Quellen $\epsilon_u\, p_v$ und $\epsilon_g\, p_v$ angenommen, von denen $\epsilon_u\, p_v$ direkt durch eine Leerlaufmessung bestimmbar ist. Da die einzelnen Kennlinienäste nicht parallel verlaufen, bestehen folglich in Abhängigkeit vom Schaltzustand zwei verschiedene Eingangswiderstände, die sich aus einem gemeinsamen Widerstandsanteil, dem Querschnittsübergang der Steuerdüse R_D, und den Strahlwiderständen $R_u(p_v)$ und $R_g(p_v)$ zusammensetzen, die physikalisch mit einer strömungsbedingten Einschnürung des effektiven Düsenquerschnittes erklärt werden können. Der Schalter beschreibt den nichtstetigen Übergang von einem Zustand in den anderen [7.14].

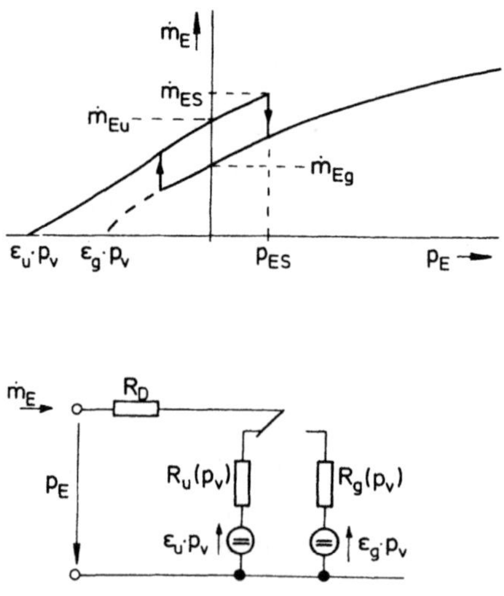

Bild 7.2.13
Eingangskennlinie und statische Eingangsersatzschaltung des bistabilen Haftstrahlelementes

Die Unterdruckblase des Haftstrahlelementes kann als eine Kapazität C aufgefaßt werden, die bis zu einem kritischen Druck p_{uk} aufgeladen werden muß, damit eine Strahlablösung stattfinden kann. Für den dynamischen Fall muß die Ersatzschaltung nach Bild 7.2.13 daher um diese Kapazität erweitert werden (Bild 7.2.14). Die Blasenkapazität setzt sich aus der Kapazität des eingeschlossenen Volumens C_B und der druckabhängigen Strahlkapazität C_S zusammen.
Nach Kapitel 5 folgt die Strahlkapazität, verursacht durch die Steifigkeit des Strahles, zu

$$C_S = K_C' \, V_{Strahl}/\overline{v}_v^2 \tag{7.2.1}$$

und nach Einführen der Beziehung für die Versorgungsdüse $p_v = \rho \, \overline{v}_v^2/2$

$$C_S = K_C \, \rho \, V_{Strahl}/p_v = K_C \, \frac{M_{Blase}}{p_v}. \tag{7.2.2}$$

V_{Strahl} ist hierbei das Volumenelement des Strahles über der Unterdruckblase.
Der zeitliche Druckverlauf an der Gesamtkapazität (Bild 7.2.15) in Abhängigkeit von verschiedenen Steuerdrücken bei sprungartiger Erregung zeigt einen Verlauf, der in ähnlicher Form bei der Übersteuerung eines bipolaren Transistors zu finden ist.
Je höher die ansteuernde Druckamplitude ist, umso steiler ist der Anstieg des Druckes an der Kapazität, da höhere Endwerte angestrebt werden. Bei Erreichen von p_{uk}, dem kritischen Druck an der Kapazität, wird der Aufladevorgang unterbrochen, da der Strahl sich ablöst.

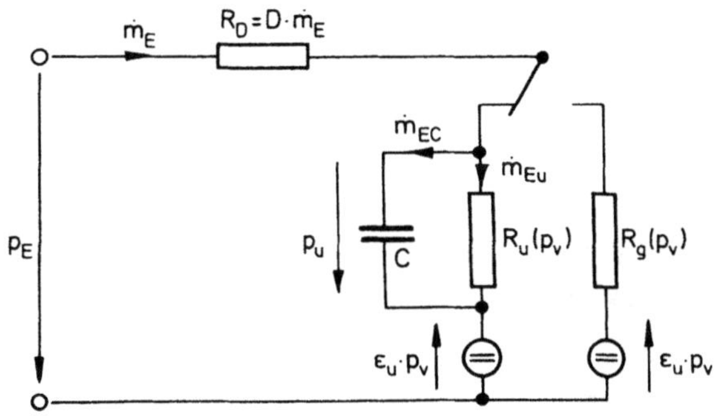

Bild 7.2.14
Dynamische Eingangsersatzschaltung des bistabilen Haftstrahlelementes

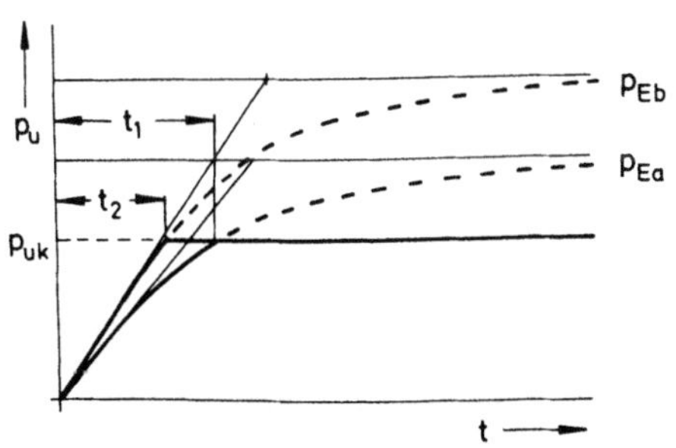

Bild 7.2.15
Zeitlicher Druckverlauf an der Kapazität der Zirkulationszone in Abhängigkeit von verschiedenen Steuerdruck-Sprungerregungen

Die gesamte Schaltzeit des fluidischen Schalters setzt sich aus der Verzögerungszeit t_d und der Anstiegszeit t_r zusammen. Die Verzögerungszeit (engl. delay time) reicht vom Einschaltzeitpunkt bis zum Anstieg der Ausgangsspannung des gegenüberliegenden Ausganges p_A auf 10 % seines Endwertes $p_{A\,max}$. Die Anstiegszeit t_r (engl. rise time) zählt vom Zeitpunkt, an dem $p_A = 10\,\%\,p_{A\,max}$ ist bis zum Zeitpunkt, an dem p_A den Wert $90\,\%\,p_{A\,max}$ erreicht. Die Summe aus Verzögerungszeit und Anstiegszeit wird als Einschaltzeit bezeichnet (Bild 7.2.16).

$$t_e = t_d + t_r\,. \qquad (7.2.3)$$

Die Verzögerungszeit im Element ergibt sich aus der Signaltransportzeit t_S im Strahl nach Kapitel 5 zu $t_d = t_S = 2{,}08\,l/\bar{v}_v$, wenn l die Strahllänge ist.
Einen typischen Verlauf der Einschaltzeit in Abhängigkeit von Aussteuer- und Versorgungsdruck zeigt Bild 7.2.17 [7.14].

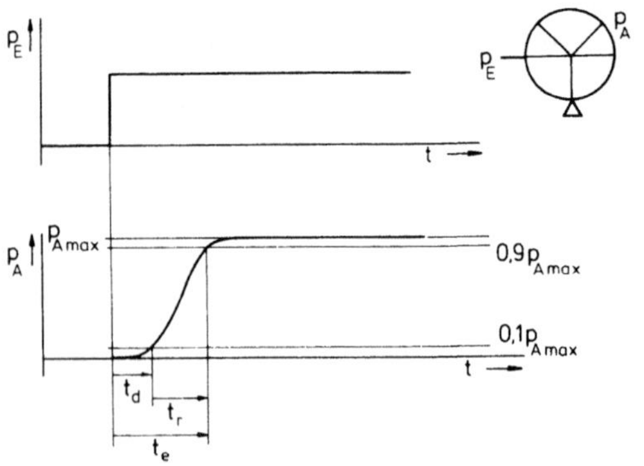

Bild 7.2.16
Definition der Einschaltzeit beim fluidischen Schalter. Zeitliniendiagramme des Steuerdruckes und des Ausgangsdruckes des gegenüberliegenden Ausgangskanales

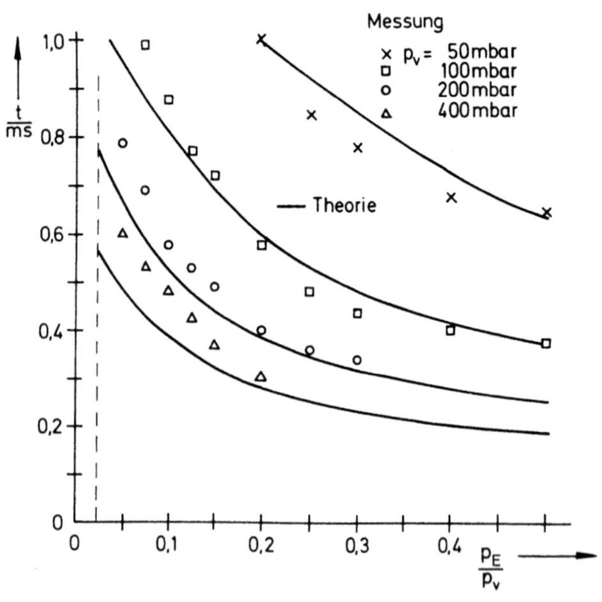

Bild 7.2.17
Typischer Verlauf der Schaltzeit in Abhängigkeit von Aussteuerungs- und Versorgungsdruck

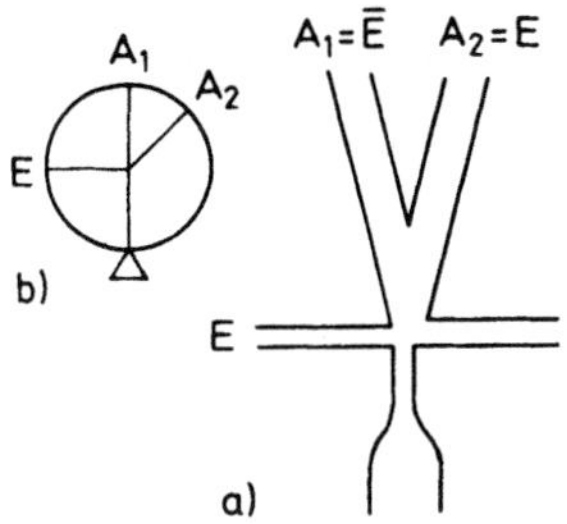

Bild 7.2.18 Inverter (a) und Arbeitsprinzip-Symbol (b)

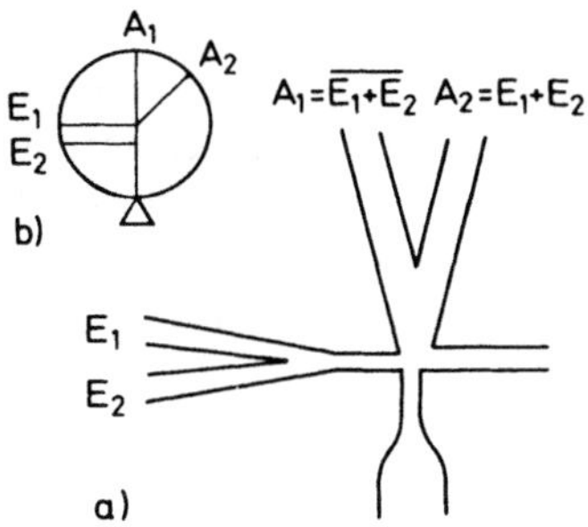

Bild 7.2.19 Or-Nor-Element (a) und Arbeitsprinzip-Symbol (b)

7.2.3 Unistabiles Haftstrahlelement, Inverter und OR-NOR-Gatter

Durch eine asymmetrische Anordnung der Anlegewände kann dem Versorgungsstrahl eine Vorzugslage vermittelt werden, wie in Bild 7.2.18 angedeutet. Die rechte Wand ist so weit versetzt gegenüber der Versorgungsdüse, daß ein stabiles Haften des Strahles an dieser Seite nicht mehr möglich ist.

Ohne Vorhandensein eines Steuersignales E legt sich der Strahl an die näher gelegene Wand auf der linken Seite und tritt durch den Ausgang A_1 aus. Für die Dauer eines Eingangssignales E kann der Strahl in den Ausgang A_2 gesteuert werden. Die logische Funktion dieses Elementes ist demnach die eines Inverters mit komplementärem Ausgang.

Durch eine Anordnung von weiteren Eingängen läßt sich ein OR-NOR-Gatter verwirklichen (Bild 7.2.19). Nur bei Vorhandensein der Signale E_1 oder E_2 erscheint ein Ausgangssignal A_2. Der Ausgang A_2 erfüllt daher die OR-Funktion $A_2 = E_1 + E_2$ und der Ausgang A_1 die NOR-Funktion $A_1 = \overline{E_1 + E_2}$.

Bild 7.2.20 zeigt die Eingangscharakteristik und die Schaltcharakteristik eines unistabilen Haftstrahlelementes. Wie beim bistabilen Haftstrahlelement entsteht beim Umschalten des

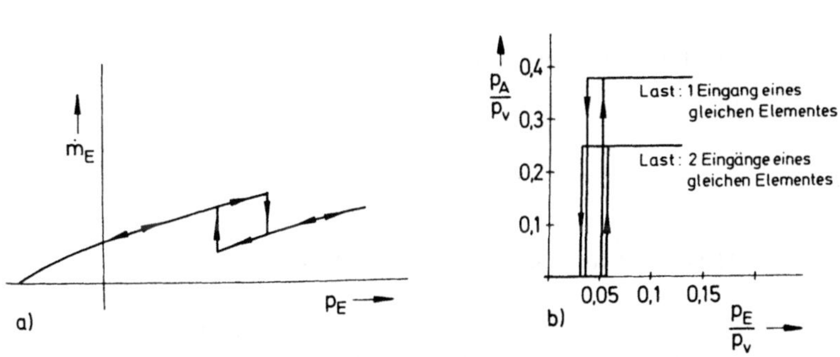

Bild 7.2.20 Eingangskennlinie (a) und Schaltkennlinie (b) eines unistabilen Haftstrahlelementes

Elementes ein Flußsprung in der Eingangscharakteristik, verursacht durch unterschiedliches Nachsaugen des Versorgungsstrahles vor und nach dem Schalten. Die Eingangscharakteristik des unistabilen Elementes unterscheidet sich dadurch von der des bistabilen, daß bei Unterschreiten des Schaltdruckes der Strahl bei einem positiven Steuerdruck zurückschaltet. Dies kommt auch in der Schaltcharakteristik zum Ausdruck.
Die Leitungszusammenführung in Bild 7.2.19 wirkt als passives ODER-Element (siehe Abschnitt 7.3.3).

7.2.4 **Haken-Element** (Halbaddierer)

Beim Haken-Element handelt es sich um ein passives Verknüpfungselement. Bild 7.2.21 veranschaulicht die verschiedenen Betriebsarten. Ein Signal E_2 erzeugt eine Strömung, die sich an die linke Wand anlegt und ein Ausgangssignal an A_1 bewirkt. Ein Signal E_1 erzeugt eine Strömung, die über die Ausbuchtung im Element ebenfalls in den linken Ausgang gelenkt wird. Werden die Eingänge E_1 und E_2 zugleich mit Druck beaufschlagt, so bildet sich eine resultierende Strömung, die auf den Ausgang A_2 gerichtet ist.
Der linke Ausgang realisiert daher die EXKLUSIV-ODER-Funktion $A_1 = E_1 \overline{E}_2 + \overline{E}_1 E_2$ und der rechte Ausgang die UND-Funktion $A_2 = E_1 E_2$. Damit liegt ein Halbaddierer vor, bei dem am Ausgang A_1 die Summe und am Ausgang A_2 der Übertrag entnommen werden kann.

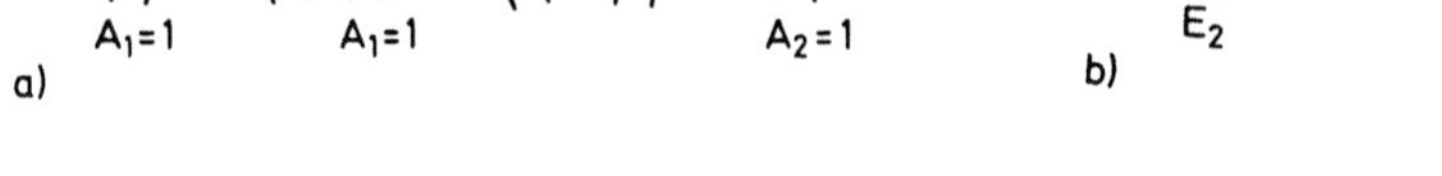

Bild 7.2.21 Haken-Halbaddierer, Funktion (a) und Arbeitsprinzipsymbol (b)

7.3 Strahlelemente mit Wandunterstützung oder -führung

Im Gegensatz zu den Haftstrahlelementen ist bei diesen Strahlelementen ein Haften der Strömung an den Wänden nicht möglich. Die Wände unterstützen lediglich das Umschalten der Strömung bei Impulseinwirkung, so daß die Elemente digitalen Charakter erhalten.

7.3.1 Mittenstabiles Element (Äquivalenz-Gatter)

Das von Glättli [7.10] vorgeschlagene mittenstabile Element (Bild 7.3.1) zeichnet sich durch eine besondere logische Leistungsfähigkeit aus. Die Mittenlage ist die stabile Lage des Strahles, in der er auf den mittleren Ausgangskanal (A_0) gerichtet ist. Durch Steuersignale in den Eingängen E_1 und E_2 kann der Strahl in die Ausgänge A_1 und A_2 gesteuert werden. Die Wände wirken hierbei unterstützend. Ein Haften des Versorgungsstrahles ist nicht möglich, da der Öffnungswinkel entsprechend groß gewählt ist (unistabiles Verhalten).

Der mittlere Ausgang realisiert die Äquivalenz-Funktion $A_0 = E_1 E_2 + \overline{E}_1 \overline{E}_2$. Nur wenn beide Signale gleich sind verläßt der Strahl das Element durch den mittleren Ausgang A_0. Bei $E_1 = 1$ und $E_2 = 0$ wird der Strahl in Ausgang A_2 und bei $E_1 = 0$ und $E_2 = 1$ wird der Strahl in den Ausgang A_1 gesteuert. Bei Oderverknüpfung der beiden Ausgänge A_1 und A_2 wird die Antivalenz-Funktion realisiert $A_3 = A_1 + A_2 = E_1 \overline{E}_2 + \overline{E}_1 E_2$.

Das mittenstabile Element ist besonders zum Aufbau von Vergleicherschaltungen geeignet.

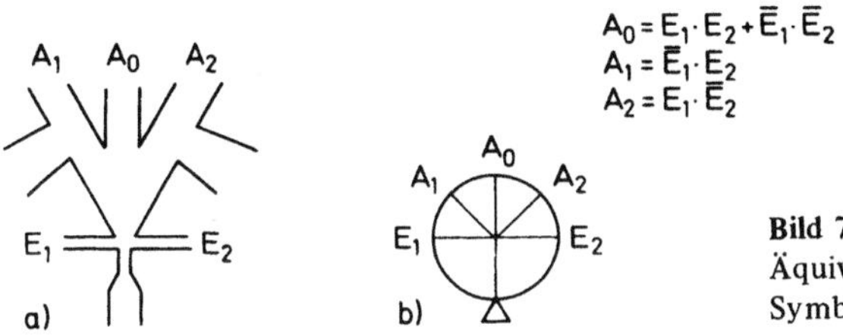

Bild 7.3.1
Äquivalenzgatter (a) und Arbeitsprinzip-Symbol (b)

7.3.2 UND-Element

Die Wirkung des passiven UND-Gatters nach Bild 7.3.2 beruht auf der Impulswechselwirkung zweier Strahlen. Nur wenn die Eingangssignale beide logisch 1 entsprechen, ist die resultierende Strömung auf den mittleren Ausgang gerichtet, der somit die logische Funktion $A = E_1 E_2$ realisiert. Die Unterstützung der Wände ist meist sehr gering, so daß ein nahezu analoges Element vorliegt, wie der Übertragungskennlinie zu entnehmen ist.

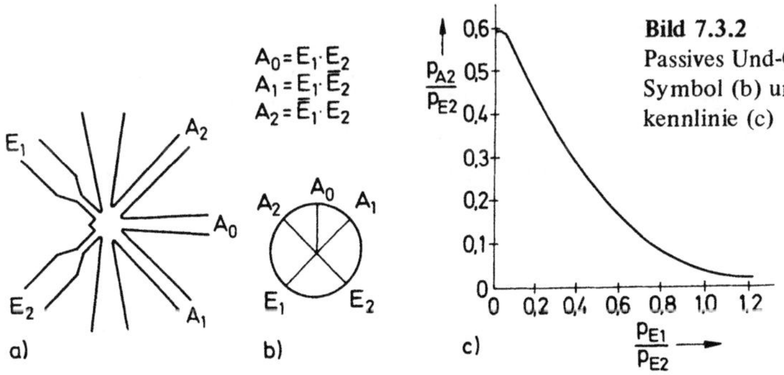

Bild 7.3.2
Passives Und-Gatter (a), Arbeitsprinzip-Symbol (b) und Druckübertragungskennlinie (c)

7.3.3 ODER-Element

Bild 7.2.3a zeigt die Anordnung eines passiven Oder-Gatters nach Glättli [7.1]. Durch eine vor der Zusammenführung beginnende Verengung wird der statische Druck in der Signalführenden Leitung verringert und somit eine erhebliche Senkung der Rückwirkung auf die signalfreie Leitung erreicht. Die Druckrückgewinnung ist mit über 80 % im Leerlauf sehr hoch.

Eine Zusammenführung zweier Düsen, ähnlich wie beim Und-Gatter, jedoch unter spitzem Winkel, zeigt Bild 7.2.3b. Die Entkopplung wird durch symmetrisch vor dem Ausgangskanal angeordnete Vents herbeigeführt. Die nahezu völlige Rückwirkungsfreiheit und unproblematische Geometrie dieser Anordnung wird mit einer verminderten Druckrückgewinnung von etwa 55 % erkauft.

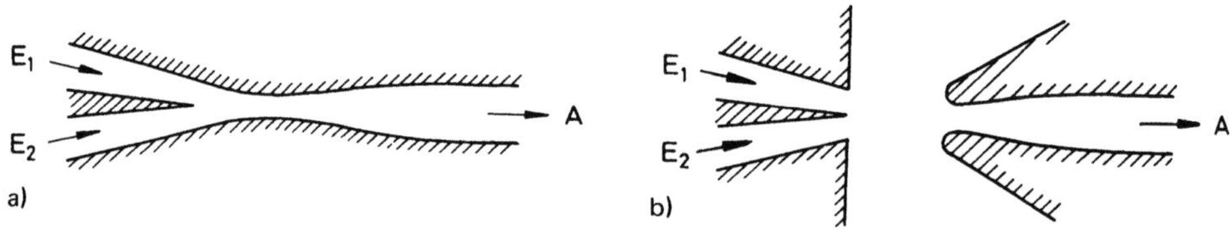

Bild 7.3.3 Passives Oder-Gatter ohne Entlüftung (a) und mit Entlüftung (b)

7.4 Digitale Bausteine

7.4.1 Binärteiler

In Bild 7.4.1 ist das Funktionsprinzip des Warren-Binärteilers erläutert [7.11]. Das Grundelement ist ein bistabiles Haftstrahlelement, dessen Steuereingänge über eine Schleife miteinander verbunden sind. An der Spitze der herzförmigen Schleife befindet sich ein Steuereingang E. In Bild 7.4.1a haftet der Strahl an der rechten Wand und induziert durch Mitsaugen eine zirkulierende Strömung in der Schleife,die über den rechten Steuereingang auf den Strahl gerichtet ist, da der Versorgungsstrahl auf dem rechten Steuerkanal stärker als auf dem linken Steuerkanal nachsaugt. Wird auf den Steuerkanal ein kurzzeitiger Impuls gegeben, so wird die Zirkulation im linken Teil der Schleife geschwächt und im rechten Teil der Schleife verstärkt. Dies führt zu einem Umschalten des Flipflops. Die Zirkulationsströmung wird nun in umgekehrter Richtung aufgebaut und das Flipflop kann mit dem nächsten Eingangsimpuls wieder zurückgeschaltet werden. Zum Setzen und Rücksetzen des Teilers können zusätzliche Steuereingänge vorgesehen werden.

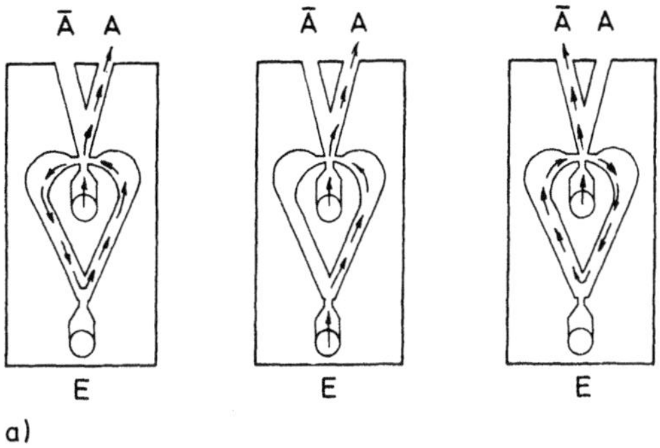

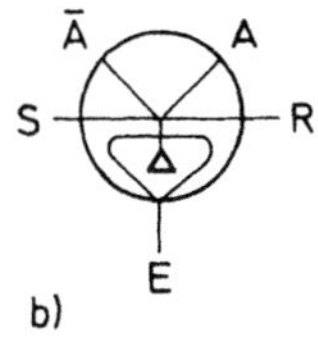

Bild 7.4.1
Binärteiler nach Warren (a) und Arbeitsprinzip-Symbol (b)

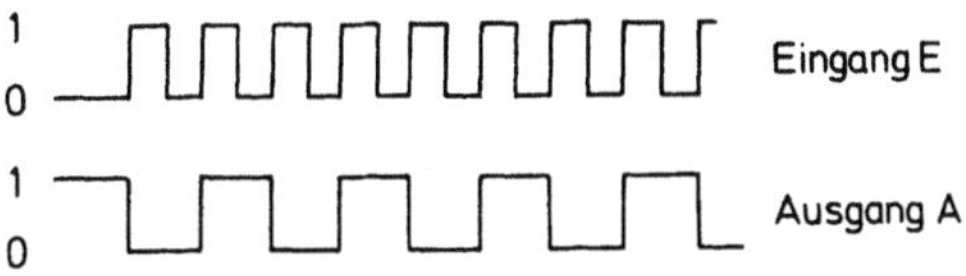

Bild 7.4.2 Zeitliniendiagramme des Binärteilers

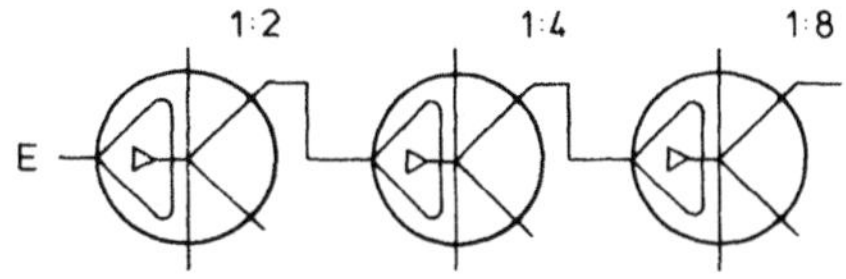

Bild 7.4.3 Teilerkette

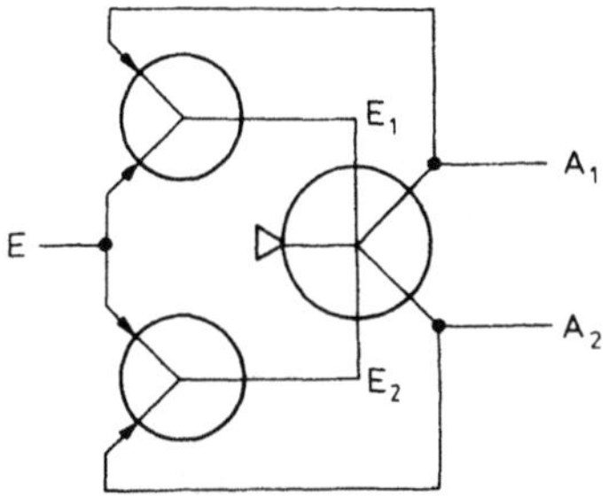

Bild 7.4.4
Flipflop mit äußerer Beschaltung als Binärteiler

Wie in Bild 7.4.2 angedeutet, untersetzt der Binärteiler eine an Eingang E liegende Frequenz im Verhältnis 1 : 2, da der Strahl nur mit dem jeweils zweiten Impuls am Eingang in seine ursprüngliche Lage geschaltet wird. Mit einer Teilerkette mit n Stufen kann eine Frequenz im Verhältnis $1 : 2^n$ heruntergeteilt werden (Bild 7.4.3).
Da Warren-Binärteiler sehr kritisch in der Realisierung ist, werden meist aufwendigere, aber unkritischere, Schaltungen verwendet. In Bild 7.4.4 sind die Ausgänge A_1 und A_2 über zwei Und-Gatter mit dem Steuersignal E verknüpft. Das Steuersignal E ist nur dann in E_1 wirksam, wenn der Strahl im Ausgang A_1 liegt. Entsprechend ist E nur dann in E_2 wirksam, wenn der Strahl im Ausgang A_2 liegt. Auf diese Weise wird der Strahl mit jedem Impuls

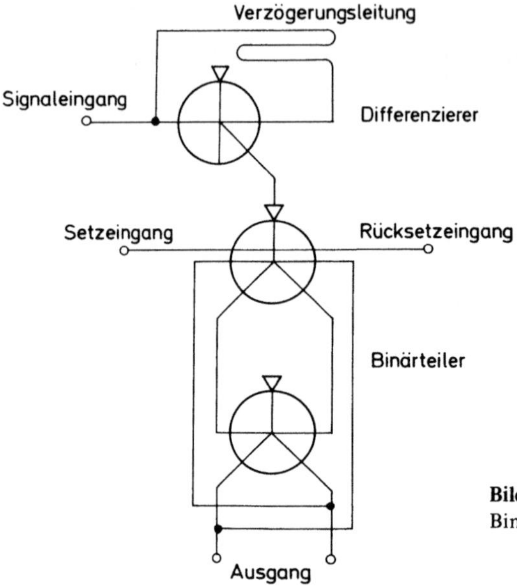

Bild 7.4.5
Binärteiler mit Impulsbegrenzereingang

in die jeweils entgegengesetzte Lage geschaltet. Die Funktion ist daher die gleiche wie beim Warren-Binärteiler, nur daß hier die Rückmeldung auf welcher Seite der Strahl liegt, nicht über die Eingänge, sondern die Ausgänge des Flipflops erfolgt.
Zur Funktion des Teilers nach Bild 7.4.4 ist es notwendig, daß das Eingangssignal nur ein kurzer Impuls von der Dauer der Schaltzeit des Flipflops ist, da sonst das Flipflop dauernd hin- und herschalten würde solange das Eingangssignal ansteht. Nach dem Umschalten liegt das Steuersignal jeweils auf dem entgegengesetzten Eingang des Flipflops. Nach dem Umschalten des Flipflops muß daher das Steuersignal an Eingang E verschwinden, um ein sofortiges Zurückschalten des Flipflops zu vermeiden.
Bild 7.4.5 zeigt einen Binärteiler, bei dem ein Impulslängenbegrenzer vorgeschaltet ist. Die Funktion der Impulsbegrenzung wird durch einen sinnvoll beschalteten Inverter erreicht. Das Steuersignal gelangt direkt auf den Eingang, der auf der Seite der Haftwand liegt und steuert den Strahl gegen die andere Wand. Über eine Verzögerungsleitung wird das Signal etwa 0,6 ms später auf den Eingang, der dieser Wand zugeordnet ist, gegeben. Hierdurch wird das vorher wirksame Signal am gegenüberliegenden Steuereingang neutralisiert und der Strahl schaltet in seine stabile Lage an der Haftwand zurück. Die Wirkung der Schaltung entspricht der eines Differenzierers in der Elektronik. Bild 7.4.6 veranschaulicht die Wirkungsweise an Hand von Zeitliniendiagrammen.
Die Binärteiler-Schaltung in Bild 7.4.5 weicht von der Anordnung in Bild 7.4.4 insofern ab, als die Und-Gatter durch ein passiv betriebenes Flipflop ersetzt sind. Der ursprüngliche Versorgungseingang dient nun als Eingang für das Steuersignal aus dem Impulsbegrenzer. Die Verknüpfung von Ausgangssignalen und Steuersignal ist so durchgeführt, daß der Versorgungsstrahl jeweils in die entgegengesetzte Lage schaltet.

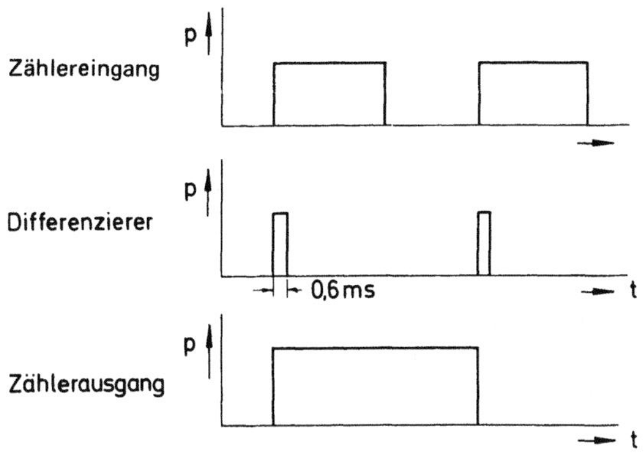

Bild 7.4.6
Zeitliniendiagramm des Binärteilers mit Impulsbegrenzereingang nach Bild 7.4.5

7.4.2 Schmitt-Trigger

Durch eine Kombination von einem mehrstufigen Proportionalverstärker mit einem mehrstufigem Digitalverstärker läßt sich ein Schmitt-Trigger mit einstellbarer Schwelle realisieren (Bild 7.4.7). Die als Differenzverstärker ausgebildete Eingangsstufe läßt sich einseitig über einen einstellbaren Widerstand aus dem Versorgungsdruck vorspannen. Wegen der hohen Verstärkung der gesamten Anordnung ist die Hysterese äußerst gering (0,2 ... 0,5 % vom Versorgungsdruck). Bild 7.4.8 zeigt die Schaltcharakteristik für verschiedene Einstellungen des Widerstandes. Bei dem diskutierten Schmitt-Trigger handelt es sich um das Modell MT11 von General Electric.

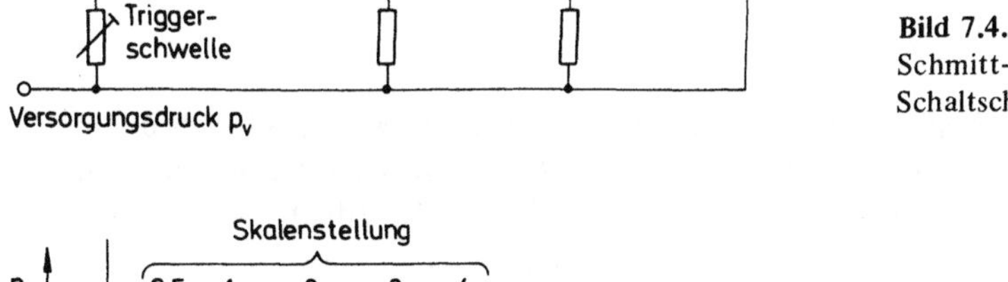

Bild 7.4.7
Schmitt-Trigger mit einstellbarer Schaltschwelle

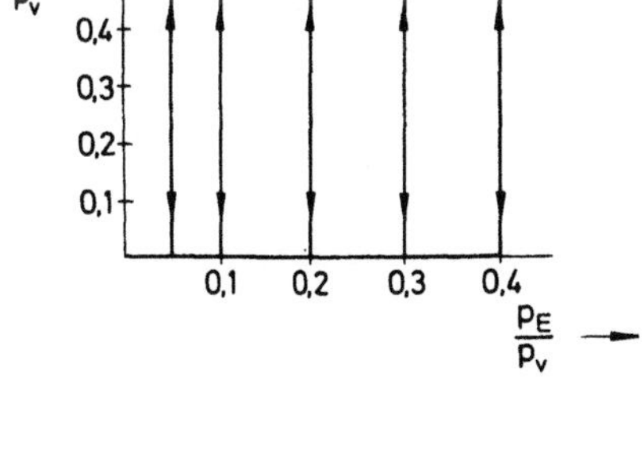

Bild 7.4.8
Schaltcharakteristik des Schmitt-Triggers nach Bild 7.4.7

8 Meßwertaufnehmer

Eine umfassende Darstellung fluidischer Meßwertaufnehmer findet sich im „Handbuch für fluidische Meßtechnik“ [8.1] und in [8.2]. Das vorliegende Kapitel soll lediglich einen kurzen Überblick über die Vielfalt der Aufnehmer geben.

8.1 Temperatur-Meßaufnehmer

8.1.1 Widerstandsbrückenschaltung

Die fluidische Widerstandsbrückenschaltung zur Temperaturmessung in Bild 8.1.1 macht sich die unterschiedliche Temperaturabhängig von Laminar- und Querschnittswiderständen zunutze. Bei der Betrachtung wollen wir annehmen, daß die Leitermaterialien temperaturunabhängig sind, was durch eine entsprechende Auswahl des Werkstoffes erreicht werden kann. Es genügt daher, nur die Eigenschaften des Mediums zu berücksichtigen.

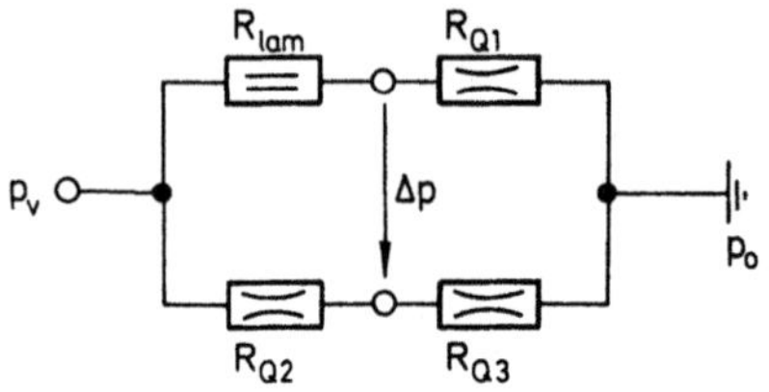

Bild 8.1.1
Fluidische Widerstandsmeßbrücke zur Temperaturmessung

Der Laminarwiderstand ist proportional der kinematischen Zähigkeit des Fluids und der Querschnittswiderstand umgekehrt proportional der Dichte. Aus der Zustandsgleichung für ideale Gase Gl. (2.4.1) und dem Zähigkeitsgesetz Gl. (2.4.13) erhalten wir die Temperaturabhängigkeit von Dichte und kinematischer Zähigkeit zu

$$\rho = \rho_0 \frac{T_0}{T} \tag{8.1.1}$$

$$\nu = \nu_0 \left(\frac{T}{T_0}\right)^{7/4} \tag{8.1.2}$$

und damit die Temperaturabhängigkeit der Widerstände zu

$$R_{lam}(T) = R_{lam\,0}\left(\frac{T}{T_0}\right)^{7/4} = K_{lam}\left(\frac{T}{T_0}\right)^{7/4} \tag{8.1.3}$$

$$R_Q(T) = R_{Q0}\,\frac{T}{T_0} = K_Q\,\dot{m}\,\frac{T}{T_0} \tag{8.1.4}$$

mit $T_0 = 273$ K.

Bild 8.1.2 zeigt die Abhängigkeit des Differenzdrucks Δp am Brückenausgang als Funktion des Versorgungsdruckes p_v und der Brückentemperatur für eine spezielle Ausführung. Gründliche Betrachtungen von Brückenschaltungen und Druckteilern zur Temperaturmessung sind in [8.3] bis [8.6] zu finden. Aufgrund der nichtlinearen Brückenwiderstände in der Schaltung nach Bild 8.1.1 ist der Differenzdruck Δp zwischen den Brückenausgängen eine nichtlineare Funktion von der Temperatur. Durch eine Regelschaltung nach Bild 8.1.3 kann ein linearer Zusammenhang zwischen dem Ausgangsdruck der Meßschaltung und der Meßtemperatur erreicht werden. Der Regelverstärker verändert den Versorgungsdruck der Meßbrücke bei einer Abweichung vom Brückengleichgewicht durch eine Temperaturänderung solange bis diese Abweichung wieder verschwindet (oder zumindest verschwindend klein wird je nach Regelverstärkung). Damit wird der Versorgungsdruck ein Maß für die Temperatur, die diese Verstimmung hervorgerufen hat [8.7]. Die Empfindlichkeit einer derartigen Schaltung beträgt etwa 5 bis $6 \cdot 10^{-2}$ mbar/K.

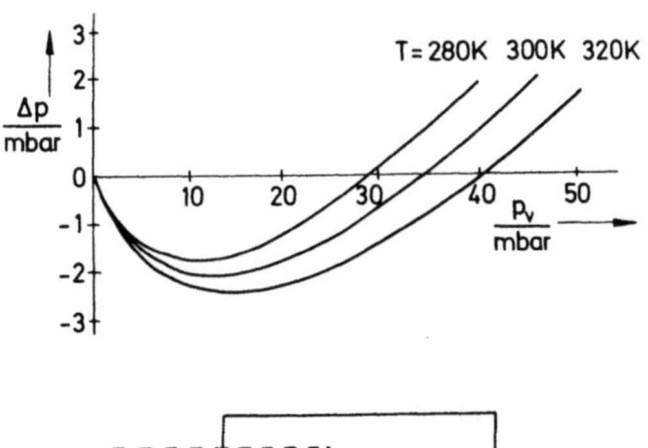

Bild 8.1.2
Brückenausgangsdruck als Funktion des Versorgungsdruckes p_V und der Brückentemperatur T

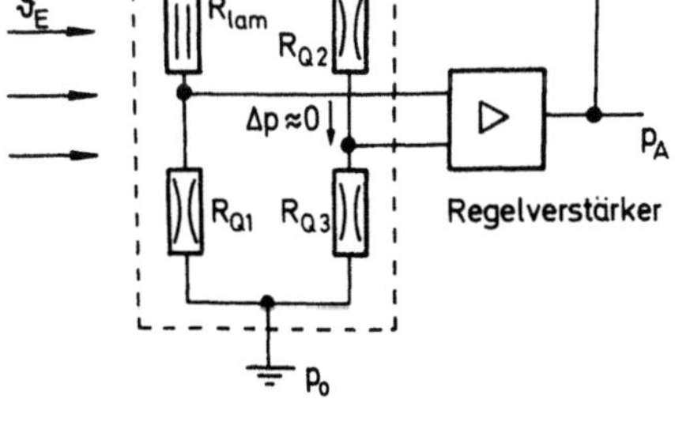

Bild 8.1.3
Kompensationsmeßbrücke zur Temperaturmessung

8.1.2 Oszillatoren [8.8, 8.9]

In Bild 8.1.4 sind 4 verschiedene Oszillatortypen abgebildet, die zur Temperaturmessung eingesetzt werden können. In Bild 8.1.4a ist ein Haftstrahlverstärker zu sehen, dessen Ausgänge über Rückkopplungsleitungen mit den Eingängen in der dargestellten Weise verbunden sind.

In der angenommenen Strahlstellung läuft eine Signalwelle vom Ausgang rechts zur Steuerdüse rechts und schaltet den Strahl auf die gegenüberliegende Wand. In dieser Lage des Strahles läuft nun eine Signalwelle vom Ausgang links zur Steuerdüse links und schaltet den Strahl zurück. Die Laufzeit der Wellen in den Rückkopplungsleitungen und damit die Schallgeschwindigkeit bestimmt die Schwingfrequenz des Oszillators. Da die Schallgeschwindigkeit nach Gl. (3.3.8) proportional der Wurzel aus der absoluten Temperatur ist, wächst auch die Schwingfrequenz des Oszillators annähernd proportional $\sqrt{T}$. Eine gründliche Behandlung des Oszillators nach Bild 8.1.4a erfolgt in Kapitel 11.3.

Beim Oszillator mit innerer Rückführung (Bild 8.1.4b) ist die Kammer, in der der Strahl sich ausbreitet, so ausgebildet, daß von den Empfängerdüsen her Wellen entlang der Kammerwände zur Stelle des Strahlaustrittes hin laufen können, die eine Ablenkung des Strahles hervorrufen. Je nach Lage des Strahles laufen diese Wellen vom linken Strahlempfänger über die linke Wand oder vom rechten Strahlempfänger über die rechte Wand auf den Strahlaustritt hin und bewirken so eine periodische Ablenkung des Strahles. Die Frequenz hängt von der Laufzeit der Wellen entlang der Rückführungswände ab und damit von der Schallgeschwindigkeit des verwendeten Mediums. Damit wächst die Schwingfrequenz auch dieses Oszillators annähernd proportional $\sqrt{T}$.

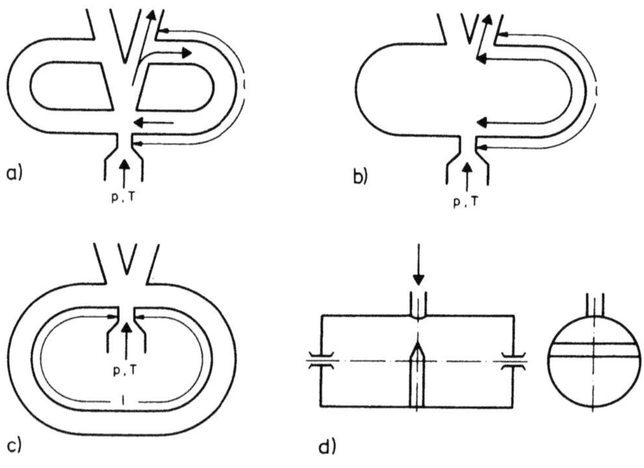

Bild 8.1.4 Fluidische Oszillatoren [8.9]

a) Oszillator mit äußerer Rückführung
b) Oszillator mit innerer Rückführung
c) Oszillator mit Rückführung zwischen den Steuereingängen
d) Schneidenoszillator

Der Oszillator in Bild 8.1.4c ist mit einer Rückführungsleitung zwischen den Steuereingängen versehen. Die beim Umschalten des bistabilen Haftstrahlverstärkers an den Steuereingängen auftretenden Druckänderungen breiten sich als Druckwellen in der Steuerleitung aus. Das Schalten des Strahles von der linken zur rechten Wand bewirkt beispielsweise ein Anwachsen des Druckes im linken Steuerkanal und ein Absinken des Druckes im rechten Steuerkanal. Es läuft daher eine positive Druckwelle auf den rechten Steuereingang zu, die den Strahl auf die linke Wand schaltet. Dieser Schaltvorgang löst wiederum eine positive Druckwelle aus, die auf den linken Steuereingang zuläuft und den Strahl auf die rechte Wand zurückschaltet. Auch hier bestimmt die Laufzeit der Welle in der Rückführungsleitung die Schwingfrequenz des Oszillators, die somit annähernd proportional $\sqrt{T}$ ist.
Der Schneidetonoszillator in Bild 8.1.4d macht sich den Effekt zunutze, daß ein Strahl, der auf eine Schneide trifft, oszillatorische Bewegungen ausführt. An das Schneidensystem ist ein Resonator gekoppelt, der hauptsächlich die Schwingfrequenz bestimmt. Da die Resonanzfrequenz des Resonators proportional Schallgeschwindigkeit ist, wächst die Schwingfrequenz wie bei den oben aufgeführten Oszillatoren annähernd proportional $\sqrt{T}$. Da die Schwingfrequenz der Oszillatoren auch vom Versorgungsdruck abhängt (siehe Abschnitt 11.3), ist bei der Verwendung als Temperaturfühler auf eine ausreichende Stabilisierung der Druckquelle, der das zu messende Medium entnommen wird, zu achten. Eine weitgehende Unabhängigkeit vom Versorgungsdruck läßt sich erreichen, wenn die Austrittsöffnung des Oszillators „kritisch" durchströmt wird (siehe Abschnitt 10.2.1). Das Verhältnis der Absolutdrucke am Eingang und am Ausgang des Oszillators muß hierzu größer oder gleich 2 sein.

8.2 Fluidischer Dehnungsmeßstreifen [8.2]

Wenn ein homogener fluidischer Leiter, wie in Bild 8.2.1a angedeutet, einer Zugbeanspruchung ausgesetzt wird, ändert sich sowohl seine Länge als auch sein Querschnitt. Die Vergrößerung der Länge und die Verringerung des Querschnittes bewirken eine Erhöhung des Widerstandes, der bei Einspeisung eines konstanten Massenstromes eine positive Druckänderung verursacht. Für Stahl findet man eine Empfindlichkeit von

$$\frac{\Delta p/p_0}{\Delta L_0/L_0} \approx 2{,}2\,. \qquad (8.2.1)$$

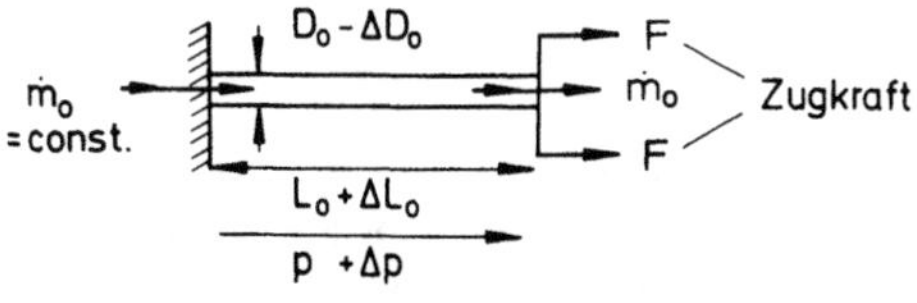

Bild 8.2.1 Fluidische Dehnungsmeßstreifen

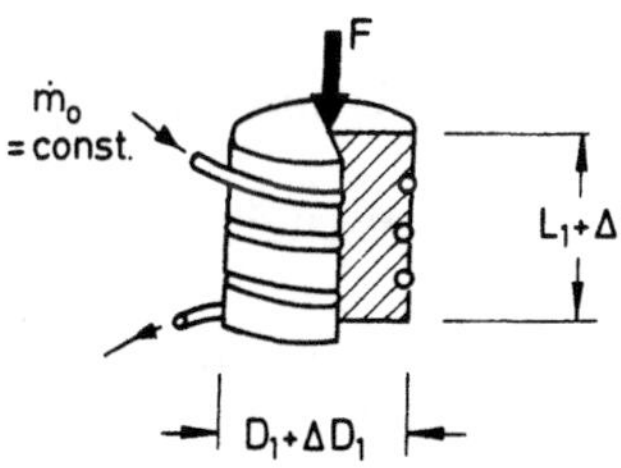

Bild 8.2.2 Fluidische Kraftmeßdose

In Bild 8.2.2 ist eine fluidische Kraftmeßdose abgebildet. Der fluidische Dehnungsmeßstreifen ist auf einen zylindrischen Körper gewickelt und dort mit einem Kleber befestigt. Bei Einwirken einer Kraft in der angedeuteten Weise wird der Zylinder sich derart verformen, daß sein Durchmesser sich bei gleichzeitiger Verringerung der Länge vergrößert. Die Vergrößerung des Zylinderdurchmessers hat eine Längung des aufgebrachten fluidischen Dehnungsmeßstreifens zur Folge.

8.3 Fluidischer Strömungsgeschwindigkeitsfühler und Durchflußfühler

Ein Freistrahl, der einer Querströmung ausgesetzt wird, erfährt eine Auslenkung in der in Bild 8.3.1 angedeuteten Weise. Die Auslenkung ist ein Maß für die Geschwindigkeit der Querströmung. Durch eine Anordnung von zwei Empfängerdüsen, ähnlich wie beim Strahlablenkverstärker, läßt sich die Geschwindigkeit der Querströmung nach Betrag und Richtung in Form einer Differenzdruckänderung messen. Bei Quergeschwindigkeit Null ist der Strahl in seiner Ruhelage und der Differenzdruck ebenfalls Null, da beide Strahlempfänger gleichmäßig beaufschlagt sind. Die Oszillatoren nach Bild 8.1.4 sind auch als Durchflußfühler verwendbar, da die Frequenz eine Funktion des Massenstromes ist. Bei geeigneter Dimensionierung kann mit einem linearen Zusammenhang zwischen der Oszillatorfrequenz und dem hindurchfließenden Massenstrom gerechnet werden (siehe Abschnitt 11.3.1).

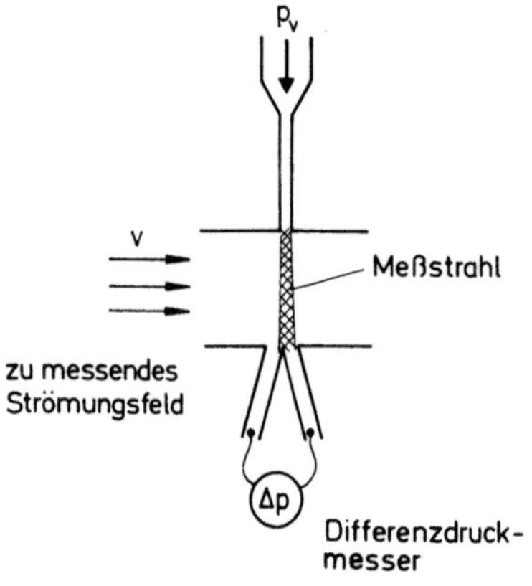

Bild 8.3.1
Fluidischer Strömungsgeschwindigkeitsfühler

8.4 Drehzahl- und Winkelgeschwindigkeitsfühler

8.4.1 Taumelscheibe (Bild 8.4.1)

Mit Hilfe einer Taumelscheibe (Scheibe, die unter einem Winkel ungleich 90° auf einer Welle angebracht ist) kann unter Ausnutzung des Düse-Prallplatte-Prinzips die Winkelstellung der Welle gemessen werden. Je nach Annäherung der Scheibe wird der Düsenausgang durch die Scheibe mehr oder weniger verschlossen, so daß sich ein entsprechend hoher oder niedriger Druck im Signalausgang der Düse abnehmen läßt. Bei rotierender Welle entsteht ein sinusförmiges Signal, dessen Frequenz proportional der Drehzahl der Welle ist.

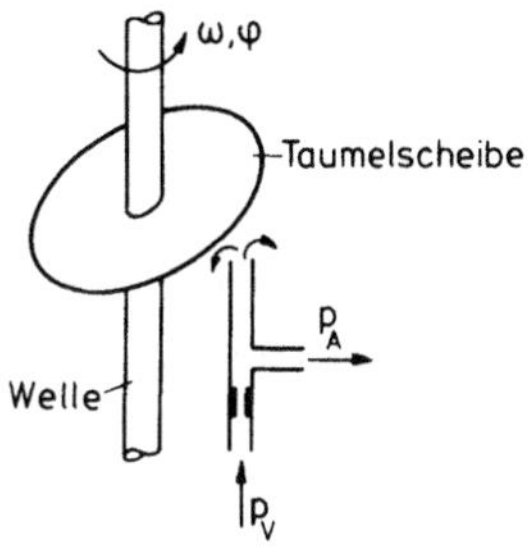

Bild 8.4.1
Taumelscheibe mit Abtastdüse

8.4.2 Strahlunterbrecher (Bild 8.4.2)

Eine auf eine Welle gebrachte Scheibe mit Aussparungen wird dazu benutzt, eine Freistrahlstrecke zu unterbrechen. Die Frequenz der Druckimpulse in der Strahlempfängerdüse ist proportional der Drehzahl der Welle und der Anzahl n der Aussparungen, eine gleichmäßige Anordnung über den Umfang vorausgesetzt.

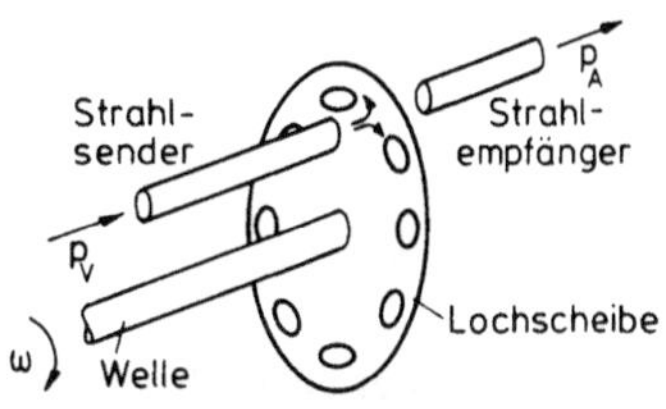

Bild 8.4.2
Strahlunterbrecher-Scheibe

8.4.3 Nockenscheibe (Bild 8.4.3)

Bei gleichmäßiger Verteilung von Nocken über den Umfang der Scheibe kann das Düse-Prallplatte-Prinzip zur Frequenzmessung herangezogen werden. Jede vorbeilaufende Nocke bewirkt eine Druckerhöhung in der Düse. Am Düsenausgang kann daher ein Signal abgenommen werden, dessen Frequenz proportional der Drehzahl und proportional der Anzahl der Nocken ist.

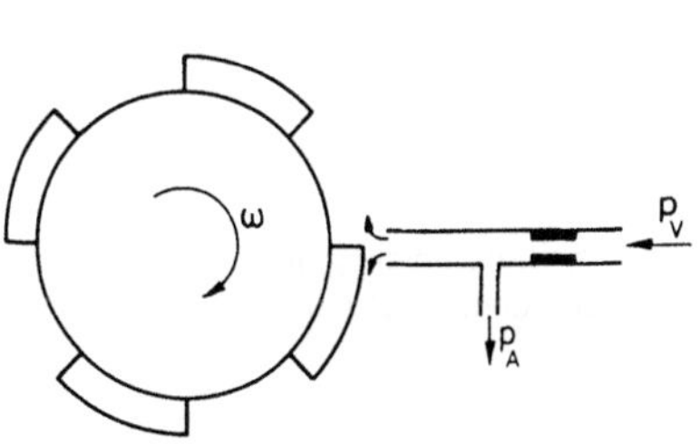

Bild 8.4.3
Nockenscheibe mit Abtastdüse

8.4.4 Wirbelkammer (Bild 8.4.4)

Die in Bild 8.4.4 gezeigte Wirbelkammer wird über einen porösen Ring eingespeist. Im Ruhezustand der Kammer fließt eine Strömung vom Versorgungsring gleichmäßig radial in den Ausgang im Boden der Kammer. Wird diese Kammer nun einer Drehbewegung um Mittelachse ausgesetzt, so wird die Strömung aufgrund ihrer Trägheit eine Spiralbewegung, wie in den Bildern angedeutet, ausführen. Mit Hilfe von zwei im Ausgangsrohr angebrachten Stauröhrchen geeigneter Formgebung kann die Winkelgeschwindigkeit und die Drehrichtung der Strömung gemessen werden, die spiralförmig durch das Ausgangsrohr fließt. Die Stauröhrchen sollten stromlinienförmig verkleidet sein, um das Rauschen klein zu halten.

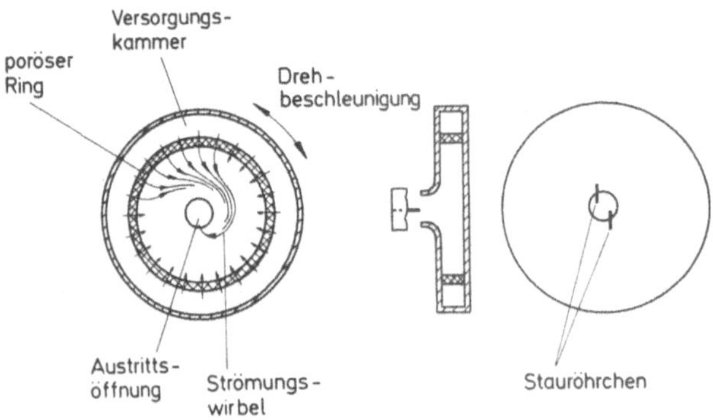

Bild 8.4.4
Wirbelkammer-Winkelgeschwindigkeitsfühler

8.5 Positionsfühler mit Codierscheibe und Codelineal (Bild 8.5.1)

Durch Anbringung von Aussparungen oder Nocken an einer Scheibe oder einem Lineal entsprechend einem geeigneten Code läßt sich über Abtastfühler eine Positionsmessung durchführen. Die meist verwendeten Fühler sind hierbei Freistrahlstrecken und Düsen, die nach dem Prallplatte-Prinzip arbeiten.

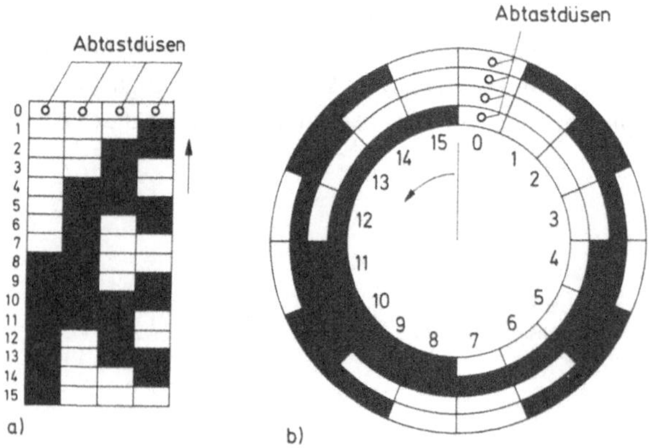

Bild 8.5.1
Positionsmessung mit Codescheibe (a) und Codelineal (b)

8.6 Strahlfühler [8.13]

8.6.1 Freistrahlschranke (Bild 8.6.1)

Ein in den Freistrahl gebrachtes Objekt unterbricht den Strahl ganz oder teilweise. Die Anwesenheit eines Gegenstandes bewirkt daher einen Druckabfall in der Empfängerdüse. Die angegebene Anordnung ist relativ schmutzempfindlich, da Schmutzpartikelchen aus der Umgebungsluft vom Freistrahl mitgerissen werden und sich in der Empfängerdüse ablagern. Freistrahlschranken mit turbulentem Strahl werden bis zu Abständen von etwa 20 mm eingesetzt.

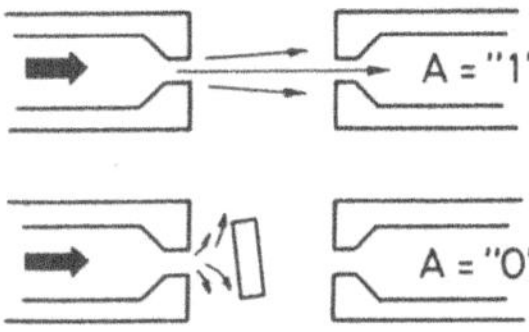

Bild 8.6.1 Freistrahlschranke

8.6.2 Gegenstrahlfühler (Bild 8.6.2)

Um die Nachteile der Freistrahlschranke zu vermeiden, wird ein Gegenstrahlprinzip angewendet,bei dem keine Luft in die Fühldüsen eintritt. Ein Teil der Versorgungsluft wird auf den Strahlempfänger über einen Widerstand gegeben. Empfänger- und Senderdüse blasen Luft aus. Der Niederdruckstrahl der Empfänger- und Fühldüse trifft auf den Hochdruckstrahl der Sendedüse und baut so einen Druck in der Fühldüse auf, der den nachfolgenden Schalter in den Zustand „1" setzt. Wird der Senderstrahl durch ein Objekt unterbrochen, kann der Strahl aus der Fühldüse frei austreten und der Druck in ihr fällt. Der nachfolgende Schalter schaltet in den Zustand „0". Der Gegenstrahlfühler wird bis zu Entfernungen von etwa 200 mm eingesetzt.

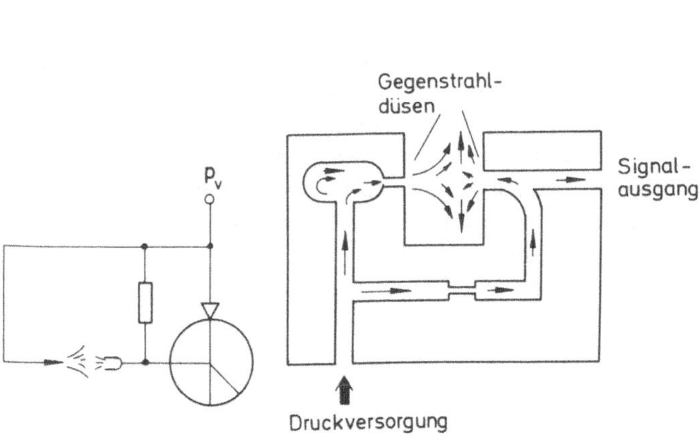

Bild 8.6.2 Gegenstrahlfühler

8.6.3 Dreidüsenfühler (Düse-Fangdüse-Kreuzdüse) (Bild 8.6.3)

Durch Anordnung einer Kreuzdüse kann der Gegenstrahlfühler in seiner Empfindlichkeit erheblich gesteigert werden. Bei Fehlen eines Gegenstandes lenkt der ungestörte Kreuzstrahl den Versorgungsstrahl so ab, daß der Strahl aus der Fühldüse ungehindert austreten kann. Der Druck in der Fühldüse fällt daher auf ein niedriges Niveau. Wird der Kreuzstrahl durch einen Gegenstand unterbrochen, so trifft der Versorgungsstrahl auf den Strahl aus der Fühldüse und der Druck baut sich auf ein hohes Niveau auf. Derartige Anordnungen erlauben Abstände bis zu 500 mm.

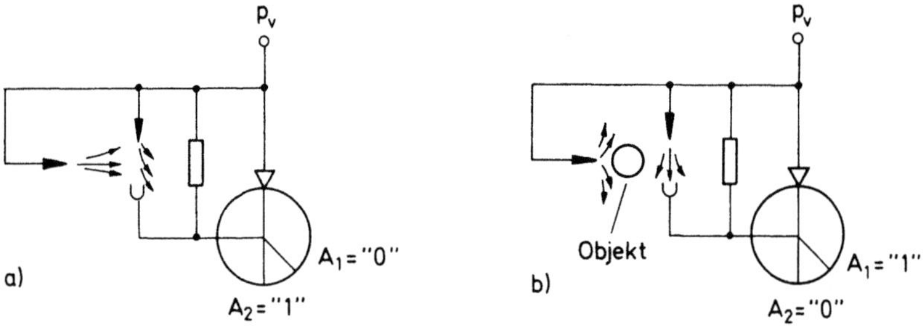

Bild 8.6.3 Dreidüsenfühler (Düse-Fangdüse-Kreuzdüse)

8.6.4 Kurzabstandsfühler (Düse-Prallplatte-System) (Bild 8.6.4)

Beim Kurzabstandsfühler handelt es sich um einen Druckteiler, bei dem die Querschnittsverengung in der Fühldüse den festen und der Spalt zwischen Fühldüse und Prallplatte den variablen Widerstand bildet. Die Prallplatte wird hierbei durch das zu fühlende Objekt gebildet.

Die Querschnittserweiterung in der Fühldüse kann nach Kapitel 3 wie ein negativer nichtlinearer Widerstand behandelt werden (siehe auch Abschnitt 4.2.2). Bei völlig entfernter Prallplatte liegt der Fühldüsenausgang auf Atmosphärenpotential. Am Signalausgang der Fühldüse, der direkt hinter dem Querschnittssprung angeordnet ist, muß daher ein Druck herrschen, der kleiner als der Atmosphärendruck ist, da der Druck entlang des negativen Widerstandes der Querschnittserweiterung ansteigt (siehe Abschnitt 3.2 und 4.2.2). Bei Annäherung der Prallplatte wird der Druck am Signalausgang ansteigen und bei völliger Blockierung der Düse seinen Maximalwert erreichen. Bild 8.6.4 zeigt die axiale und laterale Empfindlichkeit für zwei verschiedene Düsenausführungen.

Der Einsatzbereich des Kurzabstandsfühlers liegt je nach Konstruktion zwischen 0,1 mm und 1 mm.

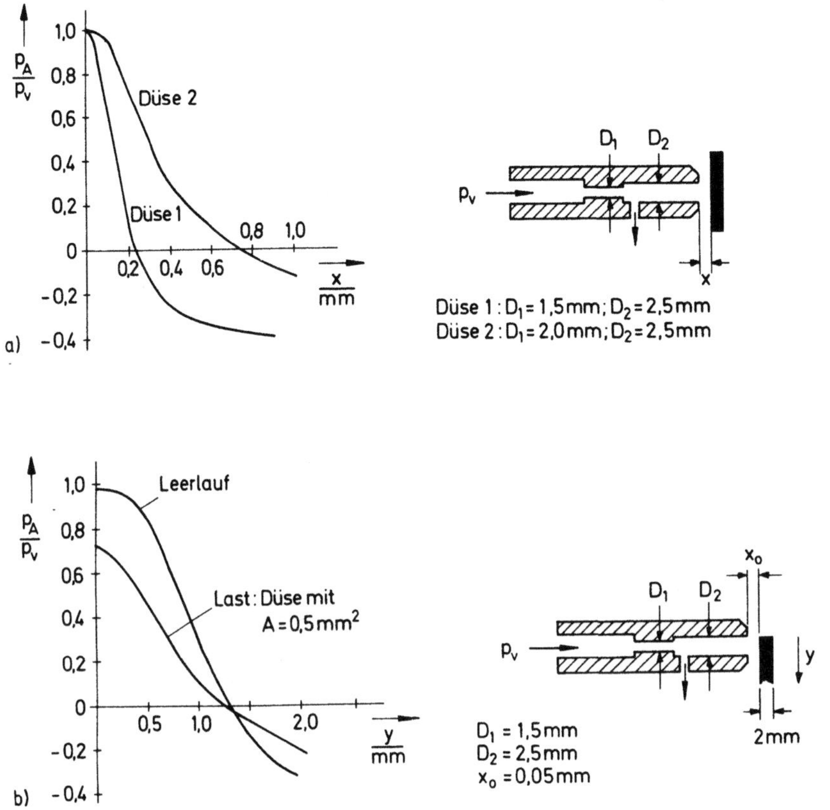

Bild 8.6.4 Kurzabstandsfühler (Düse-Prallplatte System). Statische Kennlinien für axiale (a) und laterale (b) Bewegung

8.6.5 Brennpunkt-Näherungsfühler (Bild 8.6.5) [8.14]

Der Brennpunkt-Näherungsfühler verwendet eine Ringspaltdüse, die mit dem Versorgungseingang verbunden ist und die eine Meßöffnung umhüllt, die nach außen geführt ist.
Der Hochgeschwindigkeitsstrahl aus der Versorgungsdüse zieht sich nach dem Verlassen der Düse zusammen und schließt eine Unterdruckblase in seinem Strömungskanal ein.
Der Druck in der Meßöffnung ist daher im ungestörten Zustand des Strahles leicht unter Atmosphärendruck. Wenn ein Gegenstand in den Strömungskegel eintritt, wird ein Teil des Versorgungsstrahles in die Unterdruckblase abgelenkt, so daß der Signalausgangsdruck steigt. Die Änderung ist umgekehrt proportional zum Abstand zwischen Gegenstand und Düse.
In Bild 8.6.5b und c sind die axiale und laterale Empfindlichkeit für das Festo-Reflexauge aufgetragen.

Der Arbeitsbereich des Brennpunkt-Näherungsfühlers liegt zwischen 2 und 6 mm, je nach Konstruktion. Im Vergleich zum Kurzabstandsfühler lassen sich etwa 10größere Abstände bei gleichem Leistungsverbrauch messen.
Kanten, Stufen, Vertiefungen, Gegenstände mit geringem Durchmesser, Stoff- und Netzmaschen lassen sich mit großer Präzision mit dieser Anordnung wegen der brennpunktartigen Bündelung des Strahles abtasten. Der Fühler ist nahezu immun gegen äußere Verschmutzungen, da der Ausgangsfluß grundsätzlich aus der Luft des inneren Strömungsfeldes stammt.

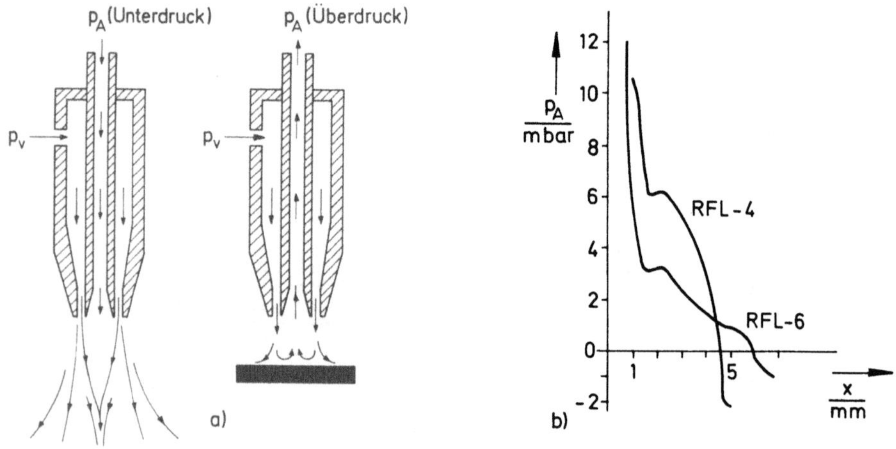

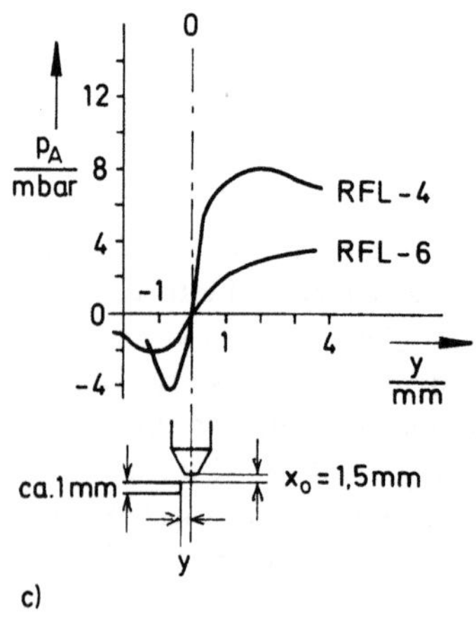

Bild 8.6.5
Brennpunkt-Näherungsfühler (Reflexauge) (a), statische Kennlinien für axiale (b) und laterale (b) Bewegung

8.6.6 **Streukegel-Näherungsfühler** (Bild 8.6.6)

Die Versorgungsluft wird durch einen Ringspalt derart nach außen geblasen, daß der Luftvorhang sich kegelförmig erweitert. Nach einer bestimmten Entfernung schließt sich der Vorhang aufgrund gegenseitiger Anziehung und formt eine Unterdruckblase. Das Signal wird durch eine Öffnung im Mittelstück abgenommen. Die Strömungsverhältnisse bleiben stabil so lange sie nicht gestört werden. Der Eintritt eines Gegenstandes lenkt jedoch einen Teil des Stromes ab und läßt die Unterdruckblase platzen. Der Druck am Signalausgang steigt schlagartig auf annähernd Atmosphärendruck. Der Arbeitsbereich des Streukegel-Näherungsfühlers liegt zwischen 3 mm und 25 mm.

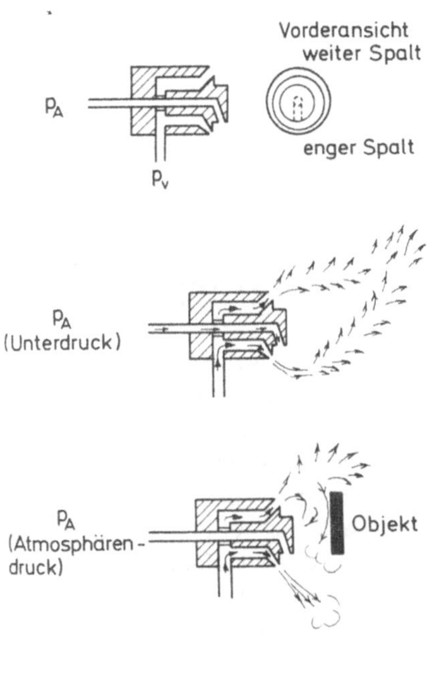

Bild 8.6.6
Streukegel-Näherungsfühler

8.6.7 **Wirbeldüsen-Näherungsfühler** (Bild 8.6.7)

Der Fühler enthält eine Wirbelkammer, die einen spiralförmigen Luftstrom in Form eines divergierenden Kegels erzeugt. Dieses Hochgeschwindigkeitsfeld saugt Luft aus der umgebenden Atmosphäre nach. Die Luft, die aus dem Zentrum des Kegels abgesaugt wird, wird durch Umgebungsluft ersetzt, die durch Öffnung des Kegels eintritt, so daß außer- und innerhalb des Wirbelkegels der Druck gleich bleibt. Wird dagegen der freie Nachschub an Umgebungsluft in das Zentrum des Wirbels durch einen Gegenstand eingeschränkt, entsteht eine Region geringen Druckes.

Dieser Zustand kann als Unterdruck in der Spitze des Kegels und als einverminderter, aber positiver Druck an einer von der Kegelspitze versetzten Seite durch eine Drucksonde gemessen werden. Das Ausgangssignal ist analog proportional dem Abstand zwischen Meßfühler und Objekt. Der Wirbeldüsenfühler kann bis zu Abständen von etwa 12 mm eingesetzt werden.

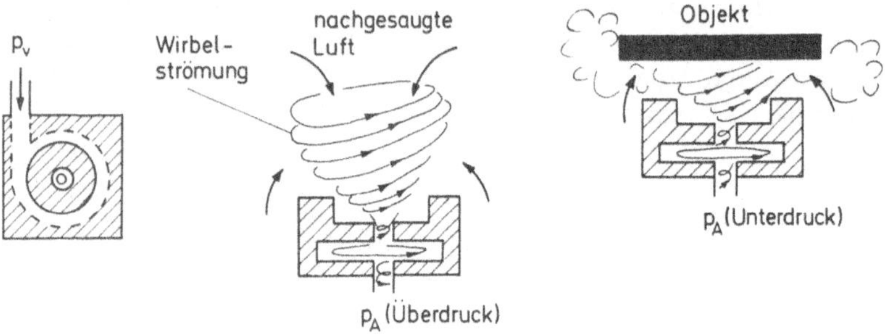

Bild 8.6.7 Wirbeldüsen-Näherungsfühler

8.6.8 Ultraschallschranke mit Laminarstrahl (Bild 8.6.8) [8.10]

Bei der Ultraschallschranke mit Laminarstrahl wird der Effekt ausgenutzt, daß ein Laminarstrahl durch akustische Signale in den turbulenten Zustand gesteuert werden kann. Die Ultraschallquelle besteht aus Strahl-Schneiden-System das mit einem Resonator gekoppelt ist. Über ein akustisches Horn (Exponentialleitung) wird das System an den Wellenwiderstand der Luft angepaßt und das Signal gerichtet auf den Empfänger der Schranke abgestrahlt. Der Empfänger nimmt über ein akustisches Horn das Signal auf und bündelt es auf einen Laminarstrahl. Wenn die Schranke nicht unterbrochen ist, befindet sich der Strahl im turbulenten Zustand. Ein in die Schranke gebrachter Gegenstand bewirkt eine Unterbrechung des Schallflusses in den Empfänger. Der ungestörte Strahl ist im laminaren Zustand und der Druck im Signalausgang auf seinem Maximalwert. Ein in die Schranke gebrachtes Objekt verursacht daher einen Druckanstieg.

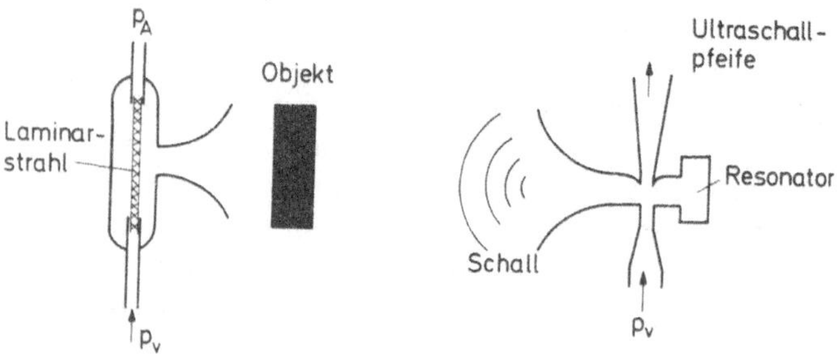

Bild 8.6.8
Ultraschallschranke mit Laminarstrahl

8.7 Meßköpfe zur Dicken- und Breitenmessung [8.11, 8.12, 8.15]

8.7.1 Widerstandsmeßkopf zur Außendurchmesserbestimmung von fortlaufendem Material

Die Durchmesserbestimmung von Fäden, Garnen und Kunststoffschläuchen und -rohren kann mit Hilfe von fluidischen Widerständen durchgeführt werden, die das Material durchläuft. In Bild 8.7.1a sind zwei Widerstandsmeßköpfe wiedergegeben, die als Doppeldüse bzw. als Doppelkapillare ausgebildet sind. Bei konstanter Massenstromversorgung des Meßkopfes ändert sich der Druckabfall über dem Widerstand, wenn sich die Austrittsfläche zwischen dem Material und den Bohrungen verändert. Der Zusammenhang zwischen dem Druckabfall und der Durchmesseränderung ist nichtlinear ($p \sim 1/A^2 \sim 1/D^4$). Für die meisten Produkte mit einer Dickenänderung von einigen Prozent kann die Kennlinie linearisiert werden, wenn Meß- und Materialquerschnitt aufeinander abgestimmt werden.
Bild 8.7.1b zeigt das Kennlinienfeld für verschiedene Meßköpfe der Firma General Electric. Es ist der Meßkopfwiderstand über dem Füllfaktor β aufgetragen (ausgezogene Kurven). In das gleiche Diagramm ist der Widerstand verschiedener Fäden unterschiedlicher Dicke in einem Meßkopf für die jeweiligen Füllfaktoren gezeichnet (gestrichelte Kurven). Der Füllfaktor ist als Verhältnis von Materialfläche zu Sensorfläche definiert. Die Schnittpunkte zwischen den beiden Kennlinienscharen geben die jeweiligen Arbeitspunkte der Meßköpfe bei Betrieb mit dem jeweiligen Fadendurchmesser.
Bild 8.7.1c gibt die Schaltung des Meßkopfes in einer Widerstandsbrücke an. Das Ausgangssignal der Drücke wird über einen Operationsverstärker abgenommen. Unter Berücksichtigung der Eingangswiderstände des Operationsverstärkers wird die Druckänderung am Brückenausgang

$$\Delta p = \frac{p_v}{r_S} \Delta r_S \left(\frac{r_E}{r_S + r_E} \right)^2 \frac{1}{1 + \frac{r_S\, r_E}{r_S + r_E} C}, \tag{8.7.1}$$

wobei

$p_S/r_S = \dot{m}_S$	konstanter Versorgungsfluß des Fühlers, der über R_3 eingestellt wird
Δr_S	Änderung des Meßkopfwiderstandes aufgrund der Querschnittsänderung des zu messenden Materials
r_E	Eingangswiderstand des Operationsverstärkers
C	parasitäre Kapazität der Beschaltung
p_S	Versorgungsdruck am Fühler, meist 75 mbar.

Die Meßgenauigkeit des Meßkopfes liegt bei etwa ± 2 %, für Materialien mit grober Struktur entsprechend zwischen 3 und 10 %.

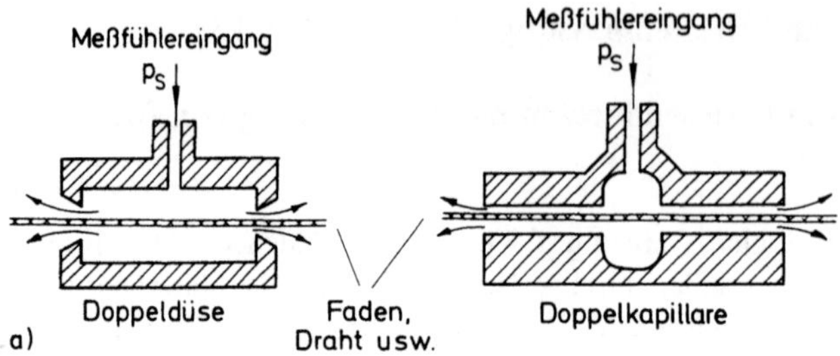

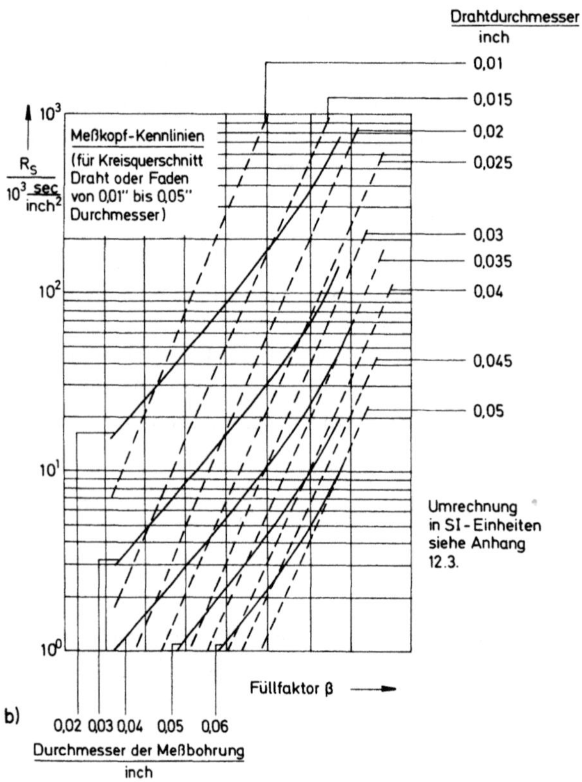

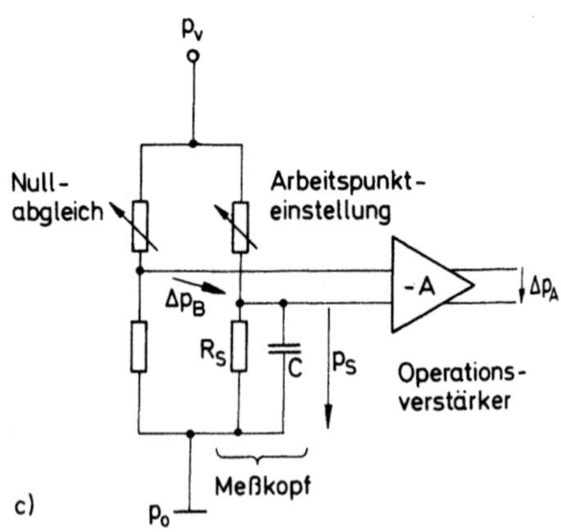

Bild 8.7.1
Widerstandsmeßkopf zur Außendurchmesserbestimmung (a), Kennlinienfeld (b) und Meßbrückenschaltung (c)

8.7.2 Analoger Bandkantenfühler (Bild 8.7.2)

Der Bandkantenfühler gibt ein Staudrucksignal ab, das direkt proportional der Position einer Bandkante zwischen den Backen des Sensors ist (Bild 8.7.2). Dies wird durch eine Kantenmodulation zweier aufeinanderprallender Luftvorhänge (Referenz- und Meßvorhang) erreicht.
Wenn die Bandkante weit genug vom Meßkopf entfernt ist, so daß der Referenzstrom völlig auf den Meßstrom prallt, ist der gemessene Rückdruck am größten. Wenn die Bandkante andererseits so weit in den Meßkopf ragt, daß der Meßvorhang vollständig vom Referenzvorhang isoliert ist, ist der Rückdruck am kleinsten. Bei teilweiser Abdeckung der Luftvorhänge ist der Rückdruck am Signalausgang proportional der Stellung der Kante im Vorhang. Die Genauigkeit des Fühlers beträgt etwa ± 0,1 mm. Der Fühler ist zum Betrieb in einer Widerstandsbrücke nach Bild 8.7.1c geeignet.

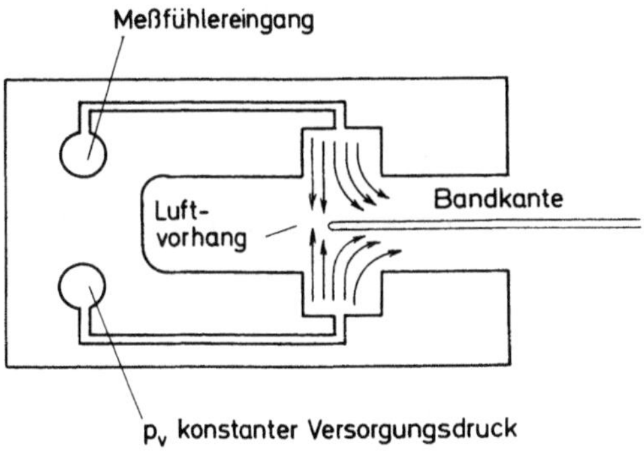

Bild 8.7.2
Analoger Kantenmeßfühler

8.7.3 Dickenmeßfühler (Bild 8.7.3)

Durch die beiden Düsen D_1 und D_2 tritt ein Luftstrom aus, der durch das zumessende Materialteil (Folie, Band usw.) nach Art des Düse-Prallplatte-Prinzips behindert wird. Wenn das Material dicker wird, so verringert sich der Strom durch die Düsen und der Druck am Meßkopf steigt. Wird das Material dünner, so vergrößert sich der Strom durch die Düsen und der Druck am Meßkopf fällt. Die Druckänderungen am Signalausgang sind proportional zur Dickenänderung des Materials. Bild 8.7.3b zeigt typische Kennlinien des Sensors für verschiedene Meßschlitzweiten. Die Meßschlitzweite ist hierbei als Breite der Fühlöffnung minus der Nominalbreite des Materials definiert.
Eine Positionsänderung des Meßobjektes innerhalb des Meßkopfes ändert bei geeigneter Dimensionierung das Ausgangssignal nicht. Ein Druckanstieg in der näherliegenden Düse wird durch eine Druckverminderung in der gegenüberliegenden Düse ausgeglichen.

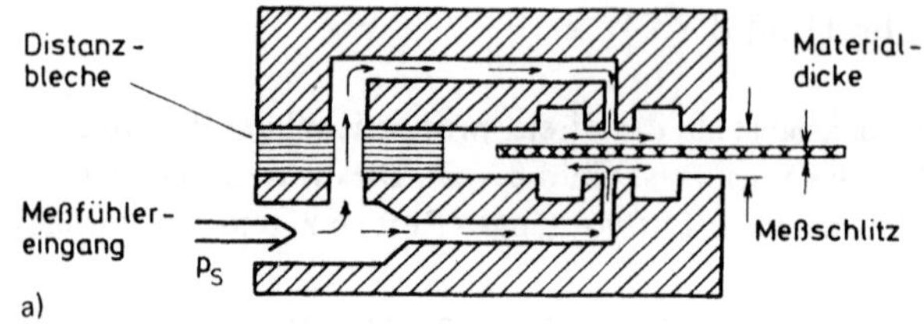

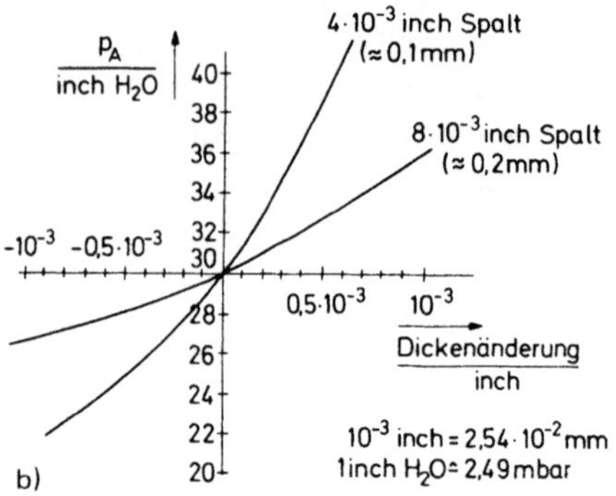

Bild 8.7.3
Dickenmeßfühler (a) und Kennlinien (b)

Der Meßbereich derartiger Anordnungen liegt im Bereich von etwa 0,025 bis 3,2 mm, bei einer Genauigkeit von etwa 2,5 μm.
Der Meßkopf kann in einer Widerstandsbrücke nach Bild 8.7.1c betrieben werden.

8.7.4 Innendurchmesser-Fühler (Bild 8.7.4)

In einem zylindrischen Fühlkern ist eine Doppeldüse angeordnet, wie in Bild 8.7.4a angedeutet. Der Strom durch die Düse wird durch die Wände der zumessenden Bohrung nach Art des Düse-Prallplatte-Prinzips behindert. Im Zusammenwirken mit der Bohrung stellt der Meßkopf einen veränderlichen Widerstand dar. Der Meßkopf kann in einer Meßbrücke nach Bild 8.7.1c eingesetzt werden.

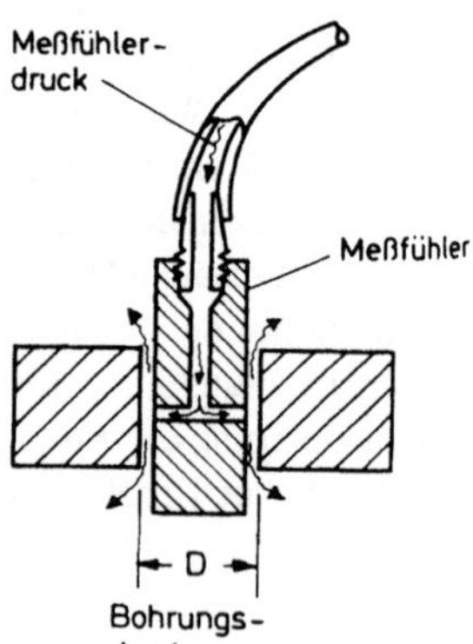

Bild 8.7.4
Innendurchmesser-Fühler

8.8 **Beschleunigungsaufnehmer** (Bild 8,8.1) [8.15]

Eine Beschleunigung in x-Richtung verursacht eine Ablenkung der seismischen Masse, die auf dem Strahlrohr S befestigt ist. Hierdurch tritt eine Druckänderung in den Strahlempfängern E auf, die verstärkt und den Rückstelldüsen R zugeführt wird, die eine Rückstellkraft auf die Masse ausüben und dieselbe in der neutralen Lage halten. Die Rückstellkraft ist proportional zum Ausgangsdifferenzdruck der Anordnung. Der Regelkreis bewirkt, daß die Rückstellkraft gleich der Beschleunigungskraft ist. Der Ausgangsdifferenzdruck ist somit ein Maß für die Beschleunigung, der die Masse M unterliegt. Bild 8.8.1b gibt die Übertragungskennlinie des Beschleunigungsaufnehmers an.

Typische Daten:

Linearität:	± 5 %
Frequenzbereich:	80 Hz
Temperaturbereich:	– 50 ... 180 °C
Versorgungsdruck:	70 ... 140 mbar
Meßbereich:	Standardbereich ± 1 g (bis zu ± 15 g)
Empfindlichkeit:	8,8 mbar/g

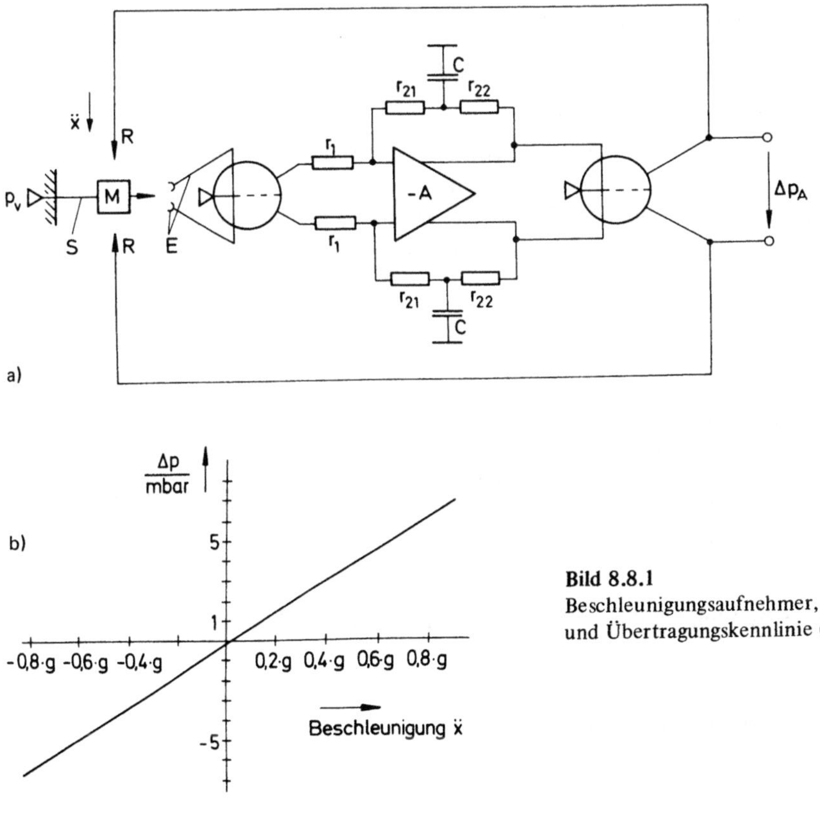

Bild 8.8.1
Beschleunigungsaufnehmer, Schaltung (a) und Übertragungskennlinie (b)

9 Die fluidische Übertragungsleitung

Im Gegensatz zu Vorgängen in fluidischen Netzwerken mit diskreten Bauelementen sind Druck und Fluß in Übertragungsleitungen nicht nur von der Zeit, sondern auch vom Ort abhängig.

9.1 Die Ersatzschaltung für ein kleines Stück der homogenen fluidischen Übertragungsleitung

Analog zur elektrischen Übertragungsleitung wird eine Ersatzschaltung für ein kleines Stück der fluidischen Übertragungsleitung nach Bild 9.1.1 aufgestellt,

wobei

- R' Widerstand pro Längeneinheit
- L' Induktivität pro Längeneinheit
- C' Kapazität pro Längeneinheit
- G' Ableitwert pro Längeneinheit.

Homogen heißt, daß sich die Leitungseigenschaften entlang der Leitung nicht ändern (gleiche Geometrie und Strömungsbedingungen).
Die Signale auf der Leitung sollen in Form einer komplexen Schwingung $x(j\omega) = \hat{x}\, e^{j(\omega t + \varphi)} = \underline{x}\, e^{j\omega t}$ angesetzt werden, wobei $\underline{x} = \hat{x}\, e^{j\varphi}$ die komplexe Amplitude darstellt (siehe Anhang 12.6).

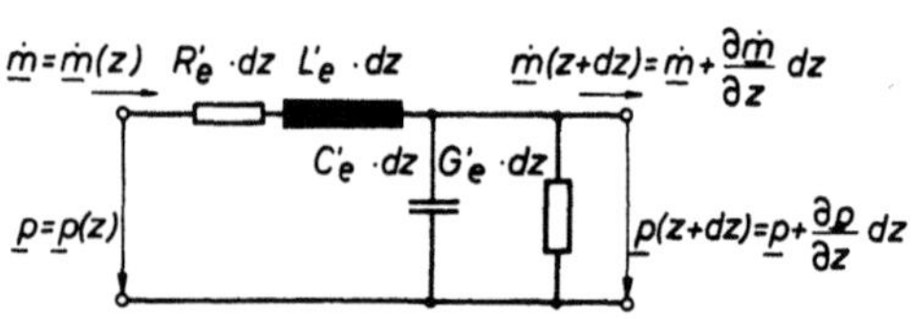

Bild 9.1.1
Ersatzschaltung für ein kleines Stück der homogenen fluidischen Übertragungsleitung

Aus der Ersatzschaltung erhalten wir mit Hilfe der Maschenregel für den Druck

$$\Sigma \underline{p} = 0 \tag{9.1.1}$$

und der Knotenregel für den Massenstrom

$$\Sigma \underline{\dot{m}} = 0 \tag{9.1.2}$$

die folgenden Beziehungen

$$-\frac{\partial \underline{p}}{\partial Z} = (R' + j\omega L')\, \underline{\dot{m}} = \underline{Z}_1'\, \underline{\dot{m}} \qquad (9.1.3)$$

$$-\frac{\partial \underline{\dot{m}}}{\partial Z} = (G' + j\omega C')\, \underline{p} = \underline{Y}_1'\, \underline{p}\,, \qquad (9.1.4)$$

wobei

$\underline{Z}_1' = R' + j\omega L'$ Serienimpedanz pro Längeneinheit (9.1.5)

$\underline{Y}_1' = G' + j\omega C'$ Paralleladmittanz pro Längeneinheit . (9.1.6)

9.2 Die homogene fluidische Übertragungsleitung beliebiger Länge

9.2.1 Wellenwiderstand und Wellenausbreitungsmaß

Aus den Gleichungen für die Serienimpedanz pro Längeneinheit und Paralleladmittanz pro Längeneinheit findet sich die Differentialgleichung für den Wechseldruck

$$\frac{\partial^2 \underline{p}}{\partial z^2} = (R' + j\omega L')\,(G' + j\omega C')\, \underline{p}\,. \qquad (9.2.1)$$

Diese Differentialgleichung kann durch den Ansatz

$$\underline{p} = a\, e^{\gamma_1 z} \qquad (9.2.2)$$

integriert werden mit

$$\gamma_1 = \sqrt{(R' + j\omega L')\,(G' + j\omega C')}\,. \qquad (9.2.3)$$

Daraus folgt dann für die allgemeine Lösung

$$\underline{p} = a_1\, e^{-\gamma_1 z} + a_2\, e^{+\gamma_1 z}\,. \qquad (9.2.4)$$

Die komplexe Größe γ_1 wird Wellenausbreitungsmaß genannt. Man setzt

$$\gamma_1 = \alpha_1 + j\beta_1 \qquad (9.2.5)$$

mit α_1 = Dämpfungsmaß
β_1 = Phasenmaß .

Die Lösung der Differentialgleichung für den Massenstrom folgt zu

$$\underline{\dot{m}} = \frac{a_1}{Z_0}\, e^{-\gamma_1 z} - \frac{a_2}{Z_0}\, e^{+\gamma_1 z} \qquad (9.2.6)$$

mit

$$Z_0 = \sqrt{\frac{R' + j\omega L'}{G' + j\omega C'}}\,. \tag{9.2.7}$$

Z_0 hat die Einheit eines fluidischen Widerstandes und wird Wellenwiderstand der Leitung genannt.
Drückt man Druck und Massenstrom als komplexe Schwingungen aus, so erhält man

$$p(j\omega) = \underline{p}\, e^{j\omega t} = a_1\, e^{-\alpha_1 z}\, e^{j(\omega t - \beta_1 z)} + a_2\, e^{\alpha_1 z}\, e^{j(\omega t + \beta_1 z)} \tag{9.2.8}$$

$$\dot{m}(j\omega) = \underline{\dot{m}}\, e^{j\omega t} = \frac{a_1}{Z_0}\, e^{-\alpha_1 z}\, e^{j(\omega t - \beta_1 z)} - \frac{a_2}{Z_0}\, e^{\alpha_1 z}\, e^{j(\omega t + \beta_1 z)}\,. \tag{9.2.9}$$

Druck und Massenstrom entlang der Leitung resultieren demnach aus der Überlagerung von hin- und rücklaufenden Wellen. Die Amplitude der Wellen fällt mit wachsender Ausbreitungslänge entsprechend $e^{-\alpha_1 z}$. Die Phase ändert sich mit ωt und zusätzlich entlang der Ausbreitungskoordinate mit $\beta_1 z$. Die Phasengeschwindigkeit dieser Wellen beträgt

$$c = \frac{\omega}{\beta_1}\,. \tag{9.2.10}$$

Die Phasengeschwindigkeit in der Übertragungsleitung ist im allgemeinen kleiner als die Schallgeschwindigkeit c_a im freien Raum (oder in der verlustfreien Leitung). Die Beziehung zwischen Frequenz und Wellenlänge ist durch

$$c = \lambda f \tag{9.2.11}$$

gegeben.

9.2.2 Die Leitungsgleichungen

Indem man aus den Randbedingungen die Integrationskonstanten a_1 und a_2 berechnet, erhält man für den Abschluß mit einer Impedanz $\underline{Z}_2$ die Leitungsgleichungen für eine Leitung der Länge l (Bild 9.2.1)

$$\underline{p}_1 = \underline{p}_2 \cosh \gamma_1 l + \underline{\dot{m}}_2 \underline{Z}_0 \sinh \gamma_1 l \tag{9.2.12}$$

$$\underline{\dot{m}}_1 = \underline{\dot{m}}_2 \cosh \gamma_1 l + \frac{\underline{p}_2}{\underline{Z}_0} \sinh \gamma_1 l\,. \tag{9.2.13}$$

Mit

$$\underline{Z}_2 = \frac{\underline{p}_2}{\underline{\dot{m}}_2} \tag{9.2.14}$$

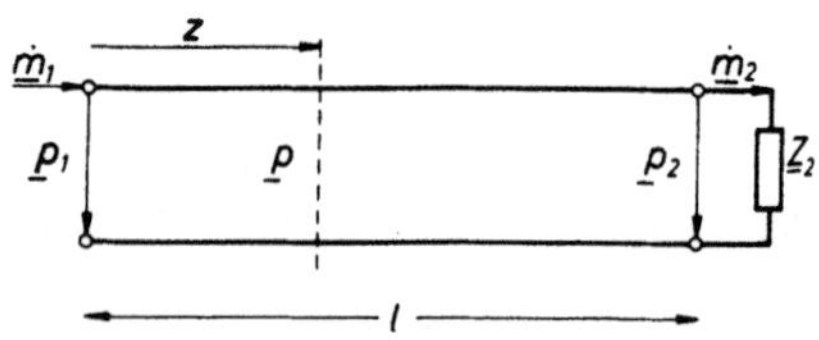

Bild 9.2.1 Fluidische Übertragungsleitung mit beliebiger Abschlußimpedanz

für die Lastimpedanz der Übertragungsleitung erhalten wir für die Druck- und Massenflußübertragungsfunktion zu

$$\frac{\underline{p}_2}{\underline{p}_1} = \frac{1}{\cosh \gamma_1 l + (\underline{Z}_0/\underline{Z}_2) \sinh \gamma_1 l} \tag{9.2.15}$$

$$\frac{\dot{\underline{m}}_2}{\dot{\underline{m}}_1} = \frac{1}{\cosh \gamma_1 l + (\underline{Z}_2/\underline{Z}_0) \sinh \gamma_1 l} . \tag{9.2.16}$$

9.2.3 Eingangsimpedanz einer Übertragungsleitung bei Abschluß mit einer beliebigen Impedanz

Die Eingangsimpedanz $\underline{Z}_E$ einer Leitung bei Abschluß mit einer beliebigen Impedanz bestimmt sich aus Gl. (9.2.15) und Gl. (9.2.16) zu

$$\underline{Z}_E = \frac{1 + (\underline{Z}_0/\underline{Z}_2) \tanh \gamma_1 l}{1 + (\underline{Z}_2/\underline{Z}_0) \tanh \gamma_1 l} \underline{Z}_2 . \tag{9.2.17}$$

Bei Abschluß der Leitung mit dem Wellenwiderstand $\underline{Z}_2 = \underline{Z}_0$ sieht man, daß der Eingangswiderstand der Leitung gleich dem Wellenwiderstand der Leitung ist

$$\underline{Z}_E = \underline{Z}_0 \qquad \text{bei} \qquad \underline{Z}_2 = \underline{Z}_0 . \tag{9.2.18}$$

In diesem Fall verschwindet die reflektierte Welle. Die Leitung ist angepaßt.

9.2.4 Die Vierpol-Ersatzschaltung einer Leitung beliebiger Länge

Die Vierpol-Ersatzschaltung einer Leitung beliebiger Länge läßt sich aus den Leitungsgleichungen ableiten. Durch Vergleich der Leitungsgleichungen mit den Vierpolgleichungen in Kettenform

$$\underline{p}_1 = \underline{a}_{11}\, \underline{p}_2 + \underline{a}_{12}\, \dot{\underline{m}}_2 \tag{9.2.19a}$$

$$\dot{\underline{m}}_1 = \underline{a}_{21}\, p_2 + \underline{a}_{22}\, \dot{\underline{m}}_2 \tag{9.2.19b}$$

folgt

$$\underline{a}_{11} = \cosh \gamma_1 l \tag{9.2.20}$$

$$\underline{a}_{12} = \underline{Z}_0 \sinh \gamma_1 l \tag{9.2.21}$$

$$\underline{a}_{21} = \frac{1}{\underline{Z}_0} \sinh \gamma_1 l \tag{9.2.22}$$

$$\underline{a}_{22} = \cosh \gamma_1 l. \tag{9.2.23}$$

Für die T-Ersatzschaltung in Bild 9.2.2a erhalten wir

$$\underline{Z}_{1T} = \underline{Z}_{2T} = \underline{Z}_0 \tan(\gamma_1 l/2) \tag{9.2.24}$$

$$\underline{Z}_{3T} = \frac{\underline{Z}_0}{\sinh \gamma_1 l} \tag{9.2.25}$$

und für die π-Ersatzschaltung in Bild 9.2.2b

$$\underline{Z}_{1\pi} = \underline{Z}_{2\pi} = \frac{\underline{Z}_0}{\tan(\gamma_1 l/2)} \tag{9.2.26}$$

$$\underline{Z}_{3\pi} = \underline{Z}_0 \sinh \gamma_1 l\,. \tag{9.2.27}$$

Für sehr kleine Argumente γl erhält man mit der Bedingung $\gamma_1^2 l^2/6 \ll 1$ die T-Ersatzschaltung und die π-Ersatzschaltung mit diskreten Bauelementen in Bild 9.2.3.

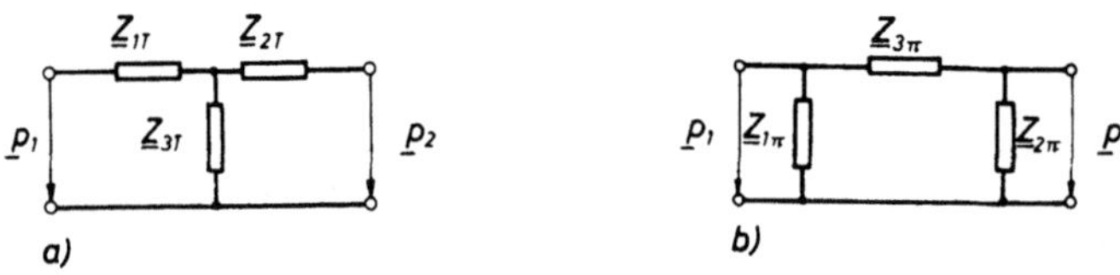

Bild 9.2.2 T-Ersatzschaltung (a) und π-Ersatzschaltung (b) der Übertragungsleitung

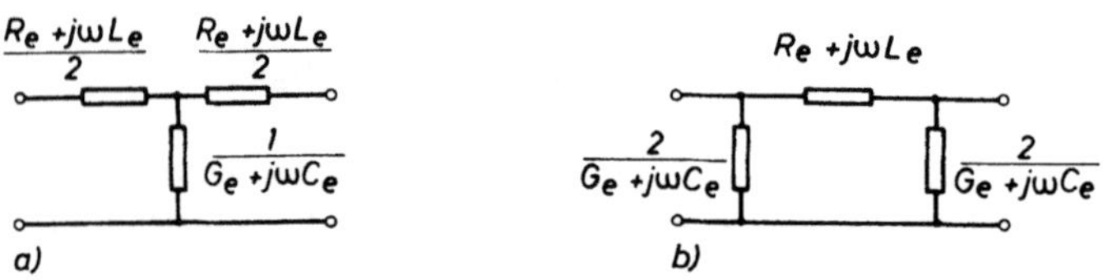

Bild 9.2.3 Ersatzschaltung der Übertragungsleitung für (a) T-Ersatzschaltung, (b) π-Ersatzschaltung

9.3 Die verlustfreie homogene fluidische Übertragungsleitung

Unter der Annahme, daß die Verluste auf der Leitung vernachlässigt werden können, reduzieren sich Serienimpedanz und Paralleladmittanz pro Längeneinheit zu

$$\underline{Z}_1' = j\omega L' \tag{9.3.1}$$

$$\underline{Y}_1' = j\omega C'\,. \tag{9.3.2}$$

Bild 9.3.1 zeigt die Ersatzschaltung für ein kleines Stück der verlustlosen Übertragungsleitung, wobei L' durch die adiabatische Induktivität pro Längeneinheit L'_a und C' durch die adiabatische Kapazität pro Längeneinheit C'_a repräsentiert wird

$$\underline{Z}'_{10} = j\,\omega\,L'_a \qquad \text{wobei} \qquad L'_a = \frac{1}{A} \tag{9.3.3}$$

$$\underline{Y}'_{10} = j\,\omega\,C'_a \qquad\qquad C'_a = \frac{A}{c_a^2}\,. \tag{9.3.4}$$

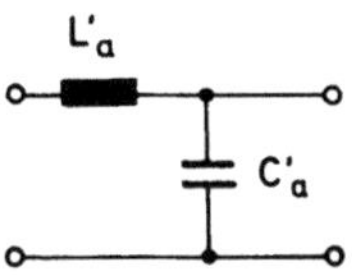

Bild 9.3.1
Ersatzschaltung für ein kleines Stück der verlustlosen fluidischen Übertragungsleitung

Der Wellenwiderstand der verlustlosen Übertragungsleitung wird dann

$$Z_{S0} = \sqrt{\frac{\underline{Z}'_{10}}{\underline{Y}'_{10}}} = \sqrt{\frac{L'_a}{C'_a}} = \frac{c_a}{A}\,. \tag{9.3.5}$$

Das Wellenausbreitungsmaß reduziert sich auf das Phasenmaß

$$\gamma_{10} = \sqrt{\underline{Z}'_{10}\,\underline{Y}'_{10}} = j\,\omega\sqrt{L'_a\,C'_a} = j\,\frac{\omega}{c_a} = j\,\beta_{10}\,. \tag{9.3.6}$$

Obwohl die Gleichungen (9.3.5) und (9.3.6) unter starken Vereinfachungen abgeleitet worden sind, sind sie für die Praxis von großer Bedeutung. Der Wellenwiderstand ist nur mit Kenntnis der Querschnittsfläche der Leitung und der Schallgeschwindigkeit im freien Raum zu überschlagen. Auf diese Weise kann beispielsweise abgeschätzt werden, mit welchem Abschlußwiderstand die Leitung annähernd angepaßt ist und wie der Abschlußwiderstand zu dimensionieren ist (siehe Abschnitt 10.2). Da der Wellenwiderstand der verlustlosen Leitung reell ist, lassen sich einfache graphische Methoden anwenden, um die Impulsverzerrungen bei Fehlanpassung einer Leitung zu bestimmen (siehe Abschnitt 10.7).

9.4 Die verlustbehaftete homogene fluidische Übertragungsleitung mit frequenzunabhängigen Leitungsbelägen

Eine Verbesserung der Leitungsbeschreibung erreichen wir, wenn wir in der Ersatzschaltung den bezogenen Laminarwiderstand der Leitung berücksichtigen (Bild 9.4.1). Hieraus folgt dann der Wellenwiderstand

$$\underline{Z}_0 = Z_{S0}\sqrt{1 - j\,\frac{1}{\omega/\omega_\nu}} \tag{9.4.1}$$

und das Wellenausbreitungsmaß

$$\gamma_1 = j \frac{\omega}{c_a} \sqrt{1 - j \frac{1}{\omega/\omega_\nu}}. \tag{9.4.2}$$

Die charakteristische Kreisfrequenz ω_ν errechnet sich aus dem bezogenen Gleichstromwiderstand und der bezogenen Induktivität zu

$$\omega_\nu = 2\pi f_\nu = \frac{R'_{lam}}{L'_a} = \frac{8\pi\nu}{A}. \tag{9.4.3}$$

Da die Leitungsbeläge frequenzunabhängig sind, wird die Theorie, die mit diesen Größen arbeitet, auch als Konstantparameter-Theorie bezeichnet.

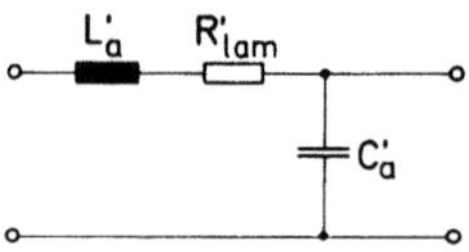

Bild 9.4.1
Ersatzschaltung für ein kleines Stück der fluidischen Übertragungsleitung mit frequenzunabhängigen Leitungsbelägen

9.5 Die verlustbehaftete homogene Übertragungsleitung unter Berücksichtigung der Frequenzabhängigkeit der Leitungsbeläge

Die erste Beschreibung der fluidischen Übertragungsleitung unter Berücksichtigung der Frequenzabhängigkeit der Leitungsparameter wurde bereits im Jahre 1927 durch Crandall veröffentlicht. In seiner Arbeit [9.1] berechnet er den frequenzabhängigen Widerstand und die frequenzabhängige Reaktanz für eine akustische Übertragungsleitung mit kreisförmigem Querschnitt. Richardson präsentierte 1928 Messungen, die die Frequenzabhängigkeit des Geschwindigkeitsprofiles in einer akustischen Übertragungsleitung aufzeigten (Annulareffekt) [9.2]. In [9.3] entwarf Iberall die erste allgemeine Theorie für flüssigkeitsgefüllte Übertragungsleitungen. Die ersten umfassenden Untersuchungen der Frequenzabhängigkeit der Leitungsparameter wurden durch Nichols [9.4] und Brown [9.5] durchgeführt, indem sie die linearisierten Strömungsgleichungen für eine Übertragungsleitung mit kreisförmigem Querschnitt lösten. In und [9.6] wurde von Schaedel eine Theorie zur Behandlung der Übertragungsleitung mit rechteckigem Querschnitt angegeben.
Zur Lösung des Problems stehen die folgenden Gleichungen aus der Strömungsmechanik und Thermodynamik nach Abschnitt 2.4 zur Verfügung:

die Navier-Stokesschen Bewegungsgleichungen
die Kontinuitätsgleichung
die Energiegleichung und
das Zähigkeitsgesetz .

Eine allgemeine Integration dieser Gleichungen ist nicht möglich. Unter der Annahme der Kleinsignalaussteuerung können die Gleichungen jedoch linearisiert werden. Wir beschränken uns nur auf den Fall der Korrekturterme 1. Ordnung, indem wir einen Mittelwert und eine momentane Abweichung von diesem Mittelwert betrachten. Unter diesen Voraussetzungen machen wir folgenden Ansatz

$$v = \bar{v} + v' \qquad v' \ll \bar{v} \tag{9.5.1}$$

$$p^* = \bar{p} + p' + p_0 = p + p_0 \qquad p' \ll \bar{v} \tag{9.5.2}$$

$$T = \bar{T} + T' \qquad T' \ll \bar{T} \tag{9.5.3}$$

$$\rho = \bar{\rho} + \rho' \qquad \rho' \ll \bar{\rho}\,, \tag{9.5.4}$$

wobei der Querstrich den Mittelwert und der Apostroph den Momentanwert kennzeichnen soll. p_0 ist der Atmosphärendruck und p^* der Absolutdruck.

9.5.1 Die homogene Fluidik-Leitung mit kreisförmigem Querschnitt

9.5.1.1 Berechnung der bezogenen Serienimpedanz

Zur Berechnung der Serienimpedanz pro Längeneinheit $\underline{Z}_1'$ benötigen wir die mittlere Geschwindigkeit in der Leitung. Nach Gl. (9.1.3) gilt

$$\underline{Z}_1' = \frac{-\partial \underline{p}/\partial z}{\underline{\dot{m}}} = -\frac{\partial \underline{p}/\partial z}{\rho \int\limits_A \underline{v}\, dA}\,. \tag{9.5.5}$$

Dazu ist es zuerst nötig, die Geschwindigkeitsverteilung zu berechnen. Unter der Annahme, daß die Wellenlängen der interessierenden Frequenzen groß im Vergleich zum Radius der Leitung sind, können wir die Radialkomponente der Geschwindigkeit unberücksichtigt lassen. Die Bedingung lautet

$$\lambda = \frac{2\pi c}{\omega} \gg \frac{D}{2} \tag{9.5.6}$$

mit D Durchmesser der Leitung
c Signalgeschwindigkeit in der Leitung.

Das bedeutet beispielsweise, daß für eine Frequenz von 1 kHz die Annahme nur für $D/2 \ll 200$ mm gültig ist.
Weiterhin wollen wir Axialsymmetrie voraussetzen. Die Navier-Stokessche Gleichung in Zylinderkoordinaten lautet dann unter der Annahme, daß die Strömungsgeschwindigkeit klein gegen die Signalgeschwindigkeit (Schallgeschwindigkeit) und die Frequenz $f \ll \frac{3}{8\pi}\frac{c_a^2}{\nu}$ ist ($f \ll 200$ MHz für Luft bei Raumtemperatur)

$$\frac{\partial^2 v_z'}{\partial r^2} + \frac{1}{r}\cdot\frac{\partial v_z'}{\partial r} - \frac{1}{\nu}\cdot\frac{\partial v_z'}{\partial t} = \frac{1}{\mu}\cdot\frac{\partial p'}{\partial z}\,. \tag{9.5.7}$$

Für v_z' und p' machen wir nun den Ansatz einer komplexen Schwingung (siehe Anhang 12.6)

$$v_z' = \underline{v}\, e^{j\omega t} \tag{9.5.8}$$

$$p' = \underline{p}\, e^{j\omega t}\,. \tag{9.5.9}$$

Dies in Gl. (9.5.7) eingesetzt ergibt

$$\frac{\partial^2 \underline{v}}{\partial r^2} + \frac{1}{r}\cdot\frac{\partial \underline{v}}{\partial r} - j\,\frac{\omega}{\nu}\,\underline{v} = \frac{1}{\mu}\cdot\frac{\partial \underline{p}}{\partial z}\,. \tag{9.5.10}$$

Die homogene Lösung dieser Differentialgleichung ist eine Besselfunktion nullter Ordnung. Mit dieser Randbedingung

$$\underline{v} = 0 \qquad \text{für} \qquad r = \frac{D}{2} \tag{9.5.11}$$

wird die Geschwindigkeitsverteilung im Kreiskanal

$$\underline{v}(r,\omega) = \frac{1}{j\omega\bar{\rho}}\left\{\frac{J_0\left(r\sqrt{\frac{\omega}{\nu}}\,j^{3/2}\right)}{J_0\left(\frac{D}{2}\sqrt{\frac{\omega}{\nu}}\,j^{3/2}\right)} - 1\right\}\frac{\partial \underline{p}}{\partial z} \tag{9.5.12}$$

Für den Fall tiefer Frequenzen ergibt sich mit $\frac{D}{2}\sqrt{\frac{\omega}{\nu}} \ll 1$

$$\underline{v} = -\frac{1}{4\mu}\left\{\left(\frac{D}{2}\right)^2 - r^2\right\}\frac{\partial \underline{p}}{\partial z}\,. \tag{9.5.13}$$

Die Geschwindigkeitsverteilung ist wie im Fall des stationären Laminarstromes durch eine Parabel gegeben, wobei sich die Amplitude der Geschwindigkeit in Phase mit dem Druckgradienten ändert.

Für den Fall hoher Frequenzen mit $D/2 \gg 1$ tritt eine Phasenverschiebung von 90° zwischen der Geschwindigkeit im Zentrum der Leitung und dem Druckgradienten auf. Nur die Geschwindigkeitsanteile in der Nähe der Zylinderwand sind in Phase mit dem Druckgradienten. Die Amplitude der Geschwindigkeit verringert sich mit wachsender Frequenz und die Randzone, in der die Geschwindigkeit in Phase mit dem Druckgradienten ist, wird immer dünner. Das Maximum der Geschwindigkeitsverteilung befindet sich in der Nähe der Wand. Diese Erscheinung wird als Annulareffekt bezeichnet [9.2]. In seiner Auswirkung auf das Verhalten der Leitung ist er dem Skineffekt der Elektrotechnik vergleichbar. Bild 9.5.1 und Bild 9.5.2 zeigen die Auswertungen zweier Geschwindigkeitsprofile für $D/2\sqrt{\frac{\omega}{\nu}} = 1$ und $D/2\sqrt{\frac{\omega}{\nu}} = 10$. Hierbei ist v_n' die auf die Geschwindigkeit in Zylinderachse bei der Frequenz $f = 0$ normierte Wechselgeschwindigkeit v'. Der Druckgradient $\partial p'/\partial z$ soll in einer Cosinusfunktion von ωt abhängen. Der normierte Druckgradient $\partial p_n'/\partial z$ ist dann der auf den Maximalwert der Funktion normierte Druckgradient $\partial p'/\partial z$.

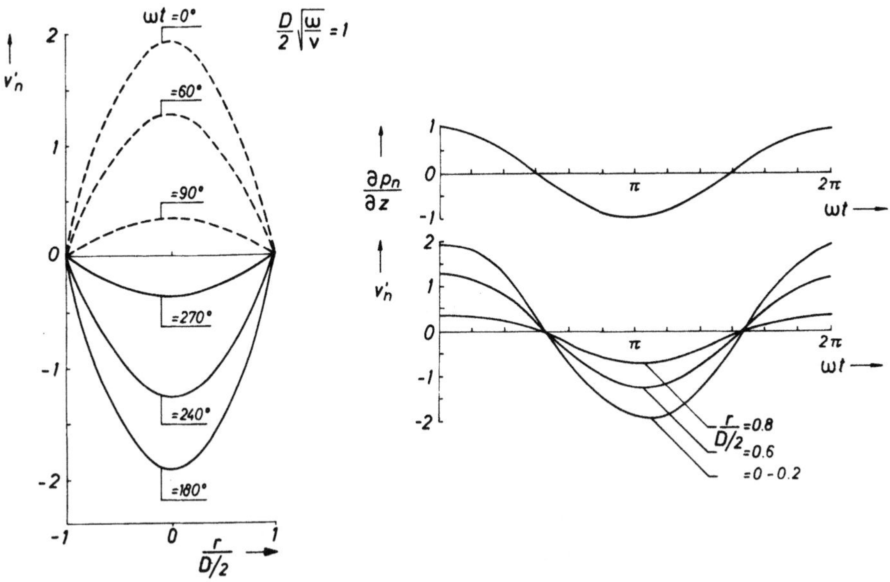

Bild 9.5.1 Geschwindigkeitsprofile im Kreiskanal für tiefe Frequenzen

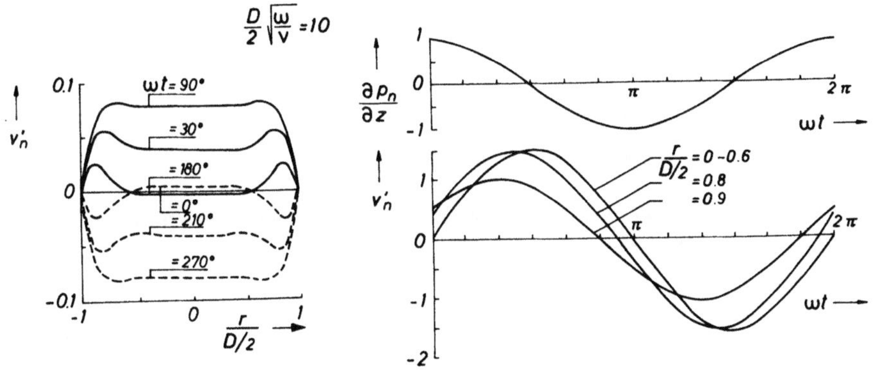

Bild 9.5.2 Geschwindigkeitsprofile im Kreiskanal für hohe Frequenzen

Wir sehen, daß in Bild 9.5.1 praktisch für alle Radien Druckgradient und Geschwindigkeit in Phase sind. In Bild 9.5.2 ist das Geschwindigkeitsprofil schon stark verzerrt und selbst die Geschwindigkeitsanteile in Wandnähe haben gegenüber dem Druckgradienten eine Phasenverschiebung von fast 90°.

Als nächstes wird nun der Massenstrom im Leitungsquerschnitt errechnet

$$\underline{\dot{m}} = 2\pi\bar{\rho} \int_0^{D/2} \underline{v}\, r\, dr\,. \tag{9.5.14}$$

Damit erhalten wir mit Gl. (9.5.5) die Serienimpedanz pro Längeneinheit

$$\underline{Z}_1' = \frac{\partial \underline{p}/\partial z}{\underline{\dot{m}}} = \frac{j\omega}{A}\left\{1 - \frac{2\,J_1\left(\frac{D}{2}\sqrt{\frac{\omega}{\nu}}\,j^{3/2}\right)}{\frac{D}{2}\sqrt{\frac{\omega}{\nu}}\,j^{3/2}\;J_0\left(\frac{D}{2}\sqrt{\frac{\omega}{\nu}}\,j^{3/2}\right)}\right\}. \tag{9.5.15}$$

Mit Hilfe des bezogenen Gleichstromwiderstandes R'_{lam} und der adiabatischen Induktivität L'_a hatten wir in Abschnitt 9.4 eine charakteristische viskose Kreisfrequenz

$$\omega_\nu = \frac{R'_{lam}}{L'_a} = \frac{8\pi\nu}{A} \tag{9.4.3}$$

definiert. Wenn wir das Argument der Besselfunktion in Gl. (9.5.15) mit z_ν bezeichnen, erhalten wir mit Hilfe der charakteristischen Frequenz nach Gl. (9.4.3)

$$z_\nu = \frac{D}{2}\sqrt{\frac{\omega}{\nu}}\,j^{3/2} = \sqrt{8\,j^3\,\frac{\omega}{\omega_\nu}}\,. \tag{9.5.16}$$

Als Abkürzung führen wir

$$J\left(\frac{\omega}{\omega_\nu}\right) = \frac{2\,J_1(z_\nu)}{z_\nu\,J_0(z_\nu)} \tag{9.5.17}$$

ein und erhalten für die Serienimpedanz pro Längeneinheit

$$\underline{Z}_1' = j\omega L'_a\left(1 - J\left(\frac{\omega}{\omega_\nu}\right)\right)^{-1}. \tag{9.5.18}$$

Da nun $J\left(\frac{\omega}{\omega_\nu}\right)$ komplex ist, können wir die Serienimpedanz in einen Real- und einen Imaginärteil aufspalten. Wir schreiben

$$\underline{Z}_1' = R'_e + j\omega L'_e \tag{9.5.19}$$

mit

R'_e frequenzabhängiger Serienwiderstand pro Längeneinheit

L'_e frequenzabhängige Induktivität pro Längeneinheit .

Die Auswertung ist nur mit Hilfe einer Rechenanlage möglich. Dazu werden die Ausdrücke für R'_e und L'_e in eine normierte Form gebracht. Der frequenzabhängige Serienwiderstand wird auf den Gleichstromwiderstand und die frequenzabhängige Induktivität auf die adiabatische Induktivität normiert. Bild 9.5.3 und Bild 9.5.4 zeigen die grafische Darstellung der frequenzabhängigen Leitungsbeläge L'_e und R'_e.

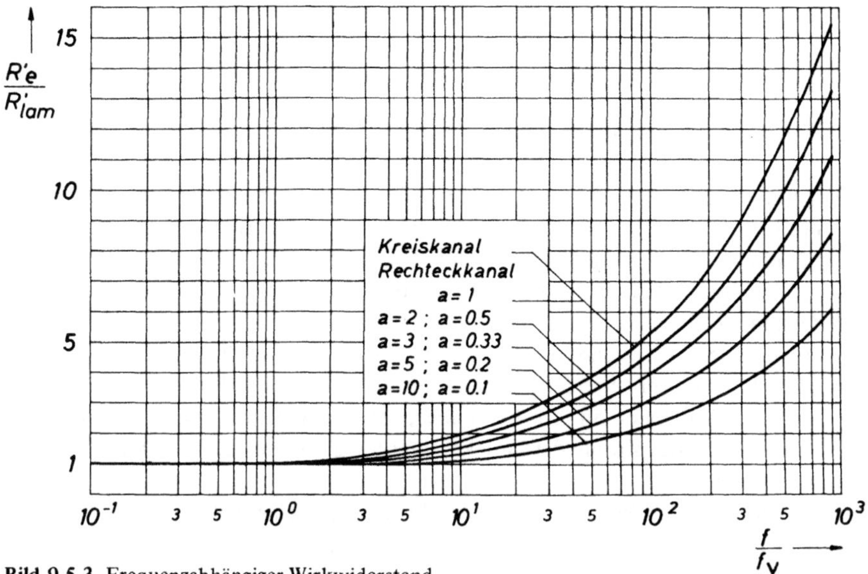

Bild 9.5.3 Frequenzabhängiger Wirkwiderstand

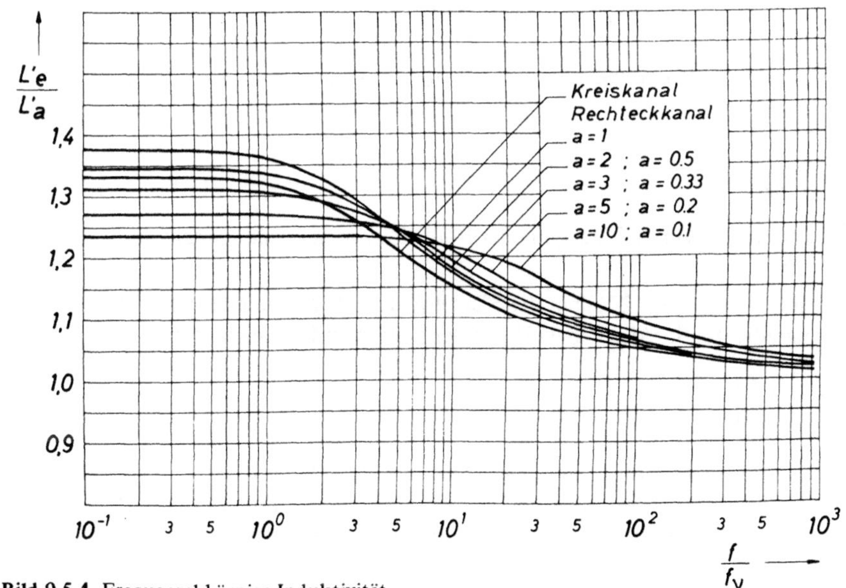

Bild 9.5.4 Frequenzabhängige Induktivität

$$\frac{R_e'}{R_{lam}} = \text{Realteil}\left\{ j\,\frac{\omega}{\omega_\nu}\left(1 - J\left(\frac{\omega}{\omega_\nu}\right)\right)^{-1}\right\} \tag{9.5.20}$$

$$\frac{L_e'}{L_a'} = \text{Realteil}\left\{\left(1 - J\left(\frac{\omega}{\omega_\nu}\right)\right)^{-1}\right\}. \tag{9.5.21}$$

Wir sehen, daß der bezogene Widerstand stark mit der Frequenz anwächst und das mehrfache des Gleichstromwiderstandes erreichen kann. Wie groß die Abweichung vom Gleichstromwiderstand ist, hängt von der normierten Frequenz f/f_ν ab. Je höher die Frequenz und je größer die Querschnittsfläche der Leitung sind, umso größer wird der frequenzabhängige Widerstand R_e'.
Aus der Diskussion der Geschwindigkeitsverteilung ergab sich, daß die Zone, in der die Geschwindigkeit in Phase mit dem Druckgradienten ist, umso schmaler wird, je größer Frequenz und Querschnitt werden. Das heißt aber, daß der Wirkstrom mit wachsender Frequenz bei gegebener Amplitude des Druckgradienten abnimmt und somit der Wirkwiderstand zunehmen muß.
Wir haben also ein ähnliches Phänomen wie bei Skineffekt in einem elektrischen Leiter. Mit wachsender Frequenz wird die äquivalente Leitschichtdicke immer dünner und der Widerstand des Leiters wächst daher stark an. Während aber beim elektrischen Leiter der übrige Querschnitt praktisch stromfrei ist, ist in der Fluidik der Querschnitt außerhalb der Randzone, also der Kern, mit Teilchen erfüllt, deren Geschwindigkeit denen in der Randzone um 90° nacheilt.

9.5.1.2 Berechnung der bezogenen Paralleladmittanz

Unter der Annahme achsparallelen Stromes lautet die Kontinuitätsgleichung nach Abschnitt 2.4

$$-\frac{\partial \rho}{\partial t} = \frac{\partial}{\partial z}(\rho\, v_z). \tag{9.5.22}$$

Die Bedingung für die Vernachlässigung der Radialkomponente der Geschwindigkeit folgt aus Gl. (9.5.6).
Die Integration von Gl. (9.5.22) über die Fläche A der Übertragungsleitung liefert den Massenstromgradienten in Abhängigkeit von der zeitlichen Dichteänderung

$$\frac{\partial \dot m}{\partial z} = -\int\limits_A \frac{\partial \rho}{\partial t}\, dA\,. \tag{9.5.23}$$

Aus der Zustandsgleichung für ideale Gase nach Abschnitt 2.4 wissen wir, daß die Dichte ρ von der Temperatur T und dem Absolutdruck p^* abhängig ist. Eine zeitliche Dichteänderung kann also sowohl durch eine zeitliche Temperaturänderung wie durch eine zeitliche

Druckänderung verursacht werden. Aus diesem Grunde können wir für die zeitliche Dichteänderung

$$\frac{\partial \rho}{\partial t} = \frac{\partial \rho}{\partial p^*} \cdot \frac{\partial p^*}{\partial t} + \frac{\partial \rho}{\partial t} \cdot \frac{\partial T}{\partial t} \tag{9.5.24}$$

schreiben. Unter Verwendung der Zustandsgleichung ergibt sich aus Gl. (9.5.24)

$$\frac{\partial \rho}{\partial t} = \frac{1}{R_g T} \cdot \frac{\partial p^*}{\partial t} - \frac{\rho}{T} \cdot \frac{\partial T}{\partial t}. \tag{9.5.25}$$

Führen wir Gl. (9.5.25) in Gl. (9.5.23) ein so wird

$$\frac{\partial \dot{m}}{\partial z} = -\left\{ \frac{A}{R_g T} \cdot \frac{\partial p^*}{\partial t} - \frac{\rho}{T} \int_A \frac{\partial T}{\partial t} A \right\}. \tag{9.5.26}$$

Zur Berechnung der Paralleladmittanz benötigen wir nun den Zusammenhang zwischen der zeitlichen Temperaturänderung und der zeitlichen Druckänderung. Diesen liefert uns die Energiegleichung

$$\rho\, c_p \frac{dT}{dt} = \frac{dp^*}{dt} + \nabla (k \nabla T) + \mu \Phi. \tag{2.4.11}$$

Wir nehmen an, daß die Wärmeleitfähigkeit k in dem zu betrachtenden Temperaturbereich konstant ist und erhalten dann unter der Bedingung, daß die Strömungsgeschwindigkeit klein gegen die Schallgeschwindigkeit in der Leitung und die Frequenz $f \ll \frac{Pr \cdot c_a^2}{2\pi \nu}$ ist ($f \ll 200$ MHz für Luft bei Raumtemperatur)

$$\frac{\partial^2 T'}{\partial r^2} + \frac{1}{r} \cdot \frac{\partial T'}{\partial r} - \frac{1}{\nu_T} \cdot \frac{\partial T'}{\partial t} = - \frac{1}{\nu_T \bar{\rho}\, c_p} \cdot \frac{\partial p'}{\partial t}, \tag{9.5.27}$$

wobei

$$\nu_T = \frac{k}{c_p \bar{\rho}} = \frac{\nu}{Pr} \qquad \text{Temperaturleitfähigkeit} \tag{9.5.28}$$

$$Pr = \frac{\nu}{\nu_T} \qquad \text{Prandtlsche Zahl} \quad (= 0{,}708 \text{ für Luft}).$$

Setzen wir Wechseltemperatur und Wechseldruck als komplexe Schwingung an

$$T' = \underline{T}\, e^{j\omega t} \tag{9.5.29}$$

$$p' = \underline{p}\, e^{j\omega t}, \tag{9.5.9}$$

so erhalten wir die endgültige Form der Diff. Gl. für die Temperaturverteilung im Leiterquerschnitt

$$\frac{\partial \underline{T}}{\partial r^2} + \frac{1}{r} \cdot \frac{\partial \underline{T}}{\partial r} - j \frac{\omega}{\nu_T} \underline{T} = -j \frac{\omega \underline{p}}{\nu_T \rho\, c_p}. \tag{9.5.30}$$

Wir nehmen nun die Leitungswände als isotherm an, das heißt ihre Temperatur soll immer gleich der Umgebungstemperatur sein. Daraus formuliert sich die Randbedingung

$$\underline{T} = 0 \qquad \text{für} \qquad r = \frac{D}{2}. \tag{9.5.31}$$

Die Diff. Gl. (9.5.30) hat den gleichen Aufbau wie Gl. (9.5.10). Durch Vergleich der entsprechenden Terme wird daher die Temperaturverteilung in der Übertragungsleitung mit Kreisquerschnitt

$$\frac{\underline{T}}{\frac{1}{\bar{\rho}\, c_p}\, \underline{p}} = 1 - \frac{J_0\left(r\sqrt{\frac{\omega}{\nu_T}}\, j^{3/2}\right)}{J_0\left(\frac{D}{2}\sqrt{\frac{\omega}{\nu_T}}\, j^{3/2}\right)}. \tag{9.5.32}$$

Durch Integration über den Querschnitt ermitteln wir die mittlere Temperatur

$$\underline{T}_m = \frac{1}{A}\int \underline{T}\, dA. \tag{9.5.33}$$

Es folgt

$$\underline{T}_m = \frac{1}{\bar{\rho}\, c_p}\left(1 - J\left(\frac{\omega}{\omega_T}\right)\right)\underline{p} \tag{9.5.34}$$

mit der charakteristischen thermischen Kreisfrequenz

$$\omega_T = 2\pi f_T = \frac{8\pi\nu_T}{A} = \frac{\omega_\nu}{Pr} \tag{9.5.35}$$

und den Abkürzungen

$$z_T = \sqrt{8\, j^3\, \frac{\omega}{\omega_T}} \tag{9.5.36}$$

$$J\left(\frac{\omega}{\omega_T}\right) = \frac{2 J_1(z_T)}{z_T\, J_0(z_T)}. \tag{9.5.37}$$

Der Rechnungsgang ist der gleiche wie für die mittlere Geschwindigkeit in Abschnitt 9.5.1.1. Wir stellen fest, daß der Zusammenhang zwischen dem Wechseldruck und der über der Querschnittsfläche gemittelten Wechseltemperatur komplex ist. Wenn also eine Druckänderung eine Dichteänderung hervorruft, so entsteht mit einer Phasenverschiebung eine Temperaturänderung, die ihrerseits wieder eine Dichteänderung bewirkt. Das bedeutet, daß ein Realteil der Paralleladmittanz zu erwarten ist.

Mit dem Zeigeransatz aus Gl (9.5.9) und Gl. (9.5.29) für die Wechselgrößen erhalten wir aus Gl. (9.5.26) den Massenstromgradienten zu

$$\frac{\partial \underline{\dot{m}}}{\partial z} = -j\omega\left(\frac{A}{R_g\bar{T}}\underline{p} - \frac{\bar{\rho}}{\bar{T}}\int_A \underline{T}\, dA\right). \tag{9.5.38}$$

In diese Gleichung führen wir den Ausdruck für die mittlere Temperatur ein und erhalten

$$\frac{\partial \underline{\dot{m}}}{\partial \underline{z}} = -j\omega \left\{ \frac{A}{R_g \overline{T}} - \frac{A}{\overline{T} c_p} \left(1 - J\left(\frac{\omega}{\omega_T}\right)\right)\right\} \underline{p} \, . \tag{9.5.39}$$

Mit der thermodynamischen Beziehung

$$R_g = c_p - c_V \tag{9.5.40}$$

können wir Gl. (9.5.39) in folgender Form schreiben

$$\frac{\partial \underline{\dot{m}}}{\partial z} = -j\omega \frac{A\overline{\rho}}{\overline{p}^*} \left\{1 - \frac{c_p - c_V}{c_p} \left(1 - J\left(\frac{\omega}{\omega_T}\right)\right)\right\} \underline{p} \, . \tag{9.5.41}$$

Nach kurzer Zwischenrechnung folgt hieraus mit

$$\kappa = \frac{c_p}{c_V} \qquad \text{Adiabatenexponent} \tag{9.5.42}$$

für den Massenstromgradienten

$$\frac{\partial \underline{\dot{m}}}{\partial z} = -j\omega \overline{p} \frac{A}{\kappa p^*/\overline{\rho}} \left\{1 + (\kappa - 1) J\left(\frac{\omega}{\omega_T}\right)\right\}. \tag{9.5.43}$$

Die Paralleladmittanz pro Längeneinheit ergibt sich mit Gl. (9.1.4) zu

$$\underline{Y}_1' = \frac{-\frac{\partial \underline{\dot{m}}}{\partial z}}{\underline{p}} = j\omega \frac{A}{\kappa p^*/\rho} \left\{1 + (\kappa - 1) J\left(\frac{\omega}{\omega_T}\right)\right\} \tag{9.5.44}$$

mit der bezogenen adiabatischen Kapazität

$$C_a' = \frac{A}{\kappa p^*/\rho} = \frac{A}{c_a^2}$$

erhalten wir dann für die Fluidik-Leitung mit kreisförmigem Querschnitt

$$\underline{Y}_1' = j\omega C_a' \left\{1 + (\kappa - 1) J\left(\frac{\omega}{\omega_T}\right)\right\}. \tag{9.5.45}$$

Da nun $J\left(\frac{\omega}{\omega_T}\right)$ komplex ist, können wir, wie schon oben angedeutet, die Paralleladmittanz in einen Real- und einen Imaginärteil aufspalten.

$$\underline{Y}_1' = j\omega C_e' + G_e' \tag{9.5.46}$$

mit

C_e' frequenzabhängige Kapazität pro Längeneinheit

G_e' frequenzabhängiger Leitwert pro Längeneinheit .

Den frequenzabhängigen Leitwert erhalten wir auf Grund der Phasenverschiebung zwischen Wechseldruck und Wechseltemperatur.

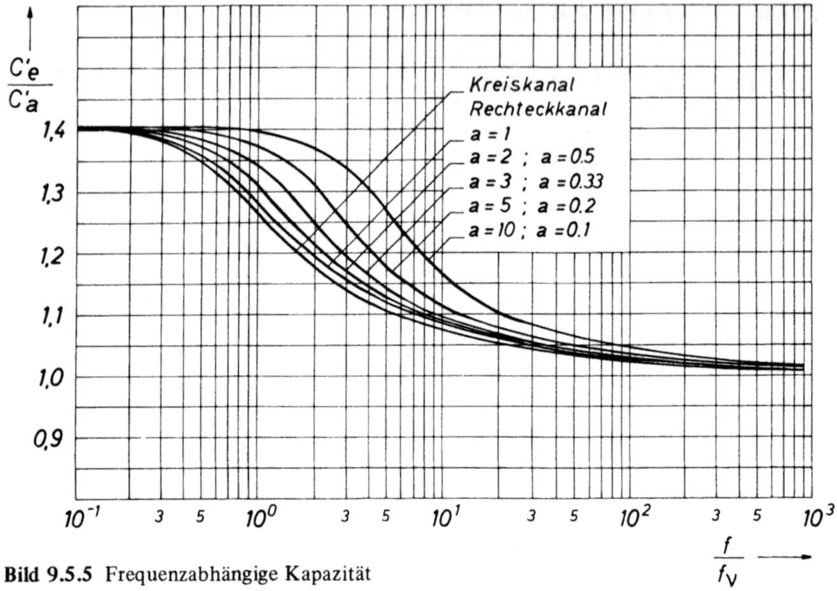

Bild 9.5.5 Frequenzabhängige Kapazität

In Bild 9.5.5 ist die frequenzabhängige Kapazität bezogen auf die adiabatische Kapazität über der normierten Frequenz $f/f\nu$ aufgetragen. Für große normierte Frequenzen, das heißt für hohe Frequenzen oder große Querschnitte, verhält sich die Kapazität adiabatisch, für tiefe normierte Frequenzen isotherm. Nach Abschnitt 3.3.3 ist die isotherme Kapazität

$$C_T' = \frac{A}{R_g \bar{T}} = \kappa\, C_a' .$$

Der Übergang zwischen den Zuständen isotherm und adiabatisch wird polytrop genannt. Ein polytroper Vorgang erfolgt bei einer für adiabatische Vorgänge nicht ausreichenden Wärmeisolation.

Ob eine fluidische Kapazität sich isotherm oder adiabatisch verhält, hängt also nicht nur, wie oft irrtümlich angenommen, von der Frequenz, sondern in gleicher Weise vom Querschnitt bei Leitung ab.

Physikalisch kann man sich das so vorstellen, daß sich in der Leitung eine isotherme Randschicht und ein adiabatischer Kern ausbilden. Im isothermen Fall erfüllt die Randschicht, im adiabatischen Fall der adiabatische Kern praktisch den ganzen Querschnitt.

Wie in der Elektrotechnik kann man einen Verlustfaktor

$$\tan\delta = \frac{G_e'}{\omega\, C_e'} \qquad (9.5.47)$$

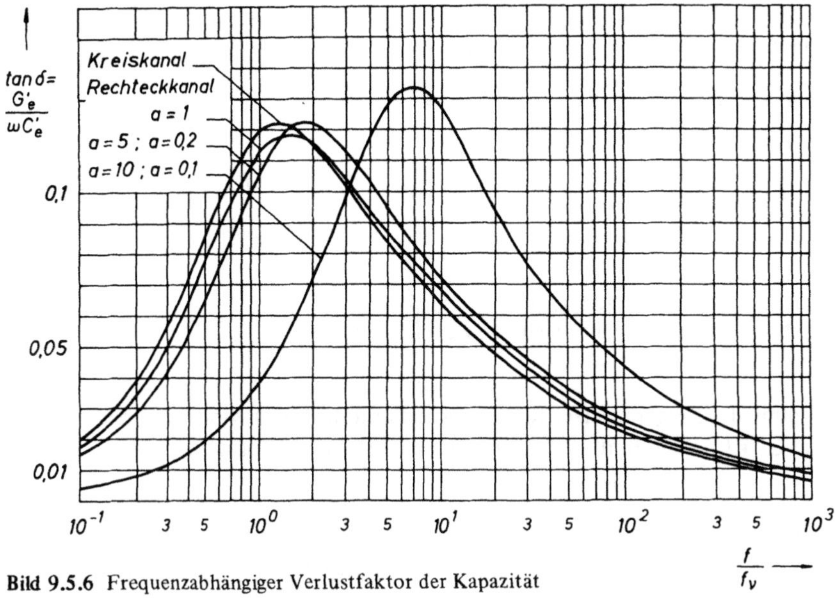

Bild 9.5.6 Frequenzabhängiger Verlustfaktor der Kapazität

für den fluidischen Kondensator definieren. Er gibt das Verhältnis von aufgenommener Wirkleistung zu aufgenommener Blindleistung an. Bild 9.5.6 zeigt den Verlauf des Verlustfaktors über der Frequenz. In der Nähe der normierten Frequenz $f/f_\nu = 1$ durchläuft er ein Maximum. Ein ähnliches Verhalten finden wir bei einem elektrischen Kondensator mit einem Dielektrikum mit Orientierungspolarisation. Bei einer zeitlichen Änderung des Feldes folgen die Dipole nicht trägheitslos. Im fluidischen Kondensator kann die Dichteänderung der Druckänderung nicht trägheitslos folgen. Aufgrund thermodynamischer Vorgänge entsteht gegenüber dem erregenden Druck eine Phasenverschiebung, die sich in Form eines Wirkverlustes äußert. Den Tangens des Verlustwinkels δ bezeichnet man als Verlustfaktor.

9.5.2 Die homogene Fluidik-Leitung mit rechteckigem Querschnitt

9.5.2.1 Die Berechnung der bezogenen Serienimpedanz

Wir nehmen einen rechteckigen Querschnitt, wie in Bild 9.5.7 angedeutet, an. Aus den Navier-Stokes'schen Bewegungsgleichungen folgt unter der Bedingung, daß die Wellenlängen der zu betrachtenden Frequenzen groß gegenüber den Querschnittsabmessungen der Leitungen sind, die Strömungsgeschwindigkeit klein gegen die Schallgeschwindigkeit in der Leitung ist (siehe Abschnitt 9.5.1.1) und die Frequenz $f \ll \frac{3}{8\pi} \frac{c_a^2}{\nu}$ ist, die Diff. Gl. für die Geschwindigkeit zu

$$\frac{\partial^2 v_z'}{\partial x^2} + \frac{\partial^2 v_z'}{\partial y^2} - \frac{\partial v_z'}{\partial t} = \frac{1}{\mu} \frac{\partial p'}{\partial z} . \tag{9.5.48}$$

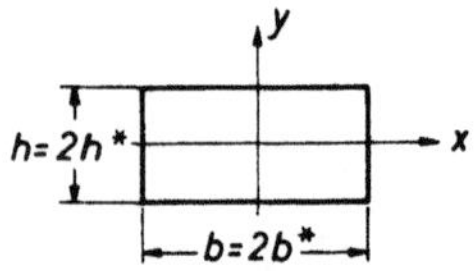

Bild 9.5.7
Querschnitt der Rechteckleitung

Unter Verwendung des Zeigeransatzes für den Druck und die Geschwindigkeit nach Gl. (9.5.8) und Gl. (9.5.9) nimmt die Diff. Gl. die nachstehende Form an

$$\frac{\partial^2 \underline{v}}{\partial x^2} + \frac{\partial^2 \underline{v}}{\partial y^2} - j \frac{\omega}{\nu} \underline{v} = \frac{1}{\mu} \cdot \frac{\partial \underline{p}}{\partial z} . \tag{9.5.49}$$

Mit der Bedingung, daß die Geschwindigkeit an den Wänden der Leitung verschwinden muß, läßt sich die Diff. Gl. integrieren. Der Lösungsweg wird in [9.8] gezeigt. Die Geschwindigkeitsverteilung in einer homogenen Übertragungsleitung mit Rechteckquerschnitt wird dann

$$\frac{\underline{v}}{\frac{h^2}{4\mu} \frac{\partial \underline{p}}{\partial z}} = \sum_{i=1}^{\infty} \frac{\frac{2}{\alpha_i} \sin \alpha_i}{\alpha_i^2 + j \frac{\omega}{\nu} \frac{h^2}{4}} \cos \alpha_i \frac{2y}{h} \left\{ 1 - \frac{\cosh\left(\frac{1}{a} \sqrt{\alpha_i^2 + j \frac{\omega}{\nu} \frac{h^2}{4}} \frac{2x}{b}\right)}{\cosh\left(\frac{1}{a} \sqrt{\alpha_i^2 + j \frac{\omega}{\nu} \frac{h^2}{4}}\right)} \right\}, \tag{9.5.50}$$

wobei

$a = \frac{h}{b}$ Seitenverhältnis des Leitungsquerschnittes

und

$\alpha_i = \frac{2i - 1}{2} \pi$ Eigenwerte .

Die Aussagen, die in Abschnitt 9.5.1.1 für die Geschwindigkeitsverteilung im Kreisquerschnitt in bezug auf das Frequenzverhalten gemacht wurden, gelten prinzipiell auch hier. Die Profile sehen aus, als ob ein ursprünglich rotationssymmetrisches Profil in einen Rechtecksquerschnitt geschoben worden wäre.

Bei tiefen Frequenzen und kleinen Querschnittsabmessungen sind alle Geschwindigkeitsanteile in Phase mit dem Druckgradienten. Mit wachsender Frequenz verringert sich die Amplitude der Geschwindigkeit und die Randzone, in der die Geschwindigkeit in Phase mit dem Druckgradienten ist, wird immer dünner. Der Kern des Profils nähert sich einer Phasenverschiebung von 90° gegenüber dem Druckgradienten.

Aus der Geschwindigkeitsverteilung erhalten wir durch Integration über die Querschnittsfläche und Multiplikation mit der mittleren Dichte den Massenstrom

$$\underline{\dot{m}} = \bar{\rho} \int \underline{v} \, dA \tag{9.5.51}$$

in Abhängigkeit vom Druckgradienten und daraus die bezogene Serienimpedanz

$$\underline{Z}_1' = \frac{2\nu}{aA^2} S^{-1} \left(\frac{\omega}{\omega_\nu}\right), \tag{9.5.52}$$

wobei wir zur Abkürzung

$$S\left(\frac{\omega}{\omega_\nu}\right) = \sum_{i=1}^{\infty} \frac{1 - \dfrac{\tanh\left(\frac{1}{a}\sqrt{\alpha_i^2 + j2\pi a \frac{\omega}{\omega_\nu}}\right)}{\frac{1}{a}\sqrt{\alpha_i^2 + j2\pi a \frac{\omega}{\omega_\nu}}}}{\alpha_i^2\left(\alpha_i^2 + j2\pi a \frac{\omega}{\omega_\nu}\right)} \tag{9.5.53}$$

setzen. Nach Abschnitt 9.4 ist wiederum

$$\omega_\nu = \frac{8\pi\nu}{A} \tag{9.4.3}$$

die charakteristische viskose Kreisfrequenz.
Da nun $S\left(\frac{\omega}{\omega_\nu}\right)$ komplex ist, läßt sich die Serienimpedanz wie folgt darstellen

$$\underline{Z}_1' = R_e' + j\omega L_e' \tag{9.5.54}$$

mit

R_e' frequenzabhängiger Widerstand pro Längeneinheit

L_e' frequenzabhängige Induktivität pro Längeneinheit.

Der Gleichstromwiderstand ergibt sich aus Gl. (9.5.52) und Gl. (9.5.53), indem $\omega = 0$ gesetzt wird, zu

$$R_{lam}' = \frac{2\nu}{aA^2} \left\{ \sum_{i=1}^{\infty} \frac{a}{\alpha_i^5} \left(\frac{\alpha_i}{a} - \tanh \frac{\alpha_i}{a} \right) \right\}^{-1}. \tag{9.5.55}$$

Dies ist das gleiche Ergebnis, das wir schon in Abschnitt 4.1.1 in Gl. (4.1.3) kennengelernt haben.
Den frequenzabhängigen Widerstand normieren wir auf den Gleichstromwiderstand und erhalten

$$\frac{R_e'}{R_{lam}'} = \frac{\text{Realteil}\left\{ S^{-1}\left(\frac{\omega}{\omega_\nu}\right) \right\}}{\left\{ \sum_{i=1}^{\infty} \frac{a}{\alpha_i^5} \left(\frac{\alpha_i}{a} - \tanh \frac{\alpha_i}{a} \right) \right\}}. \tag{9.5.56}$$

Zur Berechnung der frequenzabhängigen Induktivität wird Gl. (9.5.52) wie folgt umgeschrieben

$$\underline{Z}_1' = \frac{\omega_\nu L_a'}{4\pi a} S^{-1}\left(\frac{\omega}{\omega_\nu}\right). \tag{9.5.57}$$

Hieraus ergibt sich dann die frequenzabhängige Induktivität pro Längeneinheit zu

$$\frac{L_e'}{L_a'} = \text{Imaginärteil}\left\{\frac{\omega}{\omega_\nu}\,\frac{S^{-1}\left(\frac{\omega}{\omega_\nu}\right)}{4\pi a}\right\}. \tag{9.5.58}$$

Die Auswertung der Gleichungen (9.5.56) und (9.5.58) ist in Bild 9.5.3 und Bild 9.5.4 aufgetragen. Wir sehen, daß der bezogene Widerstand, wie bei der Übertragungsleitung mit Kreisquerschnitt, stark mit der Frequenz anwächst. Außer der normierten Frequenz $f/f\nu$ hat aber noch das Seitenverhältnis a einen wesentlichen Einfluß. Im übrigen gelten die physikalischen Vorstellungen aus Abschnitt 9.5.1.1 auch hier.

9.5.2.2 Die Berechnung der bezogenen Paralleladmittanz

Unter Annahme der Kleinsignalaussteuerung ergibt sich, wie in Abschnitt 9.5.1.2 für die homogene Leitung mit Kreisquerschnitt, die Diff. Gl. für die Temperaturverteilung im Rechteckquerschnitt zu

$$\frac{\partial^2 \underline{T}}{\partial x^2} + \frac{\partial^2 \underline{T}}{\partial y^2} - j\omega\frac{\underline{T}}{\nu_T} = -j\omega\frac{\underline{p}}{\nu_T\,\overline{\rho}\,c_p}. \tag{9.5.59}$$

Wechseltemperatur und Wechseldruck werden nach Gl. (9.5.9) und Gl. (9.5.29) als komplexe Schwingung angesetzt.
Die Leitungswände werden wie in Abschnitt 9.5.1.2 als isotherm angesetzt; das heißt ihre Temperatur soll immer gleich der Umgebungstemperatur sein. Mit diesen Randbedingungen wird die Temperaturverteilung

$$\frac{\underline{T}}{\dfrac{j\omega h^2 \underline{p}}{4\overline{\rho}\,c_p\,\nu_T}} = \sum_{i=1}^{\infty}\frac{\dfrac{2}{\alpha_i}\sin\alpha_i}{\alpha_i^2 + j\dfrac{\omega}{\nu_T}\dfrac{h^2}{4}}\cos\alpha_i\frac{2y}{h}\left\{1 - \frac{\cosh\left(\dfrac{1}{a}\sqrt{\alpha_i^2 + j\dfrac{\omega}{\nu_T}\cdot\dfrac{h^2}{4}}\cdot\dfrac{2x}{b}\right)}{\cosh\left(\dfrac{1}{a}\sqrt{\alpha_i^2 + j\dfrac{\omega}{\nu_T}\cdot\dfrac{h^2}{4}}\right)}\right\}. \tag{9.5.60}$$

Die mittlere Temperatur ermitteln wir durch Integration über den Querschnitt zu

$$\underline{T}_m = \frac{1}{A}\int \underline{T}\,dA = j\omega\underline{p}\,\frac{2h^2 S\left(\frac{\omega}{\omega_T}\right)}{\overline{\rho}\,c_p\,\nu_T} \tag{9.5.61}$$

mit der charakteristischen thermischen Kreisfrequenz

$$\omega_T = 2\pi f_T = \frac{8\pi\nu_T}{A} = \frac{\omega_\nu}{Pr} \tag{9.5.35}$$

und der Abkürzung

$$S\left(\frac{\omega}{\omega_T}\right) = \sum_{i=1}^{\infty} \frac{1 - \dfrac{\tanh\left(\frac{1}{a}\sqrt{\alpha_i^2 + j\,2\pi a \frac{\omega}{\omega_T}}\right)}{\frac{1}{a}\sqrt{\alpha_i^2 + j\,2\pi a \frac{\omega}{\omega_T}}}}{\alpha_i^2\left(\alpha_i^2 + j\,2\pi a \frac{\omega}{\omega_T}\right)} . \tag{9.5.62}$$

Die Paralleladmittanz folgt dann aus

$$\frac{\partial \underline{\dot{m}}}{\partial z} = -\frac{A}{R_g \overline{T}} \frac{\partial \underline{p}^*}{\partial t} - \frac{\overline{\rho}}{\overline{T}} \frac{\partial \underline{T}}{\partial t} dA \quad , \tag{9.5.26}$$

wie in Abschnitt 9.5.1.2, für die homogene Leitung mit Kreisquerschnitt zu

$$\underline{Y}_1' = \frac{-\dfrac{\partial \underline{\dot{m}}}{\partial z}}{\underline{p}} = j\,\omega\, C_a' \left\{\kappa - j\,(\kappa - 1)\, \frac{\omega}{\omega_T}\, 4\,\pi\, a\, S\left(\frac{\omega}{\omega_T}\right)\right\}. \tag{9.5.63}$$

Da $S\left(\frac{\omega}{\omega_T}\right)$ komplex ist, läßt sich die Paralleladmittanz in folgender Form schreiben

$$\underline{Y}_1' = j\,\omega\, C_e' + G_e' \tag{9.5.64}$$

mit

C_e' frequenzabhängige Kapazität pro Längeneinheit

G_e' frequenzabhängiger Leitwert pro Längeneinheit .

Die Bilder 9.5.5 und 9.5.6 zeigen den Verlauf der frequenzabhängigen Kapazität und des Verlustfaktors $\tan\delta$.
Grundsätzlich gelten die gleichen physikalischen Betrachtungen, die in Abschnitt 9.5.1.2 für die homogene Leitung mit Kreisquerschnitt angestellt wurden. Der Übergang zwischen isothermer und adiabatischer Kapazität ist allerdings stark abhängig vom Seitenverhältnis. Das Maximum des Verlustfaktors verschiebt sich zu höheren normierten Frequenzen je größer die Abweichung des Seitenverhältnisses von a = 1 ist. In gleicher Weise verschiebt sich das steile Übergangsgebiet zwischen isothermer und adiabatischer Kapazität.

9.5.3 Wellenausbreitungsmaß und Wellenwiderstand von Fluidik-Leitungen mit kreisförmigem und rechteckigem Querschnitt

Nach Abschnitt 9.2.1 folgt für die Übertragungsleitung mit kreisförmigem Querschnitt mit den Gleichungen (9.5.19) und (9.5.45) der Wellenwiderstand zu

$$\underline{Z}_0 = \sqrt{\frac{\underline{Z}_1'}{\underline{Y}_1'}} = \frac{C_a}{A} \left\{\left(1 - J\left(\frac{\omega}{\omega_\nu}\right)\right)\left(1 + (\kappa - 1)\, J\left(\frac{\omega}{\omega_T}\right)\right)\right\}^{-1/2} \tag{9.5.65}$$

und das Wellenausbreitungsmaß zu

$$\gamma_1 = \sqrt{\underline{Z}_1' \, \underline{Y}_1'} = \frac{j\omega}{c_a} \left\{ \frac{1 + (\kappa - 1) \, J\left(\frac{\omega}{\omega_T}\right)}{1 - J\left(\frac{\omega}{\omega_\nu}\right)} \right\}^{1/2} = \alpha_1 + j\beta_1 \, . \tag{9.5.66}$$

Entsprechend wird für die Übertragungsleitung mit Rechteckquerschnitt mit den Gleichungen (9.5.54) und (9.5.63) der Wellenwiderstand

$$\underline{Z}_0 = \sqrt{\frac{\underline{Z}_1'}{\underline{Y}_1'}} = \frac{c_a}{A} \left\{ j\,4\pi a \frac{\omega}{\omega_\nu} \, S\left(\frac{\omega}{\omega_\nu}\right) \left(\kappa - j\,4\pi a \frac{\omega}{\omega_T} (\kappa - 1) \, S\left(\frac{\omega}{\omega_T}\right)\right) \right\}^{-1/2} \tag{9.5.67}$$

und das Wellenausbreitungsmaß

$$\gamma_1 = \sqrt{\underline{Z}_1' \, \underline{Y}_1'} = \frac{j\omega}{c_a} \left\{ \frac{\kappa - j\,4\pi a \frac{\omega}{\omega_T} (\kappa - 1) \, S\left(\frac{\omega}{\omega_T}\right)}{4\pi a \frac{\omega}{\omega_\nu} \, S\left(\frac{\omega}{\omega_\nu}\right)} \right\}. \tag{9.5.68}$$

In Bilder 9.5.8 bis 9.5.11 sind der Wellenwiderstand und das Wellenausbreitungsmaß als Funktion der normierten Frequenz aufgetragen. Wir sehen, daß sich der Wellenwiderstand $\underline{Z}_0 = 1/\underline{Y}_0$ nur für hohe Frequenzen dem Wert für die verlustlose Übertragungsleitung nähert.

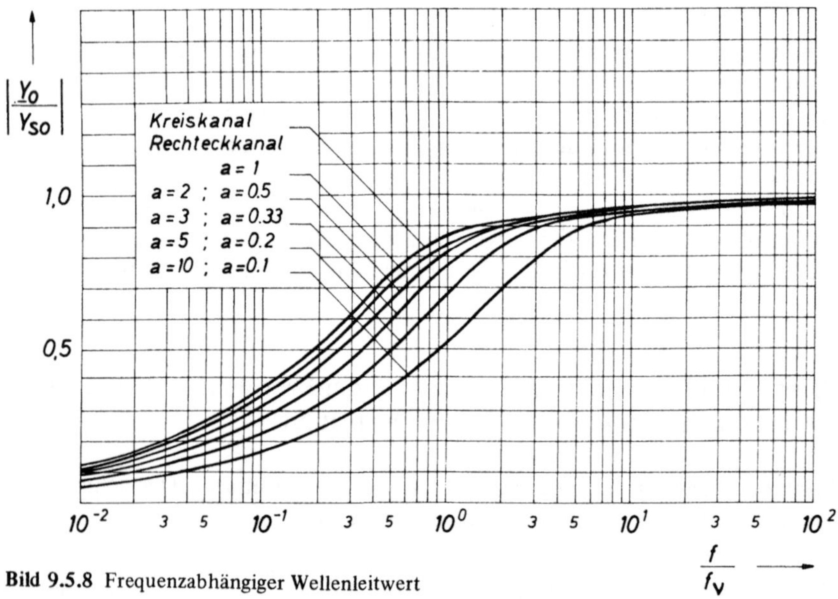

Bild 9.5.8 Frequenzabhängiger Wellenleitwert

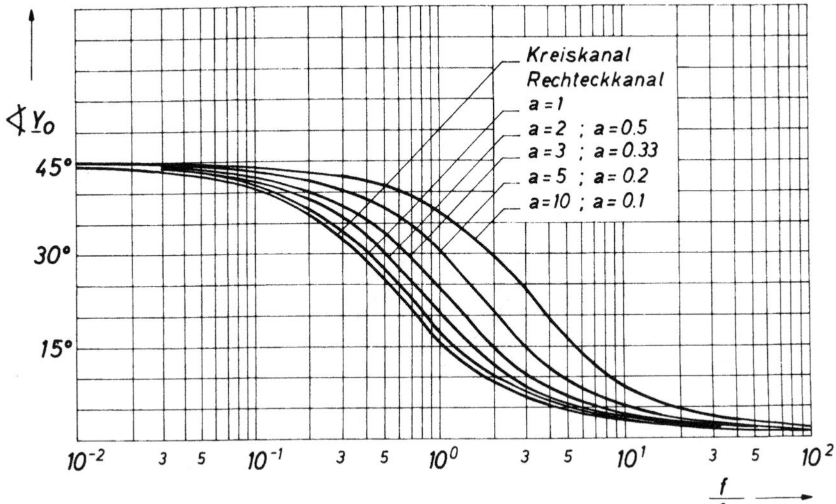

Bild 9.5.9 Frequenzabhängige Phase der Wellenadmittanz

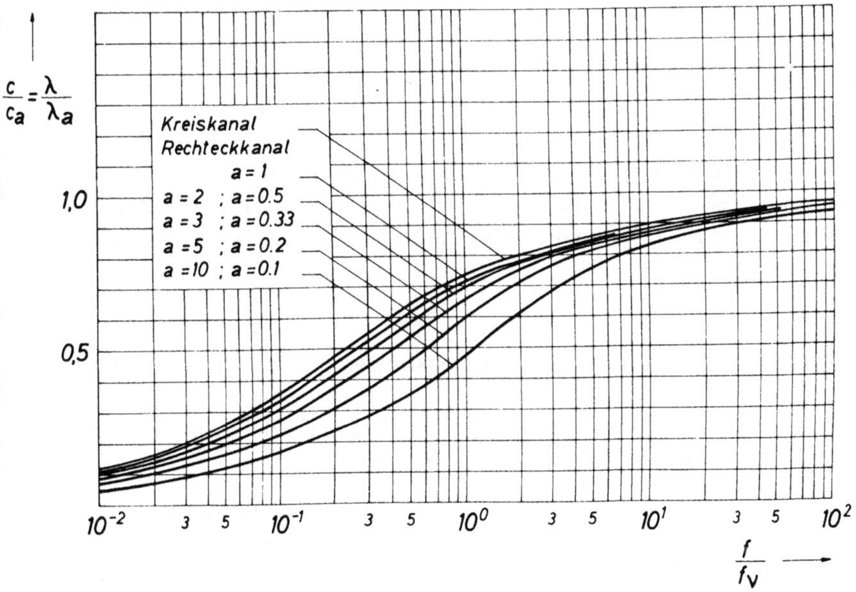

Bild 9.5.10 Frequenzabhängige Phasengeschwindigkeit und Wellenlänge auf der Leitung

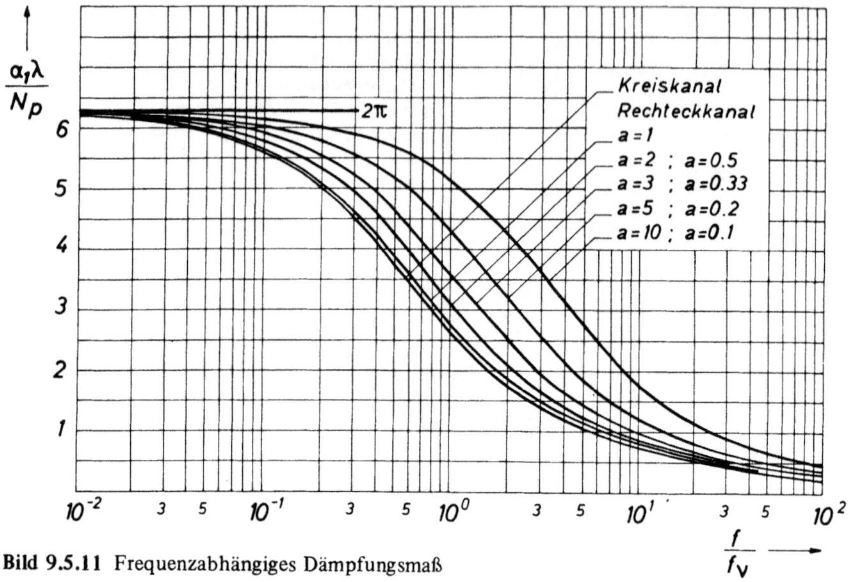

Bild 9.5.11 Frequenzabhängiges Dämpfungsmaß

Die Phasengeschwindigkeit nähert sich ebenfalls nur für hohe normierte Frequenzen der Schallgeschwindigkeit in der freien Atmosphäre. Für tiefe Frequenzen und kleine Querschnitte kann die Abweichung von der Schallgeschwindigkeit in freier Atmosphäre beträchtlich sein. Das bedeutet, daß die einzelnen Frequenzanteile eines Frequenzgemisches eine unterschiedliche Phasendrehung auf einer fluidischen Übertragungsleitung erfahren. Es tritt Dispersion auf. Aus diesem Grunde werden beispielsweise die Flanken von Rechteckimpulsen bei der Übertragung auf einer fluidischen Leitung verschliffen. Die Impulse laufen gleichsam auseinander.

9.5.4 Näherungsgleichungen für die Leitungsbeläge

Für tiefe Frequenzen mit $f \ll f_\nu$ lassen sich die Leitungsbeläge der fluidischen Übertragungsleitung durch die nachfolgenden Näherungen beschreiben

$$R'_e = R'_{lam} = C_R \frac{\nu}{A^2} \qquad \text{mit} \qquad C_R = 8\pi \qquad \text{für Kreisquerschnitt Gl. (4.1.2)} \qquad (9.5.69)$$

$$C_R = \frac{2}{a}\left\{\sum_{i=1}^{\infty} \frac{a}{\alpha_i^5}\left(\frac{\alpha_i}{a} - \tan\frac{\alpha_i}{a}\right)\right\}^{-1} \quad \text{für Rechteckquerschnitt Gl. (4.1.3)}$$

$$\alpha_i = \frac{2i-1}{2}\pi \qquad i = 1, 2, 3 \ldots$$

$$L_e' = K_L\, L_a' = \frac{K_L}{A} \quad \text{mit} \quad K_L = \frac{1}{A}\int\left(\frac{v}{\overline{v}}\right)^2 dA = \frac{\overline{v^2}}{\overline{v}^2}. \tag{9.5.70}$$

Für Kreisquerschnitt ergibt sich der Wert $K_L = \frac{4}{3}$. Bild 9.5.12 zeigt K_L für die Leitung mit Rechteckquerschnitt in Abhängigkeit vom Seitenverhältnis. Bei der Berechnung von K_L wurde das parabolische Geschwindigkeitsprofil der laminaren Strömung vorausgesetzt.
K_L ergibt sich aus der Berechnung der in der Induktivität gespeicherten kinetischen Energie als Verhältnis von mittlerem Geschwindigkeitsquadrat zu Quadrat der mittleren Geschwindigkeit. Für konstante Geschwindigkeitsverteilung im Leiter wird daher $K_L = 1$.

$$C_e' = C_T' = \frac{A}{R_g T} = \kappa\, C_a' \quad \text{isotherme Kapazität} \tag{9.5.71}$$

$$\frac{G_e'}{\omega C_e'} = 0\,. \tag{9.5.72}$$

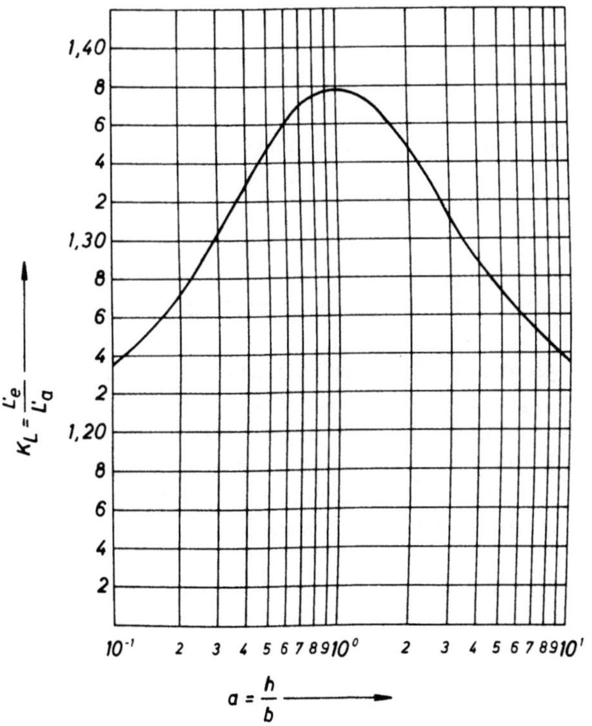

Bild 9.5.12
Induktivitätsbeiwert K_L im Leiter mit Rechteckquerschnitt

Für hohe Frequenzen mit $f \ll f_\nu$ lassen sich die Leitungsbeläge der Übertragungsleitung mit kreisförmigem Querschnitt durch die nachstehenden Gleichungen annähern [9.12]

$$R'_e = R'_{lam}\left(\frac{3}{8} + \frac{1}{2}\sqrt{\frac{\omega}{\omega_\nu}}\right) \tag{9.5.73}$$

$$L'_e = L'_a\left(1 + \frac{1}{2\sqrt{\omega/\omega_\nu}}\right) \tag{9.5.74}$$

$$C'_e = C'_a\left(1 + \frac{\kappa - 1}{2}\left(\frac{1}{4\,\frac{\omega}{\omega_T}} + \frac{1}{\sqrt{\frac{\omega}{\omega_T}}}\right)\right) \tag{9.5.75}$$

$$\frac{G'_e}{\omega C'_e} = \frac{\kappa - 1}{2}\,\frac{1}{\sqrt{\frac{\omega}{\omega_T}}}\;. \tag{9.5.76}$$

Hieraus folgen Phasen- und Dämpfungsmaß zu

$$\alpha_1 = \frac{1}{4}\left(1 + \frac{\kappa - 1}{Pr}\right)\frac{\sqrt{\omega \cdot \omega_\nu}}{c_a} \tag{9.5.77}$$

$$\beta_1 = \frac{\omega}{c_a}\;. \tag{9.5.78}$$

Für die Übertragungsleitung mit rechteckigem Querschnitt ist bisher noch keine Näherung bekannt. Experimentelle Untersuchungen haben jedoch gezeigt, daß die Gleichungen für die Leitung mit Kreisquerschnitt bei Verwendung des äquivalenten Durchmessers auf die Leitung mit Rechteckquerschnitt mit guter Genauigkeit angewandt werden können, wenn das Seitenverhältnis im Bereich von a = 0,5 ... 1,0 bzw. 1,0 ... 2,0 liegt [9.13]. Nach Einführen des äquivalenten Durchmessers können daher die Gleichungen (9.5.73 bis 9.5.78) zur Berechnung von Leitungen mit rechteckigem Querschnitt herangezogen werden.

9.5.5 Experimentelle Untersuchungen an fluidischen Übertragungsleitungen

Die Bilder 9.5.13 bis 9.5.16 zeigen Ergebnisse experimenteller Untersuchungen an Leitungen mit kreisförmigem und rechteckigem Querschnitt [9.8, 9.10]. In Bild 9.5.13 und Bild 9.5.14 sind die Druckübertragungsfunktionen für Leitungen zu sehen, die blind abgeschlossen sind. Für die 100 mm lange Leitung in Bild 9.5.13 ist deutlich der Einfluß des Meßaufnehmervolumens (ca. 18 mm^3) zu sehen, der eine deutliche Verschiebung und Erniedrigung der ersten Resonanzstelle bewirkt. Bei der Übertragungsleitung von 1 m Länge ist dieser Einfluß zu vernachlässigen.
Die untersuchten Leitungen in Bild 9.5.15 und Bild 9.5.16 sind 250 mm lang und an ihrem Ende mit einer kurzgeschlossenen Leitung der halben Länge abgeschlossen. Es zeigt sich, daß in allen Untersuchungen die Übereinstimmung zwischen der Theorie und dem Experiment ungewöhnlich gut ist.

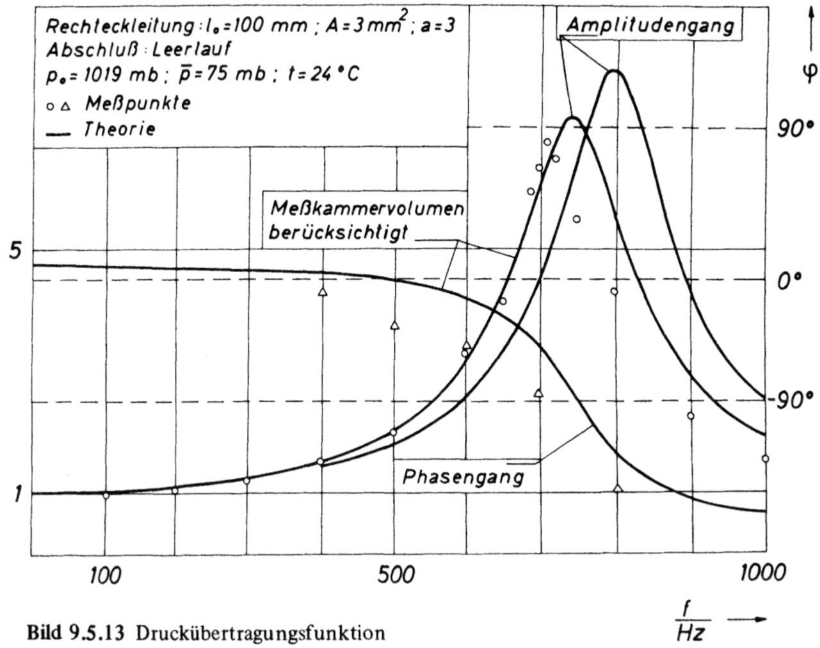

Bild 9.5.13 Druckübertragungsfunktion

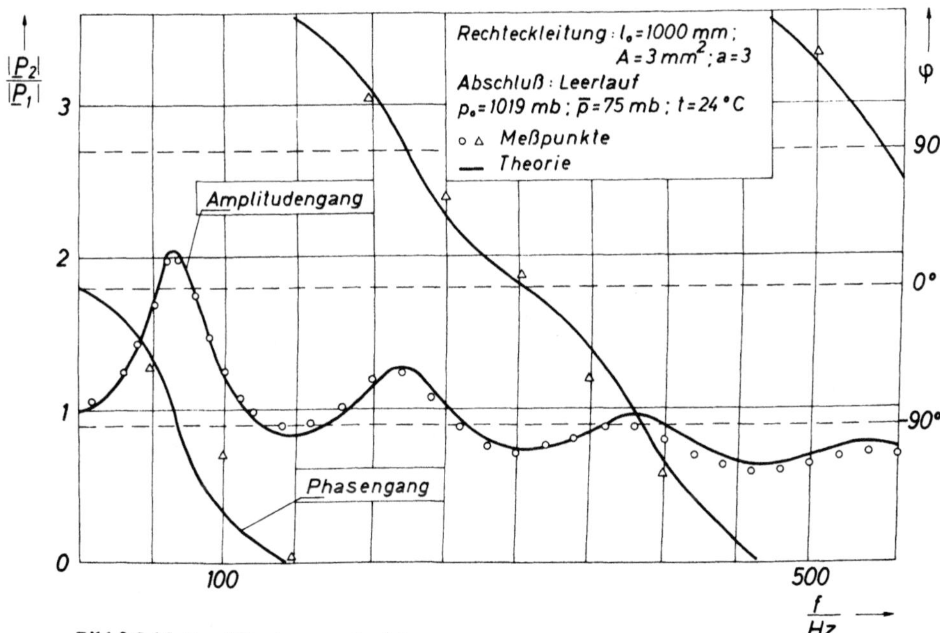

Bild 9.5.14 Druckübertragungsfunktion

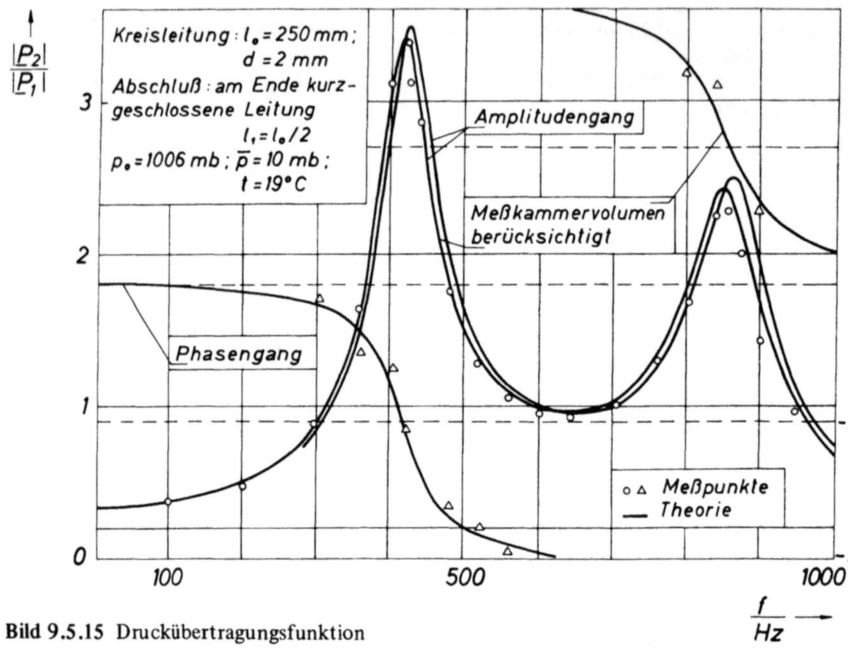

Bild 9.5.15 Druckübertragungsfunktion

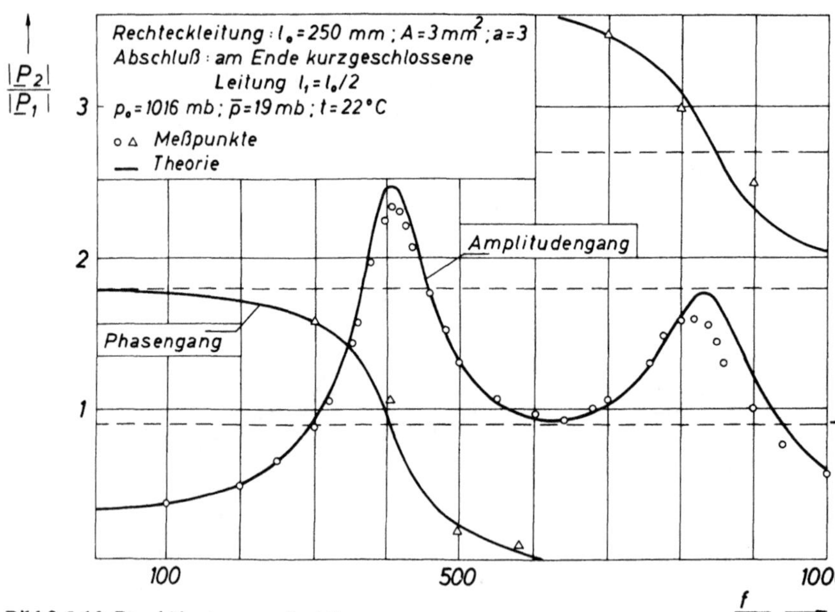

Bild 9.5.16 Druckübertragungsfunktion

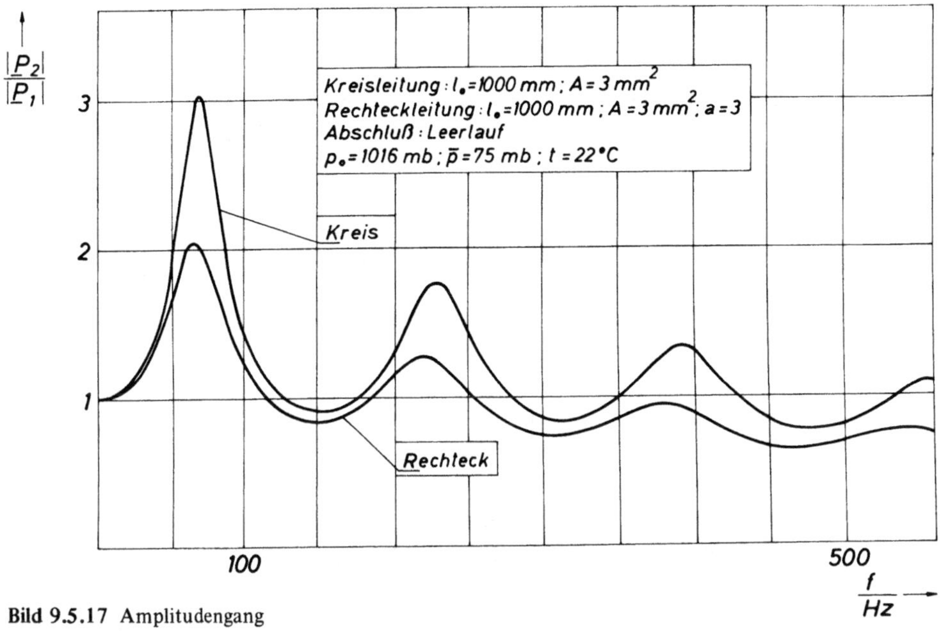

Bild 9.5.17 Amplitudengang

In Bild 9.5.17 sind der theoretische Amplitudengang für eine leerlaufende Leitung mit Kreisquerschnitt und für eine leerlaufende Leitung mit Rechteckquerschnitt mit einer Länge von l = 1000 mm und einer Querschnittsfläche A = 3 mm² gegenübergestellt. Das Seitenverhältnis für die Leitung mit rechteckigem Querschnitt beträgt a = 3. Wir sehen, daß die Unterschiede im Übertragungsverhalten beider Leitungstypen beträchtlich sind. Die Dämpfung der Leitung mit Rechteckquerschnitt ist deutlich höher als die der mit Kreisquerschnitt.

Auf Grund der frequenzabhängigen Dämpfung können wir bei allen Leitungen mit wachsender Frequenz eine Verkleinerung der Maxima im Amplitudengang beobachten. Die Konstantparameter-Theorie nach Abschnitt 9.4 trägt dieser Erscheinung keine Rechnung, da alle Parameter als frequenzunabhängig betrachtet werden. Die Maxima bei einer leerlaufenden Leitung sind also alle von gleicher Höhe und die Frequenzabstände zwischen den einzelnen Maxima gleich groß. In Bild 9.5.18 sind die theoretischen Amplituden- und Frequenzwerte des jeweils 1. Maximums für die leerlaufende Leitung mit kreisförmigem Querschnitt (D = 2 mm) für verschiedene Leitungslängen nach der Berechnung mit der Konstantparameter-Theorie und der Theorie mit frequenzabhängigen Leitungsbelägen gegenübergestellt. Es ist ersichtlich, daß besonders für kurze Leitungen, bei denen die erste Resonanzstelle bei relativ hohen Frequenzen liegt, der Fehler der Konstantparameter-Theorie in der Amplitudenhöhe einige 100 % betragen kann. Zusätzlich ist noch eine Verschiebung in der Lage der Resonanzstelle festzustellen.

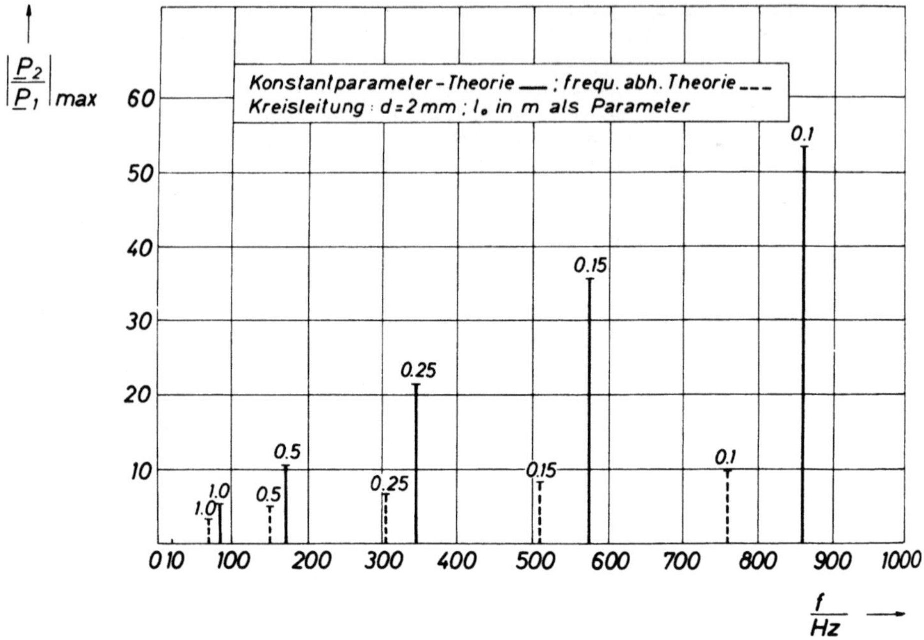

Bild 9.5.18 Lage und Betrag des 1. Maximums im Amplitudengang einer leerlaufenden Leitung mit kreisförmigem Querschnitt

9.5.6 Einfluß eines überlagerten Gleichstromes auf das Frequenzverhalten einer Übertragungsleitung

Bisher existiert noch sehr wenig Information über den Einfluß einer Gleichströmung auf das Frequenzverhalten einer Übertragungsleitung. Die Berechnung der Leitungskenngrößen in den vorherigen Abschnitten beruhte auf der Annahme, daß die Gleichstromgeschwindigkeit klein gegen die Schallgeschwindigkeit ist. Für diesen Fall gibt es keine Beeinflussung zwischen Gleich und Wechselströmung. In [9.14] kommt Kohl auf Grund einer Abschätzung der Verkopplungsterme zwischen Gleich und Wechselströmung zu dem Schluß, daß durch eine überlagerte Gleichströmung eine Entdämpfung zustande kommt. Der Einfluß macht sich mit steigender Mach-Zahl bemerkbar.

Bei nicht zu vernachlässigender Gleichstromgeschwindigkeit erhält man aus den Bewegungsgleichungen für die homogene Übertragungsgleichung mit Kreisquerschnitt an Stelle von Gl. (9.5.7) in Abschnitt 9.5.1.1

$$\mu\left[\frac{\partial^2 v_z'}{\partial r^2}+\frac{1}{r}\frac{\partial v_z'}{\partial r}\right]-\bar{\rho}\,\bar{v}_z\frac{\partial v_z'}{\partial z}-\bar{\rho}\frac{\partial v_z'}{\partial t}-\frac{\partial p'}{\partial z}=0\,. \qquad (9.5.79)$$

Der Term

$$T_1 = \bar{\rho}\, \bar{v}_z \frac{\partial v_z'}{\partial z} \tag{9.5.80}$$

gibt die Verkopplung von Gleich- und Wechselströmung an. Zur Abschätzung des Einflusses auf das Übertragungsverhalten wird T_1 mit dem Term

$$T_2 = -\frac{\partial p}{\partial z} \tag{9.5.81}$$

verglichen.
Mit Hilfe des Ansatzes einer sich in z-Richtung ausbreitenden Welle mit

$$p' = \hat{p}\, e^{-\gamma_1 z}\, e^{j\omega t}$$

und

$$T' = \hat{T}\, e^{-\gamma_1 z}\, e^{j\omega t}$$

wird unter Verwendung des Kontinuitätssatzes nach [9.14]

$$T_1 = \frac{\bar{v}_z}{c_a^2} (\bar{v}_z \gamma_1 - j\omega) \left\{ \kappa - (\kappa - 1) \left[1 - J\left(\frac{\omega}{\omega_T}\right) \right] \right\} \hat{p}\, e^{-\gamma_1 z}\, e^{j\omega t} \tag{9.5.82}$$

$$= Ma \left(Ma\, \gamma_1 - j \frac{\omega}{c_a} \right) \left\{ \kappa - (\kappa - 1) \left[1 - J\left(\frac{\omega}{\omega_T}\right) \right] \right\} p\, e^{-\gamma_1 z}\, e^{j\omega t}$$

und

$$T_2 = \gamma\, \hat{p}\, e^{-\gamma_1 z}\, e^{j\omega t} . \tag{9.5.83}$$

Beim Vergleich der beiden Terme können die gemeinsamen Faktoren unberücksichtigt bleiben. So erhält man

$$T_1' = Ma \left(Ma\, \gamma_1 - j \frac{\omega}{c_a} \right) \left\{ \kappa - (\kappa - 1) \left[1 - J\left(\frac{\omega}{\omega_T}\right) \right] \right\} \tag{9.5.84}$$

$$T_2' = \gamma_1 = \alpha_1 + j\beta_1 . \tag{9.5.85}$$

Der Term T_2' ist identisch mit dem Wellenausbreitungsmaß γ_1 der Leitung bei verschwindender Gleichströmung. Der Term T_1' gibt den Anteil an, um den das Wellenausbreitungsmaß bei Gleichströmungsüberlagerung verringert wird. Kohl hat die normierten Beträge der Ausdrücke einzeln rechnerisch ausgewertet und graphisch gegenübergestellt.
Eine übersichtlichere und anschaulichere Darstellung läßt sich durch einen Vergleich der Terme T_1' und T_2' nach Real- und Imaginärteil erreichen. Hierzu erhält man nach einer Umformung mit Gl. (9.5.45) für die Paralleladmittanz

$$T_1' = Ma \left\{ Ma\, \gamma_1 - j \frac{\omega}{c_a} \right\} \frac{Y_1'}{j\omega C_a'} . \tag{9.5.86}$$

Die Differenz $T_2' - T_1'$ beschreibt die Wellenausbreitung auf der Leitung bei überlagertem Gleichstrom. Für die vorlaufende Druckwelle in z-Richtung ergibt sich dann ein effektives Dämpfungsmaß

$$\alpha_{eff} = R_e\{T_2' - T_1'\} = \alpha_1 \left(1 - Ma^2 \frac{C_e'}{C_a'}\right) - \frac{\omega}{c_a} \frac{G_e'}{\omega C_a'} Ma \left(Ma - \frac{c}{c_a}\right) \qquad (9.5.87)$$

und eine effektive Phasendrehung

$$\beta_{eff} = Im\{T_2' - T_1'\} = \beta_1 \left(1 - Ma^2 \frac{C_e'}{C_a'} + Ma \cdot \frac{c}{c_a} \frac{C_e'}{C_a'}\right) + \alpha_1\, Ma^2 \frac{G_e'}{\omega C_a'} \qquad (9.5.88)$$

mit

$$\beta_1 = \frac{\omega}{c} = \frac{\omega}{c_a} \cdot \frac{1}{\left(\frac{c}{c_a}\right)}.$$

Gl. (9.5.85) bis Gl. (9.5.86) gelten sowohl für die homogenen Leitungen mit Kreisquerschnitt als auch für die mit Rechteckquerschnitt.

Da die gesamte Abschätzung nur für laminare Strömungen gilt, ist eine genaue Aussage nur für Mach-Zahlen $Ma \ll 1$ zu erwarten. In diesen Bereich wird demnach durch eine überlagerte Gleichströmung eine Leitungsentdämpfung bei gleichzeitiger Erhöhung der Phasendrehung bewirkt. Dieser Einfluß ist umso größer je höher die Mach-Zahl ist. Zur Auswertung können die Diagramme $C_e'/C_a' = f(\omega/\omega_\nu)$, $\frac{c}{c_a} = f(\omega/\omega_\nu)$ und $G_e'/(\omega C_e') = \tan\gamma = f(\omega/\omega_\nu)$ zu Hilfe genommen werden. Eine Bestätigung dieser Aussage ist den experimentellen Untersuchungen in [9.14] zu entnehmen.

Bild 9.5.19 zeigt die Druckübertragungsfunktion einer Leitung der Länge $l_1 = 200{,}5$ mm, die mit einer an ihrem Ende kurzgeschlossenen Leitung der Länge $l_2 + \Delta l_2 = 100{,}45$ mm belastet ist. Um bei laminarer Strömung genügend hohe Mach-Zahlen zu erzielen, wurde der Querschnitt mit $A = 0{,}4\,mm^2$ sehr eng gewählt. Die angegebenen Gleichströmungen entsprechen folgenden Mach-Zahlen

$\bar{\dot{m}} = 10$ mg/s $Ma = 0{,}062$

$\bar{\dot{m}} = 5$ mg/s $Ma = 0{,}031$

$\bar{\dot{m}} = 2{,}5$ mg/s $Ma = 0{,}015$.

Der Einfluß auf der überlagerten Gleichströmung auf Dämpfung und Phasendrehung der Leitung ist deutlich zu erkennen. Noch nicht geklärt ist die Diskrepanz zwischen Theorie und Messung für verschwindende Gleichströmung.

Für übliche Leiterquerschnitte von einigen Quadratmillimetern wird der Einfluß der überlagerten Gleichströmung unerheblich. Ein Beispiel für eine Leitung mit dem Querschnitt von $A = 4{,}9\,mm^2$ bei sonst gleichen Leitungsabmessungen wie für die Leitung nach Bild 9.5.19 ist in Bild 9.5.20 gezeigt. Theorie und Messung für verschwindenden Gleichstrom stimmen hier auch außerordentlich gut überein.

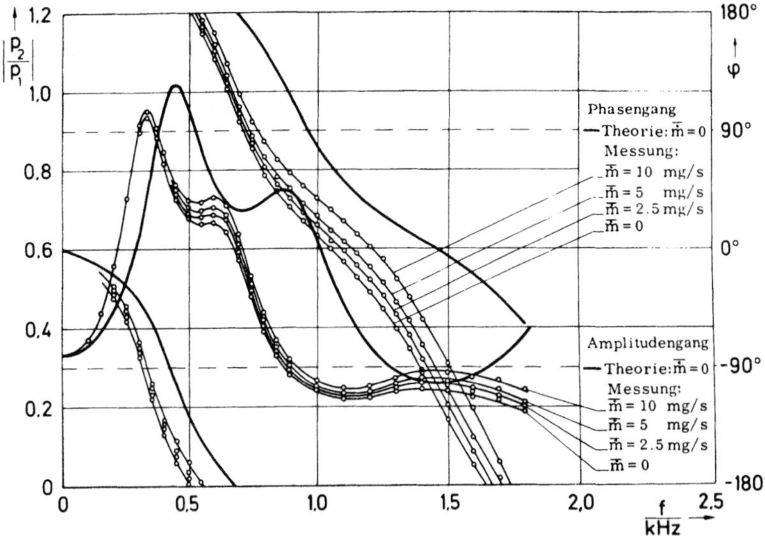

Bild 9.5.19 Druckübertragungsfunktionen nach Betrag und Phase für eine Rechteckleitung mit überlagerter Gleichströmung $\dot{m}$ als Parameter; Vergleich der Messung mit der Theorie für den nichtdurchströmten Fall [9.14]

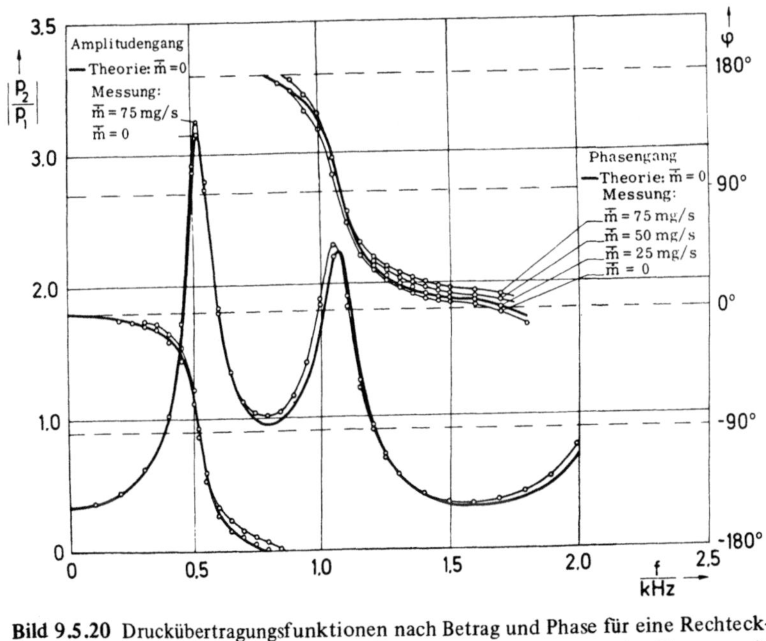

Bild 9.5.20 Druckübertragungsfunktionen nach Betrag und Phase für eine Rechteckleitung mit überlagerter Gleichströmung $\dot{m}$ als Parameter; Vergleich der Messung mit der Theorie für den nichtdurchströmten Fall [9.14]

Weitere Arbeiten, die sich mit dem Einfluß einer überlagerten Gleichströmung im turbulenten Gebiet befassen, finden sich in [9.15] bis [9.17]. Mit Hilfe der Methode der Charakteristiken wird die frequenzabhängige Wandreibung behandelt. Übersichtliche Angaben über den Einfluß auf die Leitungseigenschaften lassen sich leider nicht ableiten.

9.6 Die inhomogene fluidische Übertragungsleitung

Als inhomogene Übertragungsleitungen bezeichnet man diejenigen Leitungen, deren Leitungseigenschaften sich entlang der Leitung ändern. Die Leitungsbeläge R', L', C' und G' sind eine Funktion des Ortes. Ein Diffusor (Abschnitt 4.2) zählt im Wechselstromfall zu den inhomogenen Übertragungsleitungen.

Inhomogene Übertragungsleitungen sind Gegenstand zahlreicher Untersuchungen auf den Gebieten der elektrischen Hochfrequenztechnik und der Akustik gewesen. Derartige Leitungen werden dort als Anpassungstransformatoren, Filter, Impulstransformatoren und Resonatoren eingesetzt. Eine umfassende Literatursammlung findet sich in [9.18].

All diese Untersuchungen beschränken sich auf Übertragungsleitungen mit geringer Inhomogenität und vernachlässigbaren Verlusten. Für elektrische und akustische Leitungen erweist sich dies als weitgehend ausreichend. Da inhomogene Übertragungsleitungen in der Fluidik zusätzlich noch ein nichtlineares Verhalten aufweisen (siehe Abschnitt 4.2 Inhomogene Leiter),lassen sich die gewonnenen Ergebnisse nur bei verschwindendem Gleichstrom anwenden.

Bis heute existiert keine allgemeine Lösung für die verlustlose inhomogene Übertragungsleitung. Eine der wenigen inhomogenen Übertragungsleitungen, für die eine mathematische Lösung möglich ist, ist die Exponentialleitung (Exponentialtrichter in der Akustik). Unter Vernachlässigung der Verluste erhalten wir für ein kleines Stück der inhomogenen Leitung

$$\frac{\partial \underline{p}}{\partial z} = -j\omega L'(z)\,\underline{\dot{m}} \tag{9.6.1}$$

$$\frac{\partial \underline{\dot{m}}}{\partial z} = -j\omega G'(z)\,\underline{p}\;. \tag{9.6.2}$$

Bei exponentieller Änderung der induktiven und kapazitiven Leitungsbeläge

$$L'(z) = L_0\, e^{kz} \tag{9.6.3}$$

$$C'(z) = C_0\, e^{-kz} \tag{9.6.4}$$

findet man die Druck- und Massenstromverteilung entlang der Exponentialleitung zu

$$\underline{p} = a_1\, e^{\frac{1}{2}kz - \beta_k \cdot z} + a_2\, e^{\frac{1}{2}kz + j\beta_k \cdot z} \tag{9.6.5}$$

$$\underline{\dot{m}} = \frac{a_1}{\underline{Z}_{01}}\, e^{\frac{1}{2}kz - j\beta_k \cdot z} - \frac{a_2}{\underline{Z}_{02}}\, e^{\frac{1}{2}k \cdot z + j\beta_k \cdot z}\;, \tag{9.6.6}$$

wobei

$$\underline{Z}_{01,2} = \frac{j\,\omega\,L_0'\,e^{k\cdot z}}{j\,\beta_k \pm \frac{1}{2}\,k} \tag{9.6.7}$$

und

$$\beta_k = \sqrt{\beta^2 - \tfrac{1}{4}\,k^2} \qquad \text{mit} \qquad \beta = \frac{\omega}{c_a}. \tag{9.6.8}$$

Für

$$\tfrac{1}{2}\,k \ll \beta$$

oder

$$\omega \gg c_a\,\frac{k}{2} \qquad \text{bzw.} \qquad f \gg \frac{k\,c_a}{4\pi}$$

ist $Z_{0\,1,2}$ annähernd reell

$$Z_{01,2} = Z_{SO} = \sqrt{\frac{L_0'}{C_0'}}\,e^{kz} = \frac{c_a}{A_i\,e^{-k\cdot z}} = Z_{0i}\,e^{kz}\,, \tag{9.6.9}$$

wobei A_i der Eingangsquerschnitt der Leitung ist.
Wenn die Leitung an ihrem Ende durch eine Impedanz

$$Z_2 = Z_{0i}e^{kl}$$

abgeschlossen ist, wird die Hauptwelle voll in der Abschlußimpedanz absorbiert, und die Leitung ist angepaßt. Die Eingangsimpedanz wird dann

$$Z_E = Z_{0i}\,.$$

Die Leitung wirkt wie ein Transformator, der die Lastimpedanz Z_2 auf die Impedanz Z_{0i} transformiert. Die Leitung ist für Frequenzen,die etwa dreimal so hoch wie die untere Grenzfrequenz

$$f = \frac{k\,c_a}{4\pi}$$

sind,angepaßt.
Eine derartige Exponentialleitung wird in [9.19] dazu verwendet, um zwei Verstärker aneinander anzupassen. Die Übertragungsleitung ändert hierbei ihren Durchmesser von 3,5 mm auf 36,0 mm.
Inhomogene Übertragungsleitungen, für die keine mathematische Lösung bekannt ist, können durch Hintereinanderschaltung von homogenen Leitungen genügend kleiner Länge angenähert werden [9.20, 9.21], wie in Bild 9.6.1 angedeutet. Die experimentellen Ergebnisse weisen eine gute Übereinstimmung mit der Theorie für den rein akustischen Fall (keine überlagerte Gleichströmung, leerlaufende Leitung) auf.

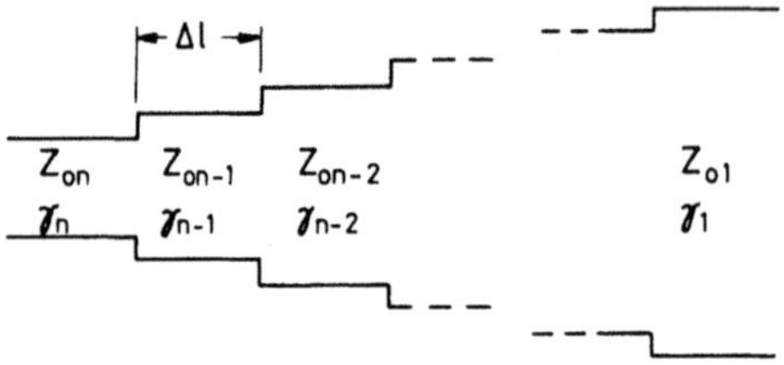

Bild 9.6.1
Annäherung einer inhomogenen Übertragungsleitung durch gestufte homogene Übertragungsleitungen

Bei überlagertem Massengleichstrom muß der Druckanstieg bzw. abfall berücksichtigt werden, der durch die Querschnittsänderung verursacht wird. Dies kann durch Einfügen der dynamischen Querschnittswiderstände an den Übergangsstellen erreicht werden. Da diese Querschnittswiderstände proportional dem hindurchfließendem Massengleichstrom sind, verschwinden sie für den rein akustischen Fall ($\overline{\dot{m}} = 0$).

In [10.9] sind die Leitungsbeläge für eine inhomogene Übertragungsleitung mit geraden Wänden neu definiert worden (siehe Bild 9.6.2). Für ein kleines Stück der Übertragungsleitung erhält man

$$r_e = R_{lam} - \frac{\dot{m}}{\rho A_1^2}\left[1 - \left(\frac{A_1}{A_2}\right)^2 - k(\Theta)\left(1 - \frac{A_1}{A_2}\right)^2\right] \tag{9.6.10}$$

$$L_e = \frac{l}{A_1}\,\frac{A_1/A_2}{A_1/A_2 - 1}\cdot \ln\frac{A_1}{A_2} \tag{9.6.11}$$

$$C_e = \frac{A_1}{c_a^2}\,\frac{A_1/A_2 + 1}{A_1/A_2}\cdot\frac{l}{2}\,. \tag{9.6.12}$$

Der Wellenwiderstand für die äquivalente verlustlose Übertragungsleitung folgt zu

$$Z_{SO} = \frac{c_a}{A_1}\sqrt{\frac{2\left(\frac{A_1}{A_2}\right)^2 \ln\frac{A_1}{A_2}}{\left(\frac{A_1}{A_2}\right)^2 - 1}} = \frac{c_a}{A_{eff}} \tag{9.6.13}$$

und das effektive Seitenverhältnis zu

$$a_{eff} = \frac{h}{b_{eff}} = \frac{h^2}{A_{eff}} = \frac{h^2}{A_1}\cdot\frac{\sqrt{\left(\frac{A_1}{A_2}\right)^2 - 1}}{\sqrt{2\left(\frac{A_1}{A_2}\right)^2 \ln\frac{A_1}{A_2}}}\,. \tag{9.6.14}$$

Die inhomogene Leitung wird durch eine genügend große Anzahl dieser äquivalenten homogenen Übertragungsleitungen angenähert. In r_e sind sowohl der laminare Reibungswiderstand als auch der dynamische Diffusorwiderstand nach Abschnitt 4.2 berücksichtigt. In [10.9] wurde eine größere Anzahl von inhomogenen Übertragungsleitungen mit geraden Wänden experimentell für verschiedene Lastwiderstände und Massengleichströme unter-

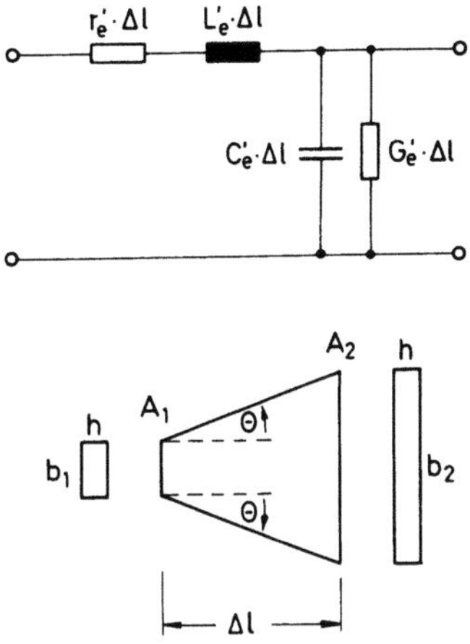

Bild 9.6.2
Ersatzschaltung für ein kleines Stück der inhomogenen Übertragungsleitung

sucht. Unter Leerlaufbedingung (d.h. $\bar{m} = 0$) war die Übereinstimmung zwischen den theoretischen und den experimentellen Ergebnissen außerordentlich gut. Für endliche Lastwiderstände war die Übereinstimmung sehr stark vom betrachteten Modell abhängig. Wahrscheinlich war die Anzahl der Segmente, die für die Simulation gewählt wurde, zu klein. Die größte gewählte Anzahl war 10. In [9.18] wird eine numerische Simulation inhomogener Übertragungsleitungen bei vorgeschriebener Rechengenauigkeit beschrieben. Die Ergebnisse zeigen, daß die Anzahl der notwendigen Segmente bei einer Genauigkeit von 10^{-3} für den Reflektionsfaktor zwischen 10 und einigen 1000 schwanken kann. Die erforderliche Anzahl bestimmt der Rechner. Es erscheint daher lohnenswert die erwähnte Rechnersimulation unter Verwendung der Ersatzschaltung aus Bild 9.6.2 auf die inhomogene fluidische Übertragungsleitung anzuwenden.

9.7 Wellentypen höherer Ordnung in homogenen fluidischen Übertragungsleitungen

Alle bisherigen Betrachtungen beschäftigten sich mit dem longitudinalen Grundtyp der Wellenausbreitung in einer fluidischen Übertragungsleitung. Die Wellenlängen der interessierenden Frequenzen wurden immer als groß gegenüber den Querschnittsabmessungen der Leitungen angenommen (siehe Abschnitt 9.5.1.1 bzw. 9.5.2.1). In [9.22] wird gezeigt, daß auch Wellentypen höherer Ordnung in einer fluidischen Übertragungsleitung existieren können. Diese zusätzlichen Wellentypen werden an den Leitungsanfängen oder -enden bzw. an Leitungsdiskontinuitäten erregt. Mit steigender Zähigkeit des Mediums nimmt der Einfluß der Wellentypen höherer Ordnung zu. Für Frequenzen, die ingenieurmäßig interessieren, klingen diese Typen allerdings schon sehr schnell nach dem Ort ihrer Erregung ab. Für lange Übertragungsleitungen und für tiefe Frequenzen kann der Einfluß dieser Wellentypen im allgemeinen vernachlässigt werden. Bei sehr kurzen Übertragungsleitungen ist dies jedoch nicht mehr zulässig.

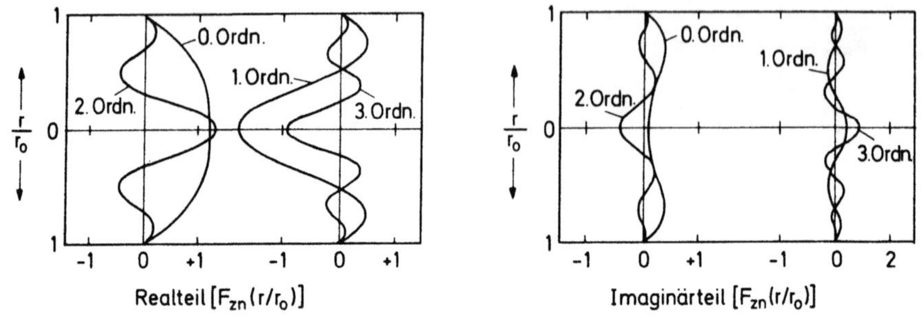

Bild 9.7.1 Axiales Geschwindigkeitsprofil für vier Wellentypen (F_{nr} = 0,2, D_{nr} = 0,01) [9.22]

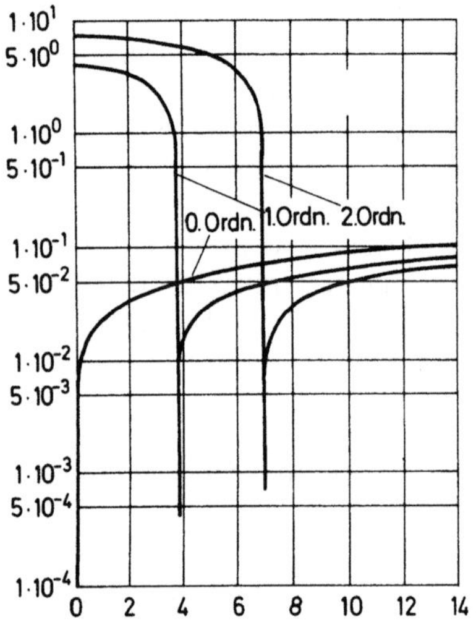

Bild 9.7.2
Dämpfungsmaß als Funktion der radialen Frequenzzahl für drei Wellentypen [9.22]

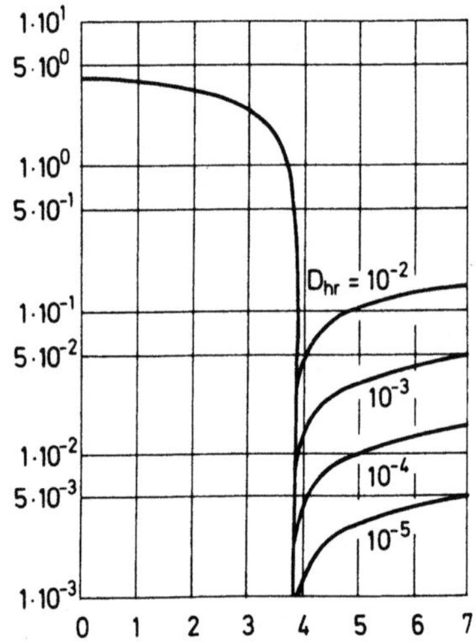

Bild 9.7.3
Dämpfungsmaß als Funktion der radialen Frequenzzahl für den Wellentyp erster Ordnung [9.22]

Bild 9.7.1 zeigt typische Geschwindigkeitsprofile für die vier ersten Wellentypen. Der Wellentyp nullter Ordnung ist hierbei der in Abschnitt 9.1 bis 9.5 behandelte Typ. In Bild 9.7.2 und Bild 9.7.3 ist das Dämpfungsmaß als Funktion der radialen Frequenzzahl aufgetragen, wobei

$$F_{nr} = \frac{\omega}{c_a} r_0 \qquad \text{radiale Frequenzzahl}$$

$$D_{nr} = \frac{\nu}{c_a} r_0 \qquad \text{radiale Dämpfungszahl .}$$

Man sieht deutlich, daß bis zu einer kritischen Frequenz das Dämpfungsmaß der höheren Wellentypen groß gegenüber dem des nullten Wellentyps ist, so daß die Wellentypen höherer Ordnung vernachlässigt werden können. Oberhalb einer kritischen Frequenz wird das Dämpfungsmaß der Wellentypen höherer Ordnung kleiner als das des Typs nullter Ordnung. Dieser Effekt ist ähnlich dem in Hohlleitern der Mikrowellentechnik. Für eine Übertragungsleitung mit einem Durchmesser von 3 mm liegt die kritische Frequenz des Wellentyps erster Ordnung bei etwa 140 kHz und für eine Leitung mit einem Durchmesser von 10 mm bei etwa 43 kHz. Dies zeigt die grundsätzliche Möglichkeit fluidische Trägerfrequenzsignale mit höheren Wellentypen bei geringerer Dämpfung als beim Typ nullter Ordnung zu übertragen.

10 Wechselstromnetzwerke

10.1 Die beschaltete Übertragungsleitung im Netzwerk

Die Signalübertragung einer Leitung im Netzwerk wird sowohl durch die Leitungseigenschaften als auch durch die Beschaltung am Anfang und am Ende bestimmt. Bild 10.1.1 zeigt die prinzipielle Anordnung. Die Leitung wird über eine Druckquelle p_Q mit der Innenimpedanz $\underline{Z}_i$ eingespeist und ist am Ende durch eine Impedanz $\underline{Z}_L$ belastet. Die entsprechende fluidische Realisierung ist in Bild 10.1.2 wiedergegeben. Die steuernde Quelle mit Innenimpedanz ist durch den Strahlempfänger eines Strahlelementes gegeben. Unter der Bedingung, daß die Wellenlänge des Signals groß gegen die Abmessungen des Diffusors ist, kann der Diffusor als diskrete Impedanz dem Innenwiderstand des Strahlempfängers zugerechnet werden (siehe Abschnitt 10.2.2). Die Belastung der Leitung wird im allgemeinen die Eingangsdüse eines nachfolgenden Elementes sein.

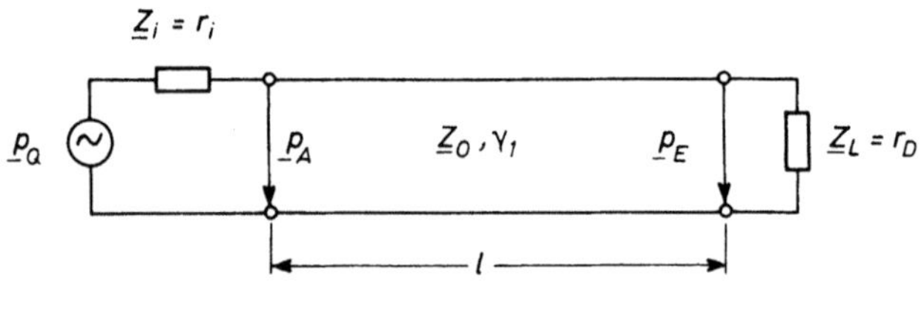

Bild 10.1.1 Übertragungsleitung

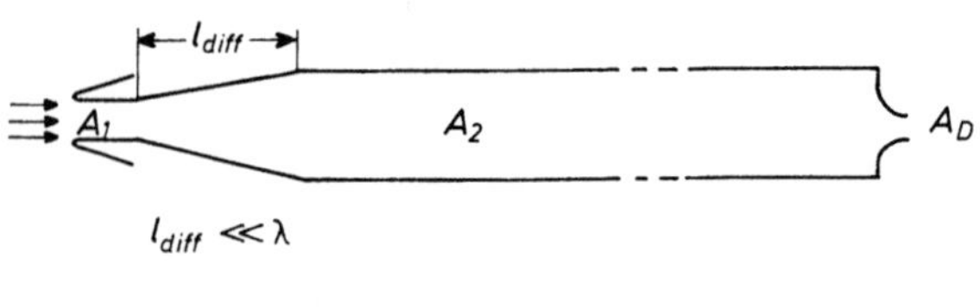

Bild 10.1.2 Fluidische Übertragungsleitung mit Strahlempfängerdüse und Lastdüse

Es werden nun sogenannte Reflexionsfaktoren definiert, die angeben wie groß das Verhältnis von reflektierte zu anlaufender Welle ist

$$\Gamma_1 = \frac{\underline{Z}_i - \underline{Z}_0}{\underline{Z}_i + \underline{Z}_0} \quad \text{Reflexionsfaktor am Leitungsanfang} \tag{10.1.1}$$

$$\Gamma_2 = \frac{\underline{Z}_L - \underline{Z}_0}{\underline{Z}_L + \underline{Z}_0} \quad \text{Reflexionsfaktor am Leitungsende .} \tag{10.1.2}$$

Unter Verwendung der Reflexionsfaktoren berechnet sich die Druck- und Massenstromverteilung auf der Leitung zu

$$\underline{p}(z) = \underline{p}_Q \frac{\underline{Z}_0}{\underline{Z}_i + \underline{Z}_0} e^{-\gamma_1 z} \frac{1 + \Gamma_2 e^{2\gamma_1 (z-l)}}{1 - \Gamma_1 \Gamma_2 e^{-2\gamma_1 l}} \tag{10.1.3}$$

$$\underline{\dot{m}}(z) = \underline{p}_Q \frac{\underline{p}_Q}{\underline{Z}_i + \underline{Z}_0} e^{-\gamma_1 z} \frac{1 - \Gamma_2 e^{2\gamma_1 (z-l)}}{1 - \Gamma_1 \Gamma_2 e^{-2\gamma_1 l}} . \tag{10.1.4}$$

Von besonderem Interesse sind der Druck und der Massenstrom am Ende der Leitung. Mit $z = l$ wird

$$\underline{p}(l) = \underline{p}_Q \frac{\underline{Z}_0}{\underline{Z}_i + \underline{Z}_0} e^{-\gamma_1 l} \frac{1 + \Gamma_2}{1 - \Gamma_1 \Gamma_2 e^{-2\gamma_1 l}} \tag{10.1.5}$$

$$\underline{\dot{m}}(l) = \frac{\underline{p}_Q}{\underline{Z}_i + \underline{Z}_0} e^{-\gamma_1 l} \frac{1 - \Gamma_2}{1 - \Gamma_1 \Gamma_2 e^{-2\gamma_1 l}} . \tag{10.1.6}$$

Aus Gleichung (10.1.3) sieht man, daß über die Druckteilung zwischen Innenimpedanz und Wellenwiderstand die Höhe der ersten vorlaufenden Druckwelle bestimmt wird. Die Höhe der ersten vorlaufenden Stromwelle wird durch den Massenstrom bestimmt, der von der Druckquelle durch die Reihenschaltung von Innenimpedanz und Wellenwiderstand getrieben wird (Gl. 10.1.4).

Für den Fall, daß die Leitung an ihrem Ende mit dem Wellenwiderstand abgeschlossen ist und somit keine Reflexionen auftreten, ist dies besonders schön zu sehen. Mit $\Gamma_2 = 0$ werden Druck und Massenstrom am Ende der Leitung

$$\underline{p}(l) = \underline{p}_Q \frac{\underline{Z}_0}{\underline{Z}_i + \underline{Z}_0} e^{-\gamma_1 l} \tag{10.1.7}$$

$$\underline{\dot{m}}(l) = \frac{\underline{p}_Q}{\underline{Z}_i + \underline{Z}_0} e^{-\gamma_1 l} \tag{10.1.8}$$

Die Amplituden der Druck- und Massenstromwellen werden entsprechende $e^{-\gamma_1 l}$ in der Amplitude gedämpft und in der Phase gedreht, wobei $\gamma_1 = (\alpha_1 + j\beta)$ das Wellenausbreitungsmaß nach Kapitel 9 ist.

Für den Fall der Wellenanpassung am Anfang der Leitung ($\Gamma_1 = 0$) erhalten wir für Druck und Massenstrom am Leitungsende

$$\underline{p}(l) = \tfrac{1}{2}\,\underline{p}_Q\, e^{-\gamma_1 l}(1 + \Gamma_2) \tag{10.1.9}$$

$$\underline{\dot{m}}(l) = \tfrac{1}{2}\,\frac{\underline{p}_Q}{\underline{Z}_0}\, e^{-\gamma_1 l}(1 - \Gamma_2)\,. \tag{10.1.10}$$

10.2 Nichtlineare Bauelemente [10.1 bis 10.5]

10.2.1 Das Wechselstromverhalten von Düsen

Das Gleichstromverhalten einer Düse ist aus Abschnitt 4.2.1 bekannt. Um das Wechselstromverhalten zu bestimmen, nehmen wir an, daß durch einen Gleichdruck ein Arbeitspunkt eingestellt ist, und daß ein überlagertes Wechselsignal die Düse in diesem Arbeitspunkt aussteuert. Die Wechseldruck- und Massenstromänderungen sollen so klein sein, daß die statische Kennlinie linearisiert werden kann (Kleinsignalaussteuerung). Der dynamische Widerstand kann dann aus der statischen Kennlinie durch Anlegen der Tangente im Arbeitspunkt bestimmt werden (Bild 10.2.1).

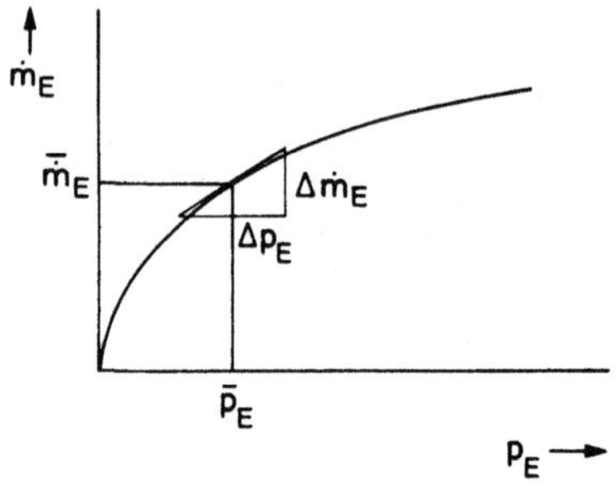

Bild 10.2.1
Kleinsignalaussteuerung einer Düse

Der Zusammenhang zwischen Massenstrom $\dot{m}$ und Druckabfall über der Düse folgt aus dem Satz von Bernoulli (Gl. 3.2.9) für ein inkompressibles Medium zu

$$\dot{m} = A_2 \sqrt{\frac{2\rho\,(p_1^* - p_2^*)}{1 - (A_2/A_1)^2}}\,. \tag{10.2.1}$$

Nach [10.1] ist der Massenstrom durch eine Unterschalldüse in guter Näherung durch

$$m = A_2 \sqrt{\frac{2\,p_2^*\,R_g T\,(p_1^* - p_2^*)}{1 - (A_2/A_1)^2}} = \frac{A_2\sqrt{2\,R_g T}}{\sqrt{1 - (A_2/A_1)^2}}\, p_2^* \sqrt{\frac{p_1^*}{p_2^*} - 1} \tag{10.2.2}$$

gegeben.

Aus dem totalen Differential

$$d\dot{m} = \frac{\partial \dot{m}}{\partial p_1^*} dp_1^* + \frac{\partial \dot{m}}{\partial p_2^*} dp_2^* \tag{10.2.3}$$

findet man ähnlich wie in [3.4]

$$d\dot{m} = \dot{m}_0 \left\{ \frac{dp_2^*}{p_2^*} + \frac{dp_1^*/p_2^*}{2\left(\frac{p_1^*}{p_2^*} - 1\right)} - \frac{p_1^*}{p_2^{*2}} \cdot \frac{dp_2^*}{2\left(\frac{p_1^*}{p_2^*} - 1\right)} \right\}, \tag{10.2.4}$$

wobei

$$\dot{m}_0 = \frac{A_2 \sqrt{2 R_g T}}{\sqrt{1 - (A_2/A_1)^2}} \, p_2^* \sqrt{\frac{p_1^*}{p_2^*} - 1} \tag{10.2.5}$$

der Gleichstrom im Arbeitspunkt ist.
Durch entsprechende Umformung erhält man die Massenstromänderung als Funktion der Druckänderungen am Düseneingang und -ausgang

$$d\dot{m} = \frac{\dot{m}_0}{2(p_1 - p_2)} dp_1 - \frac{\dot{m}_0}{2(p_1 - p_2)} \left(2 - \frac{p_1^*}{p_2^*}\right) dp_2 \, . \tag{10.2.6}$$

Gl. (10.2.6) kann durch die Ersatzschaltung in Bild 10.2.2 interpretiert werden. Der dynamische Düsenwiderstand ist hierbei

$$r_D = 2 \frac{p_1 - p_2}{\dot{m}_0} = 2 R_D \, . \tag{10.2.7}$$

Das bedeutet, daß der dynamische Widerstand doppelt so groß ist wie der Gleichstromwiderstand im Arbeitspunkt.
Es sollte erwähnt werden, daß für Druckverhältnisse p_1^*/p_2^*, die größer als das kritische Druckverhältnis $p_1^*/p_2^* = 2$ sind, der Einfluß der Druckänderung dp_2 auf den Massenstrom verschwindet. In diesem Fall reduziert sich die Ersatzschaltung aus Bild 10.2.2 auf die in Bild 10.2.3.

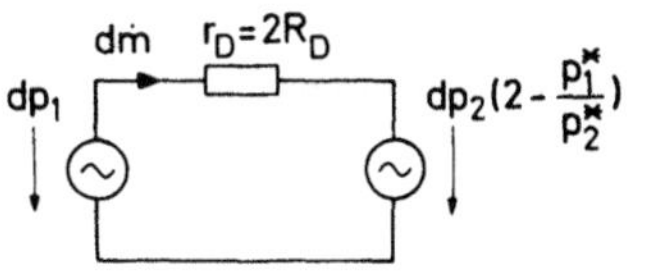

Bild 10.2.2
Wechselstromersatzschaltung einer Düse im Unterschallbereich

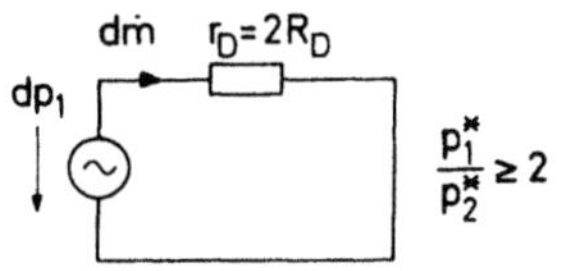

Bild 10.2.3
Wechselstromersatzschaltung einer Düse für kritisches Druckverhältnis

Für kleine Druckänderungen über dem Atmosphärendruck $p_1^* \approx p_2^* \approx p_0$ erhalten wir $p_1^*/p_2^* \approx 1$. Daraus folgt dann die Ersatzschaltung der Düse in Bild 10.2.4. Diese Ersatzschaltung ist ausreichend für eine Beschreibung im Niederdruckbereich,

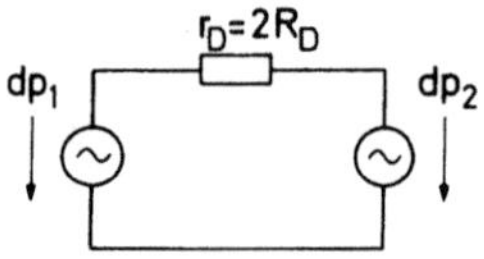

Bild 10.2.4
Wechselstromersatzschaltung einer Düse für kleine Überdrucke

10.2.1.1 Düse mit konstantem Ausgangsdruck [10.3]

Für konstanten Druck am Düsenausgang $p_2 = \text{const.}$, d.h. $dp_2 = 0$, reduziert sich die Ersatzschaltung weiter auf die in Bild 10.2.5 gegebenen Anordnungen. Dies ist beispielsweise der Fall, wenn die Düse in die freie Atmosphäre mündet.
Wir differenzieren den Massenfluß in der Düse nach dem Druck vor der Düse und erhalten daraus den Kehrwert des dynamischen Widerstandes r_D

$$\frac{1}{r_D} = \frac{d\dot{m}}{dp_1} = A_2 \sqrt{\frac{\rho}{2\,p_1\,(1-(A_2/A_1)^2)}}\,. \tag{10.2.8}$$

Mit der Beziehung

$$c_a^2 = \kappa\, p_1^*/\rho \qquad \text{und} \qquad p_1^* = p_1 + p_0$$

für die Schallgeschwindigkeit wird dann

$$r_D = \frac{c_a}{A_2}\sqrt{\frac{2}{\kappa}}\sqrt{1-\left(\frac{A_2}{A_1}\right)^2}\sqrt{\frac{p_1}{p_1^*}}\,. \tag{10.2.9}$$

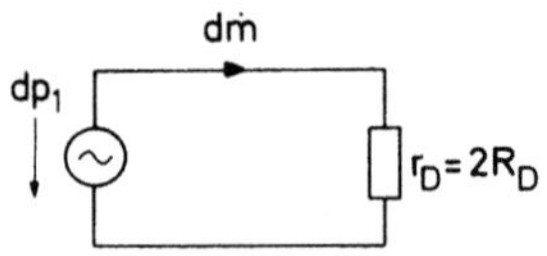

Bild 10.2.5
Wechselstromersatzschaltung einer Düse für konstanten Ausgangsdruck

Sinnvollerweise wird der dynamische Düsenwiderstand auf den Wellenwiderstand der Leitung normiert. Mit dem Wellenwiderstand der verlustfreien $Z_{S0\,1} = c_a/A_1$ folgt

$$\frac{r_D}{c_a/A_1} = \sqrt{\frac{2}{\kappa}}\cdot\frac{A_1}{A_2}\sqrt{1-\left(\frac{A_2}{A_1}\right)^2}\sqrt{\frac{p_1}{p_1^*}}\,. \tag{10.2.10}$$

Ist das Flächenverhältnis A_2/A_1 so klein, daß $(A_2/A_1)^2 \ll 1$, erhält man eine recht brauchbare Handformel mit $\kappa = 1{,}405$ für Luft

$$\frac{r_D}{Z_{S0\,1}} = \sqrt{\frac{2}{\kappa}}\cdot\frac{A_1}{A_2}\sqrt{\frac{p_1}{p_1^*}} \approx 1{,}2\,\frac{A_1}{A_2}\sqrt{\frac{p_1}{p_1^*}}\,. \tag{10.2.11}$$

Da die Voraussetzung der Inkompressibilität nur für Überdrucke, die klein gegen den Atmosphärendruck sind, gilt, können wir

$$\frac{r_D}{Z_{S0\,1}} = \sqrt{\frac{2}{\kappa}}\cdot\frac{A}{A_2}\sqrt{\frac{p_1}{p_0}} \approx 1{,}2\,\frac{A_1}{A_2}\sqrt{\frac{p_1}{p_0}} \tag{10.2.12}$$

schreiben.

Bei vorgegebenem Flächenverhältnis von Leitung und Düse ist die Leitung nur bei einem ganz bestimmten Druck

$$p_1 = \frac{\pi}{2}\left(\frac{A_2}{A_1}\right)^2 p_0 = 0{,}7\left(\frac{A_2}{A_1}\right)^2 p_0 \tag{10.2.13}$$

angepaßt.

Für ein Flächenverhältnis $A_2/A_1 = 0{,}1$ und $p_0 = 1$ bar wird der erforderliche Druck für Wellenanpassung $p_1 = 7$ mbar.

Der dynamische Düsenwiderstand in Abhängigkeit vom Massenfluß folgt aus Gl. (4.2.2)

$$p_1 = \frac{\dot m^2}{2\rho A_2^2}\left(1 - \left(\frac{A_2}{A_1}\right)^2\right) \tag{10.2.14}$$

zu

$$r_D = \frac{dp_1}{d\dot m} = \frac{\dot m}{\rho A_2^2}\left(1 - \left(\frac{A_2}{A_1}\right)^2\right) = 2\,R_{stat}\,. \tag{10.2.15}$$

Wenn wir wieder auf den Wellenwiderstand der Leitung beziehen, wird daraus

$$\frac{r_D}{Z_{S0}} = \frac{\dot m}{\rho A_2^2}\left(1 - \left(\frac{A_2}{A_1}\right)^2\right)\frac{A_1}{c_a} = \frac{\dot m}{\rho A_1 c_a}\left(\left(\frac{A_1}{A_2}\right)^2 - 1\right)\,. \tag{10.2.16}$$

Unter Berücksichtigung der Kompressibilität wird der Ausdruck für den dynamischen Widerstand bedeutend komplizierter. Unter der Annahme, daß die Zustandsänderungen adiabatisch verlaufen, wird der dynamische Düsenwiderstand

$$\frac{r_n}{Z_{S0\,1}} = \frac{\sqrt{2(\kappa-1)}}{\frac{A_2}{A_1}\cdot\frac{p_0}{p_1^*}}\cdot\frac{\left(1-\left(\frac{p_0}{p_1^*}\right)^{\frac{\kappa-1}{\kappa}}\right)^{1/2}\left(1-\left(\frac{A_2}{A_1}\right)^2\left(\frac{p_0}{p_1^*}\right)^{2/\kappa}\right)^{3/2}}{\kappa+1-2\left(\frac{p_1^*}{p_0}\right)^{\frac{\kappa-1}{\kappa}}-\left(\frac{A_2}{A_1}\right)^2(\kappa-1)\left(\frac{p_0}{p_1^*}\right)^{2/\kappa}}\,. \tag{10.2.17}$$

Die Auswertung dieser Formel zeigt Bild 10.2.6. Der normierte Wechselstromwiderstand ist über dem normierten Gleichdruck $\bar{p}_1/p_0$ aufgetragen. Als Parameter dient das Flächenverhältnis von Düse zu Leitung.

In einer Schaltung ist nun von besonderem Interesse, unter welchen Umständen die Leitung angepaßt ist, das heißt, wann der dynamische Düsenwiderstand gleich dem Wellenwiderstand ist. Bei vorgegebenem Gleichdruck ist die Leitung nur für ein ganz bestimmtes Flächenverhältnis angepaßt. Erhöht sich der Gleichdruck, muß auch das Querschnittsverhältnis vergrößert werden. Während bei einem Flächenverhältnis von $A_{Düse}/A_{Leitung} = 0{,}1$ die Leitung schon etwa bei einem Gleichdruck von 7 mbar angepaßt ist, benötigen wir für ein Flächenverhältnis $A_{Düse}/A_{Leitung} = 0{,}4$ einen Gleichdruck von 80 mbar.

Die Bilder 10.2.7 und 10.2.8 zeigen die Ergebnisse von experimentellen Untersuchungen. Gemessen wurde der Betrag der Druckübertragungsfunktion p_E/p_A über der Frequenz. Eine homogene Übertragungsleitung der Länge $l_0 = 150$ mm, mit dem Querschnitt $A_1 = 3{,}25$ mm und einem Seitenverhältnis a = 2,75 ist durch eine zweite homogene Leitung der gleichen Querschnittsgeometrie mit der Länge $l = 0{,}1\ l_0$ abgeschlossen. Am Ende der zweiten Leitung befindet sich eine Düse mit abruptem Querschnittsübergang und der Fläche A_2.

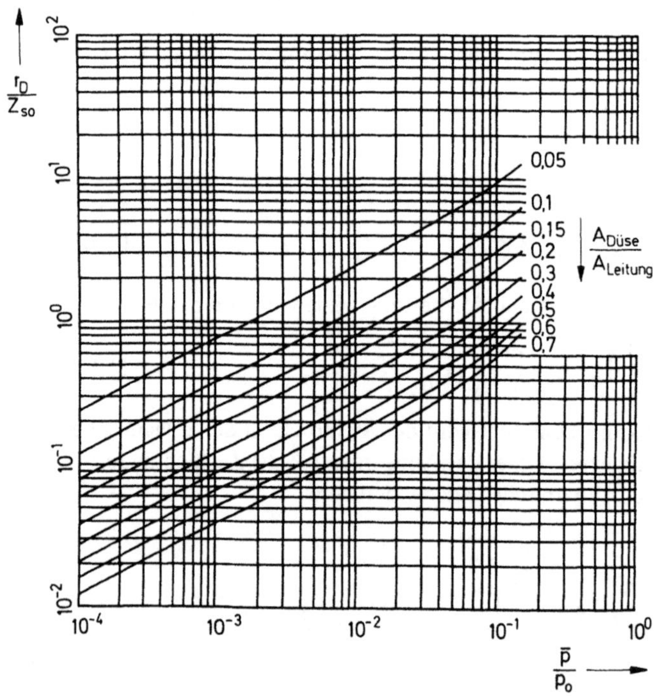

Bild 10.2.6
Dynamischer Düsenwiderstand auf den Wellenwiderstand normiert

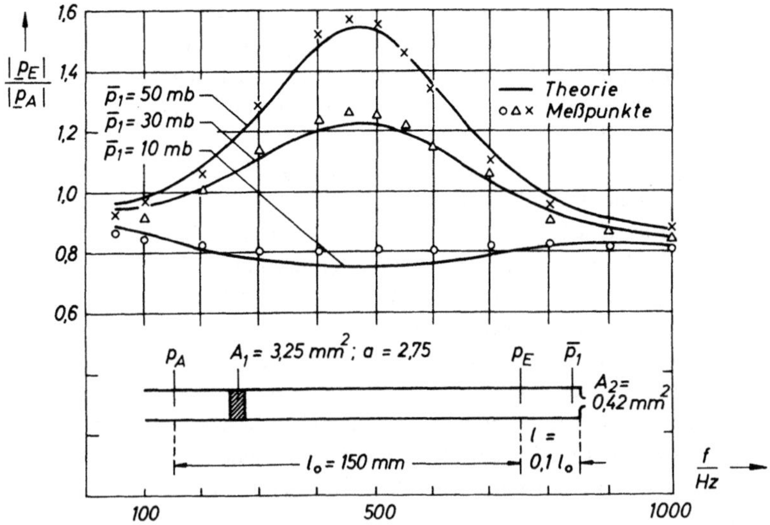

Bild 10.2.7 Druckübertragungsfunktion

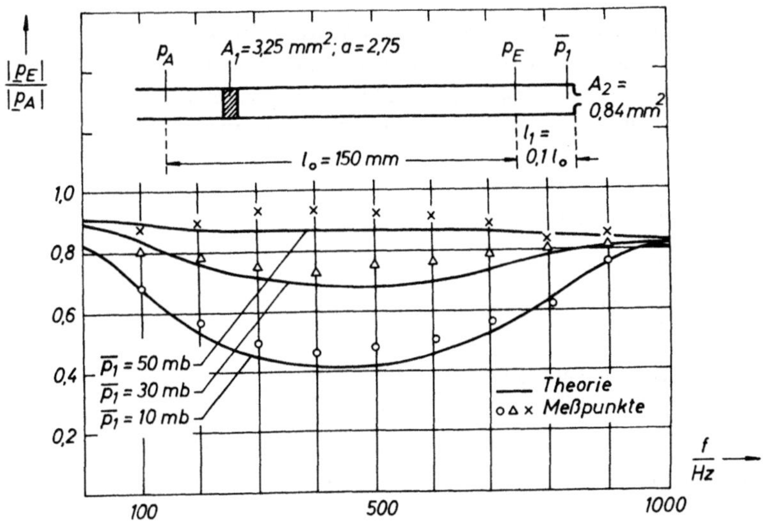

Bild 10.2.8 Druckübertragungsfunktion

Als erstes betrachten wir die Leitung, die mit einer Düse der Querschnittsfläche $A_2 = 0{,}42\ mm^2$ abgeschlossen ist (Bild 10.2.7). Die ausgezogenen Kurven entsprechen den theoretischen Ergebnissen. Die Meßpunkte sind durch Kreise, Dreiecke und Sternchen gekennzeichnet. Während die Druckübertragungsfunktion bei einem Gleichdruck von 10 mbar noch ein deutliches Minimum aufweist, finden wir für 30 mbar und 50 mbar bereits ausgeprägte Maxima. Der Fall der Wellenwiderstandsanpassung liegt für ungefähr 20 mbar vor.
Die zweite Leitung, die mit einer Düse der Querschnittsfläche $A_2 = 0{,}84\ mm^2$ abgeschlossen ist, zeigt schon deutlich Unterschiede zur ersten Leitung (Bild 10.2.8). Bei einem Gleichdruck von 10 mbar sinkt der Betrag der Druckübertragungsfunktion für 500 Hz auf 0,5 herab. Mit wachsendem Gleichdruck wird das Minimum geringer und bei einem Gleichdruck von 50 mbar haben wir praktisch Wellenwiderstandsanpassung.
Die in die freie Atmosphäre mündende Düse hat besonders für die Meßtechnik Bedeutung, wenn z.B. ein System durch eine angepaßte Leitung abgeschlossen werden soll, um den Einfluß der Beschaltung zu eleminieren. Bei der experimentellen Bestimmung des Frequenzganges eines Verstärkers kann hier mit gutem Erfolg Gebrauch machen. Auf diese Weise wird vermieden, daß Leitungs- und Beschaltungseffekte dem Frequenzgang des Verstärkers zugeschrieben werden.

10.2.1.2 Düse mit veränderlichem Ausgangsdruck

Ein typisches Beispiel für eine Düse mit veränderlichem Ausgangsdruck ist die Eingangsdüse eines Strahlablenkverstärkers (Bild 10.2.9). Mit wachsendem Steuerdruck p_1 wird der Strahl abgelenkt, so daß der Düsenausgangsdruck fällt. Wenn wir einen linearen Zusammenhang zwischen dp_1 und dp_2 für kleine Ablenkwinkel annehmen

$$dp_2 = -\epsilon\, dp_1 \tag{10.2.18}$$

folgt der dynamische Düsenwiderstand zu

$$r_D = \frac{dp_1}{d\dot{m}} = \frac{2\, R_D}{1 + \epsilon\left(2 - \dfrac{p_1^*}{p_2^*}\right)}, \tag{10.2.19}$$

wobei R_D der statische Düsenwiderstand ist.

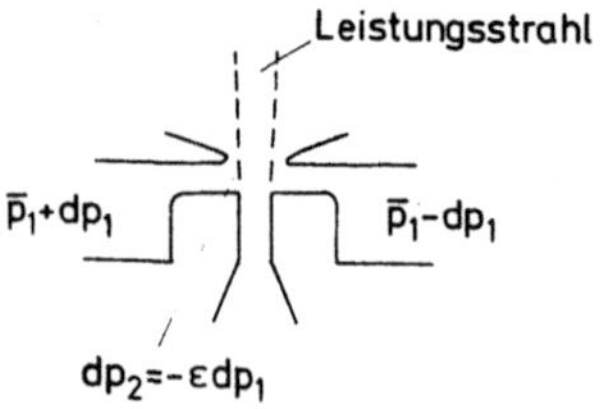

Bild 10.2.9
Eingangsdüse eines Strahlablenkverstärkers

Für kleine Überdrucke reduziert sich Gl. (10.2.19) auf

$$r_D = \frac{2}{1+\epsilon} R_D \,. \qquad (10.2.20)$$

Bild 10.2.10 beschreibt den Einfluß von ϵ auf den dynamischen Widerstand. Für konstanten Ausgangsdruck ($\epsilon = 0$) wird der dynamische Widerstand durch die Tangente an die Gleichstromkennlinie im Arbeitspunkt beschrieben. Mit wachsendem ϵ wird die dynamische Kennlinie steiler und für $\epsilon = 1$ ist der dynamische Widerstand gleich dem Gleichstromwiderstand R_D.

Eine typische Kennlinie eines Strahlablenkverstärkers für Gegentaktbetrieb zeigt Bild 10.2.11. Bei der Messung der dynamischen Kennlinie muß darauf geachtet werden, daß der Gleichtaktdruck $\bar{p}_E$ konstant gehalten wird. Wenn also der Steuerdruck in einem Eingang erhöht wird, muß der Steuerdruck in dem anderen Eingang um denselben Betrag erniedrigt werden. Dies entspricht dem Fall des Gegentaktbetriebes beim fluidischen Differenzverstärker (siehe Abschnitt 5.1.1). Die Kurven mit dem Parameter $\Delta p_E = 0$ gilt für den abgelenkten Strahl. Die mit $\Delta p_E < 0$ und $\Delta p_E > 0$ parametrierten Kennlinien sind für konstanten Differenzdruck aufgenommen worden.

Die Anordnung nach Bild 10.2.9 kann als Gegenkopplungsschaltung nach Bild 10.2.12 interpretiert werden, da das Ausgangssignal mit negativem Vorzeichen zurückwirkt. Aus diesem Grund folgt aus der stark nichtlinearen Kennlinie des Eintaktbetriebes eine entsprechend linearisierte Gegentaktkennlinie.

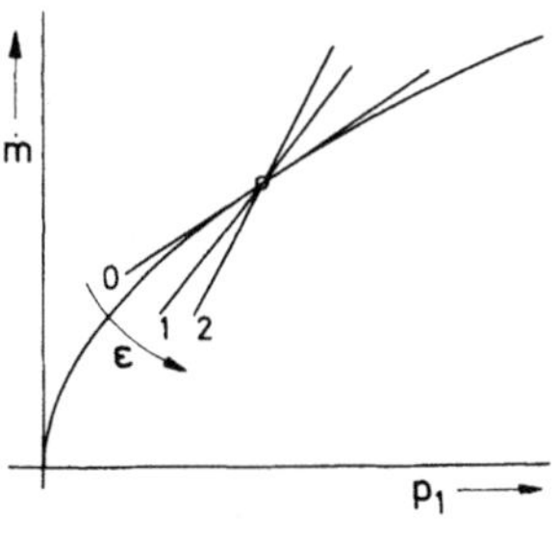

Bild 10.2.10
Eingangswiderstand einer Düse bei veränderlichem Ausgangsdruck (vom Eingangsdruck gesteuert)

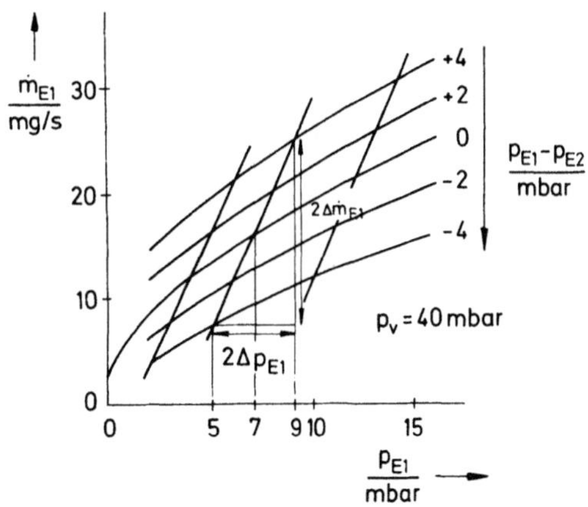

Bild 10.2.11
Eingangscharakteristiken eines Strahlablenkverstärkers

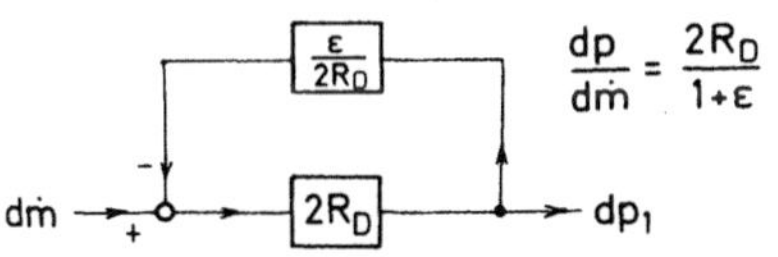

Bild 10.2.12
Signalflußplan für die Steuerdüse eines Strahlablenkverstärkers nach Bild 10.2.9

Die Beschreibung der Düse nach Gl. (10.2.19) ist nur für sehr niederfrequente Signale gültig. Bei höheren Frequenzen müssen natürlich die Induktivität der Düsenmündung und die Strahlkapazität auf Grund der Steifigkeit des Versorgungsstrahles berücksichtigt werden (Kapitel 5).

10.2.2 Wechselstromverhalten von Diffusoren und Strahlempfängerdüsen

Die Gleichstromersatzschaltung einer Strahlempfängerdüse in Verbindung mit einem Diffusor (Bild 10.2.13) ist in Abschnitt 4.2.4 abgeleitet worden. Entsprechend finden wir für Frequenzen bei denen die Wellenlänge groß gegen die Länge des Diffusors ist, die Niederfrequenzersatzschaltung nach Bild 10.2.14. Der Innenwiderstand der Strahlempfänger-Diffusor-Kombination setzt sich aus den dynamischen Widerständen

r_0 Innenwiderstand der Empfängerdüse

r_V Widerstand des homogenen Empfängerkanales

r_{Diff} Widerstand des Diffusors

zusammen.
Die Kapazität des Diffusors beträgt

$$C_{Diff} = \frac{A_1}{c_a^2} \cdot \frac{A_1/A_2 + 1}{A_1/A_2} \cdot \frac{l_D}{2} \tag{10.2.21}$$

und die Induktivität

$$L_{Diff} = \frac{l_D}{A_1} \cdot \frac{A_1/A_2}{A_1/A_2 - 1} \ln \frac{A_1}{A_2}. \tag{10.2.22}$$

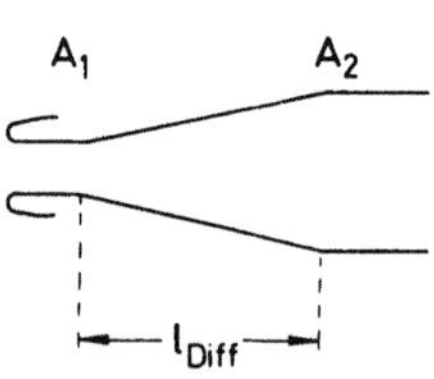

Bild 10.2.13
Strahlempfängerdüse mit Diffusor

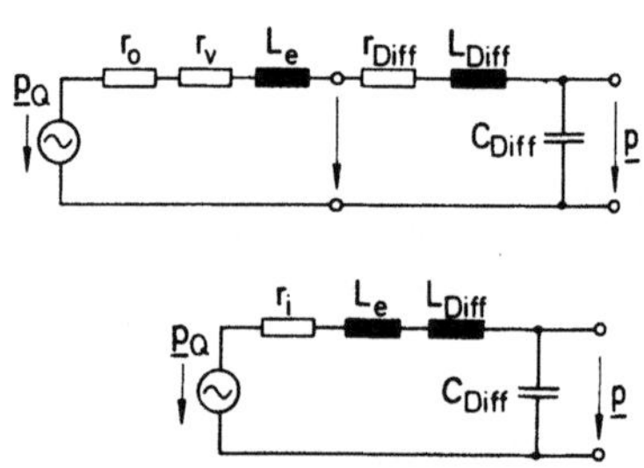

Bild 10.2.14
Niederfrequenzersatzschaltung einer Strahlempfänger-Diffusor-Anordnung

Durch eine T- oder π-Ersatzschaltung nach Abschnitt 9.2.4 läßt sich die Beschreibung des Diffusors weiter verfeinern. Sobald die Wellenlänge der Signale in die Größenordnung der Diffusorlänge kommt, ist eine Behandlung als inhomogene Übertragungsleitung notwendig (siehe Abschnitt 9.6). In industriellen Elementen (Strahlablenkverstärker, Operationsverstärker) liegen die Diffusorlängen zwischen 5 mm und 10 mm. Nach Abschnitt 10.3 können bei 1 kHz Bauelemente bis zu einer Länge von 10 mm als direkte Elemente behandelt werden. Für die Praxis ist daher die Ersatzschaltung nach Bild 10.2.14 in der überwiegenden Anzahl der Fälle genau genug.
Aus ersichtlichen Gründen ist die Übertragungsfunktion $p(l)/p_Q$ einer Leitung, die über eine Empfängerdüse eingespeist wird, nicht zu messen. Die Empfängerdüse kann jedoch durch einen Querschnittssprung simuliert werden, wie in Bild 10.2.15 angedeutet. Vor der Düse steht der Quelldruck p_Q zur Verfügung. Auf diese Weise kann die Übertragungsstrecke vor dem endgültigen Entwurf der gesamten Schaltung ausgemessen werden. Eine vollständige Übereinstimmung zwischen der ursprünglichen Strecke und der Nachbildung ist natürlich nicht gegeben, da die Profile an den Düseneingängen unterschiedlich sind. Für den praktischen Entwurf ist dies jedoch meist unerheblich.

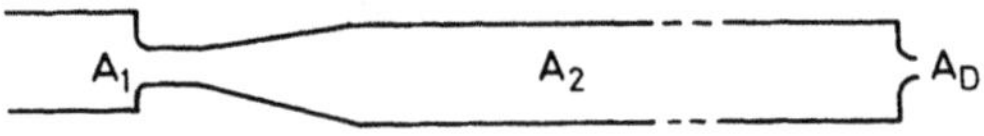

Bild 10.2.15
Simulation einer Strahlempfängerdüse durch einen Querschnittssprung

10.3 Linerare Bauelemente [10.5 bis 10.8]

Unter Verwendung des Wellenwiderstandes Z_0 und des Wellenausbreitungsmaßes ist es möglich, die Eingangsimpedanz einer homogenen Übertragungsleitung mit beliebiger Abschlußimpedanz zu berechnen (Bild 10.3.1). Nach Abschnitt 9.2.3 wird die Eingangsimpedanz

$$\underline{Z}_E = \frac{1 + \underline{Z}_0/\underline{Z}_2 \tanh \gamma_1 l}{1 + \underline{Z}_2/\underline{Z}_0 \tanh \gamma_1 l} . \qquad (9.2.17)$$

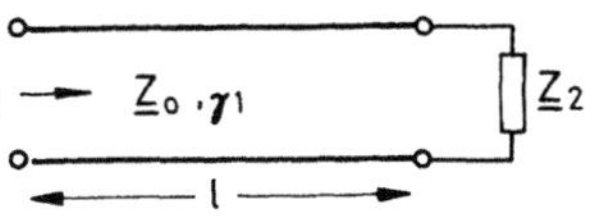

Bild 10.3.1
Eingangsimpedanz einer fluidischen Übertragungsleitung

Wir wollen nun zwei spezielle Abschlußfälle herausgreifen, die Leitung, die an ihrem Ende kurzgeschlossen ist, und die Leitung, die an ihrem Ende leerläuft, also mit einem unendlich großen Widerstand abgeschlossen ist. In der Fluidik bedeutet Kurzschluß am Ende, daß die Leitung voll zur Atmosphäre geöffnet ist und Leerlauf am Ende, daß die Leitung dicht abgeschlossen ist am Ende.
Die Eingangsimpedanz der kurzgeschlossenen Leitung ergibt sich dann zu

$$\underline{Z}_{E0} = \underline{Z}_0 \tanh \gamma_1 l \tag{10.3.1}$$

und die Eingangsimpedanz der leerlaufenden Leitung zu

$$\underline{Z}_{E\infty} = \frac{\underline{Z}_0}{\tanh \gamma_1 l}\,. \tag{10.3.2}$$

Für sehr kleines Argument $\gamma_1 l$, das heißt wenn die Leitungslänge klein gegen die Wellenlänge ist, läßt sich der Hyperbeltangens in eine Reihe entwickeln. Wir finden dann, daß sich unter der Bedingung

$$\tfrac{1}{3}\,\gamma_1^2\, l^2 \ll 1 \tag{10.3.3}$$

die kurzgeschlossene Leitung durch ihre Serienimpedanz, also durch die Reihenschaltung aus Wirkwiderstand und Induktivität ersetzen läßt (Bild 10.3.3)

$$\underline{Z}_{E0} = R_E + j\,\omega\, L_e\,. \tag{10.3.4}$$

Die leerlaufende Leitung läßt sich unter der gleichen Bedingung durch ihre Paralleladmittanz ersetzen, d.h. durch die Parallelschaltung von Kapazität und Ableitwiderstand (Bild 10.3.4)

$$\underline{Z}_{e\infty} = \frac{1}{G_e + j\,\omega\, C_e}\,. \tag{10.3.5}$$

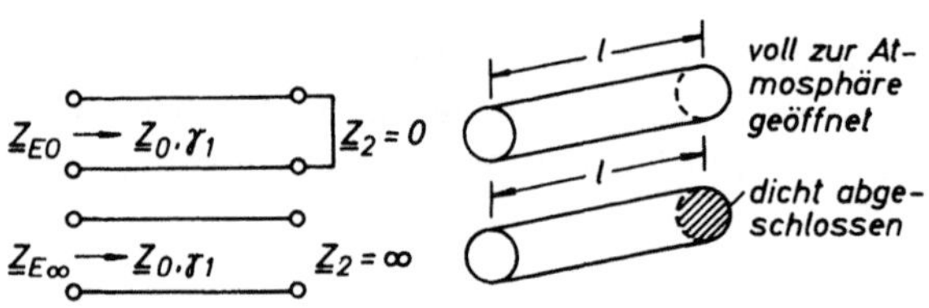

Bild 10.3.2
Die leerlaufende und die kurzgeschlossene Übertragungsleitung

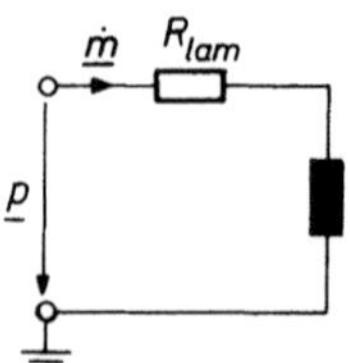

Bild 10.3.3 Reihenimpedanz

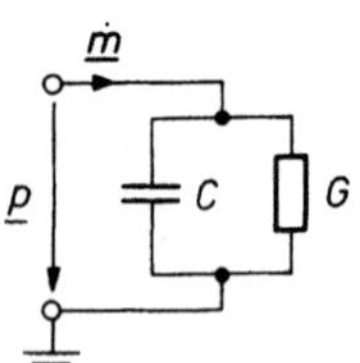

Bild 10.3.4 Paralleladmittanz

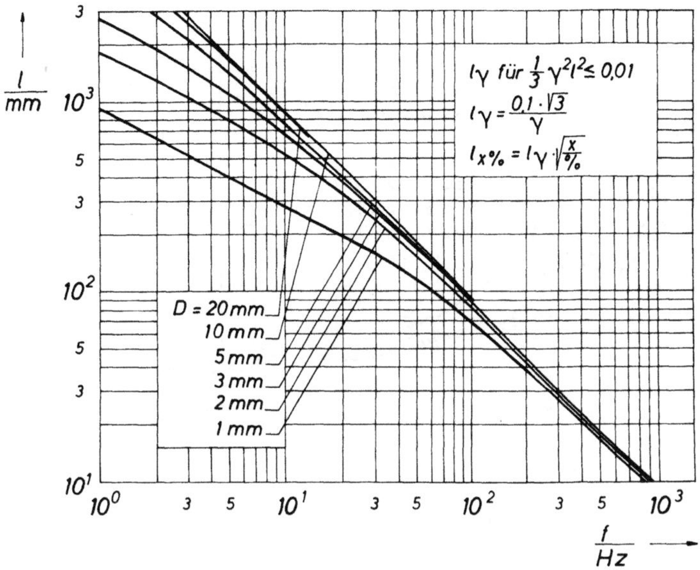

Bild 10.3.5 Maximal zulässige Länge von diskreten Bauelementen

Bild 10.3.5 zeigt die geometrische Bedingung unter der ein diskretes Bauelement verwirklicht werden kann. Dabei ist angenommen worden, daß die Abweichung vom diskreten Bauelement nicht größer als 1 % im komplexen Bereich sein soll. Eine Frequenz von 100 Hz läßt demnach noch eine Baulänge von 100 mm zu. Bei einer Frequenz von 1 kHz ist aber nur noch eine maximale Länge von 10 mm zulässig. In diesem Frequenzbereich werden wir es also nur selten mit diskreten Bauelementen zu tun haben.

10.3.1 Kapazität

Die Frequenzabhängigkeit der Kapazität und ihres Verlustfaktors ist bereits in Abschnitt 9.5.3 behandelt worden. Bild 10.3.6 und Bild 10.3.7 zeigen noch einmal die Kapazität und den Verlustfaktor in Abhängigkeit von der normierten Frequenz f/f_ν. Die Kapazität eines Behälters mit konstantem Volumen ist nach Gleichung (3.2.3)

$$C_a = \frac{V}{c_a^2}.$$

In Bild 10.3.8 ist die Kondensatorgüte Q_C für konstantes Volumen aufgetragen. Die Güte Q_C ist der Kehrwert des Verlustfaktors

$$Q_C = \frac{\omega C}{G} = \frac{1}{\tan \delta_C}. \qquad (10.3.6)$$

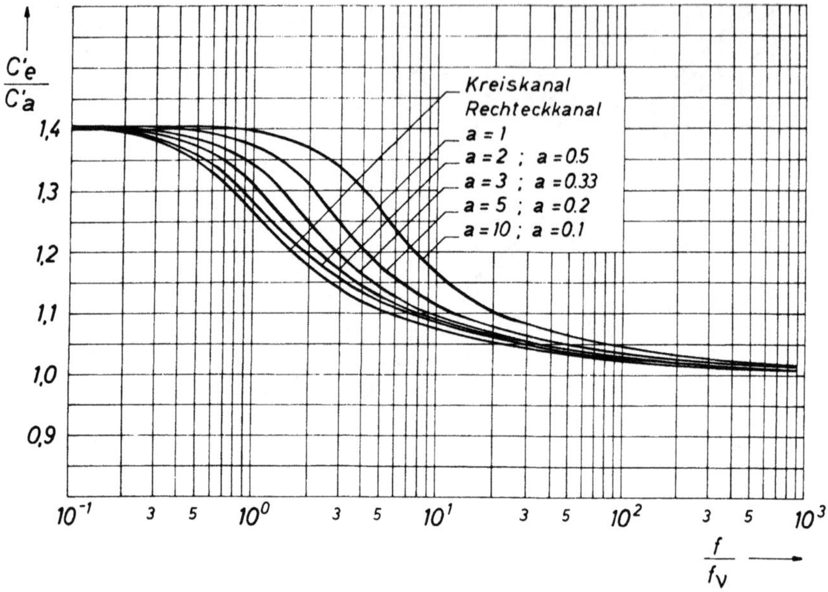

Bild 10.3.6 Frequenzabhängige Kapazität eines Behälters mit konstantem Volumen

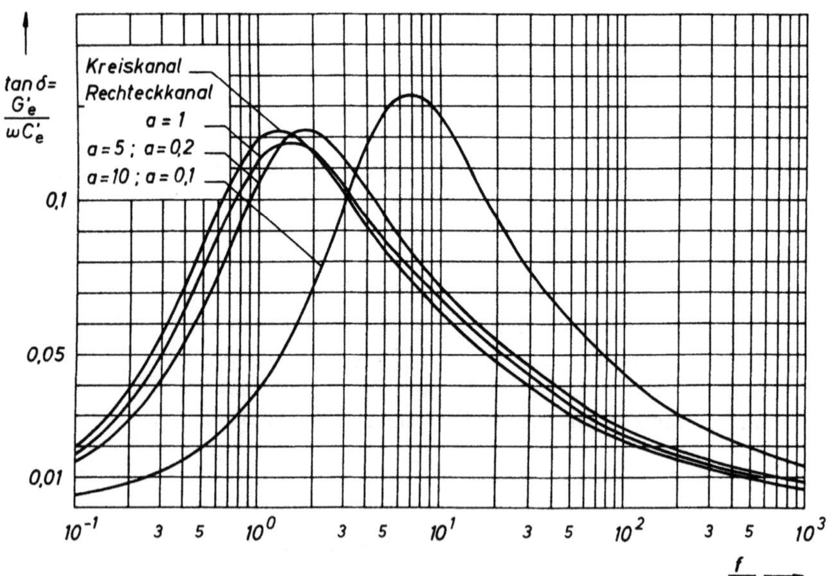

Bild 10.3.7 Frequenzabhängiger Verlustfaktor der Kapazität eines Behälters mit konstantem Volumen

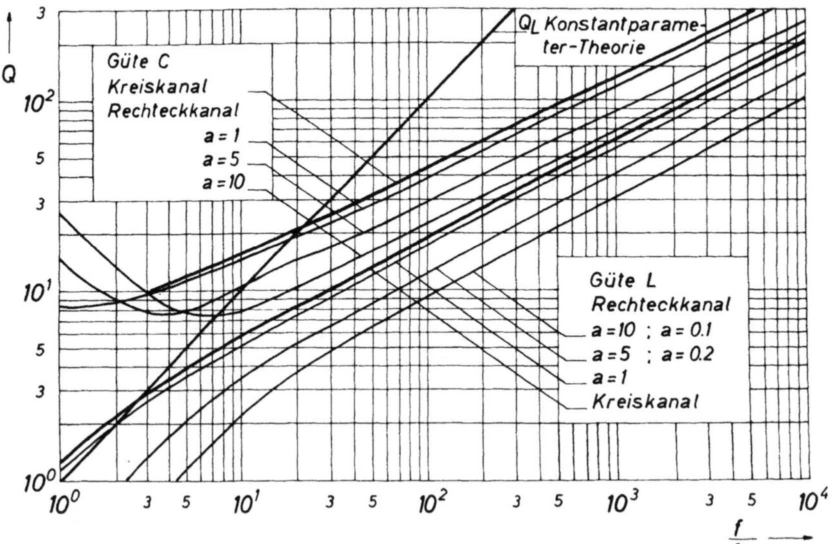

Bild 10.3.8 Güte von Induktivitäten und Kapazitäten

Sie gibt an, um wieviel mal der Blindleitwert größer als der Wirkleitwert ist. Aufgrund der großen Querschnitte liegt die normierte Frequenz f/f_ν bei technischen Kondensatoren meist im Bereich von 1000. Das heißt sie können als nahezu adiabatisch angesehen werden. Die Güte solcher Bauelemente beträgt 100 ... 200.

Bei veränderlichem Volumen war für einen linearen Zusammenhang zwischen Druckänderung im Zylinder und der Länge des Zylinders nach Abschnitt 3.3.2 die gesamte Kapazität

$$C = \frac{V}{c_a^2} + \frac{\rho A^2}{s} \tag{3.2.8}$$

mit s = Federsteifigkeit der Stützfeder des beweglichen Bodens, der als masselos und reibungsfrei gelagert angenommen wird.

Bei der Verwendung von nahezu inkompressiblen Medien – wie Wasser, Öl usw. – ist der adiabatische Anteil aufgrund der geringen Kompressibilität vernachlässigbar, so daß nur der Anteil der Volumenänderung wirksam wird. Zur Realisierung von Kapazitäten in der hydraulischen Fluidik sind daher nur veränderliche Volumina geeignet.

Falls die Masse des Kolbens, der als reibungsfrei gelagert angenommen wird, nicht zu vernachlässigen ist, ist die Ersatzschaltung durch einen induktiven Anteil zu erweitern (Bild 10.3.9). Zur Beschleunigung der Masse M des Kolbens ist die Kraft F = Mdv/dt notwendig. Hieraus folgt dann der Druck in Abhängigkeit von der Massenstromänderung zu

$$\underline{p} = \frac{\underline{F}}{A} = \frac{M}{\rho A^2} \cdot \frac{d\underline{\dot{m}}}{dt} \tag{10.3.7}$$

mit der parasitären Induktivität

$$L = \frac{M}{\rho A^2}. \tag{10.3.8}$$

Es liegt somit ein resonanzfähiges System mit der Eigenfrequenz

$$f_0 = \frac{1}{2\pi\sqrt{LC}} = \frac{1}{2\pi} \cdot \frac{1}{\sqrt{M/s + Ml/(\rho A c_a^2)}} \tag{10.3.9}$$

vor.

Technisch werden Kapazitäten mit variablen Volumina meist durch Faltenbeläge verwirklicht. Die Ersatzschaltung eines derartigen Systems kann natürlich durch die Ersatzschaltung in Bild 10.3.9 nur angenähert werden, da Feder und Masse als über den Balg verteilt angenommen werden müssen. Außerdem müssen die Verluste berücksichtigt werden, die bei der Bewegung des Faltenbalges auftreten. Bei Verwendung von inkompressiblen Flüssigkeiten reduziert sich die Eigenfrequenz zu

$$f_0 = \frac{1}{2\pi\sqrt{M/s}}. \tag{10.3.10}$$

Die Resonanzfrequenzen von Faltenbälgen liegen maximal bei einigen 10 Hz, so daß sie nur bei Frequenzen, die wesentlich geringer sind, als Kapazitäten betrachtet werden können.

Mit Hilfe von Faltenbälgen oder Membranen lassen sich Reihenkapazitäten realisieren, wie in Bild 10.3.10 angedeutet. Die vereinfachte Ersatzschaltung zeigt Bild 10.3.11. Die Reihenkapazität ist C_S. Hinzu kommen noch die Parallelkapazitäten C_1 und C_2, die für inkompressible Medien vernachlässigt werden können.

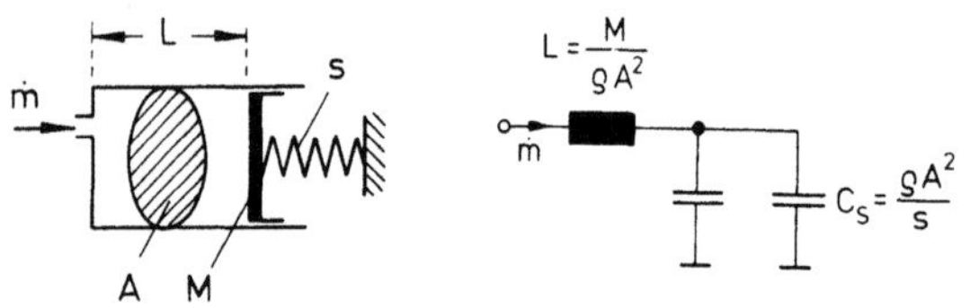

Bild 10.3.9
Ersatzschaltung eines Behälters mit variablem Volumen

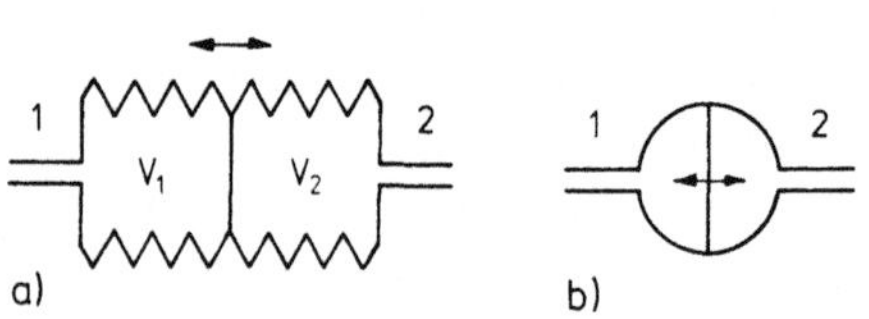

Bild 10.3.10
Technische Ausführung von Reihenkondensatoren (a) Faltenbalg-Kopplung, (b) Membran-Kopplung

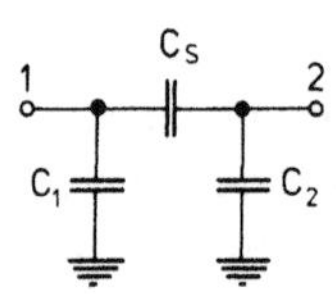

Bild 10.3.11
Vereinfachte Ersatzschaltung eines Reihenkondensators nach Bild 10.3.10

Unter der Annahme, daß die Massen der Anordnung in Bild 10.3.10 als konzentriert angenommen werden können, folgt die vollständige Ersatzschaltung in Bild 10.3.12 mit $L_S = M_{ges}/(\rho A^2)$. Der Reihenwiderstand R_S berücksichtigt die Verluste, die bei der Bewegung der Bälge bzw. Membranen aufgrund der inneren Reibung auftreten.

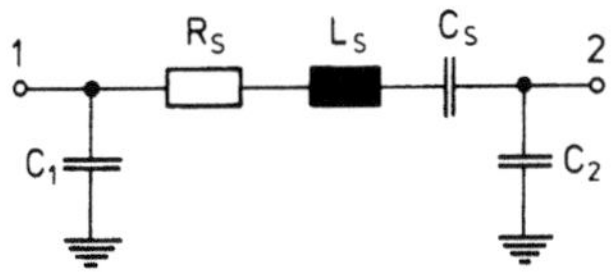

Bild 10.3.12
Vollständige Ersatzschaltung eines Reihenkondensators nach Bild 10.3.10

10.3.2 Induktivität

Die Frequenzabhängigkeit der Induktivität ist ebenfalls in Abschnitt 9.5.3 behandelt worden. Bild 10.3.13 zeigt noch einmal die auf die adiabatische Induktivität $L_a = l/A$ normierte Induktivität L_e in Abhängigkeit von der normierten Frequenz f/f_ν. Aufgrund des mit der Frequenz stark anwachsenden Verlustwiderstandes (siehe Bild 9.5.3), sind die Güten der Induktivität relativ gering. In Bild (10.3.8) ist neben der Kondensatorgüte die Güte der Induktivität

$$Q_{LO} = \frac{\omega L_e}{R_e} \tag{10.3.11}$$

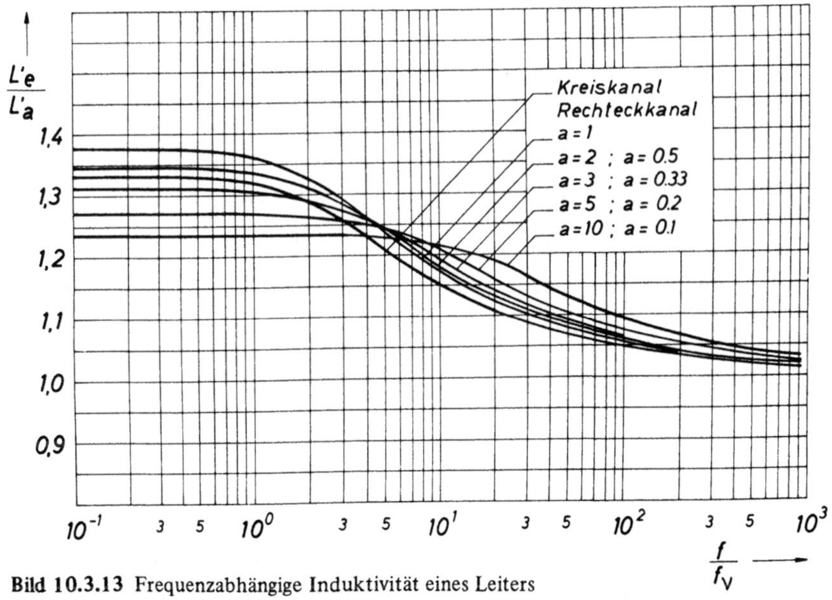

Bild 10.3.13 Frequenzabhängige Induktivität eines Leiters

aufgetragen. Sie gibt an, um wieviel mal der Blindwiderstand größer als der Wirkwiderstand ist, wenn als Ersatzschaltung eine Reihenschaltung gewählt wird.
Die normierte Frequenz von technischen Induktivitäten liegt im Bereich von ca. 50 bis 100. Die Güte solcher Bauelemente beträgt daher im rein akustischen Betrieb, d.h. ohne überlagerte Gleichströmung, 10 bis 20.
Bei Überlagerung einer Gleichströmung müssen Profilentwicklungswiderstand und evtl. der Widerstand eines Querschnittsüberganges berücksichtigt werden. In Bild 10.3.14 ist eine mögliche Anordnung mit Ersatzschaltung angegeben.
Die Güte der Induktivität folgt hieraus zu

$$Q_{L\,ges} = \frac{\omega L_e}{r_1 (1 + K) + R_{lam}} = \frac{1}{\frac{1}{Q_{L0}} + \frac{1}{Q_{Lr}}} \qquad (10.3.12)$$

Unter der Annahme, daß r_1 und K als annähernd frequenzunabhängig betrachtet werden können wir die Güte des nichtlinearen Anteiles

$$Q_{Lr} = \frac{\omega L_e}{r_1 (1 + K)} = \frac{\omega t_l}{1 + K} \cdot \frac{L_e}{L_a}, \qquad (10.3.13)$$

wobei $t_l = l/\bar{v}$ die Transportzeit im Kanal ist. Mit wachsendem Gleichstrom fällt demnach die Güte des nichtlinearen Anteiles. Die größte Güte der Induktivität wird für verschwindende Gleichströmung, d.h. im rein akustischen Fall, erreicht. Bei sehr kurzen Induktivitäten muß noch eine Längenkorrektur vorgenommen werden, die die mitschwingende Medienmasse berücksichtigt. Die Induktivität erscheint um $2\Delta l = A/D$ verlängert. Die adiabatische Induktivität wird dann

$$L_a = \frac{l}{A}\left(1 + \frac{A}{l D_e}\right) = \frac{l}{A}\left(1 + \frac{U}{4 l}\right). \qquad (10.3.15)$$

wenn der äquivalente Durchmesser nach Gl. (4.1.15) eingesetzt wird.

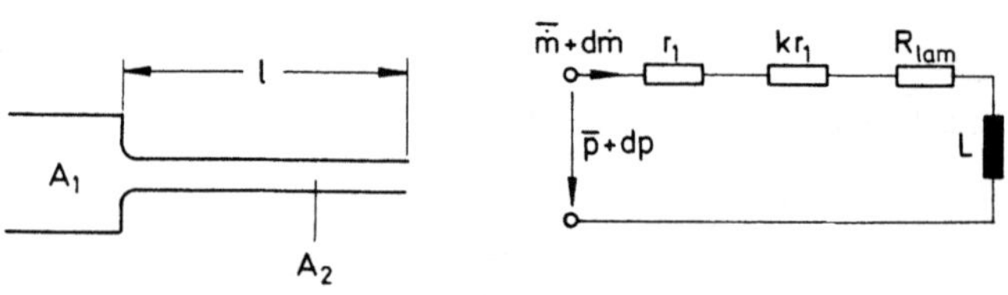

Bild 10.3.14 Verlustbehalftete Induktivität bei überlagerter Gleichströmung

10.3.3 Widerstand

Technische Widerstände haben selbst bei Reynolds' Zahlen unter 2300 nichtlineare Anteile aufgrund der Profilentwicklung und der Querschnittssprünge an ihren Anschlußenden (Abschnitt 4.1). Um diese nichtlinearen Anteile möglichst klein zu halten, muß der Massenstrom durch den Widerstand so klein wie möglich gehalten werden und der Laminaranteil durch einen engen Querschnitt und ein großes (bzw. kleines) Seitenverhältnis bei Rechteckkanälen so groß wie möglich gehalten werden. Durch Parallelschalten einer entsprechenden Anzahl von großen linearen Widerstände können auch kleine Widerstandswerte erreicht werden.

Praktisch kann das so aussehen, daß in 0,1 mm dicke Laminate Kanäle mit einer Breite von 0,5 mm bis 2 mm eingeätzt werden. Durch Parallelschalten verschiedener Kanäle (getrennt durch ein Zwischenlaminat) lassen sich bei entsprechender Abstufung der Kanalbreiten die gewünschten Widerstandswerte erzielen. Durch die Massenstromaufteilung in den parallelgeschalteten Widerständen wird erreicht, daß der Massenstrom durch den Einzelwiderstand so klein ist, daß der nichtlineare Widerstandsanteil vernachlässigbar ist (siehe Abschnitt 4.1.1).

In Bild 1.5 sind Silhouetten von Festwiderständen der Firma General Electric zu sehen.

Von weiterem Interesse ist, daß der induktive Anteil der Widerstände so gering wie möglich ist. Die Grenzfrequenz der Widerstände sollte größer als die höchste Betriebsfrequenz sein. Dies ist beispielsweise für die Beschaltungswiderstände eines Operationsverstärkers von großer Wichtigkeit, wenn keine Abweichung vom berechneten Frequenzgang auftreten soll. Bei der Grenzfrequenz ist der Blindanteil bereits so groß wie der Wirkanteil. Der Scheinwiderstand des Widerstandsbauelementes beträgt

$$\underline{Z} = r + j\omega L = r\,(1 + j\,Q) = |\underline{Z}|\, e^{j\varphi}, \qquad (10.3.16)$$

wobei Q die Güte der Induktivität darstellt. Die Grenzfrequenz des Widerstandes liegt daher bei einer Güte Q = 1. In Bild 10.3.15 ist Q_L als Funktion der normierten Frequenz für kleine Q_L-Werte aufgetragen. Daraus folgen die in Tabelle II aufgetragenen Grenzfrequenzen, die in der Größenordnung von f_ν liegen.

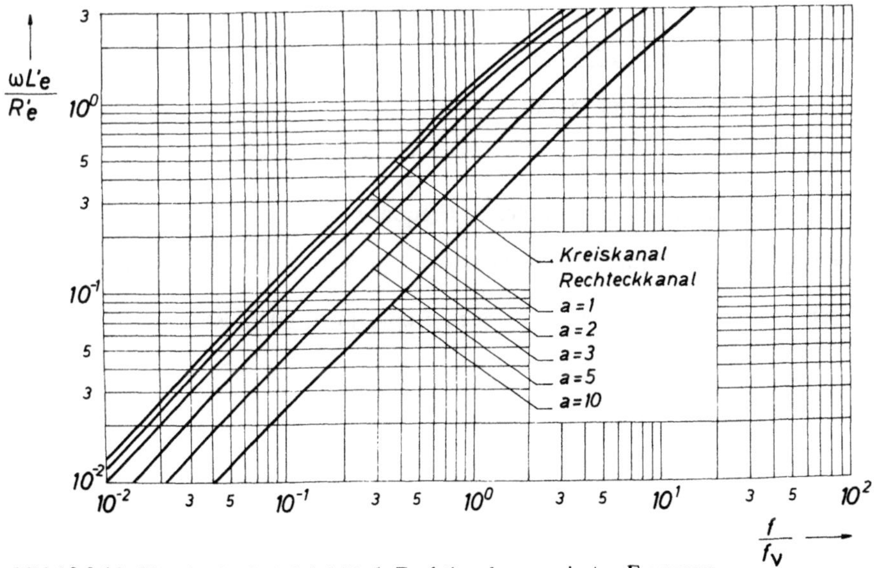

Bild 10.3.15 Güte Q_L der Induktivität als Funktion der normierten Frequenz

Für einen Rechteckkanal mit einer Querschnittsfläche von $A = 0{,}1 \cdot 0{,}5\ \text{mm}^2 = 0{,}05\ \text{mm}^2$ folgt demnach mit a = 5 eine Grenzfrequenz von

$$f_{gr} = 2{,}2\, f_\nu = \frac{2{,}2 \cdot 60}{A/\text{mm}^2}\, \text{Hz} = 2640\ \text{Hz}\,.$$

Unterhalb von $Q_L = 1$ ist die Güte proportional der normierten Frequenz f/f_ν (Bild 10.3.15). Für große Frequenzen wächst die Güte nur noch proportional der Wurzel aus der normierten Frequenz (Bild 10.3.8). In Tabelle III sind die Asymptoten für $f/f_\nu \gg 1$ angegeben.

Tabelle II: Grenzfrequenzen von Laminarwiderständen

		f_{gr}/f_ν
Kreiskanal		0,75
Rechteckkanal	a = 1	0,85
	a = 2	1,1
	a = 3	1,45
	a = 5	2,2
	a = 10	4,2

Tabelle III: Güte von Laminarwiderständen für $f/f_\nu \gg 1$

		$Q/\sqrt{f/f_\nu}$
Kreiskanal		1,95
Rechteckkanal	a = 1	1,74
	a = 2	1,63
	a = 3	1,48
	a = 5	1,26
	a = 10	0,94

Der Betrag des Scheinwiderstandes wird

$$|\underline{Z}| = r\sqrt{1 + Q^2} \tag{10.3.17}$$

so daß der Betrag proportional der normierten Frequenz

$$|\underline{Z}| = r\,Q \sim f/f_\nu \qquad \text{für} \qquad f/f_\nu \gg 1 \tag{10.3.18}$$

wird, da nach Gl. (9.5.73) der Wirkanteil r auch proportional $\sqrt{f/f_\nu}$ ist.

10.4 Filter aus diskreten Bauelementen [10.5, 10.9, 10.10]

10.4.1 RC-Tiefpaßfilter

Beim Entwurf von Filtern in der Fluidik muß darauf geachtet werden, daß die Eingangswiderstände der fluidischen Verstärker aufgrund der überwiegenden Stromsteuerung relativ gering sind. Es sollte daher nicht versucht werden, die Elektronik zu kopieren, sondern Wege beschritten werden, die den Eigenschaften der Fluidik gerecht werden.
Bei spannungsgesteuerten Verstärkerelementen der Elektronik, z.B. Röhren und Feldeffekt-Transistoren, ist eine Tiefpaßanordnung nach Bild 10.4.1 sinnvoll. Bei geeigneter Dimensionierung wird die Übertragungscharakteristik des Filters durch den hohen Eingangswiderstand des Verstärkers nicht beeinflußt.

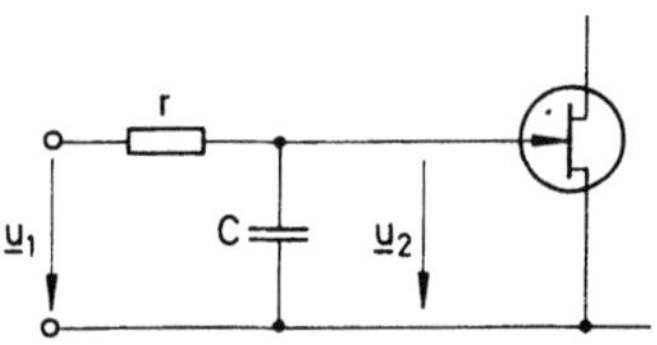

Bild 10.4.1
RC-Tiefpaßfilter in der Elektronik

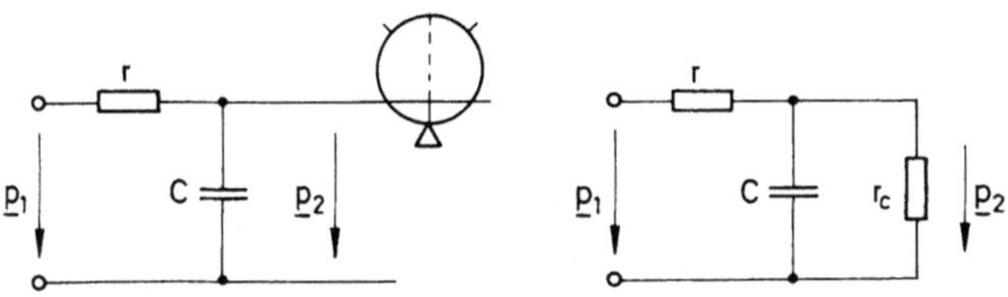

Bild 10.4.2 RC Tiefpaß in der Fluidik

In einer entsprechenden Schaltung der Fluidik (Bild 10.4.2) wird der Eingangswiderstand des nachfolgenden Verstärkers die Übertragungsfunktion des Filters von

$$\frac{\underline{p}_2}{\underline{p}_1} = \frac{1}{1 + j\omega r C} \tag{10.4.1}$$

in

$$\frac{\underline{p}_2}{\underline{p}_1} = \frac{r_E}{r_E + r} \; \frac{1}{1 + j\omega \dfrac{r_E\, r}{r_E + r}} \tag{10.4.2}$$

abändern, wobei

$$f_{gr} = \frac{1}{2\pi \frac{r_E\, r}{r_E + r} C} = \frac{1 + \frac{r}{r_E}}{2\pi r C} \qquad (10.4.3)$$

die Grenzfrequenz des resultierenden Tiefpasses ist.
Der Einfluß des Eingangswiderstandes auf die Grenzfrequenz kann durch Einfügen eines Serienwiderstandes, wie in Bild 10.4.3 angedeutet, verringert werden. Der Frequenzgang des Tiefpasses wird dann

$$\frac{\underline{p}_2}{\underline{p}_1} = \frac{r_E}{r_E + r + r_S} \cdot \frac{1}{1 + j\omega \frac{(r_E + r_S)\, r}{r_E + r_S + r} C} \qquad (10.4.4)$$

Es ist üblich $r = r_S$ zu wählen.

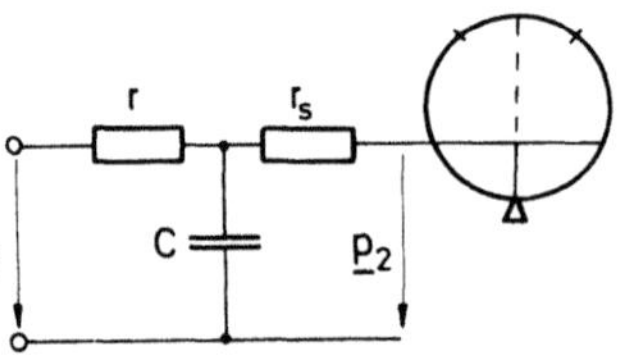

Bild 10.4.3
RC-Tiefpaß mit Reihenwiderstand

10.4.2 RL-Tiefpaßfilter

Eine Anordnung, die der Stromsteuerung in der Fluidik angepaßt ist, ist das RL-Glied in Bild 10.4.4. Der Massenstrom $\dot{m}$ steuert den Eingang des nachfolgenden Verstärkers aus. Solange die Leitungslänge klein gegen die Wellenlänge der Betriebsfrequenzen ist, kann die gezeigte Anordnung durch das Netzwerk in Bild 10.4.5 beschrieben werden. Der Widerstand setzt sich aus dem Eingangsdüsenwiderstand r_1, dem Profilentwicklungsstand Kr_1 und dem Laminarwiderstand R_{lam} zusammen. Aus der Maschenregel finden wir den Massenwechselfluß in Abhängigkeit vom Wechseldruck p_1 am Eingang zu

$$\underline{\dot{m}} = \frac{\underline{p}_1}{r + j\omega L} = \frac{\underline{p}_1}{r} \cdot \frac{1}{1 + j\,L/r} = \frac{\underline{p}_1}{r} \cdot \frac{1}{1 + jQ} . \qquad (10.4.5)$$

Die Grenzfrequenz liegt bei Q = 1.

Für verschwindenden Gleichstrom (akustischer Fall) können die Grenzfrequenzen aus Tabelle II in Abschnitt 10.3.3 entnommen werden
Für überlagerten Gleichstrom müssen die nichtlinearen Widerstände berücksichtigt werden. Es wird dann

$$\underline{\dot{m}} = \frac{\underline{p}_1}{r} \frac{1}{1 + jQ_{L\,ges}} = \frac{\underline{p}_1}{r} \frac{1}{1 + j \frac{\omega L}{r_1 (1 + K) + R_{lam}}} . \qquad (10.4.6)$$

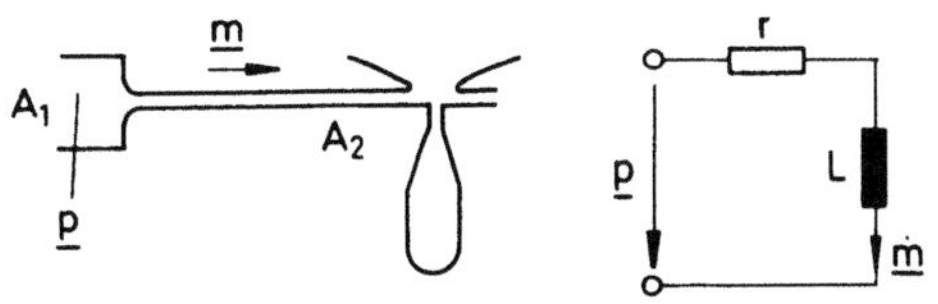

Bild 10.4.4
RL-Tiefpaß in der Fluidik

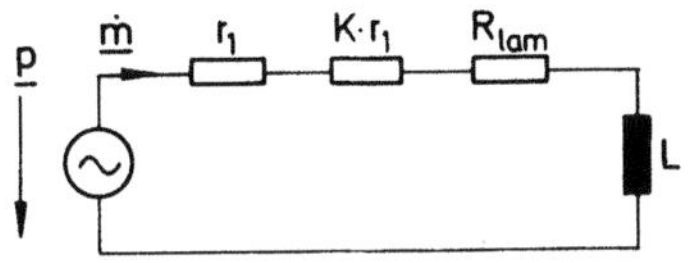

Bild 10.4.5
Ersatzschaltung eines RL-Tiefpasses

Die Grenzfrequenz folgt hieraus überschlägig zu

$$f_{gr} = \frac{1 + K}{2\pi t_l} + f_\nu \tag{10.4.7}$$

mit $t_l = l/\bar{v}$ Transportzeit im Kanal. Für den nichtlinearen Anteil wurde die adiabatische Induktivität $L_a = l/A$ angesetzt.
Ist die Länge des Kanales größer als die Profilentwicklungslänge, so kann K als konstant angesehen werden. In den meisten Fällen wird allerdings die Leitungslänge kürzer als die Profilentwicklungsstrecke sein, so daß der Druckabfall nach Abschnitt 4.1 durch die Beziehung

$$\Delta p = \frac{\dot{m}^2}{2\rho A_2^2}\left(1 - \left(\frac{A_2}{A_1}\right)^2 + 7{,}6\,\frac{a+1}{\sqrt{a}}\left(\frac{\dot{m}}{l\mu}\right)^{-1/2}\right) \tag{10.4.8}$$

für eine Anordnung mit Rechteckquerschnitt beschrieben werden kann. Zur Berechnung wird der dynamische Widerstand der Gesamtanordnung im Arbeitspunkt benötigt

$$r = \frac{\dot{m}}{\rho A_2^2}\left(1 + 5{,}7\,\frac{a+1}{\sqrt{a}}\,\frac{\nu l}{A_2^2}\left(\frac{\dot{m}}{l\mu}\right)^{-1/2}\right) \tag{10.4.9}$$

mit

$$\left(\frac{A_2}{A_1}\right)^2 \ll 1\,.$$

Damit wird die Grenzfrequenz, wenn wir die Induktivität näherungsweise als adiabatisch annehmen

$$f_{gr} = \frac{1}{2\pi t_l}\left(1 + 5{,}7\,\frac{a+1}{\sqrt{a}}\left(\frac{\dot{m}}{l\mu}\right)^{-1/2}\right). \tag{10.4.10}$$

10.4.3 RLC-Tiefpaßfilter

Eine gegenüber dem oben beschriebenen RL-Tiefpaßglied steilere Charakteristik läßt sich mit einer RLC-Anordnung nach Bild 10.4.6 erzielen. Die Ersatzschaltung ist in Bild 10.4.7 gegeben. Zu beachten ist, daß die Ankopplungsöffnung für den Kondensator genügend groß gewählt wird, damit der zusätzliche Widerstand r_C in Reihe zum Kondensator vernachlässigt werden kann. Der Massenstrom am Ausgang des Tiefpasses folgt dann zu

$$\underline{\dot{m}}_L = \frac{\underline{p}}{r_0 + r_L} \frac{1}{1 + j\omega \dfrac{r_0\, r_L}{r_0 + r_L} C - \omega^2 \dfrac{r_0}{r_0 + r_L} LC} . \tag{10.4.11}$$

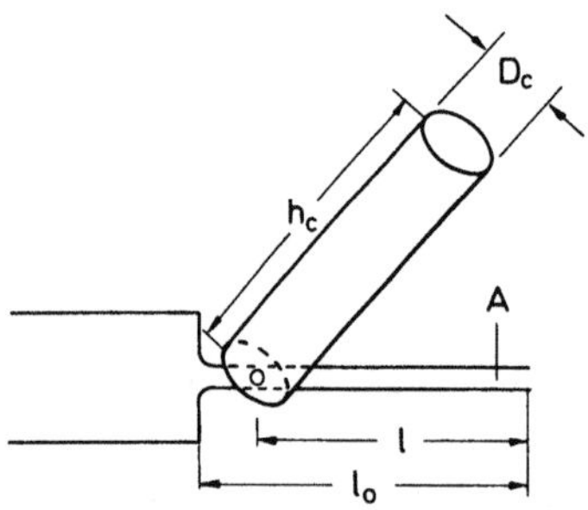

Bild 10.4.6
RLC-Tiefpaß in der Fluidik

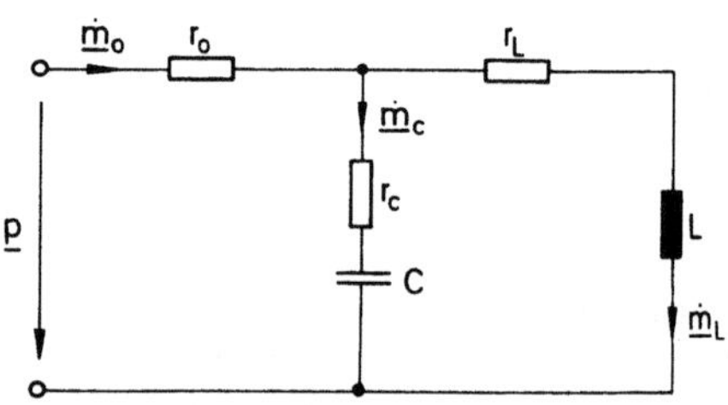

Bild 10.4.7
Ersatzschaltung eines RLC-Tiefpasses

Hieraus errechnen sich die Eigenfrequenz und die Dämpfung zu

$$f_0 = \frac{1}{2\pi\sqrt{LC}} \sqrt{1 + \frac{r_L}{r_0}} \tag{10.4.12}$$

$$D = \frac{1}{2} \frac{\sqrt{LC}\left(\dfrac{1}{r_0 C} + \dfrac{r_L}{L}\right)}{\sqrt{1 + \dfrac{r_L}{r_0}}} = \frac{1}{2} \frac{\dfrac{\sqrt{L/C}}{r_0} + \dfrac{r_L}{\sqrt{L/C}}}{\sqrt{1 + \dfrac{r_L}{r_0}}} . \tag{10.4.13}$$

Zur Abschätzung der Dämpfung nehmen wir an, daß $r_L / r_0 = 1$ ist. Die Dämpfung wird dann ein Minimum für $\sqrt{L/C} = r_0 = r_L$. Der Minimalwert der Dämpfung ist unter der obigen Annahme $D = 1/\sqrt{2}$. Dies wäre für die praktische Ausführung der Fall mit dem günstigsten Frequenz- und Zeitverhalten.

10.5 Resonanzkreise

10.5.1 Parallelresonator

Bild 10.5.1 zeigt den Aufbau und die Ersatzschaltung eines fluidischen Parallelresonators. Diese Anordnung ist in der Akustik als Helmholtzresonator bekannt. Die Eigenfrequenz bestimmt sich zu

$$f_0 = \frac{1}{2\pi\sqrt{LC}}\,. \qquad (10.5.1)$$

Die Güte kann als Quotient von Resonanzfrequenz zu Bandbreite Δf aus der gemessenen Resonanzkurve (Bild 10.5.2) errechnet werden

$$Q = \frac{f_0}{\Delta f}\,. \qquad (10.5.2)$$

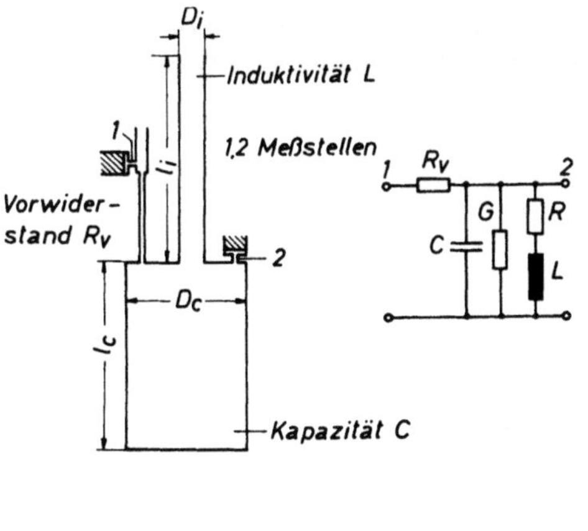

Bild 10.5.1
Aufbau und Ersatzschaltung eines Parallelresonators

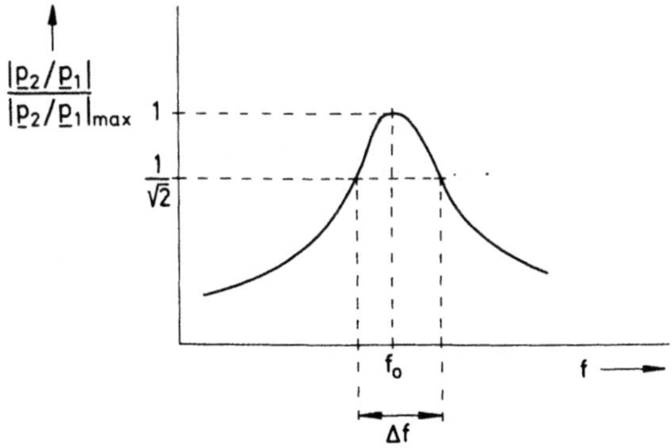

Bild 10.5.2
Resonanzkurve des Parallelresonators

Die Bandbreite Δf ist gleich der Differenz der Frequenzen bei denen der Betrag des Scheinwiderstandes des Parallelresonators auf das $1/\sqrt{2}$-fache seines Wertes bei Resonanz gesunken ist.
Der Verlustfaktor $\tan\delta = 1/Q$ des Resonators ergibt sich aus der Addition der einzelnen Verlustfaktoren der Bauelemente.

$$\tan\delta = \tan\delta_C + \tan\delta_L \qquad (10.5.3)$$

bzw.

$$\frac{1}{Q} = \frac{1}{Q_C} + \frac{1}{Q_L}\,. \qquad (10.5.4)$$

In jedem Fall ist die Güte des Resonators kleiner als die der einzelnen Elemente. Aus Abschnitt 10.3 wissen wir, daß die Güte der Kondensatoren etwa 10 mal so groß wie die der Induktivitäten ist. Die Kreisgüte wird daher hauptsächlich durch die Güte der Induktivität beeinflußt. In einer realen Schaltung wird der Resonator über einen Innenwiderstand aus der Wechseldruckquelle gespeist und durch einen Lastwiderstand r_2 belastet (Bild 10.5.3). Wenn wir eine Kondensatorgüte von mehr als 100 annehmen, kann der Verlustwiderstand $1/G$ parallel zum Kondensator gegenüber dem Lastwiderstand r_2 und dem Innenwiderstand der Druckquelle r_1 vernachlässigt werden. Wir können eine resultierende Güte des Kondensators

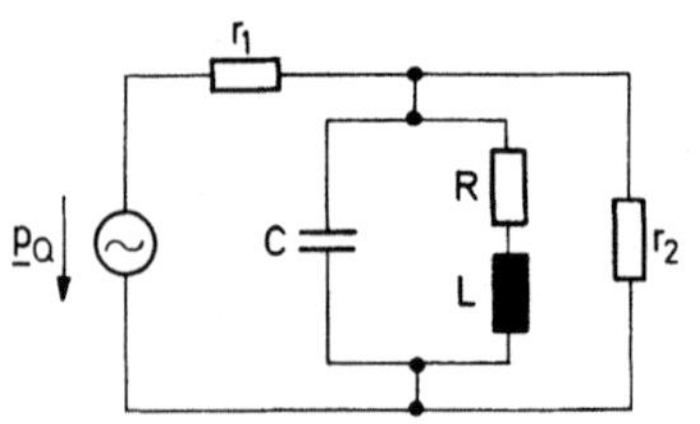

Bild 10.5.3
Belasteter Parallelresonator

$$Q_{Cres} = \frac{\omega_0 C}{g_1 + g_2} = \frac{1}{\dfrac{1/r_1}{\omega_0 C} + \dfrac{1/r_2}{\omega_0 C}} \qquad (10.5.5)$$

mit $g_1 = 1/r_1$ und $g_2 = 1/r_2$ berechnen, da r_1 und r_2 wechselstrommäßig parallel zum Kondensator liegen. Die Güte der Schwingkreise folgt dann aus

$$\frac{1}{Q} = \frac{1}{Q_L} + \frac{1}{Q_{res}}\,. \qquad (10.5.6)$$

Beispiel

Für einen Parallelschwingkreis mit einer zylindrischen Volumenkapazität mit den Maßen d_C = 46 mm und l_C = 80 mm und einem Induktivitätsrohr mit den Maßen l_I = 150 mm und d_I = 5 mm folgt

Eigenfrequenz $f_0 = 50$ Hz

Güte der Induktivität für $f_0/f_{\nu L} = 16{,}7$ $\quad Q_L = 7{,}5$

Güte der Kapazität für $f_0/f_{\nu C} = 2780$ $\quad Q_C = 170$.

Die Gesamtgüte des Kreises ist demnach Q = 7,18. Damit die Güte nicht weiter herabgesetzt wird, müssen Vor- und Lastwiderstand entsprechend hoch gewählt werden. Hierdurch wird natürlich das dem nächsten Verstärker zugeführte Signal entsprechend klein, da wegen der relativ kleinen Ein- und Ausgangswiderstände der fluidischen Verstärker Zusatzwiderstände vor- bzw. nachgeschaltet werden müssen. Der Gewinn an Güte wird daher mit einem Verlust an Signalamplitude erkauft.
Aus der Güte läßt sich die Dämpfung des Systems zu

$$D = \frac{1}{2Q}$$

berechnen. Die Resonanzfrequenz des Resonators findet sich aus der Eigenfrequenz und der Dämpfung zu

$$f_{res} = f_0 \sqrt{1 - 2D^2} = f_0 \sqrt{1 - \frac{1}{2Q^2}} . \qquad (10.5.8)$$

Beispiel

Für den oben aufgeführten Parallelschwingkreis mit der Eigenfrequenz $f_0 = 50$ Hz und der Güte Q = 7,18 wird die Dämpfung

$$D = 0{,}07$$

und die Resonanzfrequenz

$$f_{res} = 0{,}95\ f_0 = 47{,}5\ \text{Hz} .$$

10.5.2 Reihenresonator

Der Reihenresonator in Bild 10.5.4 ist in seinem Aufbau und seiner Wirkungsweise sehr dem RLC-Tiefpaß ähnlich, der in Abschnitt 10.4.3 beschrieben wird. Während beim RLC-Tiefpaß der Strom in der Induktivität die Ausgangsgröße ist, wird beim Reihenresonator der Druck am Kondensator als Ausgangsgröße genommen. Der RLC-Tiefpaß nach Abschnitt 10.4.3 ist demnach zum Ansteuern von stromgesteuerten und der Reihenresona-

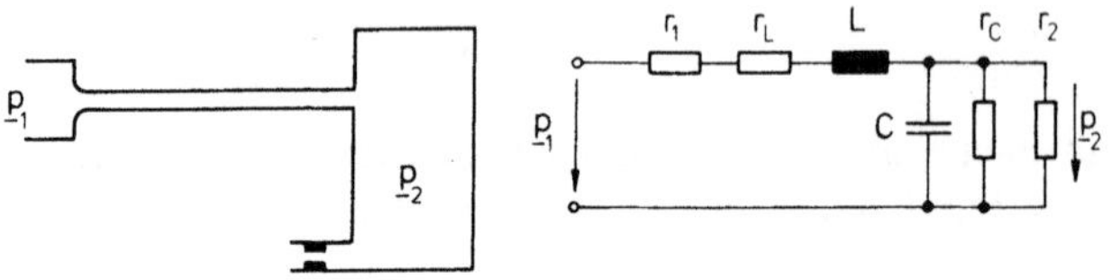

Bild 10.5.4
Aufbau und Ersatzschaltung eines Reihenresonators

tor zum Ansteuern von druckgesteuerten Elementen geeignet. Bei beiden Anordnungen handelt es sich um Übertragungsglieder 2. Ordnung.
Der Frequenzgang des Reihenresonators folgt zu

$$\underline{F} = \frac{\underline{Z}_2}{\underline{Z}_1 + \underline{Z}_2} = \frac{1}{1 + \dfrac{r_1'}{r_2'} - \omega^2 LC + j\omega\left(r_1' C + \dfrac{L}{r_2'}\right)} \tag{10.5.9}$$

mit

$$\underline{Z}_1 = r_1 + r_L + j\omega L = r_1' + j\omega L$$

$$\frac{1}{\underline{Z}_2} = \frac{1}{r_2} + \frac{1}{r_c} + j\omega C = \frac{1}{r_2'} + j\omega C\,.$$

Unter der Annahme, daß der Lastwiderstand so hoch ist, daß $r_1'/r_2' \ll 1$ ist, wird die Eigenfrequenz

$$f_0 = \frac{1}{2\pi\sqrt{LC}} \tag{10.5.10}$$

und die Dämpfung

$$D = \frac{r_1' C + \dfrac{L}{r_2'}}{2\sqrt{LC}} = \frac{1}{2}\left(\frac{\dfrac{1}{r_2'}}{\omega_0 C} + \frac{r_1'}{\omega_0 L}\right) = \frac{1}{2}\left(\frac{1}{Q_C} + \frac{1}{Q_L}\right). \tag{10.5.11}$$

Somit erhält man die Gesamtgüte des Reihenresonators aus den Einzelgüten

$$Q = \frac{1}{2D} = \frac{1}{1/Q_C + 1/Q_L}\,. \tag{10.5.12}$$

Die Güte der Kapazität wird praktisch nur durch r_2 bestimmt, da im allgemeinen $r_c \gg r_2$ ist. Der Innenwiderstand der Druckquelle r_1 beeinflußt die Güte der Induktivität und sollte daher so klein wie möglich sein. Der Widerstand r_2 dagegen sollte so groß wie möglich gewählt werden. Bei Ansteuern eines Verstärkers kann daher ein Vorwiderstand nötig sein.
Da nun die Induktivitätsleitung an den Ausgang der vorhergehenden Verstärkers angepaßt werden muß, sind Querschnitte von ca. 1 mm^2 oder weniger sinnvoll. Aufgrund der daraus folgenden hohen charakteristischen Frequenzen f_ν sind relativ hohe Güten nur für sehr hohe Resonanzfrequenzen zu erreichen.

Beispiel

Bei Verwendung einer Induktivität mit einem Querschnitt von A = 1 mm² folgt eine charakteristische Frequenz f_ν = 60 Hz. Eine Güte von Q_L = 6 würde für den akustischen Fall nach Bild 10.3.6 erst bei einer Frequenz von etwa 600 Hz erreicht. Bei einer Kreisresonanz von 60 Hz ist die Güte etwa 1 (abhängig vom Seitenverhältnis a beim Rechteckkanal).

10.6 Leitungsverzweigungsfilter [10.11 bis 10.13]

Mit Hilfe von abgestimmten Leitungsverzweigungen lassen sich Tief-, Hoch-, Bandpaß- und Bandsperre-Filter realisieren. Bild 10.6.1 zeigt die rechnergestützte Optimierung einer Tiefpaßanordnung. Im Teil a des Bildes verursachen die beiden leerlaufenden Stichleitungen einen steilen Abfall des Frequenzganges bei etwa 3 kHz und eine hohe Dämpfung im Frequenzbereich zwischen 3 und 4 kHz. Dieser Bereich fällt mit dem Bereich der minimalen Eingangsimpedanz der Stichleitungen zusammen.

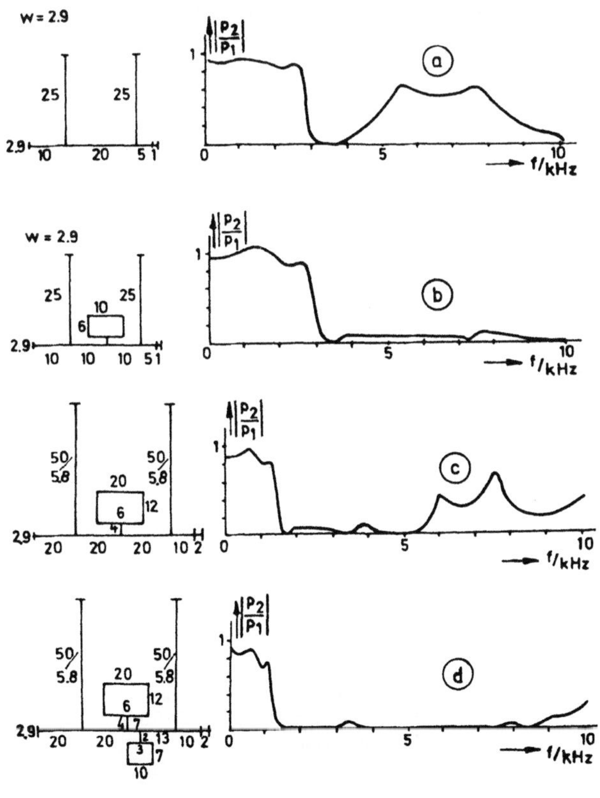

Bild 10.6.1
Optimierung eines Leitungsverzweigungsfilters

Für Frequenzen, bei denen $l = \lambda/4$ ist, hat die leerlaufende Übertragungsleitung ihre minimale Eingangsimpedanz. Der Eingangswiderstand einer leerlaufenden Leitung ist nach Abschnitt 10.3

$$Z_{E\infty} = \frac{Z_0}{\tanh \gamma_1 l}. \tag{10.3.2}$$

Unter der Annahme, daß die Verluste vernachlässigt werden können, wird mit $\gamma_1 = j\beta_{10} = j\omega/c$ die Eingangsimpedanz der leerlaufenden Leitung für $l = \lambda/4$ zu Null.
Die günstigste Anordnung der Stichleitungen wird experimentell durch ein Rechnerprogramm ermittelt. Um die Spitzen im Betrag des Frequenzganges bei höheren Frequenzen zu verringern, wird eine gestufte leerlaufende Stichleitung hinzugefügt, die sich wie ein Helmholtz-Resonator verhält. Das Ergebnis in Bild 10.6.1b ist ein sehr gutes Tiefpaßfilter mit einer geringen Dämpfung im Durchlaßbereich und einer hohen Dämpfung im Sperrbereich. Die Filterflanke ist außerordentlich steil.
Bei Vergrößerung der Filtergeometrie um den Faktor 2 erhalten wir ein Tiefpaßfilter mit der halben Grenzfrequenz (Bild 10.6.1c). Durch Einführen einer 4. Stichleitung läßt sich der Sperrbereich, wie in Bild 10.6.1d angegeben, verbessern. Die experimentellen Ergebnisse zu diesem Filter sind in Bild 10.6.2 zu sehen.
Leitungsverzweigungsfilter haben wegen ihrer hohen Dämpfung im Sperrbereich und ihrer geringen Dämpfung im Durchlaßbereich im Vergleich zu Filtern aus diskreten Bauelementen große Vorteile. Wegen ihrer relativ großen Abmessungen sind sie jedoch auf Frequenzbereiche von einigen Kilohertz beschränkt. Für eine Frequenz von 100 Hz beträgt $\lambda/4$ beispielsweise schon 0,85 m. Die Hauptanwendungen werden daher in Trägerfrequenzsystemen mit einer Trägerfrequenz von einigen Kilohertz und in Rauschfiltern zu suchen sein.

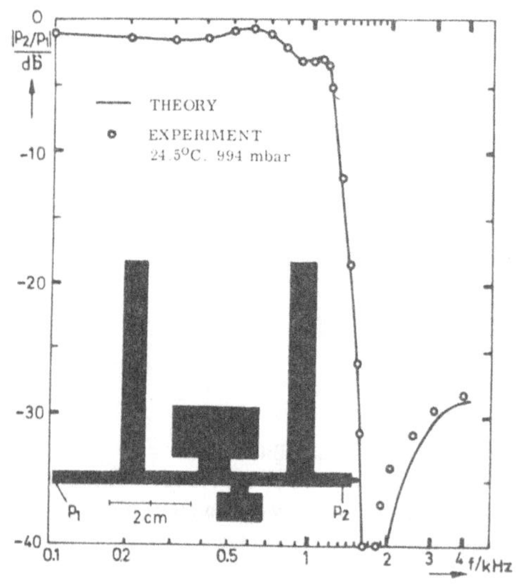

Bild 10.6.2
Durchlaßkurve eines Tiefpaß-Leitungsfilters und Silhouette der Leitungskonfiguration

10.7 Impulsförmige Signale (Großsignalaussteuerung) [10.14 bis 10.16]

In der Digitaltechnik ist die Annahme der Kleinsignalaussteuerung nicht mehr zulässig. Eine analytische Behandlung des Problems ist wegen der Nichtlinearität der Abschlußwiderstände sehr umfangreich und umständlich. Es soll daher ein grafisches Verfahren erläutert werden, das wegen seiner Einfachheit besticht.

Bild 10.7.1 zeigt eine Übertragungsleitung, die durch eine Düse abgeschlossen ist und über eine Freistrahlstrecke, die periodisch durch eine Zerhackerscheibe unterbrochen wird, angesteuert wird. Diese Anordnung soll uns als Simulation für einen Haftstrahlverstärker dienen, der einen gleichartigen Verstärker ansteuert. Für den Fall, daß die Empfängerdüse am Anfang der Leitung durch den Strahl beaufschlagt wird, kann sie durch eine Konstantdruckquelle mit dem Innenwiderstand R_i in der Ersatzschaltung dargestellt werden. Ist der Strahl durch die Zerhackerscheibe abgetrennt, so liegt die Empfängerdüse an Atmosphäre. Am Leitungsanfang herrscht also Kurzschluß. Das Auf- und Abschalten des Strahles kann demnach in der Ersatzschaltung durch einen Schalter dargestellt werden, der den Leitungsanfang zwischen Kurzschluß und der Quelle p_Q mit dem Innenwiderstand R_i hin- und herschaltet (Bild 10.7.2).

Für die weiteren Betrachtungen wollen wir nun annehmen, daß die Leitung verlustlos ist. In Bild 10.7.3 sind die Quellkennlinien und die Lastkennlinie für eine Schaltung nach Bild 10.7.2 aufgetragen. Im Falle des Kurzschlusses am Anfang der Leitung fällt die Quellkennlinie mit der Ordinate zusammen. Für den Fall, daß der Strahl auf die Leitung geschaltet ist und alle Reflektionen abgeklungen sind, werden Druck und Massenstrom am Lei-

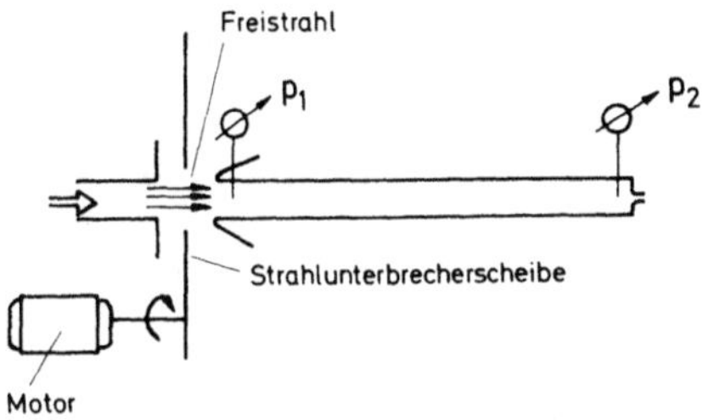

Bild 10.7.1 Übertragungsleitung mit Impulsgenerator

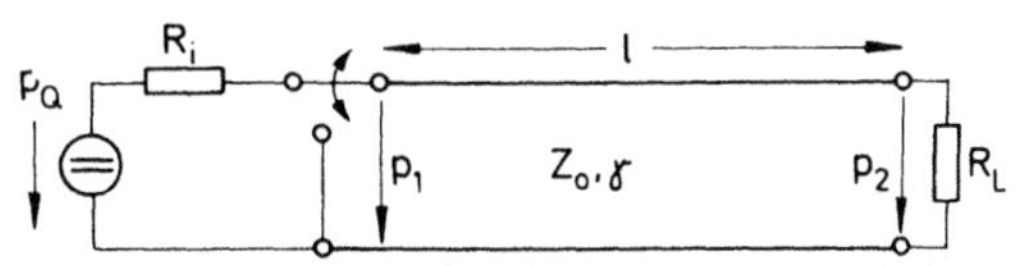

Bild 10.7.2 Ersatzschaltung für die Anordnung nach Bild 10.7.1

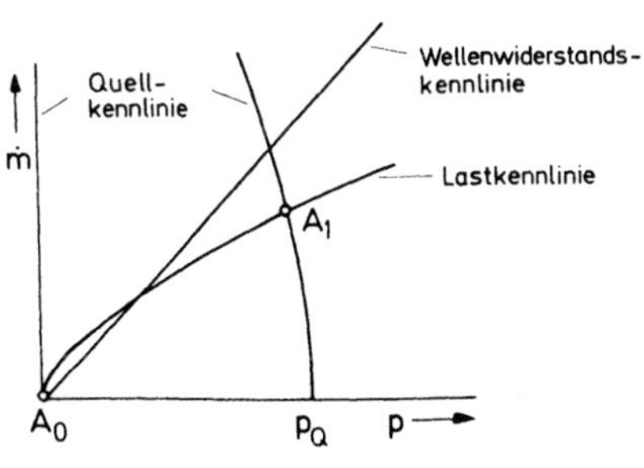

Bild 10.7.3
Kennlinien einer Übertragungsleitung mit nichtlinearem Last- und Quellwiderstand

tungsanfang und -ende durch den Gleichstromarbeitspunkt A_1 beschrieben. Ist die Leitung abgeschaltet, so verschwinden Druck und Massenstrom im eingeschwungenen Zustand (Arbeitspunkt A_0). Der Wellenwiderstand wird für eine verlustlose Übertragungsleitung reell (siehe Abschnitt 9.3) und läßt sich daher ebenfalls durch eine Kennlinie in Bild 10.7.3 darstellen.

Nach Abschnitt 9.2.1 sind die Druck- und Massenstromverteilung entlang einer Übertragungsleitung das Resultat einer Überlagerung von Druck- und Massenstromwellen, die sich vom Leitungsanfang zum Leitungsende (hinlaufend) und vom Leitungsende zum Leitungsanfang (rücklaufend) bewegen. Im Zeitbereich läßt sich das wie folgt ausdrücken

$$p(z,t) = p^h(z,t) + p^r(z,t) \tag{10.7.1}$$

$$\dot{m}(z,t) = \frac{p^h(z,t)}{Z_{SO}} - \frac{p^r(z,t)}{Z_{SO}}. \tag{10.7.2}$$

Gehen wir davon aus, daß alle Änderungen einem Gleichdruck $\overline{p}$ und einem Gleichstrom $\overline{\dot{m}}$ überlagert sind, dann ergeben sich Druck und Massenstrom zu

$$p(z,t) - \overline{p} = p^h(z,t) + p^r(z,t) \tag{10.7.3}$$

$$Z_{SO}\{\dot{m}(z,t) - \overline{\dot{m}}\} = p^h(z,t) - p^r(z,t)\,. \tag{10.7.4}$$

Zum Zeitpunkt $t = t_i$ finde an der Stelle $z = E$ der Leitung (Bild 10.7.4) eine Druckänderung statt. Diese Druckänderung pflanzt sich mit Wellengeschwindigkeit c als ebene Welle zum Leitungsanfang und zum Leitungsende fort. Es gilt dann an der Stelle E zum Zeitpunkt $t = t_i$

$$p(E,t_i) - \overline{p} = p^h(E,t_i) + p^r(E,t_i) \tag{10.7.5}$$

$$Z_{SO}\{\dot{m}(E,t_i) - \overline{\dot{m}}\} = p^h(E,t_i) - p^r(E,t_i)\,. \tag{10.7.6}$$

Wellenkennlinie für den Beobachter auf der rücklaufenden Welle

Betrachten wir einen Beobachter, der zum Zeitpunkt $t = t_i$ mit Wellengeschwindigkeit vom Ort $z = E$ zum Leitungsanfang abfährt, so sieht dieser keine Änderung der rücklaufenden Druckwelle. Für ihn ist

$$p^r(z,t) = p^r(E,t_i) = \text{konst.} \tag{10.7.7}$$

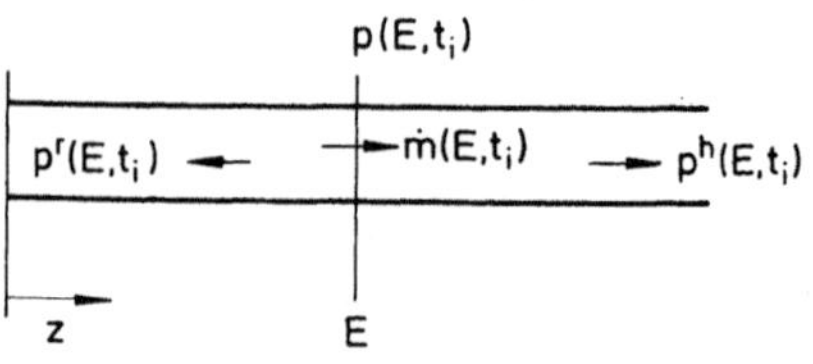

Bild 10.7.4
Anfangsbedingungen auf einer Übertragungsleitung

Massenstrom und Druck findet er durch folgende Gleichungen beschrieben

$$p(z,t) - \overline{p} = p^h(z,t) + p^r(E,t_i) \qquad (10.7.8)$$

$$Z_{SO}\{\dot{m}(z,t) - \overline{\dot{m}}\} = p^h(z,t) - p^r(E,t_i)\,. \qquad (10.7.9)$$

Durch Eliminieren des Gleichdruckes $\overline{p}$ und des Gleichstromes $\overline{\dot{m}}$ wird dann mit Gl. (10.7.5) und Gl. (10.7.6)

$$p(z,t) - p(E,i) = p^h(z,t) - p^h(E,t_i) \qquad (10.7.10)$$

$$Z_{SO}\{\dot{m}(z,t) - \dot{m}(E,t_i)\} = p^h(z,t) - p^h(E,t_i) \qquad (10.7.11)$$

Für den Beobachter, der mit Wellengeschwindigkeit zum Leitungsanfang reist, gilt dann

$$\dot{m}(z,t) - \dot{m}(E,t_i) = \frac{1}{Z_{SO}}\{p(z,t) - p(E,t_i)\}\,. \qquad (10.7.12)$$

Dies ist die Gleichung für eine Gerade, die durch den Punkt $p = p(E,t_i)$ und $\dot{m} = \dot{m}(E,t_i)$ mit der Steigung $1/Z_{SO}$ geht. (Bild 10.7.5). Der Punkt $A(E,t_i)$ beschreibt den jeweiligen Zustand auf der Leitung an der Stelle $z = E$ zum Zeitpunkt $t = t_i$. Der Punkt A_0 gibt den Gleichstromarbeitspunkt der Leitung an. Bei einer verlustlosen Leitung ist der Gleichstromarbeitspunkt entlang der Leitung natürlich gleich und wird nur durch die Quell- und Lastkennlinie bestimmt.

Wellenkennlinie für den Beobachter auf der hinlaufenden Welle

Für den Beobachter, der zum Zeitpunkt $t = t_i$ mit Wellengeschwindigkeit vom Ort $z = E$ zum Leitungsende reist, ergeben sich keine Änderungen der vorlaufenden Druckwelle. Mit

$$p^h(z,t) = p^h(E,t_i) = \text{konst.} \qquad (10.7.13)$$

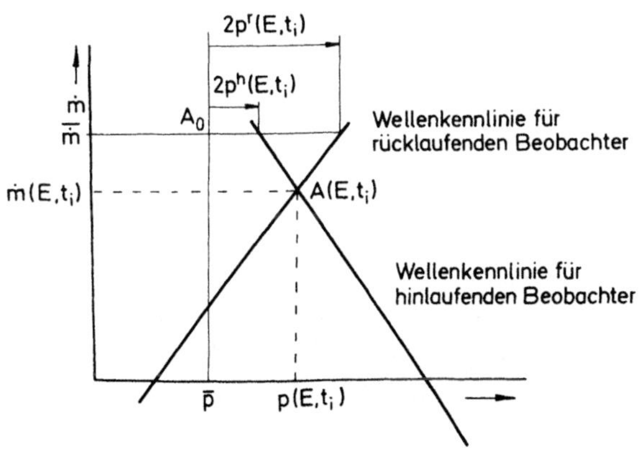

Bild 10.7.5
Kennlinien für den vor- und den rücklaufenden Beobachter

erhalten wir die Gleichungen, die ihm Druck und Massenstrom auf der Leitung beschreiben

$$p(z\ t) - \overline{p} = p^h(E, t_i) + p^r(z, t) \tag{10.7.14}$$

$$Z_{SO}\{\dot{m}(z, t) - \overline{\dot{m}}\} = p^h(E, t_i) - p^r(z, t)\ . \tag{10.7.15}$$

Mit Gl. (10.7.5) und Gl. (10.6.6) für den Ort $z = E$ zum Zeitpunkt $t = t_i$ können der Gleichdruck $\overline{p}$ und der Gleichstrom $\overline{\dot{m}}$ eliminiert werden

$$p(z, t) - p(E, t_i) = p^r(z, t) - p^r(E, t_i) \tag{10.7.16}$$

$$Z_{SO}\{\dot{m}(z, t) - \dot{m}(E, t_i)\} = -\{p^r(z, t) - p^r(E, t_i)\}\ . \tag{10.7.17}$$

Daraus folgt die Gleichung für den Beobachter, der mit Wellengeschwindigkeit zum Leitungsende reist zu

$$\dot{m}(z, t) - \dot{m}(E, t_i) = -\frac{1}{Z_{SO}}\{p(z, t) - p(E, t_i)\}\ . \tag{10.7.18}$$

Dies ist die Gleichung einer Geraden, die durch den Punkt $p = p(E, t_i)$ und $\dot{m} = \dot{m}(E, t_i)$ geht. Die Steigung der Geraden ist $-1/Z_{SO}$.
Wir wollen nun den Fall untersuchen, wenn zur Zeit $t = 0$ der Schalter am Leitungsanfang der Anordnung nach Bild 10.7.2 von Kurzschluß auf die Quelle mit Innenwiderstand geschaltet wird. Der Winkel $\pm\varphi$, unter dem die Wellenwiderstandsgeraden aufgetragen werden, ergibt sich aus der Gleichung für den Wellenwiderstand 9.3.5. Die Zeit, die die Welle zum Durchlaufen der Leitungslänge l benötigt, ist $\tau = l/c_a$.
Wir betrachten nun einen Beobachter, der zum Zeitpunkt $t = -\tau$ am Leitungsende losfährt. Zu diesem Zeitpunkt sind Druck und Massenstrom am Leitungsende Null. Dieser Zustand wird durch den Arbeitspunkt $(l, -\tau)$ in Bild 10.7.6 gegeben. Während der Reise vom Lei-

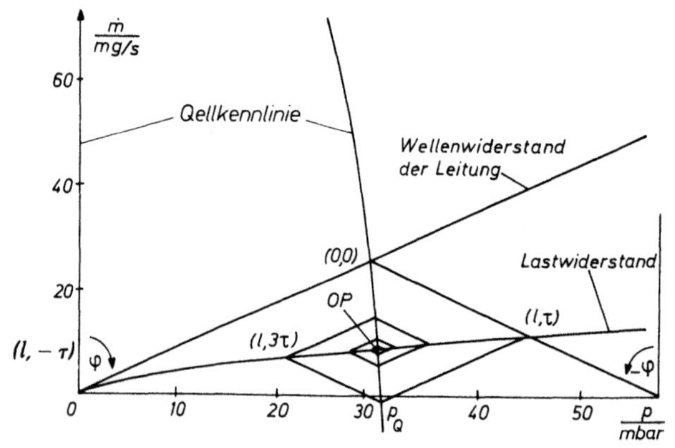

Bild 10.7.6
Grafische Bestimmung der Reflexionen

tungsende zum -anfang werden Druck und Massenstrom durch die positive Wellenwiderstandsgerade beschrieben. Im Augenblick des Antreffens am Leitungsanfang zur Zeit $t = 0$ wird der Strahl angeschaltet. Der Schnittpunkt (0,0) zwischen der Wellenwiderstandsgeraden und der Quellkennlinie ergibt Druck und Massenstrom zur Zeit $t = 0$ am Leitungsanfang. Der Beobachter startet nun zur Zeit $t = 0$ mit Wellengeschwindigkeit zum Leitungsende, wobei Druck und Massenstrom nun durch die negative Wellenwiderstandsgerade verknüpft sind. Der Schnittpunkt der negativen Wellenwiderstandsgeraden mit der Lastkennlinie (l, τ) ergibt uns dann Druck und Massenstrom am Leitungsende zur Zeit $t = \tau$.

In dieser Weise wird, wie in Bild 10.7.6 angedeutet, fortgefahren, so daß sich eine Art Spinnwebe ergibt, die den statischen Arbeitspunkt (OP) einkreist. Bild 10.7.7 zeigt die Sprungantwort am Leitungsende.

Der Abschaltvorgang wird auf gleiche Art ermittelt. Zur Zeit $t = 0$ werde die Leitung von der Quelle auf Kurzschluß am Anfang geschaltet. Während in Bild 10.7.6 eine überangepaßte Leitung betrachtet wurde, liegt in Bild 10.7.8 eine unterangepaßte Leitung vor. Der Beobachter wird zur Zeit $t = -\tau$ am Leitungsende losgeschickt, so daß er zu Zeit $t = 0$ am Leitungsanfang ankommt. Im Gegensatz zum Beispiel aus Bild 10.7.6, wo der Endwert nach einigen Überschwingern erreicht wird, stellt sich nun der Endwert schleichend mit immer kleineren Schritten ein.

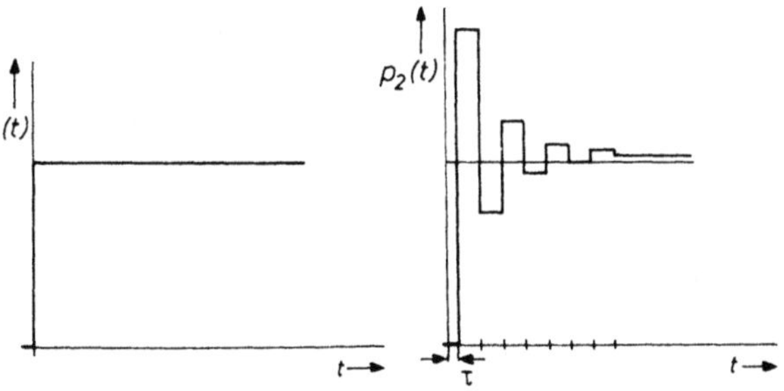

Bild 10.7.7
Aus Bild 10.7.6 ermittelte Sprungantwort

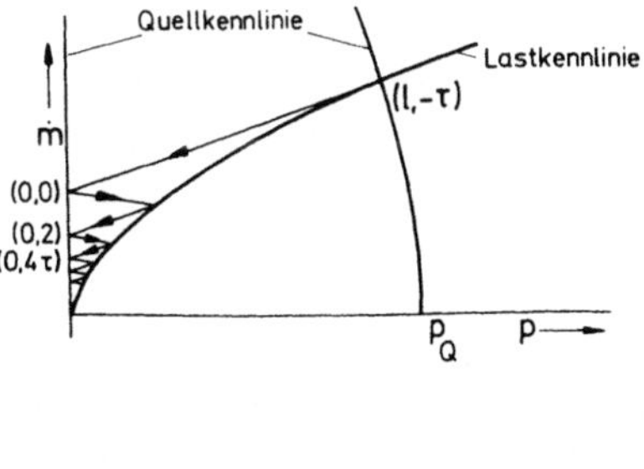

Bild 10.7.8
Grafische Bestimmung des Abschaltvorganges

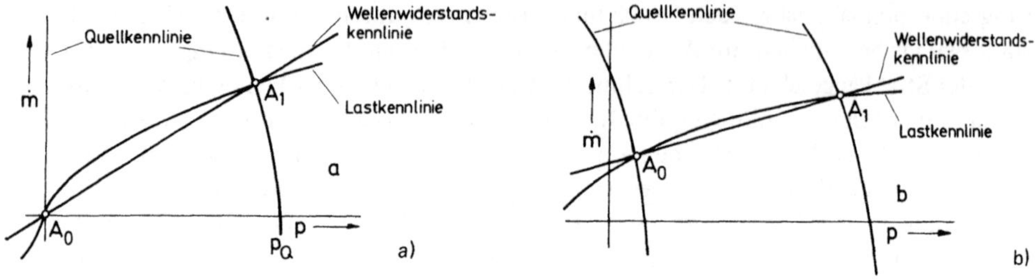

Bild 10.7.9 Wellenwiderstandsanpassung

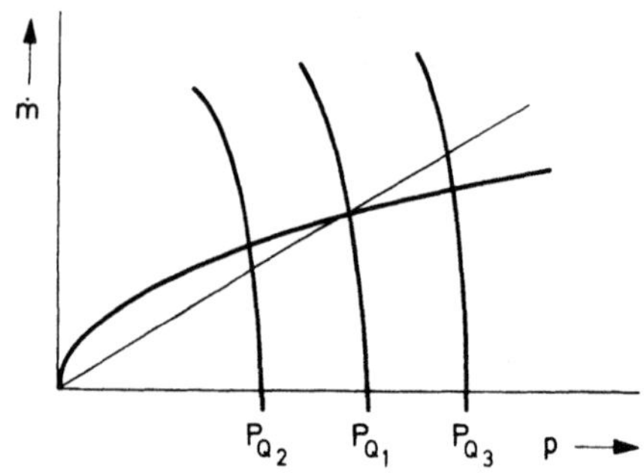

Bild 10.7.10 Einfluß des Quelldruckes auf die Wellenanpassung

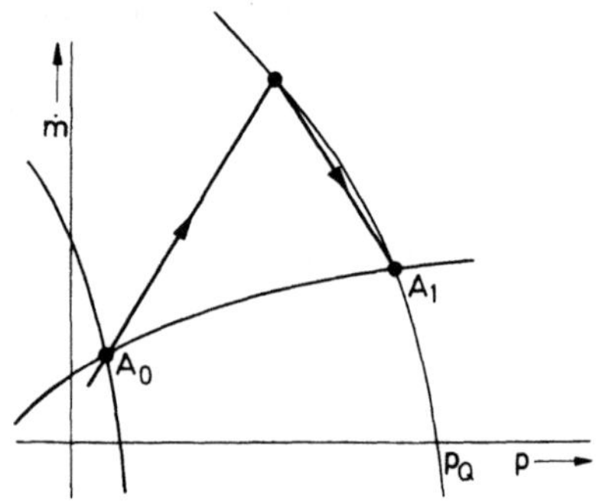

Bild 10.7.11 Wellenanpassung durch eine „überdimensionierte Leitung" (oversized line)

Aus den obigen Betrachtungen läßt sich jetzt sehr einfach für gegebene Last und Quellkennlinien die Größe des Wellenwiderstandes ermitteln, für den keine Reflektionen mehr auftreten (Wellenanpassung). Wie in Bild 10.7.9a und b muß die Wellenwiderstandsgerade durch die Schnittpunkte der Lastkennlinie mit den Quellkennlinien gehen. Aus der Steigung der Wellenwiderstandsgeraden kann der Querschnitt der Übertragungsleitung bestimmt werden. Im Schnittpunkt ist der Lastwiderstand gleich dem Wellenwiderstand. Es liegt Wellenwiderstandsanpassung vor. Es muß jedoch betont werden, daß eine vollkommene Anpassung nur für einen bestimmten Quelldruck möglich ist. Ein Anwachsen oder Abfallen des Quelldruckes wird eine Fehlanpassung verursachen. Andererseits kann eine Fehlanpassung durch eine geeignete Änderung des Quelldruckes kompensiert werden (Bild 10.7.10).

Eine andere Möglichkeit der Wellenanpassung ist in Bild 10.7.11 angedeutet. Der Wellenwiderstand wird so klein (Querschnitt so groß) gewählt, daß die am Leitungsanfang reflektierte Welle genau die Druck- und Massenstrombedingungen für den statischen Arbeits-

punkt herstellt. Der Vorteil dieser Methode (oversized line [10.14]) ist, daß wegen der größeren Leitungsquerschnitte erheblich geringere Verluste auftreten als bei der Anpassung an den Lastwiderstand. Es muß allerdings darauf geachtet werden, daß der Arbeitspunkt A_0 beim Abschalten auf die gleiche Weise erreicht wird.
In Bild 10.7.12 und 10.7.13 sind die Oszillographenaufnahmen und die graphisch ermittelten Ergebnisse für eine unterangepaßte und eine überangepaßte Leitung zu sehen. Die Abmessungen der Leitung sind

l = 150 mm

A = 3,25 mm^2

a = h/b = 2,75 .

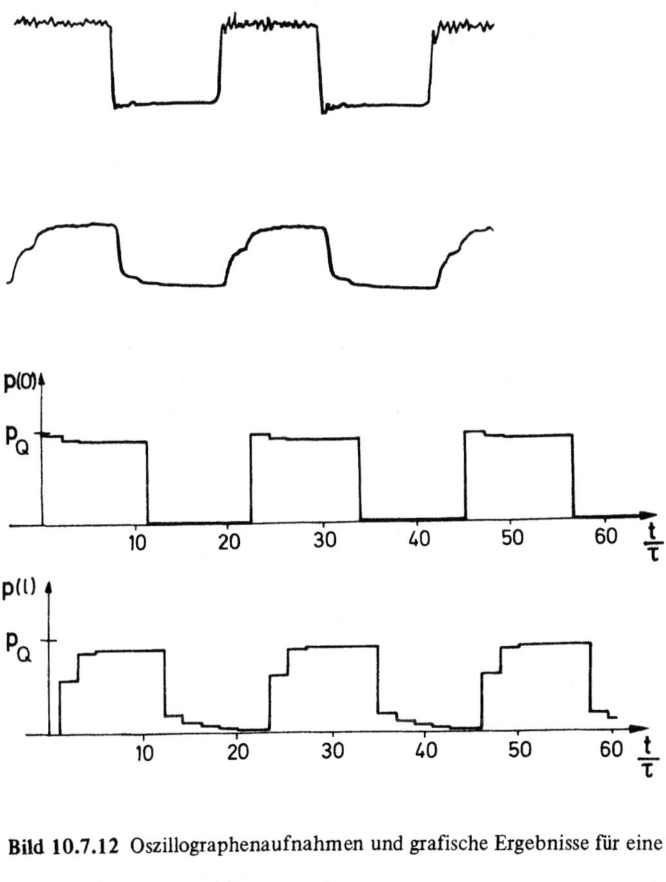

Bild 10.7.12 Oszillographenaufnahmen und grafische Ergebnisse für eine unterangepaßte Leitung

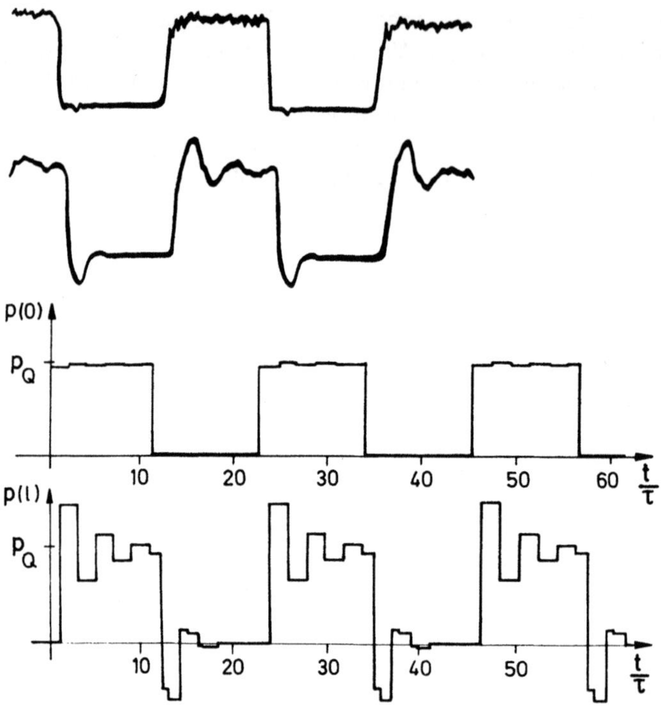

Bild 10.7.13
Oszillographenaufnahme und grafisches Ergebnis für eine überangepaßte Leitung

Es ist bemerkenswert, daß Anstieg und Abfall der Impulse unterschiedlich sind und sehr genau durch das graphische Verfahren vorhergesagt werden können. Lediglich die Höhe der Impulse ist wegen der vernachlässigten Reibungsverluste zu hoch angesetzt.
Die Kennlinien der unterangepaßten und der überangepaßten Leitung sind in Bild 10.7.14 und Bild 10.7.15 zu sehen.

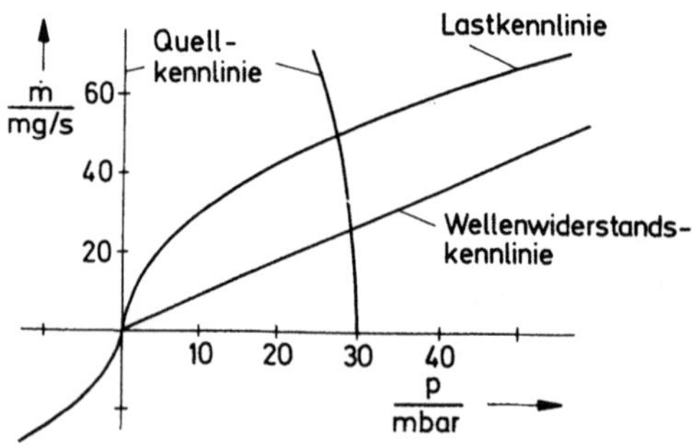

Bild 10.7.14
Kennlinien der unterangepaßten Übertragungsleitung zu Bild 10.7.12

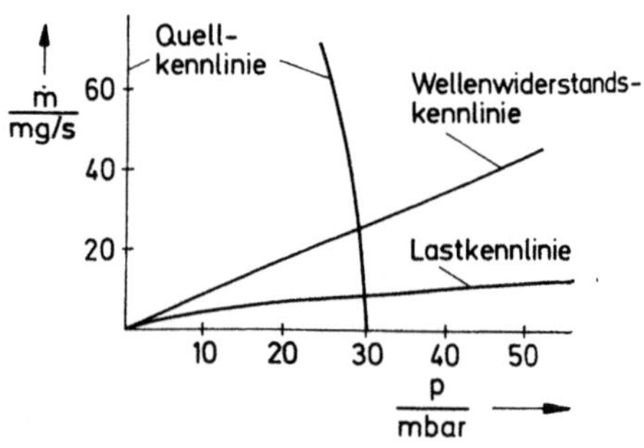

Bild 10.7.15
Kennlinien der überangepaßten Übertragungsleitung zu Bild 10.7.13

11 Bausteine der Trägerfrequenztechnik

11.1 Allgemeines

Fluidische Trägerfrequenzsysteme finden in der Fluidik meist dort Anwendung, wo Sensoren ihre Ausgangsgröße in Form einer Frequenz abgeben. Typische Beispiele sind Oszillatoren, deren Schwingfrequenz sich in Abhängigkeit von der Temperatur, dem Versorgungsdruck bzw. -strom, der Dichte oder der Feuchtigkeit des Mediums ändern kann. Weitere Beispiele können aus der Drehzahlmeßtechnik entnommen werden. Über eine Loch- oder Taumelscheibe kann mit Hilfe einer geeigneten Abtastdüsenanordnung die Drehzahl in eine proportionale Frequenz umgeformt werden. Einer Änderung der Meßgröße entspricht eine bestimmte Änderung der Frequenz. Es liegt daher ein frequenzmoduliertes Signal vor, das zur Weiterverarbeitung demoduliert werden muß, so daß beispielsweise ein der Meßgröße oder der Abweichung der Meßgröße vom vorgegebenen Sollwert proportionales Gleichstromsignal zur Verfügung steht.
Eine Verfälschung des Meßwertes kann selbst bei Übertragung über große Strecken nicht auftreten, da sich lediglich Amplitude und Phase ändern können, aber nicht die Frequenz des Signales. Das Signal-Rausch-Verhältnis von Systemen mit Frequenzmodulation ist sehr hoch, da das Signal in seiner Frequenz durch das Rauschen nicht verändert wird. Auch sehr kleine Amplituden, die bei anderen Systemen vom Rauschen überdeckt werden, können wiedererkannt und als Informationsträger genutzt werden.
Bei der Demodulation des frequenzmodulierten Signales tritt, je nach Demodulationsart, als Zwischenschritt eine zusätzliche Amplituden- oder Phasenmodulation auf.
Ein besonderer Vorteil der Wechselstromtechnik allgemein ist, daß die Nullpunktdrift von Verstärkern keine Information vortäuschen kann, solange die Verstärker in ihrem linearen Aussteuerbereich bleiben. Bild 11.1a und b zeigen Beispiele für die Auswirkung der Drift

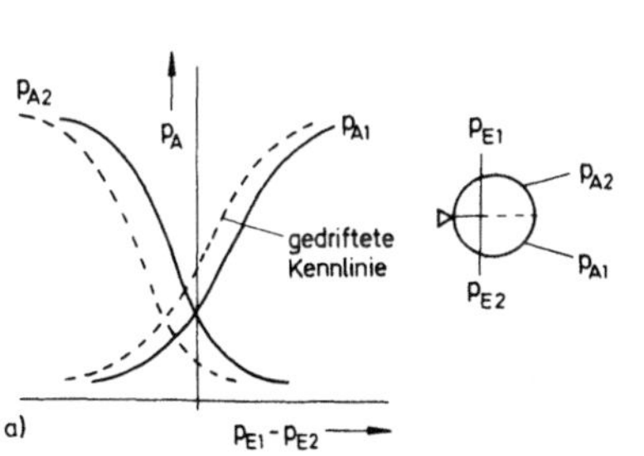

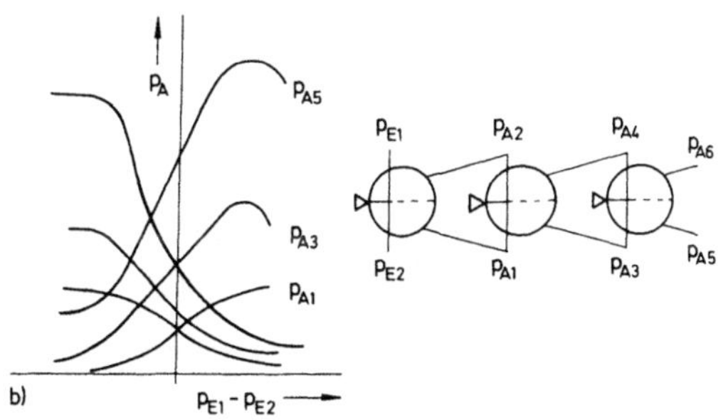

Bild 11.1.1 Drift und Druckübertragungskennlinien eines einstufigen (a) und eines dreistufigen (b) Verstärkers

auf die Übertragungskennlinien eines einstufigen und eines dreistufigen Gleichstromverstärkers [11.1]. Durch die Drift verschieben sich die Einzelkennlinien und somit die Kennlinie für Differenzbetrieb, so daß beispielsweise bei fehlendem Eingangssignal ein Ausgangssignal erscheint, da die Ausgangssignale der beiden Verstärkerausgänge ungleich groß sind. Bei reinem Wechselstrombetrieb ist eine Änderung des Arbeitspunktes für frequenzmodulierte Signale ohne jeden Einfluß, da die Frequenz als Informationsträger nicht beeinflußt wird. Bei amplitudenmodulierten Signalen ist nur dann ein Einfluß der Drift vorhanden, wenn die Drift eine so starke Arbeitspunktverschiebung verursacht, daß ein Gebiet unterschiedlicher Verstärkung erreicht wird (Bild 11.1.2). Da sich für diesen Fall die Amplitude des Ausgangssignales ändern wird, wird eine Information vorgetäuscht. Bild 11.1.3 zeigt eine Möglichkeit, um den Verstärker unabhängig von der Drift im linearen Bereich zu halten. Durch eine Tiefpaßgegenkopplung wird erreicht, daß der Verstärker bei den tiefen Driftfrequenzen stark gegengekoppelt ist und somit nur eine geringe Änderung der Ausgangsgröße bei einem tieffrequenten Driftsignal auftritt. Nach Abschnitt 6.3.2 liegt ein PD-Glied mit Verzögerung mit dem Frequenzgang

$$\underline{F} = k\,\frac{1 + j\,\omega\,T_v}{1 + j\,\omega\,\tau} \tag{11.1.2}$$

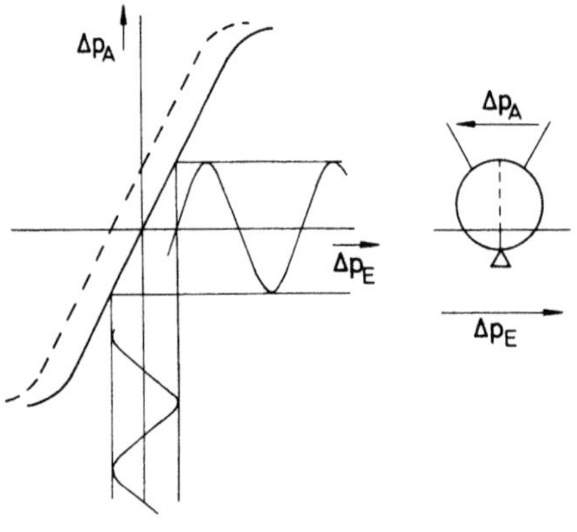

Bild 11.1.2
Wechselstrombetrieb eines Proportionalverstärkers unter Drifteinfluß

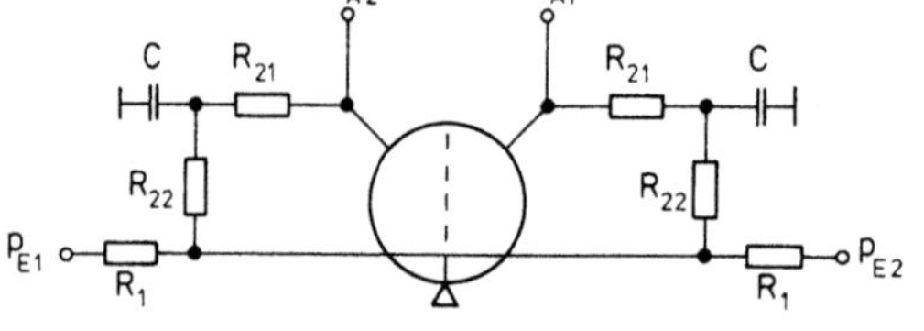

Bild 11.1.3
Driftkompensation eines Proportionalverstärkers

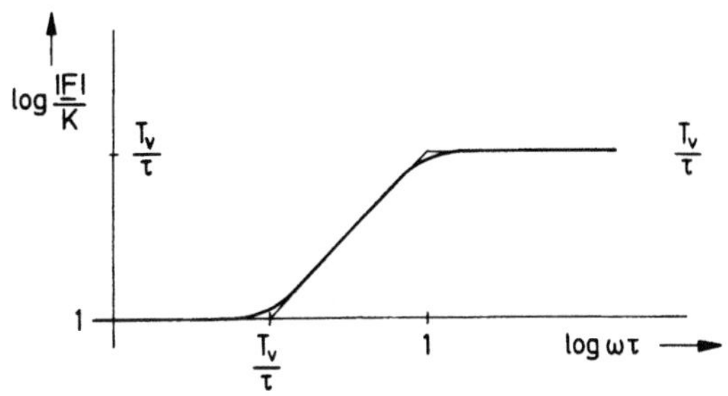

Bild 11.1.4
Amplitudengang des driftkompensierten Proportionalverstärkers nach Bild 11.1.3

vor. Bild 11.1.4 zeigt den Amplitudengang der Anordnung. Oberhalb der Frequenz $f = 1/(2\pi\tau)$ ist die Amplitude des gegengekoppelten Verstärkers unabhängig von der Frequenz. Die Wechselsignale werden mit einer erheblich höheren Verstärkung als die Driftsignale übertragen. Die Verstärkung der Driftsignale können durchaus kleiner als eins gewählt werden.

11.2 Modulationsarten [11.2, 11.3]

Eine Schwingung kann bezüglich Amplitude, Frequenz oder Phase beeinflußt werden. Entsprechend unterscheidet man Amplituden-, Frequenz- oder Phasenmodulation. Der Träger, der moduliert werden soll, habe die Form

$$h = H \sin\alpha(t) = H \sin(\Omega t + \varphi) \tag{11.1.1}$$

mit

Ω Frequenz des Trägers
φ Phasenwinkel des Trägers
H Amplitude des Trägers .

11.2.1 Amplitudenmodulation

Bei der Amplitudenmodulation wird die Amplitude der Trägerschwingung zeitlich im Takt der Nachricht verändert. Die Nachricht besteht im einfachsten Fall aus einem sinusförmigen Signal der Frequenz ω, so daß sich für die Trägeramplitude

$$H = H_0 + N \sin\omega t = H(1 + m \sin\omega t) \tag{11.2.1}$$

ergibt, wobei H_0 der Ruhewert der Trägeramplitude und

$$m = \frac{N}{H_0} \tag{11.2.2}$$

der Modulationsgrad ist.

Somit erhält man für die amplitudenmodulierte Schwingung, falls man deren Nullphase willkürlich zu Null setzt, den Ausdruck

$$h = H_0 (1 + m \sin \omega t) \sin \Omega t . \tag{11.2.3}$$

Der gefundene Ausdruck in Gl. (11.2.3) läßt sich als Schwingung der Kreisfrequenz Ω darstellen, deren Amplitude um den Ruhewert H_0 sinusförmig mit der Frequenz ω und dem Betrag N schwankt (Bild 11.2.1). Die Nachricht ist also in der Hüllkurve der hochfrequenten Schwingung enthalten. Durch trigonometrische Umformung mit

$$\sin x \sin y = -\tfrac{1}{2} \cos(x + y) + \tfrac{1}{2} \cos(x - y)$$

erhält man die Spektrumsgleichung der amplitudenmodulierten Schwingung

$$h = H_0 \sin \Omega t - \frac{m}{2} H_0 \cos(\Omega + \omega) t + \frac{m}{2} H_0 \cos(\Omega - \omega) t . \tag{11.2.4}$$

Diese Form zeigt, daß die amplitudenmodulierte Schwingung sich aus drei nebeneinander bestehenden sinusförmigen Schwingungen additiv zusammensetzt, dem Träger unveränderter Amplitude und den beiden Seitenschwingungen mit den „Seitenfrequenzen" $\Omega + \omega$ und $\Omega - \omega$, deren Amplituden untereinander gleich und je gleich dem halben Amplitudenhub sind (Bild 11.2.2). Im allgemeinen besteht die Nachricht aus einem Frequenzgemisch, so daß sich entsprechend sogenannte „Seitenbänder" ergeben.

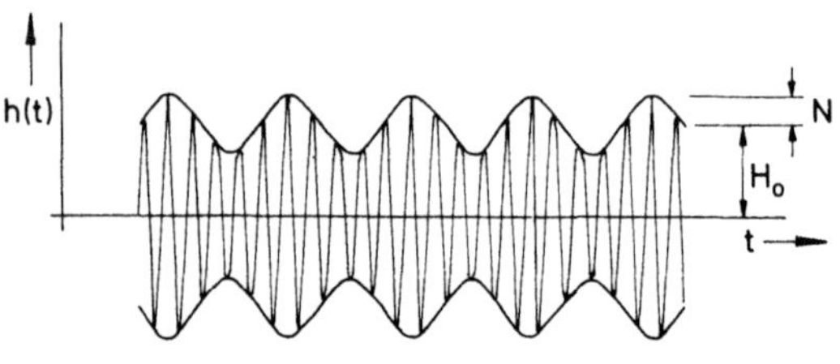

Bild 11.2.1 Amplitudenmodulierte Schwingung

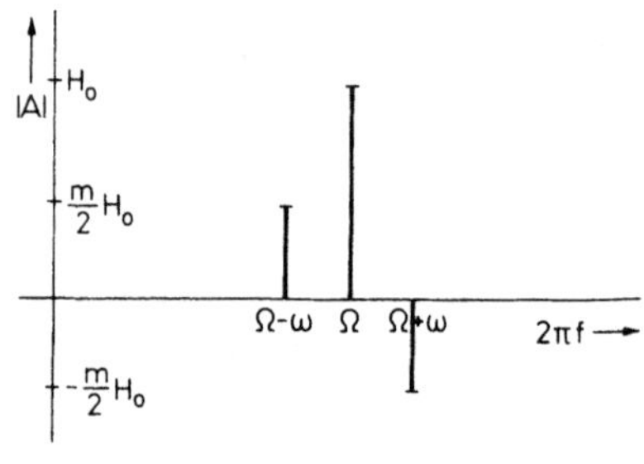

Bild 11.2.2 Spektrum der amplitudenmodulierten Schwingung

11.2.2 Frequenz- und Phasenmodulation

Bei der Frequenzmodulation ist die Frequenz eine Funktion der Zeit, während Amplitude und Phase konstant sind. Die Augenblicksfrequenz der Schwingung nach Gl. (11.1.1) ist

$$\Omega(t) = \frac{d\,\{\alpha(t)\}}{dt} . \tag{11.2.5}$$

Die frequenzmodulierte Schwingung wird dann

$$h = H_0 \sin \left[\int_0^t \Omega(t)\, dt + \varphi_0 \right] \qquad (11.2.6)$$

mit

$$\alpha(t) = \int_0^t \Omega(t) + \varphi_0 \, . \qquad (11.2.7)$$

Die modulierende Frequenz schwanke nun priodisch um einen Mittelwert nach der Beziehung

$$\Omega(t) = \Omega_0 - \Delta\Omega \sin \omega t \, . \qquad (11.2.8)$$

Für das Argument $\alpha(t)$ ergibt sich dann

$$\alpha(t) = \Omega_0 t + \varphi_0 + \frac{\Delta\Omega}{\omega} \cos \omega t \, , \qquad (11.2.9)$$

hierbei sind

$\Delta\Omega$	Frequenzhub	(11.2.10)
$\Delta\varphi = \frac{\Delta\Omega}{\omega}$	Modulationsindex bzw. Phasenhub	(11.2.11)
$\frac{\Delta\Omega}{\Omega}$	Modulationsgrad .	(11.2.12)

Wenn der Frequenzhub unabhängig von ω, das heißt der Phasenhub umgekehrt proportional ω ist, liegt eine reine Frequenzmodulation vor.

Bei der Phasenmodulation ist die Phase eine Funktion der Zeit, während Frequenz und Amplitude konstant sind. Die phasenmodulierte Schwingung erhält man dann zu

$$h = H_0 \sin [\Omega_0 t + \varphi(t)] \qquad (11.2.13)$$

mit

$$\alpha(t) = \Omega_0 t + \varphi(t) \, . \qquad (11.2.14)$$

Wenn die modulierende Phase nun periodisch um einen Mittelwert schwankt

$$\varphi(t) = \varphi_0 + \Delta\varphi \cos \omega t \qquad (11.2.15)$$

folgt das Argument zu

$$\alpha(t) = \Omega_0 t + \varphi_0 + \Delta\varphi \cos \omega t \qquad (11.2.16)$$

mit

$\Delta\varphi$	Phasenhub .	(11.2.17)

Wenn der Phasenhub unabhängig von ω ist, liegt eine reine Phasenmodulation vor. Aus Gl. (11.2.9) und Gl. (11.2.16) folgt, daß eine mit dem Phasenhub $\Delta\varphi = \frac{\Delta\Omega}{\omega}$ phasenmodulierte Schwingung einer mit dem Frequenzhub $\Delta\Omega$ frequenzmodulierten Schwingung gleichwertig ist.
Das frequenzmodulierte Signal (Nullphasenwinkel φ_0 willkürlich zu Null gesetzt)

$$h = H_0 \sin(\Omega_0 t + \frac{\Delta\Omega}{\omega} \cos\omega t) \tag{11.2.18}$$

besitzt ein unendlich ausgedehntes Spektrum. Die mathematische Behandlung liefert

$$h = H_0 \sum_{h=-\infty}^{+\infty} J_n \left(\frac{\Delta\Omega}{\omega}\right) \sin(\Omega + n\omega)\, t\,. \tag{11.2.19}$$

$J_n(\varphi)$ ist dabei die Besselfunktion erster Art von der Ordnung an n. Das Spektrum des mit ω frequenzmodulierten Signales ist symmetrisch zu beiden Seiten des Trägers Ω_0. Die Spektrallinien haben einen Abstand von $n\omega$ vom Träger. Die Amplituden der Seitenfrequenzen sind sehr unterschiedlich und hängen nur vom Modulationsindex ab. Sie sind teilweise größer als die des Trägers.
Bild 11.2.3 zeigt den Verlauf der Besselfunktion erster Art bis zur 6. Ordnung. Es ist zu erkennen, daß für einen kleinen Modulationsindex nur J_0 und J_1 von Bedeutung sind. Es genügt demnach, nur die Seitenfrequenzen $\Omega_0 + \omega$ und $\Omega_0 - \omega$ zu betrachten. Für zunehmenden Modulationsindex müssen weitere Seitenfrequenzen berücksichtigt werden. Bild 11.2.4 demonstriert dies an zwei Beispielen für $\frac{\Delta\omega}{\Omega} = 1$ bzw. 2.

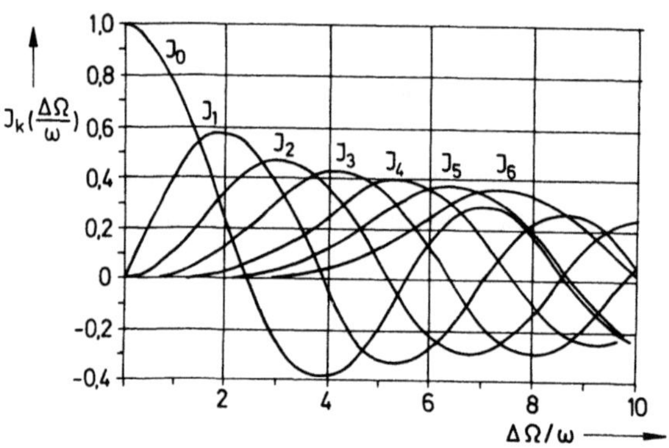

Bild 11.2.3
Besselfunktion erster Art, Ordnung 1 bis 6

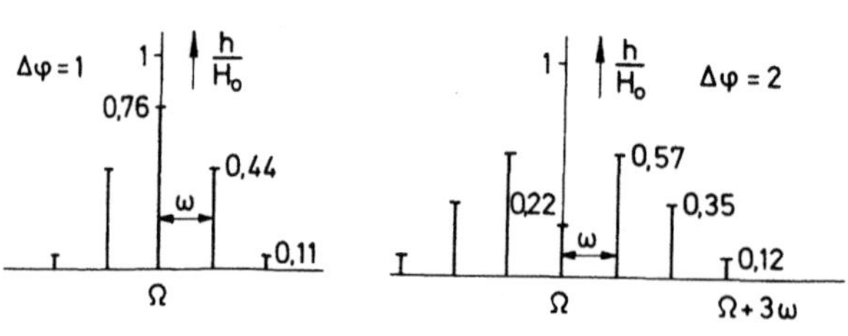

Bild 11.2.4
Spektrum einer frequenzmodulierten Schwingung, einen Modulationsindex 1 bzw. 2

11.3 Oszillatoren

11.3.1 Oszillator mit äußerer Rückführung als Frequenzmodulator

Durch Rückkopplungsleitungen zwischen den Ausgängen und den Eingängen läßt sich aus einem Verstärker, wie in Bild 11.3.1 angedeutet, ein Oszillator aufbauen. Damit der Oszillator schwingen kann, muß die Verstärkung des aufgetrennten Kreises größer als 1 und die gesamte Phasendrehung – 360° sein.

Die Phasendrehung setzt sich wie folgt zusammen:

1. Phasendrehung im Verstärker
   a) von – 180° aufgrund der geometrischen Beziehungen zwischen den Ein- und Ausgängen, die mittels einer Rückkopplungsleitung verbunden sind,
   b) aufgrund der Totzeit und der Verzögerungszeiten im Verstärker, verursacht durch die Strahltransportzeit und die Trägheit des Strahles.
2. Phasendrehung in den Rückkopplungsleitungen aufgrund der endlichen Signallaufgeschwindigkeit, ungefähr Schallgeschwindigkeit, des verwendeten Mediums.

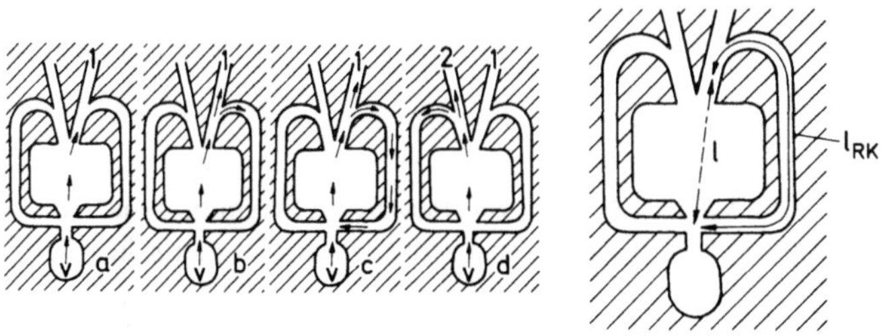

Bild 11.3.1 Oszillator mit äußerer Rückführung

Nimmt man in erster Näherung an, daß die Trägheit des Strahles sich durch eine Verzögerungszeit τ_s beschreiben läßt, so setzt sich die gesamte Phasendrehung des aufgeschnittenen Kreises wie folgt zusammen

$$\varphi_{ges} = -180° - \arctan(\omega \tau_s) - \omega(T_{tStr.} + T_{tRK}). \tag{11.3.1}$$

Die Signallaufzeit im Strahl $T_{tStr.}$ ist der Transportzeit t_V im Strahl proportional (Abschnitt 5.1)

$$T_{tStr.} = \frac{l}{v_v} S = 2{,}08\ t_V\ . \tag{11.3.2}$$

Mit der Beziehung für die Versorgungsdüse $p = \frac{\rho}{2}\,\bar{v}_v^2$ folgt die Signaltransportzeit im Strahl in Abhängigkeit vom Versorgungsdruck zu

$$T_{tStr.} = \frac{l}{\sqrt{\frac{2}{\rho}\,p_v}}\,S = 2{,}08\,\frac{l}{\sqrt{\frac{2}{\rho}\,p_v}}\,. \qquad (11.3.3)$$

Die Signallaufzeit T_{tRK} in den Rückkopplungsleitungen wird

$$T_{tRK} = \frac{l_{RK}}{c}\,, \qquad (11.3.4)$$

wobei l_{RK} Länge der Rückkopplungsleitung

c Signalgeschwindigkeit auf der Rückkopplungsleitung (ungefähr Schallgeschwindigkeit c_a im Medium).

Die Schwingfrequenz bestimmt sich daher aus der Gleichung

$$\pi = \arctan(\omega_0 \tau_s) + \omega_0 \left(\frac{l}{\sqrt{\frac{2}{\rho}\,p_v}}\,S + \frac{l_{RK}}{c_a} \right) \qquad (11.3.5)$$

mit $\arctan(\omega_0 \tau_s) \approx \omega_0 \tau_s$ für kleine Verzögerungswinkel zu

$$f_0 = \frac{1}{2}\,\frac{1}{\tau_s + \dfrac{lS}{\sqrt{\frac{2}{\rho}\,p_v}} + \dfrac{l_{RK}}{c_a}}\,. \qquad (11.3.6)$$

Wenn die Signallaufzeit im Strahl groß gegen die Verzögerungszeit im Strahl und die Signallaufzeit in den Rückkopplungsleitungen gewählt wird, kann die Schwingfrequenz durch

$$f_0 = \frac{1}{2lS}\sqrt{\frac{2}{\rho}\,p_v} \sim \dot{m}_v \sim \sqrt{p_v} \qquad T_{tStr.} \gg \tau_s, T_{tRK} \qquad (11.3.7)$$

beschrieben werden. Die Schwingfrequenz ist proportional der Wurzel aus dem Versorgungsdruck bzw. proportional dem Versorgungsfluß. Der Oszillator kann daher als Druck- oder Flußsensor eingesetzt werden.

Wenn die Signallaufzeit in den Rückkopplungsleitungen groß gegen die Signallaufzeit im Strahl und die Verzögerungszeit des Strahles ist, folgt für die Schwingfrequenz des Oszillators annähernd

$$f_0 = \frac{c_a}{2\,l_{RK}} = \frac{\sqrt{\kappa R_g T}}{2\,l_{RK}} \sim \sqrt{T} \qquad T_{tRK} \gg \tau_s, T_{tStr.}\,. \qquad (11.3.8)$$

Damit ist die Oszillatorfrequenz proportional der Wurzel aus der absoluten Temperatur. Nach Gl. (3.3.8) kann der Oszillator auch zur Messung von Dichte und Feuchtigkeit herangezogen werden, da die Schallgeschwindigkeit eine Funktion der Dichte ist.

Bei seiner Verwendung als Sensor arbeitet der Oszillator als Frequenzmodulator, der seine Frequenz im Takte der Meßgröße ändert. Weitere Oszillatortypen in Abschnitt 8.1.2 beschrieben.

11.3.2 Oszillator mit Federresonator-Stabilisierung als Frequenznormal [11.4, 11.5]

Der Oszillator kann nur bei der Frequenz schwingen, bei der die geforderte Phasenbeziehung von 360° (bzw. ein ganzzahliges Vielfaches) zwischen dem Eingang und dem Ausgang des aufgeschnittenen Kreises besteht. Jede Abweichung dieser Phasenbeziehung regelt der Oszillator selbsttätig aus, so daß die gesamte Phasendrehung wieder 360° beträgt. Weicht die Phasenverschiebung des gesamten Kreises aus irgendeinem Grund (z.B. Änderung des Versorgungsdruckes und damit Änderung der Signallaufzeit im Verstärkerteil, Änderung der Temperatur in den Rückkopplungsleitungen und damit Änderung der Signallaufzeit) von 360° ab, so muß diese Phasenänderung durch eine entsprechende Frequenzänderung ausgeglichen werden. Diese Frequenzänderung ist umso kleiner, je steiler die Phasenkurve des aufgeschnittenen Kreises in der Nähe der gewünschten Oszillatorfrequenz verläuft. Definiert man die Phasen-Steilheit des aufgeschnittenen Kreises bei Schwingfrequenz zu

$$S_0 = \left. \frac{\partial \varphi}{\partial f} \right|_{f = f_0} \qquad (11.3.10)$$

so gilt für die erforderliche Frequenzänderung

$$\Delta f = \frac{1}{S_0} \Delta \varphi \,. \qquad (11.3.11)$$

Je größer die Phasensteilheit S_0 ist, umso kleiner sind demnach die Abweichungen Δf von der Sollwertfrequenz f_0.

Durch ein Rückkopplungsnetzwerk mit hoher Phasensteilheit kann erreicht werden, daß die Oszillatorfrequenz nahezu unabhängig von den Änderungen der Übertragungseigenschaften des Verstärkers wird. Ein derartiges Rückkopplungsnetzwerk kann einen mechanischen Federresonator beinhalten, der bei entsprechend hoher Güte eine außerordentliche Phasensteilheit aufweist. Die Phasensteilheit eines Resonators beträgt

$$\frac{d\varphi}{df} = \frac{2Q}{f_0} \,. \qquad (11.3.12)$$

Bild 11.3.2a zeigt die Schaltung eines Oszillators mit Torsionsfederresonator-Stabilisierung. Der Federresonator steuert über ein Strahldüse-Fangdüse System, wie in Bild 11.3.2b angedeutet, einen Proportionalverstärker und ein Flipflop mit nachgeschaltetem Digitalverstärker an. Die Flipflopausgänge sind auf den Federresonator zurückgekoppelt.
Durch eine entsprechende Werkstoffauswahl wurde eine Frequenzgenauigkeit von 0,1 % über einen Temperaturbereich von − 50 °C bis + 50 °C und einen Druckbereich von 0,14 bar bis 0,28 bar erreicht. Bild 11.3.3a und b zeigen die entsprechenden experimentellen Ergebnisse.
Der Strahl des Strahldüse-Fangdüse-Systems hat einen dämpfenden Einfluß auf den Federresonator. Mit wachsendem Versorgungsdruck fällt die Güte und damit die Phasensteilheit des Resonators. Der Versorgungsdruck der Signaldüse wird daher nicht größer als 0,07 bar gewählt.

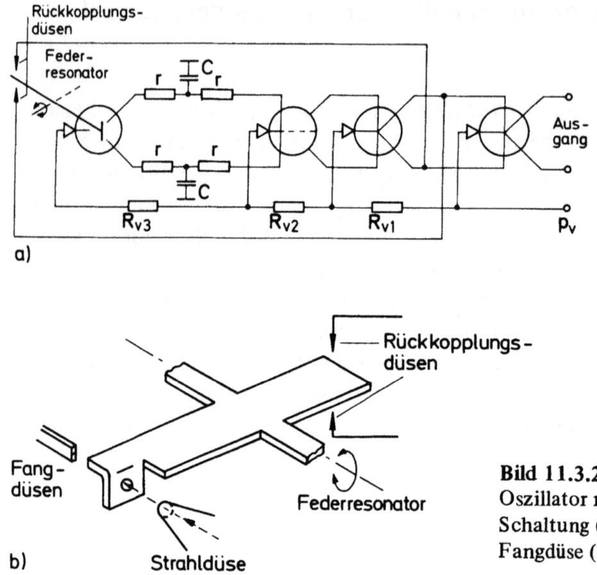

Bild 11.3.2
Oszillator mit Federresonator-Stabilisierung, Schaltung (a) und Federresonator mit Strahldüse-Fangdüse (b) [11.4]

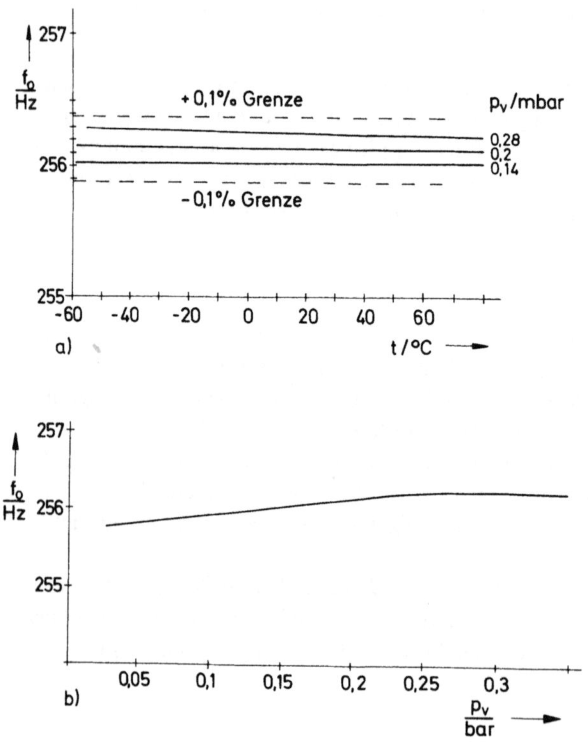

Bild 11.3.3
Temperaturabhängigkeit (a) und Druckabhängigkeit (b) des Oszillators nach Bild 11.3.2 [11.5]

Ein Oszillator mit Federresonator wird überall dort eingesetzt werden, wo eine Referenzfrequenz hoher Stabilität gefordert wird, und wo starke Versorgungsdruck- und Temperaturänderungen auftreten.

11.4 Auskoppelstufe für Wechselstromsignale [11.7]

Eine reine Wechselstromverstärkerstufe, die keinen Gleichanteil überträgt, läßt sich in der Fluidik nicht so ohne weiteres verwirklichen, da Reihenkondensatoren nur in einem Bereich relativ niedriger Frequenzen mit Faltenbälgen oder Membranen aufgebaut werden können. Durch eine geeignete Schaltung nach Bild 11.4.1 läßt sich aber mit Hilfe von Verzögerungsgliedern eine Differenzierschaltung nachbilden, die keinen Gleichanteil überträgt. Bild 11.4.2 zeigt den Signalflußplan für die Schaltung in Bild 11.4.1. Die Signale des Proportionalgliedes (R-Glied) werden von den Signalen des Verzögerungsgliedes (RC-Glied oder RL-Glied) subtrahiert. Der Eingang der beiden Glieder ist gemeinsam. Die Subtraktion erfolgt über die Eingänge des Proportionalverstärkers. Der Übertragungsbeiwert K_0 berücksichtigt die Druckteilung über die Vorwiderstände r und die Eingangswiderstände r_E, der Übertragungsbeiwert V entspricht der Druckverstärkung des Proportionalverstärkers. Mit den Frequenzgängen

$$\underline{F}_1 = K_1 = K_0 V \tag{11.4.1}$$

für das Proportionalglied und

$$\underline{F}_2 = \frac{K_1}{1 + j\omega\tau} \tag{11.4.2}$$

für das Verzögerungsglied folgt der Gesamtfrequenzgang der Auskoppelstufe zu

$$\underline{F} = \underline{F}_1 - \underline{F}_2 = K_0 V \left(1 - \frac{1}{1 + j\omega\tau}\right) = K_1 \frac{j\omega\tau}{1 + j\omega\tau}. \tag{11.4.3}$$

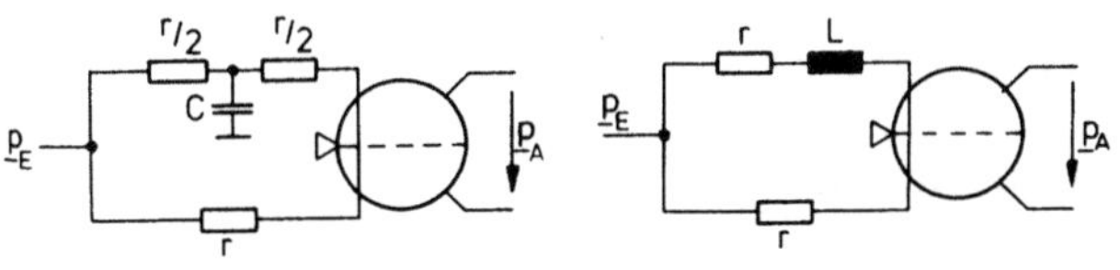

Bild 11.4.1 Auskoppelstufe für Wechselstromsignale

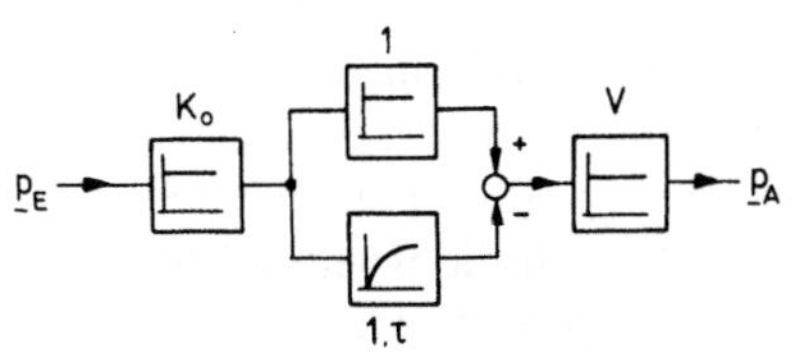

Bild 11.4.2
Signalflußplan zu Bild 11.4.1

Es liegt also ein D-Glied mit Verzögerung erster Ordnung bzw. ein Hochpaß in der Terminologie der Kommunikationstechnik vor. Der prinzipielle Frequenzgang ist nach Betrag und Phase in Bild 11.4.3 aufgetragen. Bis zur Eckfrequenz $f_E = 1/2\pi\tau$ kann die Auskoppelstufe als Differenzierglied verwendet werden. Oberhalb der Eckfrequenz ist der Amplitudengang konstant, und die Anordnung kann dazu eingesetzt werden, aus einem „einbeinigen" Signal am Eingang ein Gegentaktsignal zu formen, das mit dem Übertragungsfaktor $K_1 = K_0 V$ übertragen wird.

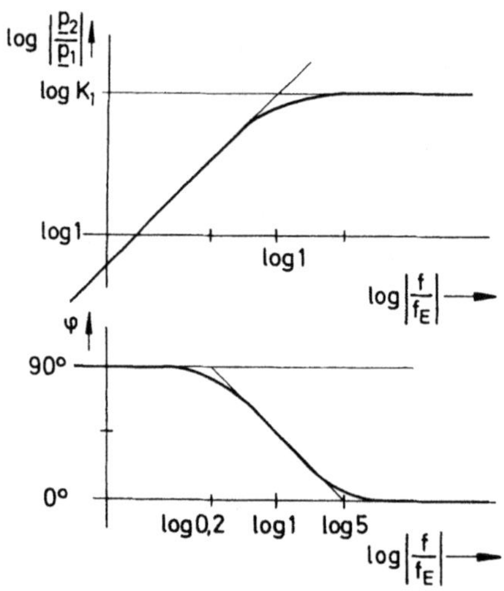

Bild 11.4.3 Frequenzgang der Auskoppelstufe nach Bild 11.4.1

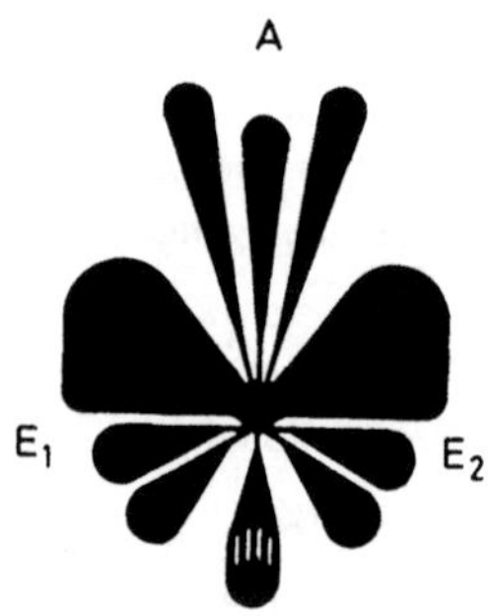

Bild 11.5.1 Aktiver Gleichrichter

11.5 Gleichrichter [11.1] und [11.6–11.9]

11.5.1 Aktiver Gleichrichter (Diskriminator)

Ordnen wir beim Analogverstärker einen Empfangskanal so an, daß er direkt der Versorgungsdüse gegenüberliegt, so läßt sich mit diesem Element eine gleichrichtende Wirkung für angelegte Wechselsignale erreichen (Bild 11.5.1).

Ohne Aussteuerung mündet der Versorgungsstrahl in die Empfängerdüse. Durch eine Druckdifferenz in den Steuerkanälen wird der Strahl abgelenkt. Unabhängig von der Richtung der Druckdifferenz und der damit verbundenen Auslenkung fällt der Ausgangsdruck des Elementes. Bild 11.5.2 zeigt die Übertragungskennlinie eines Gleichrichters bei Belastung mit einem gleichartigen Element. In Bild 11.5.3 ist die Funktionsweise erläutert. Zum Vergleich wird ein elektronischer Doppelweggleichrichter gezeigt. Wir können dem-

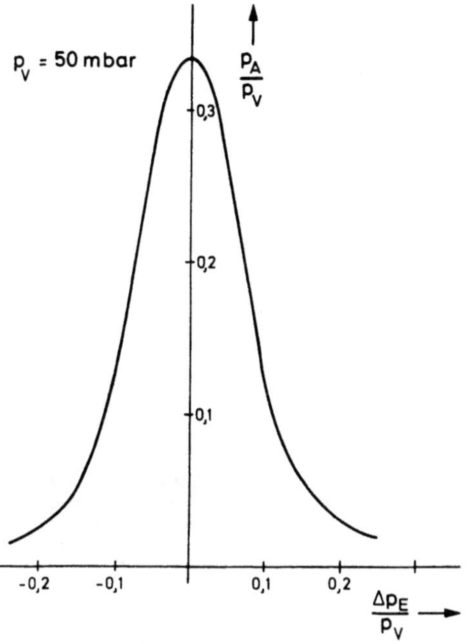

Bild 11.5.2 Kennlinie eines aktiven Gleichrichters

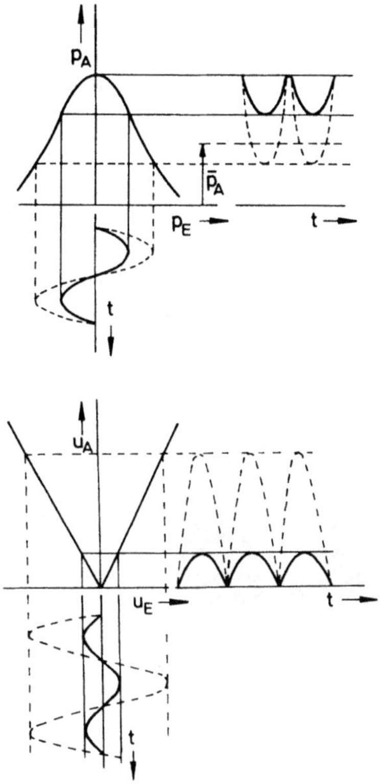

Bild 11.5.3 Gleichrichtung am aktiven fluidischen Gleichrichter (a) und am elektrischen Gleichrichter (b)

nach den fluidischen Diskriminator als einen invertierenden Doppelweggleichrichter mit überlagertem Gleichanteil $p_{A\,max}$ betrachten. Während beim Doppelweggleichrichter die mittlere Ausgangsspannung mit wachsender Aussteuerung steigt, fällt beim fluidischen Diskriminator der mittlere Ausgangsdruck p_A mit wachsender Aussteuerung. Der mittlere Ausgangsdruck kann durch Nachschalten eines Tiefpasses gebildet werden. Hierbei muß darauf hingewiesen werden, daß der Diskriminator keine echte Ventilwirkung wie ein elektrischer Gleichrichter aufweist.
Der Diskriminator ermöglicht es, Demodulationsschaltungen für fluidische Trägerfrequenzsysteme zu bauen, die denen der elektrischen Hochfrequenztechnik sehr ähnlich sind.

11.5.2 Passiver Gleichrichter

Ein passives Gleichrichterelement ist in Bild 11.5.4 zu sehen. Die beiden Steuerkanäle sind so angeordnet, daß sie auf die gemeinsame Empfängerdüse zielen. Wird einer der beiden Kanäle mit einem Drucksignal beaufschlagt, so steigt der Druck im Ausgangskanal (Bild 11.5.5). Die Wirkung entspricht der eines elektrischen Doppelweggleichrichters. Üblicherweise wird der passive Gleichrichter in Verbindung mit einem vorgeschalteten Proportionalverstärler betrieben (Bild 11.5.6).
Durch den überlagerten Gleichanteil in den beiden Verstärkerausgängen verschieben sich die Kennlinien, wie in Bild 11.5.7 zu sehen ist.

Bild 11.5.4 Passiver fluidischer Gleichrichter

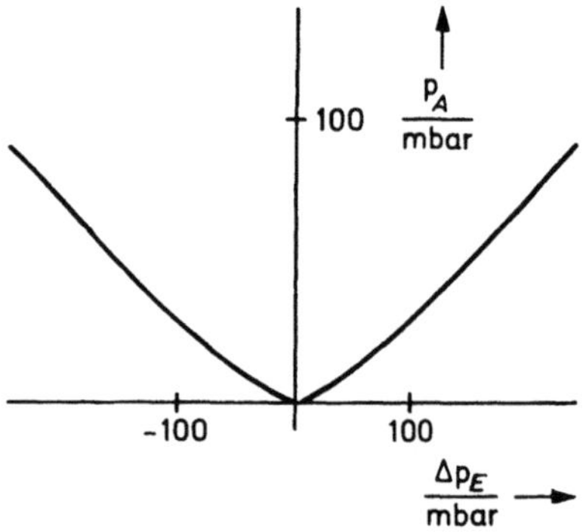

Bild 11.5.5 Kennlinie des passiven fluidischen Gleichrichters

Bild 11.5.6 Passiver Gleichrichter mit vorgeschaltetem Analogverstärker

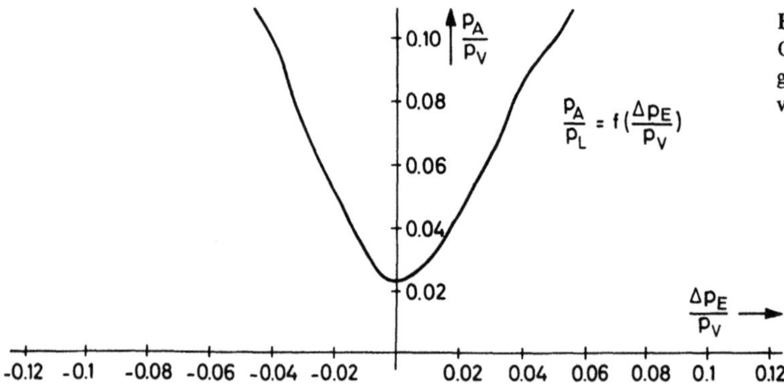

Bild 11.5.7 Kennlinie des passiven Gleichrichters mit vorgeschaltetem Analogverstärker

11.5.3 Gleichrichtung einfacher, unmodulierter Wechselsignale

Die Übertragungskennlinie des aktiven Gleichrichters nach Bild 11.5.2 kann in einem weiten Bereich durch die Beziehung

$$p_A = p_{A\,max} - b\,p_E^2 \tag{11.5.1}$$

beschrieben werden. Bei der Gleichrichtung eines cosinusförmigen Signales

$$p_E = \hat{p}_E \cos\omega t \tag{11.5.2}$$

entsteht ein Ausgangssignal der Form

$$p_A = p_{A\,max} - b\,\hat{p}_E^2 \cos^2\omega t\,. \tag{11.5.3}$$

Mit der trigonometrischen Beziehung

$$\cos^2 x = \tfrac{1}{2}\,(1 + \cos^2 x)$$

kann Gl. (11.5.3) umgeformt werden in

$$\begin{aligned} p_A &= p_{A\,max} - b\,\hat{p}_E^2\,\tfrac{1}{2}\,(1 + \cos 2\,\omega t) \\ &= p_{A\,max} - \tfrac{1}{2}\,b\,\hat{p}_E^2 - \tfrac{1}{2}\,b\,p_E^2 \cos 2\,\omega t\,. \end{aligned} \tag{11.5.4}$$

Der Term $\frac{1}{2}\,b\,\hat{p}_E^2$ ist proportional dem Quadrat der Amplitude des Wechselsignales. Es findet also eine Umwandlung von Wechseldruck in Gleichdruck statt. Der Gleichdruck $\bar{p}_A$ am Ausgang des Gleichrichters wird daher

$$\bar{p}_A = p_{A\,max} - \frac{b}{2}\,\hat{p}_E^2\,. \tag{11.5.5}$$

Er kann durch eine entsprechende Siebung mittels eines Tiefpasses gewonnen werden. Die Grenzfrequenz muß hierzu so gewählt werden, daß die 2. Harmonische genügend unterdrückt wird. Als Siebglieder können die in Abschnitt 10.4 besprochenen RC-, RL- und RLC-Tiefpässe verwandt werden. Es ist hierzu üblich einen Siebfaktor anzugeben, der ausdrückt um das wievielfache der Wechselanteil abgeschwächt wird.
Für einen RC-Tiefpaß nach Bild 11.5.8a folgt der Siebfaktor

$$S = \frac{|\underline{p}_E|}{|\underline{p}_A|} \tag{11.5.6}$$

zu

$$S_{RC} = \sqrt{1 + (\omega\,r\,C)^2} \approx \omega\,r\,C = \omega\,\tau_c = \frac{f}{f_{gr}}\,, \tag{11.5.7}$$

da die zu unterdrückende Frequenz groß gegen die Grenzfrequenz gewählt wird. Entsprechend kann man einen Siebfaktor für einen RL-Tiefpaß nach Bild 11.5.8b zu

$$S_{RL} = \sqrt{1 + \left(\omega \frac{L}{R}\right)^2} \approx \omega \frac{L}{r} = \omega \tau_L = \frac{f}{f_{gr}} \qquad (11.5.8)$$

definieren.

Bei einem Siebfaktor von 50 muß daher die Grenzfrequenz 50mal niedriger als die zu unterdrückende Frequenz sein.
Bei Siebgliedern 2. Ordnung (z.B. RLC-Tiefpaß in Bild 11.5.8c) mit dem Frequenzgang

$$\underline{F} = \frac{1}{1 + j\,2\,D\,\omega/\omega_0 - (\omega/\omega_0)^2}$$

folgt der Siebfaktor zu

$$S_{RLC} = \sqrt{\left(1 - \left(\frac{\omega}{\omega_0}\right)^2\right)^2 + 4\,D^2\,(\omega/\omega_0)^2} \approx (\omega/\omega_0)^2 = \omega^2\,LC. \qquad (11.5.9)$$

Die Dämpfung sollte zwischen 0,7 und 1 liegen. Für einen Siebfaktor von 50 genügt es hier, daß die Eigenfrequenz etwa 7mal niedriger als die zu unterdrückende Frequenz ist.

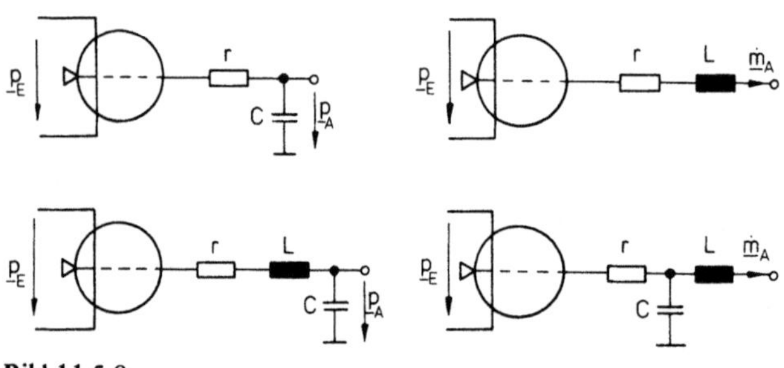

Bild 11.5.8
Gleichrichter mit Siebgliedern. RC-Tiefpaß (a), RL-Tiefpaß (b), RLC-Tiefpaß mit Druck- bzw. Stromauskoppelung (c)

11.6 Demodulation [11.1, 11.6–11.9]

Um aus dem modulierten Trägersignal die Nachricht wieder zurückzugewinnen, bedarf es einer Demodulationsschaltung, deren wesentlicher Bestandteil der in Abschnitt 11.5 beschriebene Gleichrichter ist.

11.6.1 Demodulation amplitudenmodulierter Signale

Wir nehmen an, daß die Gleichrichterkennlinie nach Bild 11.5.2 wie in Abschnitt 11.5.3 durch die Beziehung

$$p_A = p_{A\,max} - b\,p_E^2$$

beschrieben werden kann. Die Gleichrichtung einer amplitudenmodulierten Schwingung der Form

$$p_E = H_0 \cos\omega t + \frac{m}{2} H_0 \cos(\Omega + \omega)t + \frac{m}{2} H_0 \cos(\Omega - \omega)t$$

ergibt dann

$$p_E = p_{A\,max} - b \Bigg\{ H_0^2 \cos^2 \Omega t + \frac{m^2}{4} [\cos^2(\Omega + \omega)t + \cos^2(\Omega - \omega)t]$$
$$+ m H_0^2 [\cos\Omega t \cdot \cos(\Omega + \omega)t + \cos\Omega t \cos(\Omega - \omega)t]$$
$$+ \frac{m^2}{2} H_0^2 [\cos(\Omega + \omega)t \cdot \cos(\Omega - \omega)t] \Bigg\} . \qquad (11.6.1)$$

Mit den trigonometrischen Beziehungen

$$\cos x \cos y = \tfrac{1}{2} \cos(x + y) + \tfrac{1}{2} \cos(x - y)$$

und

$$\cos^2 x = \tfrac{1}{2} (1 + \cos 2x)$$

erhält man den Ausdruck für ein Frequenzgemisch

$$p_A = p_{A\,max} - b \frac{H_0^2}{2} \left(1 + \frac{m^2}{2}\right) - b H_0^2 \Bigg\{ m \cos\omega t + \frac{m^2}{4} \cos 2\omega t$$
$$+ \frac{1}{2} \left(1 + \frac{m^2}{2}\right) \cos 2\Omega t + \frac{m}{2} [\cos(2\Omega - \omega)t + \cos(2\Omega + \omega)t]$$
$$+ \frac{m^2}{8} [\cos(2\Omega - 2\omega)t + \cos(2\Omega + 2\omega)t] \Bigg\} . \qquad (11.6.2)$$

Man erhält außer dem Richtanteil $b \frac{H_0^2}{2} (1 + \frac{m^2}{2})$, der von der Trägeramplitude und dem Modulationsgrad abhängt, noch die Modulationsfrequenz ω, sowie die zweite Harmonische 2ω. Die übrigen Frequenzen Ω, $\Omega \pm \omega$, $2\Omega \pm \omega$, $2\Omega \pm 2\omega$, werden nach der Gleichrichtung durch ein Tiefpaßfilter weggesiebt.

Das Auftreten der zweiten Harmonischen Signalfrequenz ist unerwünscht, da hierdurch das Signal verfälscht wird. Man bezeichnet das Verhältnis der Amplituden der zweiten Harmonischen $2\,\omega$ zur ersten Harmonischen (Grundschwingung) ω als Klirrkoeffizient zweiter Ordnung

$$K_2 = \frac{b\,\frac{m^2}{4}\,H_0^2}{b\,m\,H_0^2} = \frac{m}{4}. \tag{11.6.3}$$

Er ist dem Modulationsgrad m proportional und kann daher durch die Anwendung kleiner Modulationsgrade beliebig klein gehalten werden. Für einen zulässigen Klirrkoeffizienten $K_2 = 5\,\%$ darf der Modulationsgrad m nicht größer als 20 % sein.

11.6.2 Demodulation phasenmodulierter Signale

Mit Hilfe des Phasendiskriminators kann sowohl die Polarität als auch die Größe einer Phasenverschiebung zwischen zwei Signalen gemessen werden. Die Schaltung in Bild 11.6.1 besteht aus zwei identischen Gleichrichterelementen, die so zusammengeschaltet sind, daß sie einen gemeinsamen Eingang haben. An die Eingänge A und B wird ein Gegentaktsignal gelegt, so daß zwischen den Signalen an den Eingängen A und B eine Phasenverschiebung von 180° herrscht. Das zu vergleichende Signal liegt „einbeinig" an C. An den Eingängen des Gleichrichters G_1 liegt hiernach die Differenz zwischen den Signalen A und C und an den Eingängen des Gleichrichters G_2 die Differenz zwischen den Signalen C und B. Betrag und Phase der resultierenden Eingangssignale AC und BC können aus dem Zeigerdiagramm in Bild 11.6.2 entnommen werden. Die Bezugsachse wurde willkürlich in die Richtung des Gegentaktsignales AC gelegt.
Bei einer Phasenverschiebung zwischen dem Gegentaktsignal AB und dem Signal C von 90° sind die Beträge der Eingangssignale AC und BC der Gleichrichter gleich groß. Nach Gleichrichtung und Filterung durch einen Tiefpaß stehen an den Ausgängen des Phasen-

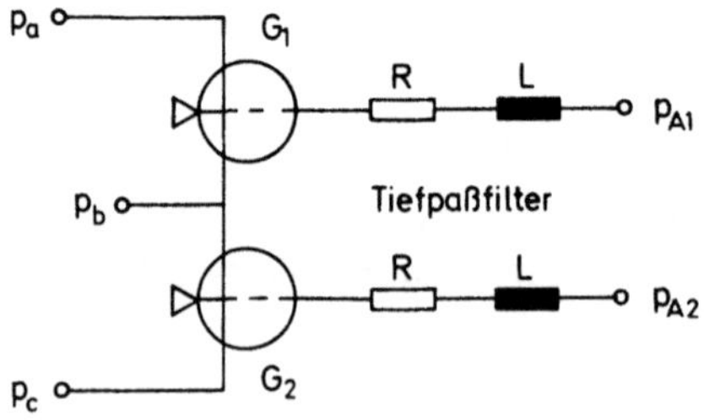

Bild 11.6.1 Phasendiskriminator

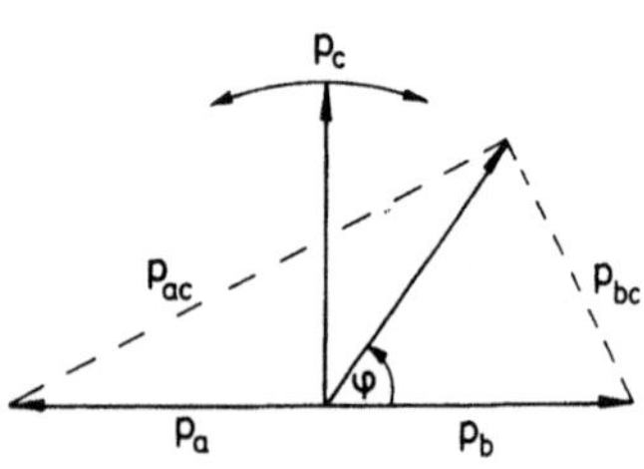

Bild 11.6.2 Zeigerdiagramm zum Phasendiskriminator

diskriminators die Gleichdrucke p_{A1} und p_{A2} zur Verfügung, die ein Maß für die Beträge der Amplituden der Eingangssignale AC und BC sind. Die Differenz zwischen den Beträgen von AC und BC ist ein Maß für die Phasenverschiebung zwischen den Signalen AB und C. Somit ist die Druckdifferenz $p_{A1} - p_{A2}$ ein Maß für die Phasenverschiebung zwischen AB und C. Die Übertragungscharakteristik des Phasendiskriminators ist in Bild 11.6.3 zu sehen. Bei einer Phasenverschiebung von 90° zwischen den Signalen AB und C ist der Ausgangsdifferenzdruck Null. Bei 0° und 180° wird er minimal bzw. maximal. Wie aus der Übertragungskennlinie zu ersehen ist, kann mit einem relativ großen linearen Arbeitsbereich gerechnet werden. Der Arbeitspunkt wird sinnvollerweise bei einer Phasenverschiebung von 90° gewählt. Von Nachteil ist, daß die Übertragungskennlinie sich mit wachsendem Phasenwinkel periodisch wiederholt, und daß eine Änderung der Eingangsamplituden eine Änderung des Ausgangssignales verursacht, wie aus dem Zeigerdiagramm leicht zu entnehmen ist. Eine Amplitudenbegrenzung der Eingangssignale kann hierbei Abhilfe schaffen (siehe Ratiodetektor in der elektrischen Hochfrequenztechnik). Der Einfluß der Amplitude des Signales AB kann Bild 11.6.4 entnommen werden.

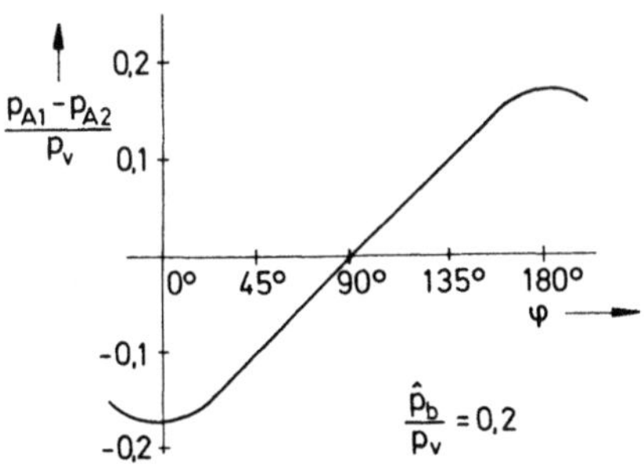

Bild 11.6.3 Übertragungscharakteristik des Phasendiskriminators

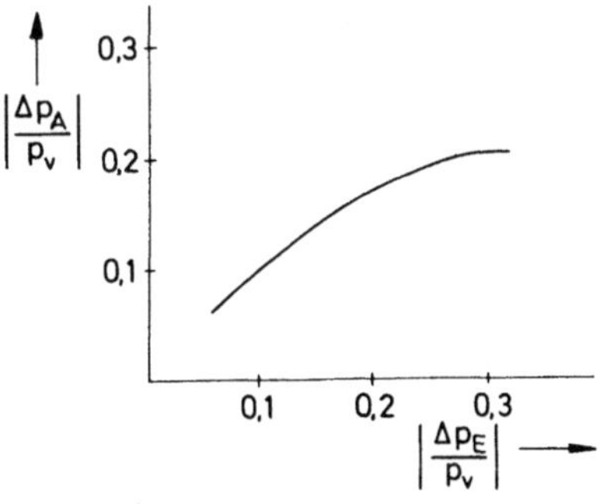

Bild 11.6.4 Eingangsdruckempfindlichkeit des Phasendiskriminators

11.6.3 Demodulation frequenzmodulierter Signale

Der FM-Demodulator soll die Änderung der die Nachricht tragenden Momentanfrequenz in einen niederfrequenten Druck umsetzen. Diese Aufgabe kann auf verschiedene Arten gelöst werden. Eine Möglichkeit ist, das frequenzmodulierte Signal an der Flanke eines frequenzabhängigen Netzwerkes in ein zusätzlich amplitudenmoduliertes Signal umzuwandeln und dann durch Gleichrichtung die Nachricht zu ermitteln. Ein anderes Verfahren nutzt die frequenzabhängige Phasendrehung eines Netzwerkes, um eine zusätzliche Phasenmodulation zu erreichen. Mit Hilfe eines Phasendiskriminators kann dann die niederfrequente Nachricht gewonnen werden.

11.6.3.1 Flankendemodulator

Im einfachsten Fall erfolgt die Umwandlung des frequenzmodulierten Signales in ein amplitudenmoduliertes Signal an der Flanke eines Tiefpasses. Oberhalb der Grenzfrequenz des Tiefpasses bewirkt eine Änderung in der Frequenz eine entsprechende Änderung in der Amplitude. Die Trägerfrequenz Ω wird hierzu auf die Flanke oberhalb der Grenzfrequenz gelegt, wie in Bild 11.6.5 angedeutet. Um eine einwandfreie Arbeitsweise zu gewährleisten, muß das frequenzmodulierte Signal in der Amplitude sehr konstant sein, da ein Schwanken der Eingangsamplitude am Ausgang des Filters eine Frequenzänderung vortäuscht.

Bild 11.6.6 zeigt eine Ausführung eines Demodulators, der die Flanke eines RC-Tiefpasses verwendet. Um Amplitudenschwankungen am Eingang des Tiefpasses zu verhindern, wird das zu demodulierende Signal über zwei Verstärker verstärkt und in seiner Amplitude begrenzt. Der RC-Tiefpaß wird durch den zweiten Verstärker angesteuert. Das amplitudenmodulierte Signal wird über einen Gleichrichter gleichgerichtet und das modulierende Signal über einen zweiten Tiefpaß herausgefiltert. In Bild 11.6.7 sind Übertragungskennlinien für einen Frequenz-Druck-Umsetzer zu sehen [11.10]. Anstatt der RC-Filter können natürlich auch RL-Filter nach Abschnitt 10.4.2 eingesetzt werden.

Die Flanke eines D-Gliedes mit Verzögerung (Hochpaß) aus Abschnitt 11.4 kann ebenfalls dazu benutzt werden, ein frequenzmoduliertes Signal in ein zusätzlich amplitudenmoduliertes umzusetzen. Die entsprechende Anordnung ist in Bild 11.6.8 angegeben. Der Arbeitsbereich ist auf Frequenzen unterhalb der Eckfrequenz begrenzt. Da die Amplitude des Signales nach dem Auskoppelelement mit wachsender Frequenz zunimmt (Bild 11.4.3), fällt der mittlere Ausgangsdruck des Gleichrichters mit wachsender Frequenz bis hin zur Eckfrequenz (Bild 11.6.9).

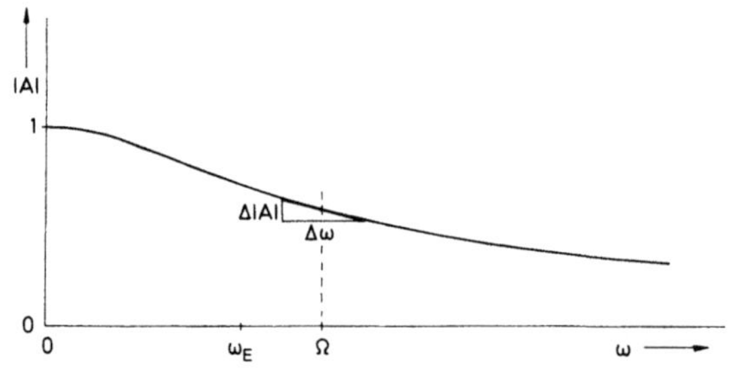

Bild 11.6.5
Zusätzliche Amplitudenmodulation einer frequenzmodulierten Schwingung an der Flanke eines Tiefpasses

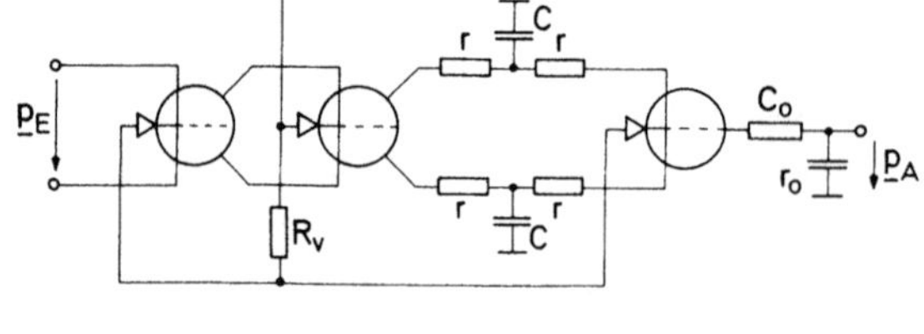

Bild 11.6.6
Frequenz-Druck-Umsetzer (Tiefpaß-Flankendemodulator)

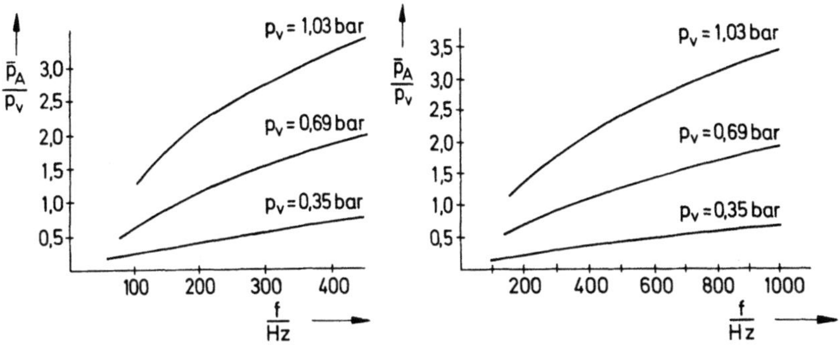

Bild 11.6.7 Übertragungskennlinien für einen Frequenz-Druck-Umsetzer nach Bild 11.6.6

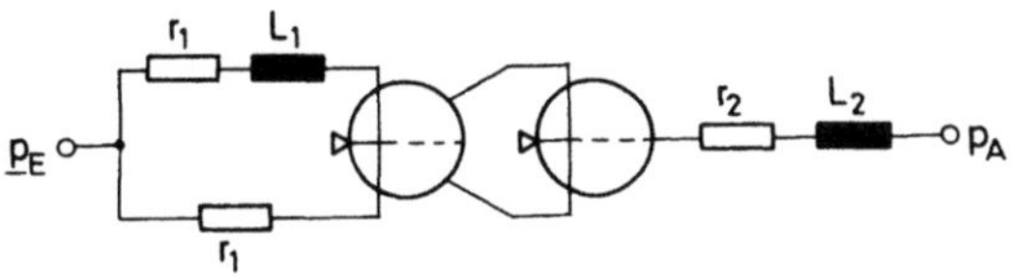

Bild 11.6.8 Frequenz-Druck-Umsetzer (Hochpaßflanken-demodulator)

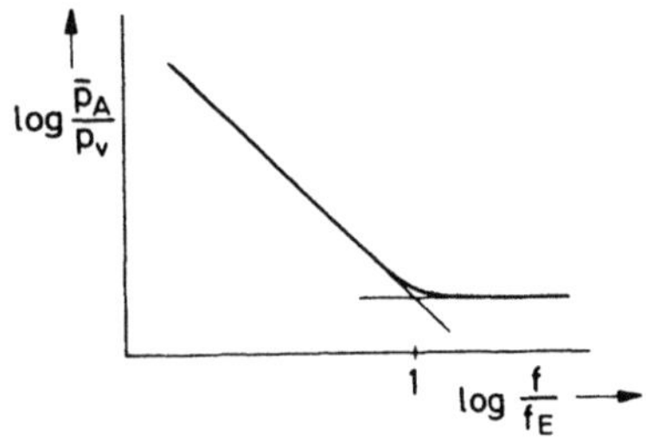

Bild 11.6.9 Übertragungskennlinie für einen Frequenz-Druck-Umsetzer nach Bild 11.6.8

Eine höhere Empfindlichkeit kann durch die Verwendung der Flanke eines Resonators bzw. eines Tiefpasses 2. Ordnung erzielt werden. Bei entsprechend hoher Güte kann die Steilheit der Flanke sehr groß gewählt werden (Bild 11.6.10). Am günstigsten ist der sogenannte Gegentaktflankendemodulator, der zwei Schwingkreise enthält, deren Resonanzfrequenzen dicht beieinander liegen (Bild 11.6.11). Das zu modulierende Signal wird gleichzeitig auf beide Serienschwingkreise gegeben (Bild 11.6.12) und die Differenz der Amplitudenänderungen durch anschließende Gleichrichtung und Filterung gemessen. Es folgt eine Übertragungskennlinie nach Bild 11.6.13. Die unmodulierte Trägerfrequenz (z.B. vorgegebener Sollwert) liegt im Nulldurchgang des Arbeitsbereiches. Der Vorteil gegenüber dem Eintaktverfahren, das nur die Flanke eines Resonators ausnutzt, ist eine höhere Linearität und die Möglichkeit, direkt die Abweichung von der Sollwertfrequenz nach Betrag und Phase zu bestimmen.

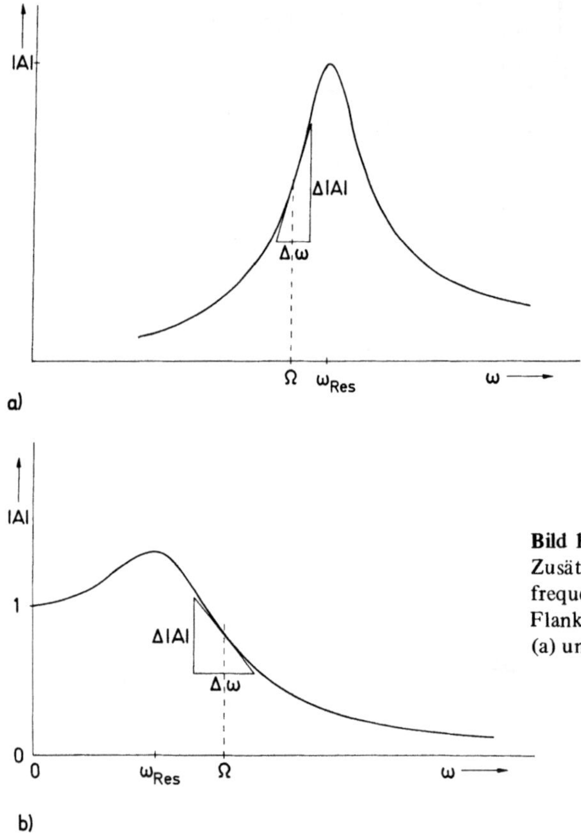

Bild 11.6.10
Zusätzliche Amplitudenmodulation einer frequenzmodulierten Schwingung an der Flanke eines Resonators. Parallelresonator (a) und Reihenresonator (b)

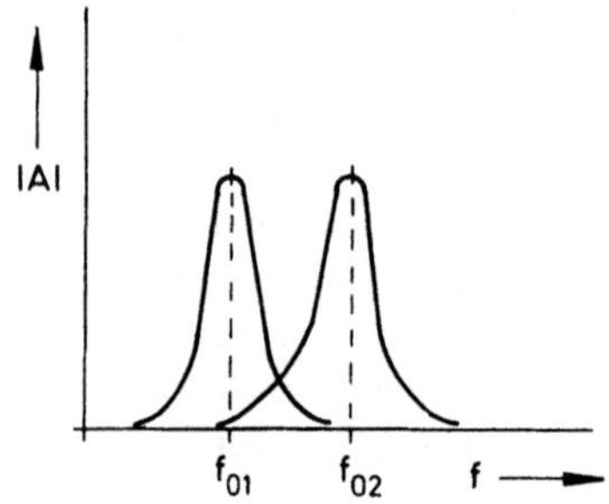

Bild 11.6.11
Übertragungskennlinien zweier Resonatoren mit benachbarten Resonanzfrequenzen

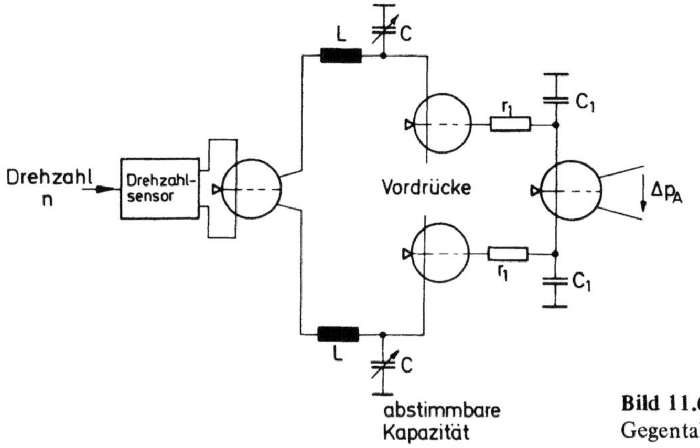

Bild 11.6.12
Gegentaktflankendemodulator

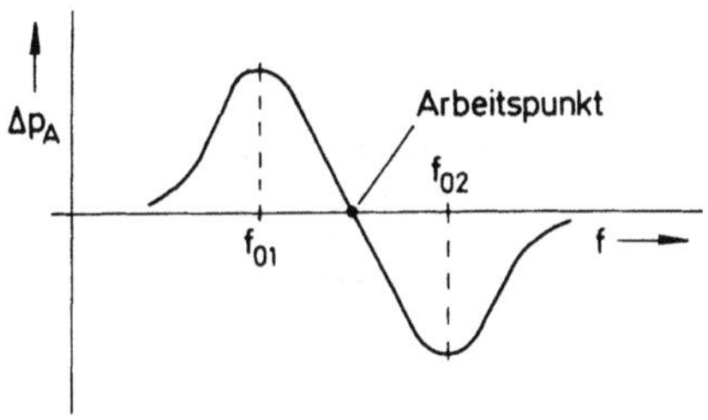

Bild 11.6.13
Übertragungskennlinie eines Gegentaktflankendemodulators nach Bild 11.6.12

11.6.3.2 Verhältnisgleichrichter

Bei Einsatz eines Resonators kann auch die frequenzabhängige Phasendrehung zur Demodulation verwendet werden. Die am Resonator entstehende zusätzliche Phasenmodulation kann mit Hilfe eines Phasendiskriminators nach Abschnitt 11.6.2 demoduliert werden.
In Bild 11.6.14 ist der prinzipielle Aufbau des Verhältnisgleichrichters erläutert. Das frequenzmodulierte Signal wird verstärkt und als Gegentaktsignal auf die Eingänge AB des Phasendiskriminators gegeben. Von einem Ausgang des Verstärkers wird ein Teil des Signales abgegriffen und über einen Resonator auf den dritten Eingang C gegeben. Bei Resonanzfrequenz tritt eine Phasenverschiebung von 90° bei einem Serienresonator und eine Phasenverschiebung von 0° bei einem Parallelresonator auf. Bei Verwendung eines Parallelresonators werden die erforderlichen 90° durch die nachgeschalteten Verstärkerstufen erreicht. Bei Resonanzfrequenz ist dann der Ausgangsdruck des Phasendiskriminators $p_{A1} - p_{A2} = 0$.
Die Phasensteilheit eines Resonators berechnet sich zu

$$\frac{d\varphi}{df} = \frac{2Q}{f_0}. \qquad (11.3.12)$$

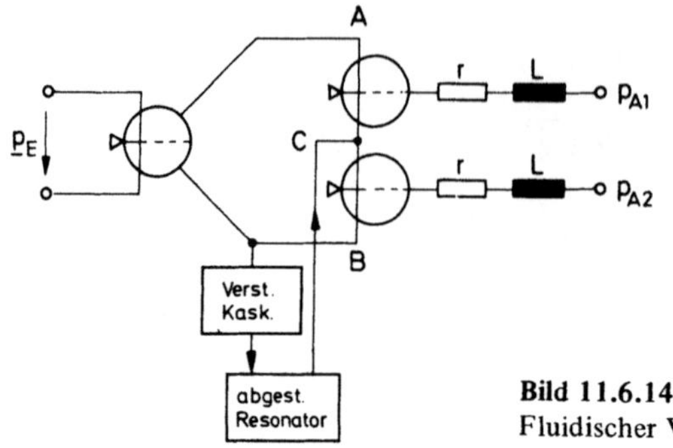

Bild 11.6.14
Fluidischer Verhältnisgleichrichter

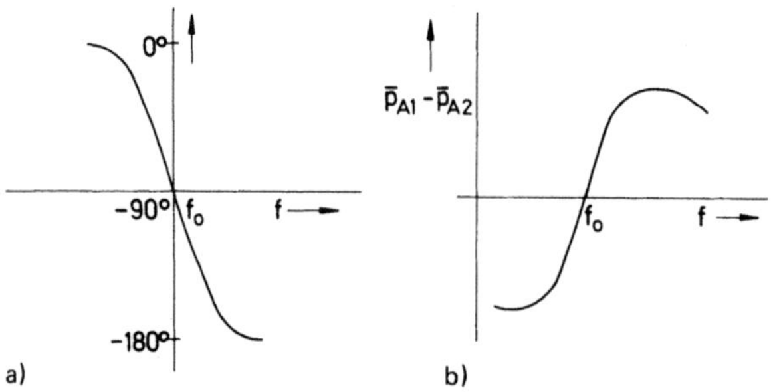

Bild 11.6.15 Phasendrehung am Serienresonator (a) und Übertragungskennlinie des Verhältnisgleichrichters (b) nach Bild 11.6.14

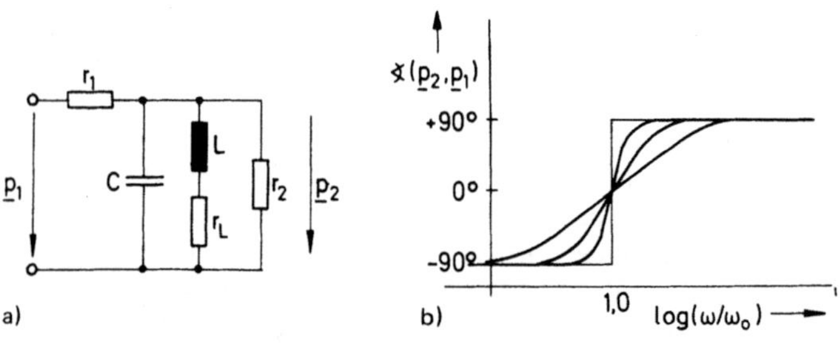

Bild 11.6.16
Aufbau (a) und Phasendrehung (b) des Parallelresonators

Da die Güten von Serienschwingkreisen relativ gering sind, ist es sinnvoll, Parallelschwingkreise einzusetzen, wenn große Empfindlichkeiten erforderlich sind. Bild 11.6.15 gibt die Phasendrehung am Schwingkreis und die Übertragungskennlinie des gesamten Demodulators wieder. In Bild 11.6.16 ist die Frequenz-Phasenübertragungskennlinie des Parallelresonators in Abhängigkeit von der Güte dargestellt.

11.7 Schwebungsdetektor [11.7, 11.8]

Die Addition (Überlagerung) zweier Signale mit nahe beieinander liegenden Frequenzen ergibt eine Schwebung, wobei die Schwebungsfrequenz der Differenzfrequenz der beiden Schwingungen gleich ist. Dieses Prinzip kann zum Beispiel dazu benutzt werden, die Abweichung von einer vorgegebenen Sollwertfrequenz zu bestimmen, die einer bestimmten Temperatur, einer Drehzahl usw. entsprechen kann. In den meisten Fällen wird das Überlagerungsverfahren allerdings dazu benutzt, ein sehr hochfrequentes Signal in ein tieferfrequentes Signal zu transponieren, das die gleiche Information enthält, aber einfacher zu verarbeiten ist.

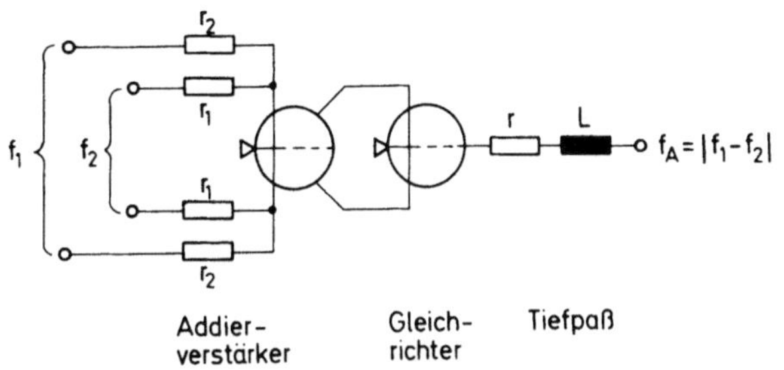

Bild 11.7.1
Schwebungsdetektor

In Bild 11.7.1 ist die Schaltung eines Schwebungsdetektors gegeben. Die Summation der zwei Signale mit den Frequenzen f_1 und f_2 wird im Proportionalverstärker über die Widerstände r_1 und r_2 in Form einer Stromsummation vorgenommen. Wir nehmen an, daß am Eingang 1 ein Signal der Form

$$p_1(t) = \hat{p}_1 \cos \omega_1 t \tag{11.7.1}$$

und am Eingang 2 ein Signal der Form

$$p_2(t) = \hat{p}_2 \cos \omega_2 t \tag{11.7.2}$$

vorliegt. Der Einfachheit halber sollen die Signalamplituden gleich groß sein. Am Ausgang des Proportionalverstärkers und damit am Eingang des Gleichrichters liegt dann ein Signal der Form

$$p(t) = \hat{p}(\cos \omega_1 t + \cos \omega_2 t)\,. \tag{11.7.3}$$

Dies läßt sich umformen in

$$p(t) = 2\hat{p} \cos \frac{\omega_1 - \omega_2}{2}\, t \cdot \cos \frac{\omega_1 + \omega_2}{2}\, t\,. \tag{11.7.4}$$

Für benachbarte Frequenzen, d.h. $|\omega_2 - \omega_1| \ll \omega_1$ bzw. ω_2 ergibt sich die Multiplikation einer hochfrequenten mit einer niederfrequenten Schwingung. Der prinzipielle Verlauf einer derartigen Schwebung ist in Bild 11.7.2 zu sehen. Charakteristisch für die Schwebung ist der Phasensprung im Nulldurchgang der Umhüllenden. Die Frequenz der Umhüllenden, die sogenannte Schwebungsfrequenz, berechnet sich zu

$$f_S = \frac{|f_2 - f_1|}{2} . \tag{11.7.5}$$

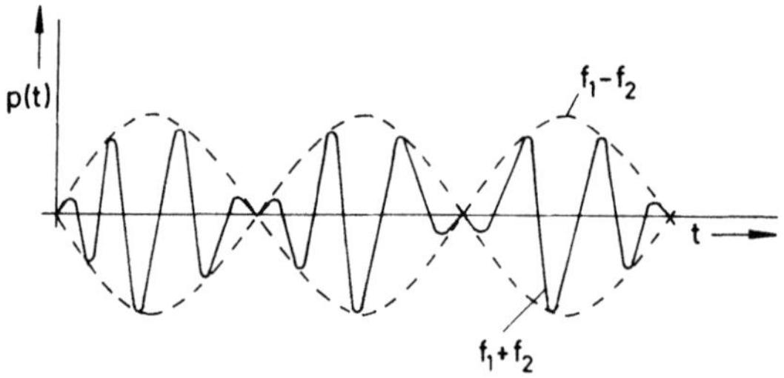

Bild 11.7.2 Schwebung

Die Schwebungsfrequenz liegt in Form einer Amplitudenmodulation eines anderen Signales vor und kann daher nur durch eine Demodulation gewonnen werden. Ein Vergleich der Gleichungen (11.7.3) und (11.2.4) zeigt, daß sich die Schwebung von der amplitudenmodulierten Schwingung nur durch den fehlenden Term des Trägers unterscheidet. Die Druckübertragungsfunktion des Gleichrichters sei in erster Näherung quadratisch und durch die nachfolgende Gleichung zu beschreiben

$$p_A = p_{A\,max} - b\, p_E^2 . \tag{11.5.1}$$

Für ein Eingangssignal nach Gl. (11.7.3) berechnet sich dann das Gleichrichterausgangssignal zu

$$p_A(t) = p_{A\,max} - b\, \hat{p}_E^2 (\cos\omega_1 t + \cos\omega_2 t) = p_{A\,max} - b\, \hat{p}_E^2 \{1 + \tfrac{1}{2}\cos 2\omega_1 t$$
$$+ \tfrac{1}{2}\cos 2\omega_2 t + \cos(\omega_1 + \omega_2)t + \cos(\omega_1 - \omega_2)t\} . \tag{11.7.6}$$

Es liegt demnach ein Frequenzgemisch mit den Frequenzen $f_1 + f_2$, $2f_1$, $2f_2$ und $f_1 - f_2$ vor. Bei benachbarten Frequenzen läßt sich mit $f_1 - f_2 \ll f_1$, f_2 die Differenzfrequenz durch einen einfachen Tiefpaß ausfiltern. Bild 11.7.3 veranschaulicht die Signalverläufe in den einzelnen Stufen des Schwebungsdetektors für ein Beispiel mit den Frequenzen $f_1 = 400$ Hz und $f_2 = 350$ Hz. In Bild 11.7.4 ist das Frequenzspektrum am Eingang und am Ausgang des Gleichrichters angegeben.

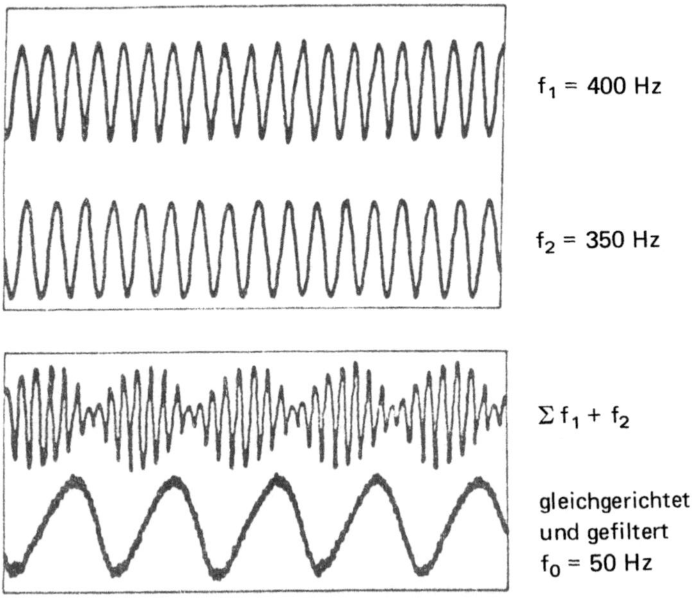

Bild 11.7.3 Signalverlauf in den einzelnen Stufen des Schwebungsdetektors

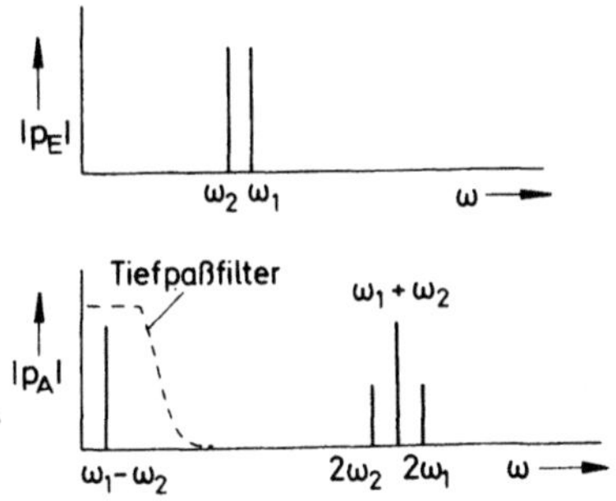

Bild 11.7.4
Frequenzspektrum am Ein- und Ausgang des Gleichrichters

12 Anhang

12.1 Konstanten der Luft

Bei Normalbedingung und trockener Luft

$$t_0 = 0\,^\circ\mathrm{C}\ (T_0 = 273\ \mathrm{K}) \qquad \text{und} \qquad p_0 = 760\ \mathrm{mm\ Hg} = 1{,}013\ \mathrm{bar}$$

haben die Dichte ρ, die dynamische Zähigkeit μ und die kinematische Zähigkeit ν folgende Werte

$$\rho_0 = 1{,}29\ \mathrm{kg/m^3} \qquad \text{Dichte}$$

$$\mu_0 = 16{,}8 \cdot 10^{-6}\ \mathrm{kg/sm} \qquad \text{dynamische Zähigkeit}$$

$$\nu_0 = 13 \cdot 10^{-6}\ \mathrm{m^2/s} \qquad \text{kinematische Zähigkeit.}$$

Aus der Zustandsgleichung für ideale Gase

$$p^* - \rho R_g T = 0$$

folgt die Dichte in Abhängigkeit von Druck und Temperatur

$$\rho = \rho_0 \frac{p^*}{p_0} \cdot \frac{T_0}{T} .$$

Im Bereich von $-50\,^\circ\mathrm{C} < t < +50\,^\circ\mathrm{C}$ kann mit genügender Genauigkeit für die dynamische Zähigkeit in Abhängigkeit von der Temperatur

$$\mu = \mu_0 \left(\frac{T}{T_0}\right)^{3/4}$$

verwendet werden.
Daraus folgt dann für die kinematische Zähigkeit als Funktion von Druck und Temperatur

$$\nu = \mu/\rho = \nu_0 \left(\frac{T}{T_0}\right)^{7/4} \cdot \frac{p_0}{p^*} .$$

Die Schallgeschwindigkeit im freien Medium wird

$$c_a = 332 \sqrt{\frac{T}{T_0}}\ \frac{\mathrm{m}}{\mathrm{s}} .$$

12.2 Zugeschnittene Größengleichungen

$$\frac{p}{\text{mbar}} = 5 \cdot 10^{-3} \frac{\left(\frac{\dot{m}}{\text{mg/s}}\right)^2}{\left(\frac{\rho}{\text{kg/m}^3}\right)\left(\frac{A}{\text{mm}^2}\right)^2}$$

Druckabfall am Querschnittswiderstand

$$\frac{\dot{m}}{\mu l} = \frac{\frac{\dot{m}}{\text{mg/s}}}{\left(\frac{\mu}{10^{-6}\,\text{kg/sm}}\right)\left(\frac{l}{\text{m}}\right)}$$

normierter Massenstrom

$$\frac{l_{fd}}{\text{m}} = 0{,}0255 \frac{\frac{\dot{m}}{\text{mg/s}}}{\frac{\mu}{10^{-6}\,\text{kg/sm}}}$$

Anlauflänge im Kreiskanal

$$\frac{l_{fd}}{\text{m}} = 0{,}08 \frac{a}{(1+a)^2} \frac{\frac{\dot{m}}{\text{mg/s}}}{\frac{\mu}{10^{-6}\,\text{kg/sm}}}$$

Anlauflänge im Rechteckkanal

$$\frac{R}{\frac{1}{\text{sm}}} = 0{,}5 \frac{\frac{\dot{m}}{\text{mg/s}}}{\left(\frac{\rho}{\text{kg/m}^3}\right)\left(\frac{A}{\text{mm}^2}\right)^2} \cdot 10^6$$

Querschnittswiderstand bei Gleichstrom

$$\frac{r}{\frac{1}{\text{sm}}} = \frac{\frac{\dot{m}}{\text{mg/s}}}{\left(\frac{\rho}{\text{kg/m}^3}\right)\left(\frac{A}{\text{mm}^2}\right)^2} \cdot 10^6$$

dynamischer Querschnittswiderstand

$$\frac{R_{lam}}{\frac{1}{\text{sm}}} = 8\pi \left(\frac{\nu}{10^{-6}\,\text{m}^2/\text{s}}\right) \frac{\frac{l}{\text{m}}}{\left(\frac{A}{\text{mm}^2}\right)^2} \cdot 10^6$$

Laminarwiderstand im Kreiskanal

$$\frac{R_{lam}}{\frac{1}{\text{sm}}} = C_R \left(\frac{\nu}{10^{-6}\,\text{m}^2/\text{s}}\right) \frac{\frac{l}{\text{m}}}{\left(\frac{A}{\text{mm}^2}\right)^2} \cdot 10^6$$

Laminarwiderstand im Rechteckkanal

$$\frac{v}{\mathrm{mm/s}} = \frac{\dfrac{\dot{m}}{\mathrm{mg/s}} \cdot 10^3}{\dfrac{\rho}{\mathrm{kg/m^3}} \cdot \dfrac{A}{\mathrm{mm^2}}}$$

Ermittlung der mittleren Geschwindigkeit aus dem Massenstrom

$$\frac{L_a}{\dfrac{1}{\mathrm{m}}} = \frac{\dfrac{l}{\mathrm{m}}}{\dfrac{A}{\mathrm{mm^2}}} \cdot 10^6$$

adiabatische Induktivität

$$\frac{C_a}{\mathrm{s^2 m}} = \frac{\dfrac{V}{\mathrm{mm^3}}}{\left(\dfrac{c_a}{\mathrm{m/s}}\right)^2} \cdot 10^{-9}$$

adiabatische Kapazität

$$\frac{Z_{SO}}{\dfrac{1}{\mathrm{sm}}} = \frac{\dfrac{c_a}{\mathrm{m/s}}}{\dfrac{A}{\mathrm{mm^2}}} \cdot 10^6$$

Wellenwiderstand der verlustfreien Leitung

$$\frac{r}{\dfrac{1}{\mathrm{sm}}} = 10^8 \frac{\dfrac{\Delta p}{\mathrm{mbar}}}{\dfrac{\Delta \dot{m}}{\mathrm{mg/s}}}$$

Ermittlung des dynamischen Widerstandes im Arbeitspunkt

$$\frac{f_\nu}{\mathrm{Hz}} = \frac{60}{\mathrm{A/mm^2}}$$

charakteristische viskose Kreisfrequenz für $p = 1{,}013$ bar $T = 273$ K.

12.3 Umrechnung amerikanischer und englischer Maßeinheiten

Länge

$1 \text{ in} = 25{,}4 \text{ mm}$

$1 \text{ ft} = 0{,}3048 \text{ m}$

Fläche

$1 \text{ in}^2 = 645{,}16 \text{ mm}^2$

Volumen

$1 \text{ in}^3 = 645{,}16 \text{ mm}^2$

$1 \text{ ft}^3 = 28{,}3107 \cdot 10^{-3} \text{m}^3$

Massenfluß

$1 \text{ lb/s} = 0{,}4536 \text{ kg/s}$

Druck

$$1 \text{ psi} = 0{,}070307 \text{ kp/cm}^2 \triangleq 6{,}98476 \cdot 10^3 \frac{\text{N}}{\text{m}^2} = 68{,}9476 \text{ mbar}$$

Fluidischer Widerstand

$$1 \frac{\text{lb/in}^2}{\text{lb/s}} = \frac{1 \text{ s}}{1 \text{ in}^2} \triangleq 1{,}52 \cdot 10^4 \frac{\text{N/m}^2}{\text{kg/s}} = 1{,}52 \cdot 10^4 \frac{1}{\text{sm}}$$

Umrechnungstabelle für Widerstände der Firma General Electric bzw. TriTec

$\frac{R}{\text{s/in}^2}$	$\frac{R}{1/\text{sm}}$
$50 \cdot 10^3$	$0{,}76 \cdot 10^9$
$100 \cdot 10^3$	$1{,}52 \cdot 10^9$
$200 \cdot 10^3$	$3{,}04 \cdot 10^9$
$400 \cdot 10^3$	$6{,}08 \cdot 10^9$
$700 \cdot 10^3$	$10{,}64 \cdot 10^9$
$1 \cdot 10^6$	$15{,}2 \cdot 10^9$
$1{,}5 \cdot 10^6$	$22{,}8 \cdot 10^9$
$2{,}5 \cdot 10^6$	$38{,}0 \cdot 10^9$
$3{,}0 \cdot 10^6$	$45{,}6 \cdot 10^9$
$5{,}0 \cdot 10^6$	$76{,}0 \cdot 10^9$
$6{,}0 \cdot 10^6$	$91{,}2 \cdot 10^9$

12.4 Schaltzeichen und Symbole

Schaltzeichen für allgemeine Netzwerkelemente

Impedanz, allgemein

Widerstand, überwiegend linear

Widerstand, überwiegend nichtlinear

Induktivität (Inertanz)

Kapazität

stetig verstellbar

fest einstellbar

Entlüftung, Verbindung zum Bezugspotential (z.B. Atmosphärendruck)

Leitungsverbindung

Leitungskreuzung

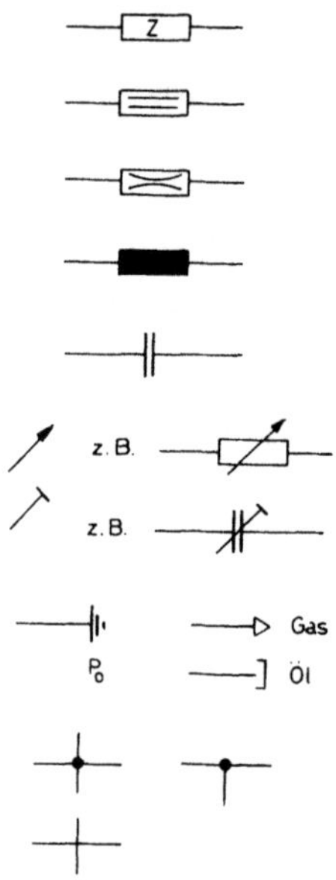

Schaltzeichen für Instrumentation

Druckmesser

Differenzdruckmesser

Manometer

Filter

Durchflußmesser (Schwebekörperprinzip)

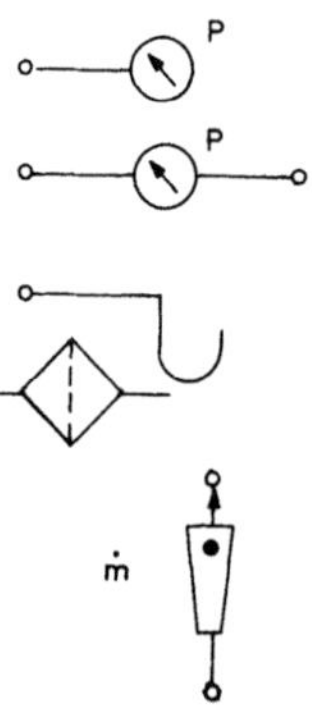

Schaltzeichen für den Signalflußplan nach IEC* 117–15

Identität 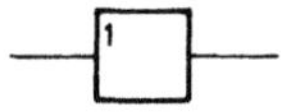

Negation 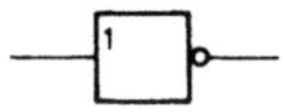

ODER 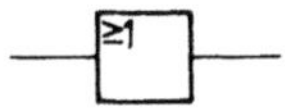

NOR 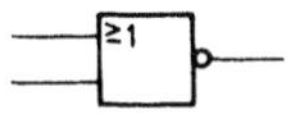

UND 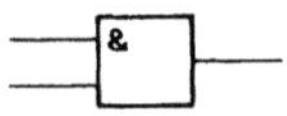

NAND 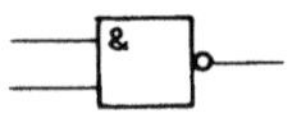

Äquivalenz 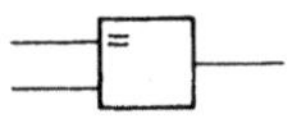

Antivalenz 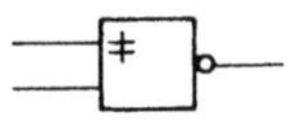

Speicher 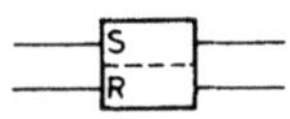

Binäruntersetzer mit dyn. Eingang 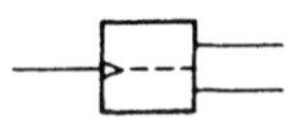

Verstärker, allgemein 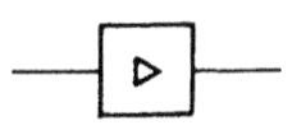

* International Electrical Commision

Arbeitsprinzip-Symbole

Strahlablenkverstärker

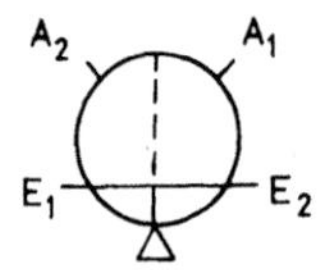

Gleichrichter (aktiv)

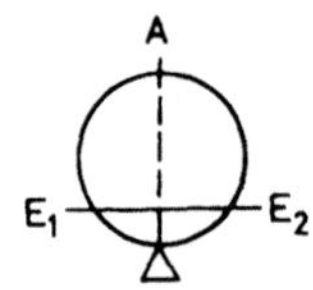

Flip-Flop

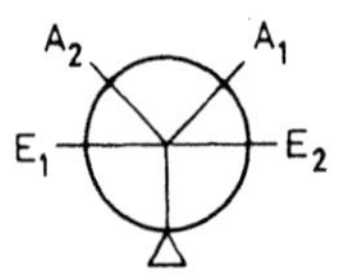

OR-NOR Element

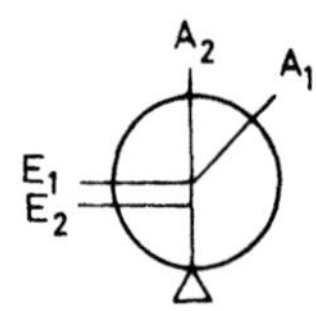

Binärteiler

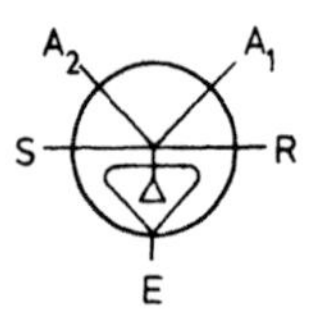

Exklusiv-ODER (aktiv)

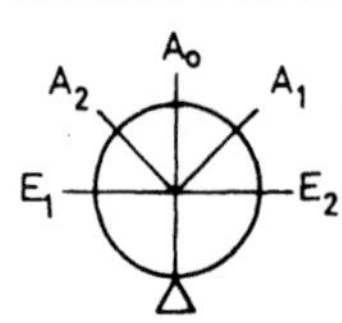

Und, Exklusiv-ODER (passiv)

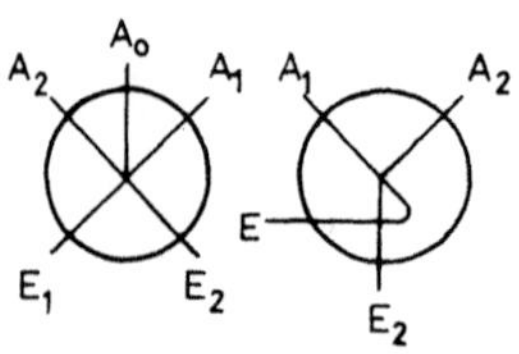

Oder (passiv)

Turbulenzverstärker

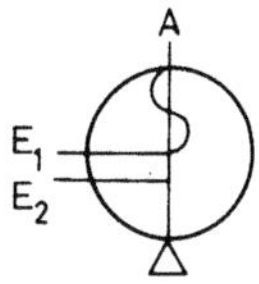

Wirbelkammerverstärker

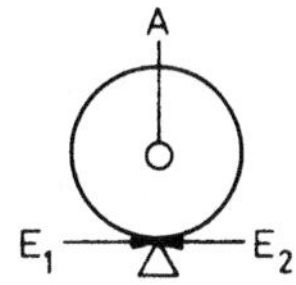

Versorgung

Gase △ Flüssigkeiten ▲

12.5 Einige wichtige Beziehungen zur Vektorrechnung

12.5.1 In kartesischen Koordinaten

∇ (Nabla) ist ein Operator oder symbolischer Vektor.

$$\nabla = \left\{ \frac{\partial}{\partial x}, \frac{\partial}{\partial y}, \frac{\partial}{\partial z} \right\} = \frac{\partial}{\partial x} \vec{e}_x + \frac{\partial}{\partial y} \vec{e}_y + \frac{\partial}{\partial z} \vec{e}_z$$

Für ein differenzierbares Skalarfeld $p(x, y, z)$ wird

$$\operatorname{grad} p = \nabla p = \frac{\partial p}{\partial x} \vec{e}_x + \frac{\partial p}{\partial y} \vec{e}_y + \frac{\partial p}{\partial z} \vec{e}_z = \left\{ \frac{\partial p}{\partial x}, \frac{\partial p}{\partial y}, \frac{\partial p}{\partial z} \right\}.$$

Für ein Vektorfeld $\vec{v} = v_x \vec{e}_x + v_y \vec{e}_y + v_z \cdot \vec{e}_z = \{v_x, v_y, v_z\}$ wird

$$\operatorname{div} \vec{v} = \nabla \vec{v} = \frac{\partial v_x}{\partial x} + \frac{\partial v_y}{\partial y} + \frac{\partial v_z}{\partial z}$$

und

$$\nabla^2 \vec{v} = \frac{\partial^2 \vec{v}}{\partial x^2} + \frac{\partial^2 \vec{v}}{\partial y^2} + \frac{\partial^2 \vec{v}}{\partial z^2}.$$

Die Vektoren $\vec{e}_x, \vec{e}_y$ und $\vec{e}_z$ sind Einheitsvektoren in Richtung der Koordinatenachsen. Ihr Betrag ist gleich 1.

12.5.2 In Zylinderkoordinaten

∇ (Nabla) ist ein Operator oder symbolischer Vektor

$$\nabla = v_r\vec{e}_r + v_\varphi\vec{e}_\varphi + v_z\vec{e}_z = \{v_r, v_\varphi, v_z\}.$$

Für ein differenzierbares Skalarfeld $p(r, \varphi, z)$ wird

$$\operatorname{grad} p = \nabla p = \frac{\partial p}{\partial r}\vec{e}_r + \frac{1}{r}\frac{\partial \varphi}{\partial \varphi}\vec{e}_\varphi + \frac{\partial p}{\partial z}\vec{e}_z$$

Für ein Vektorfeld $\vec{v}(r, \varphi, z) = v_r\vec{e}_r + v_\varphi\vec{e}_\varphi + v_z\vec{e}_z = \{v_r, v_\varphi, v_z\}$ wird

$$\operatorname{div}\vec{v} = \nabla\vec{v} = \frac{1}{r}\frac{\partial}{\partial r}(r v_r) + \frac{1}{r}\frac{\partial v_\varphi}{\partial \varphi} + \frac{\partial v_z}{\partial z}$$

und

$$\nabla^2\vec{v} = \frac{\partial^2\vec{v}}{\partial r^2} + \frac{1}{r}\frac{\partial \vec{v}}{\partial r} + \frac{1}{r^2}\frac{\partial^2\vec{v}}{\partial \varphi^2} + \frac{\partial^2\vec{v}}{\partial z^2}.$$

Die Vektoren $\vec{e}_r$, $\vec{e}_\varphi$ und $\vec{e}_z$ sind Einheitsvektoren in Richtung der Koordinatenachsen. Ihr Betrag ist gleich 1.

12.6 Komplexe Schwingung und komplexe Amplitude

Wird die Eingangsgröße eines linearen Übertragers sinusförmig geändert, so hat auch die Ausgangsgröße nach dem Einschwingen des Systems einen sinusförmigen Verlauf bei gleicher Frequenz. Amplitude und Phase des Ausgangssignals sind im allgemeinen verschieden zu denen des Eingangssignals.

Speist man ein lineares System mit einem periodischen Signal

$$x_E = \hat{x}_E \sin(\omega t + \varphi_E),$$

so ist im eingeschwungenen Zustand das Ausgangssignal

$$x_A = \hat{x}_A \sin(\omega t + \varphi_A).$$

Mit Hilfe der Eulerschen Beziehung

$$e^{j\omega t} = \cos\omega t + j\sin\omega t$$

kann man die Signale auch wie folgt schreiben

$$x_E = \operatorname{Im}\{\hat{x}_E\, e^{j(\omega t + \varphi_E)}\}$$

$$x_A = \operatorname{Im}\{\hat{x}_A\, e^{j(\omega t + \varphi_A)}\}.$$

Ganz allgemein lassen sich daher komplexe Schwingungen

$$x_E\,(j\,\omega) = \hat{x}_E\; e^{j\,(\omega t + \varphi_E)}$$

$$x_A\,(j\,\omega) \quad \hat{x}_A\; e^{j\,(\omega t + \varphi_A)}$$

einführen und die komplexen Amplituden

$$\underline{x}_E = \hat{x}_E\; e^{j\varphi_E}$$

$$\underline{x}_A = \hat{x}_A\; e^{j\varphi_A}$$

definieren, so daß

$$x_E\,(j\,\omega) = \underline{x}_E\; e^{j\,\omega\,t}$$

$$x_A\,(j\,\omega) = \underline{x}_A\; e^{j\,\omega\,t}\,.$$

$\underline{x}_E$ und $\underline{x}_A$ sind Zeiger, die in der komplexen Ebene mit der Kreisfrequenz ω im positiven Sinne rotieren (Bild 12.1). Durch Projektion auf die imaginäre bzw. reelle Achse erhält man die Sinus- bzw. die Cosinus-Signale. Die Beträge der Zeiger geben die Scheitelwerte der Schwingungen an und die Winkeldrehung zwischen ihnen gibt die Phasenverschiebung zwischen ihnen an.

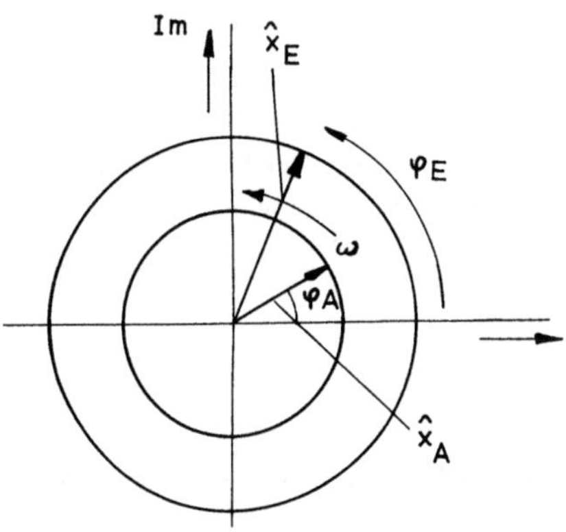

Bild 12.1 Komplexe Amplitude

13 Literatur

Kapitel 2

[2.1] *Schlichting, H.:* Grenzschicht-Theorie. Verlag G. Braun, Karlsruhe. 5. Auflage, 1964.

[2.2] *Kaufmann, W.:* Technische Hydro- und Aerodynamik. Springer-Verlag 1963.

[2.3] *Kalide, W.:* Einführung in die technische Strömungslehre. Carl Hanser Verlag, München. 3. Auflage, 1971

[2.4] *Jogwich, A.:* Strömungslehre. Verlag W. Giradet, Essen, 1975.

Kapitel 3

[3.1] *Kirshner, J. M.:* Fluid Amplifiers. McGracw-Hill Book Co., New York, 1966, S. 158–166.

[3.2] *Schaedel, H. M.:* Transmission lines and nonlinear components in fluidic ac networks. Paper E3, S. E3–29 bis E3–56, Proc. 4th Cranfield Fluidics Conf., Brit. Hydrom. Res. Ass., Cranfield, März 1970.

[3.3] *Schaedel, H. M.:* Signal analysis of fluidic networks. Proc. of the Fluidics State-of-the-Art Symposium in Adelphi (Maryland, USA). 30.9.–3.10.1974, Vol. III, S. 198–301. Harry Diamond Laboratories Washington D.C.
und Fluidics Quarterly, Vol. 7, Issue 3, S. 1–92, Stanford, California, USA
und Fluidics Technologie, AGARDograph No. 215, S. 317–388, 1976 (gekürzte Fassung).

[3.4] *Taplin, L. B.:* Small signal analysis of vortex amplifiers. AGARD Lecture series on "Fluid control-components and systems", September 1966. AGARDOgraph 118.

Kapitel 4

[4.1] *Schaedel, H. M.:* Signal analysis of fluidic networks (siehe [3.3]).

[4.2] *Schaedel, H. M.:* Diskrete fluidische Bauelemente. Kapitel E3 im Handbuch für fluidische Meßtechnik (Herausgeber Mayer-Rohrbach), VDI-Verlag, 1977.

[4.3] *Schaedel, H. M.:* Fluidische Gleichstromnetzwerke. Berichte der Technischen Akademie Wuppertal, Vulkan Verlag Essen, Heft 4, S. 12–22, 1970.

[4.4] *Sparrow, E. M., Hixon, C. W., Shavit, G.:* Experiments on laminar flow development in rectangular ducts. Trans. A.S.M.E., Vol. 86, Series D, No. 1, S. 116–124, März 1967.

[4.5] *Lundgren, T. S., Sparrow, E. M., Starr, J. B.:* Pressure drop due to the entrance region in ducts of arbitrary cross-section. Trans. A.S.M.E., Vol. 86, Series D, No. 3, S. 620–626, Sept. 1964.

[4.6] *Han, L. S.:* Hydrodynamic entrance lenghts for incompressible laminar flow in rectangular ducts. Trans. A.S.M.E., Vol. 27, Series E, No. 3, S. 403–409, Sept. 1960.

[4.7] *Kline, S. J., Abbot, D. E., Fox, R. W.:* Optimum design of straight-walled diffusers. Trans. A.S.M.E., Vol. 81, Series D, No. 3, S. 321–331, Sept. 1959.

[4.8] *McDonald, A. T., Fox, R. W.:* An experimental investigation of incompressible flow in conical diffusers. A.S.M.E. Paper 65-FE-25. 9 Seiten, Juni 1965.

[4.8] *Gibson, A. H.:* On the resistance to flow of water through pipes or passages having divergent boundaries. Trans. of the Royal Soc. of Edinburgh, Vol. 48, No. 5, S. 97–116, 1911.

[4.9] *Schaedel, H. M., Kessel, G. W.:* Investigations on fluidic jet deflection amplifiers in dc and ac networks. Paper D2, S. D2–13 bis D2–36. Proc. 5th Cranfield Fluidics Conference Uppsala (Schweden) 1972.

[4.10] *Schaedel, H. M., Kessel, G. W.:* The dc-equivalent circuit of fluidic line branchings. Fluidics Quarterly, Vol. IV, No. 2, April 1972.

[4.11] *Vazsonyi, A.:* Pressure loss in elbows and duct branches. Transactions A.S.M.E., Vol. 66, S. 177–183, April 1944.

[4.12] *Schütt, H.:* Mitteilungen des Hydraulischen Inst. der TH München (1926), Heft 1, S. 42.

[4.13] *Vogel, G., Petermann, F.:* Untersuchungen über den Verlust in rechtwinkligen Rohrverzweigungen. Der Verlust in schiefwinkligen Rohrverzweigungen. Mitteilungen des Hydraulischen Institutes der TH München, Heft 1, 2, 3 (1926, 1928, 1929).

[4.14] *Kohl, A.:* Das Gleichstromersatzschaltbild fluidischer Leitungszusammenführungen. Interner Laborbericht 71/4 des Inst. f. Nachrichtengeräte und Datenverarbeitung der TH Aachen.

Kapitel 5

[5.1] *Dexter, E. M.:* An analog pure fluid amplifier. Proc. of the Symposium on Fluid Jet Devices 1962. A.S.M.E., New York.

[5.2] *Mon, G.:* Laminar proportional amplifier. 6th Cranfield Fluidics Conf., 26.–28. März 1974, Cambridge, U. K. Paper C4.

[5.3] *Manion, F. M.:* Analytic design of laminar proportional amplifiers. Fluidics Quarterly, Vol. 8, No. 3, Juli 1976, S. 1–63.

[5.4] *Schaedel, H. M.:* Analoge Bauelemente. Berichte der Technischen Akademie Wuppertal, Vulkan Verlag Essen, Heft 4, S. 35–44.

[5.5] *Kessel, G. W.:* Theoretische und experimentelle Untersuchungen des statischen und dynamischen Verhaltens von fluidischen analogen Strahlablenkverstärkern. Dissertation an der RWTH Aachen 1974.

[5.6] *Boothe, W. A.:* Lumped parameter technique for predicting analog fluid amplifier dynamics. Joint Automatic Control Conference 1964.

[5.7] *Healy, A. J.:* Vent effects on the respond of a proportional fluid amplifier. Trans. A.S.M.E., Journal of Basic Engineering, S. 90–96, März 1968.

[5.8] *Schaedel, H. M., Kessel, G. W.:* Investigations on fluidic jet deflection amplifiers in dc and ac networks (siehe [4.9]).

[5.9] *Massen, R.:* Zur Problematik des fluidischen Rauschens und seiner Anwendung in der stochastischen Rechentechnik. Dissertation an der RWTH Aachen 1974.

[5.10] *Macolm, J. D., Sivaram, C.:* The dynamic response of a free jet. Fluidics Quarterly, Vol. 8, No. 3, Juli 1976, S. 77–87.

[5.11] *Nardi, G.:* The fundamentals of fluidic elements an fluidic information handling. AGARD Lecture Series on Fluidic Control Systems for Aerospace Propulsion, Brüssel-Viareggio, Sept. 1969. AGARDOgraph 135.

[5.12] *Wormley, D. N.:* A review of vortex diode and triode static and dynamic design techniques. Proc. of the Fluidics State-of-the-Art Symposium in Adelphi (Maryland, USA) 30.9.–3.10.1974, Vol. I, S. 1–43.

[5.13] *Taplin, L. B.:* Small signal analysis of vortex amplifiers (siehe [3.4]).

[5.14] *Taplin, L. B.:* Multiport vortex amplifiers. AGARD Lecture Series on Fluidic Control Systems for Aerospace Propulsion, Brüssel-Viareggio, Sept. 1969.

Kapitel 6

[6.1] *Urbanosky, T. F.:* Flueric operational amplifier survey. Aerospace Systems Conference, Los Angeles, Calfornia, SAE, June 1967.

[6.2] *Boothe, W. A.:* Fluidic signal processing techniques for aerospace propulsion control systems. AGARD Lecture Series on Fluidic Control Systems for Aerospace Propulsion, Brüssel-Viareggio, Sept. 1969. AGARDograph 135.

[6.3] N. N.: Éléments analogiques fluidiques. Datenblatt der Firma BERTIN & Cie., Plaisir, Frankreich.

[6.4] *Kelly, L. R., Shinn, J. N.:* Noise in fluidic proportional amplifiers. Paper G1, S. G1–1 bis G1–20, Proc. 3rd Cranfield Fluidics Conf., Brit. Hydrom. Res. Ass., Turin (Italien) 1968.

[6.5] *Mon, G.:* Laminar proportional amplifier. 6th Cranfield Fluidics Conf., 26.–28. März 1974, Cambridge, U. K. Paper C4.

[6.6] *Manion, F. M., Drzewiecky, T. M.:* Amalytic design of laminar proportional amplifiers. Fluidics Quarterly, Vol. 8, No. 3, Juli 1976, S. 1–63.

[6.7] *Wagner, R. E., Barret, J. A.:* Study of basic analog amplifier networks using high gain fluid amplifiers. Paper K6, S. K6–83 bis K6–102, Proc. 3rd Cranfield Fluidics Conf., Brit. Hydrom. Res. Ass., Turin (Italien) 1968.

[6.8] *Gidlund, L.:* Fluidistoriserade paketsystem avsedda för industriella tillampningar. Fluidistorkommitten rapport FK 73105, Stockholm, Juli 1973.

[6.9] *Schaedel, H. M.:* Grundlagen zur Berechnung fluidischer Netzwerke. Tagungsband der 3. Industriellen Fluidik Tagung in Zürich vom 29. bis 30.10.1974, S. F1–F20. International Fluidics Services Ltd., Carlton, Bedford, England.

[6.10] *Schmitz, H.:* Ein Beitrag zur Phasenkompensation von fluidischen Netzwerken. Unveröffentlichte Abschlußarbeit an der FH Köln, Fachbereich Nachrichtentechnik, 1976 (Betreuer: *Schaedel, H. M.*).

[6.11] *Hind, E. C., Black, J. D.:* Two term analogue flueric controller. Proc. of the Fluidics State-of-the-Art Symposium in Adelphi (Maryland, USA), 30.9.–3.10.1974, Vol. II, S. 303–324. Harry Diamond Laboratories, Washington D.C.

[6.12] *Brown, F. T.:* Analog fluidic circuitry: Review, Critique and a new operational Amplifier. Proc. of the Fluidics State-of-the-Art Symposium in Adelphi (Maryland, USA), 30.9 bis 3.10.1974, Vol. III, S. 397–417. Harry Diamond Laboratories, Washington D.C.

[6.13] *Kruck, P.:* Rechnergestützte Analyse fluidischer Kompensationsnetzwerke mit konzentrierten und nichtkonzentrierten Bauelementen zur Phasenkompensation fluidischer Operationsverstärker. Unveröffentlichte Abschlußarbeit an der FH Köln, Fachbereich Nachrichtentechnik 1977 (Betreuer: *Schaedel, H. M.*).

Kapitel 7

[7.1] *Glättli, H. H.:* Digital fluid logic elements. Advances in Computers, herausgeg. durch Alt und Rubinow, Academic Press, N.Y. und London 1963, S. 169–243.

[7.2] *Foster, K., Parker. G. A.:* Fluidics, Components and Circuits. John Wiley & Sons Ltd., London 1970.

[7.3] *Hayes, W.:* The dynamic response of fluidic turbulence amplifiers. Paper A1, S. A1–1 bis A1–22, Proc. 4th Cranfield Fluidics Conf., Brit. Hydrom. Res. Ass., Coventry (England) 1970.

[7.4] *Verhelst, H. A. M.:* On the design, characteristics and production of turbulenc amplifiers. Paper F2, S. F2–9 bis F2–24, Proc. 2nd Cranfield Fluidics Conf., Brit. Hydrom. Res. Ass., Cambridge (England) 1967.

[7.5] *Bell, A. C.:* The turbulence amplifier. Proc. of the Fluidics State-of-the-Art Symposium in Adelphi (Maryland, USA), 30.9. bis 3.10.1974, Vol. I, S. 81–148.

[7.6] *Kohl, A.:* Digitale Fluidik-Elemente. Berichte der Technischen Akademie Wuppertal, Vulkan Verlag Essen, Heft 4, S. 23–35, 1970.

[7.7] *Warren, R. W.:* Some parameters affecting the design of bistable fluid amplifiers. Proc. of the Symposium on Fluid Jet Devices 1962. A.S.M.E., New York.

[7.8] *Warren, R. W.:* Wall effect and binary devices. Proc. of the Fluid Amplification Symposium 1962, Vol. I, S. 11–20. Harry Diamond Laboratories, Washington D.C.

[7.9] *Glättli, H. H., Mueller, H. R., Zingg, R. H.:* Remarks in the limitations of pure fluid elements. Proc. of the Fluid Amplification Symposium 1964, Vol. I. Harry Diamond Laboratories, Washington D.C.

[7.10] *Glättli, H. H., Bahr, J.:* Über neuere Untersuchungen an Wandstrahlelementen und ihre Anwendung in logischen Schaltungen. Elektronische Rechenanlagen 7, Heft 3, S. 137–147, 1965.

[7.11] *Warren, R. W.:* Fluid flip flop and a counter. AD-285572 Fluid Amplification 1962, Harry Diamond Laboratories, Washington D.C.

[7.12] *Hayes, W. F., Kwok, C.:* Impedance matching in bistable and proportional fluid amplifiers through the use of a vortex vent. Proc. Fluid Amplification Symp. 1965, Bd. I., S. 331–359.

[7.13] *Osthorst, J., Schaedel, H. M.:* Investigations on the pressure pulse transfer between fluidic wall attachment amplifiers. Paper D2, 4 th International Fluidics Conf., Bulgarien, Oktober 1972.

[7.14] *Osthorst, J.:* Erhöhung der Grenzfrequenz von fluidischen Digitalschaltungen durch Wellenanpassung der Schaltungselemente. Dissertation an der RWTH Aachen 1975.

Kapitel 8

[8.1] *Mayer, N., Rohrbach, Ch.:* Handbuch für fluidische Meßtechnik. VDI-Verlag GmbH, Düsseldorf 1977.

[8.2] *Schmidlin, A., Kirshner, J. M.:* Survey of sensors. Teil 1 und Teil 2. Proc. of the Fluidics State-of-the-Art Symposium in Adelphi (Maryland, USA), 30.9.–3.10.1974, Vol. II, S. 113–260.

[8.3] *Schneider, D.:* Temperaturverhalten einer fluidischen Brückenschaltung. Interner Laborbericht Nr. 73/1 des Inst. f. Nachrichtenger. u. Datenverarb. der RWTH Aachen.

[8.4] *Schneider, D.:* Temperaturverhalten fluidischer Netzwerke bei Gleich- und Wechselströmung. Proc. 7 th Cranfield Fluidics Conf., Paper K1, Stuttgart 1975.

[8.5] *Schneider, D.:* Advances in temperatur measurement devices using fluidic resistor circuits. Measurement and control, Vol. 9, No. 5, S. 187–193, May 1976.

[8.6] *Schneider, D.:* Temperaturverhalten fluidischer Netzwerke. Dissertation an der TH Aachen 1976.

[8.7] *Suresh, N., Lin, S., Callagan, J. C.:* A fluidic null-balance temperature sensing system. Fluidics Quarterly, Vol. 7, No. 2, April 1975, S. 61–72.

[8.8] *Reilly, R. J.:* Regelung eines Strahltriebwerkes mit Fluidik-Elementen. Strömungsmechanische Logikelemente und Schaltungen (Fluidik). VDI-Verlag, Düsseldorf, 1968.

[8.9] *Walliser, G.:* Fluidic temperature sensor investigations for high gas temperatures. AGARD Lecture Series on Fluidic Control Systems for Aerospace Propulsion, Brüssel-Viareggio, Sept. 1969. AGARDograph 135.

[8.10] *Beeken, B. B.:* The fluidic acoustic sensor. Proc. of the Fluidics State-of-the-Art Symposium in Adelphi (Maryland, USA), 30.9.–3.10.1974, Vol. II, S. 261–294. Harry Diamond Laboratories, Washington, D.C.

[8.11] *Stern, H.:* Fluidics in synthetic fiber quality control. Proc. of the 27 th Annual Conference and Exhibit of the ISA, N.Y., 1972.

[8.12] *Stern, H.:* Precision air gauging with fluidics. General Electric, Dez. 1973.

[8.13] N. N.: Fluidic sensors and interfaces. Corning Glass Works, New York 1970.

[8.14] N. N.: Fluidic-Reflexauge. Festo Pneumatik, Berkheim.

[8.15] N. N.: Fluidics. Kurzkatalog und Datenblätter der Fa. General Electric, Fluidics Operation, Schenectady, N. Y. und der Fa. Tritec Inc., Columbia MD., USA.

Kapitel 9

[9.1] *Crandall, I. B.:* Theory of vibrating systems and sound. Appendix A, S. 229–241. D.v.Nostrand Company, Inc. 1927.

[9.2] *Richardson, E. G.:* Proc. phys. Soc. London 40, 206, 1928.

[9.3] *Iberall, A. S.:* Attenuation of oscillatory pressures in instrument lines. Journal of Research, National Bureau of Standards, Vol. 45, S. 85–108, 1950.

[9.4] *Nichols, N. B.:* The linear properties of pneumatic transmission lines. Trans. of the Instrument Society of America, Vol. I, S. 5–14, 1962.

[9.5] *Brown, F. T.:* The transient response of fluid lines. Journal of basic engineering, Trans. A.S.M.E., Series D, Vol. 84, S. 547–553, 1962.

[9.6] *Schaedel, H. M.:* A theoretical investigation of fluidic transmission lines with rectangular cross-section. Paper K3, S. K3–33 bis K3–52. Proc. 3rd Cranfield Fluidics Conf., Brit. Hydrom. Res. Ass., Turin (Italien) 1968.

[9.7] *Schaedel, H. M.:* Theoretische Analyse von Fluidik-Leitungen mit rechteckigem Querschnitt. Regelungstechnik 1968, Heft 11, S. 509–516.

[9.8] *Schaedel, H. M.:* Theoretische und experimentelle Untersuchungen an Leitungen und konzentrierten Bauelementen der Fluidik. Dissertation an der RWTH Aachen, 1968.

[9.9] *Schaedel, H. M.:* Theoretische Untersuchungen an homogenen Übertragungsleitungen an der Fluidik. Teil 1, Frequenz, Band 23, Dez. 1969, Nr. 12, S. 350–358. Teil 2, Frequenz, Band 23, Febr. 1970, Nr. 2, S. 50–53.

[9.10] *Schaedel, H. M.:* Experimentelle Untersuchungen an homogenen Übertragungsleitungen der Fluidik. Frequenz, Band 24, April 1970, Nr. 4, S. 120–125.

[9.11] *Franke, M. E., Wilda, R. W., Miller, R, N., Fada, C. V.:* The frequency response of volume-terminated pneumatic lines with circular and rectangular cross-sections. Proc. of the 1969 Joint Automatic Control Conference. University of Colorado, August 1969.

[9.12] *Karam, J. T.:* The frequency response of blocked pneumatic lines. Wright-Patterson AFB, Ohio: Air Force Institute of Technology, M. S. Thesis, GAM/ME/66B-3, 1966.

[9.13] *Shearer, J. L.:* Highlights of fluidics research in S.C.L. Proc. Symposium on fluidics and internal flows. S. I–132 bis I–138 (1968).

[9.14] *Kohl, A.:* Fluidische Leitungsdiskontinuitäten, Verzweigungen und ihre Anwendung in Filterschaltungen. Dissertation an der RWTH Aachen 1973.

[9.15] *Zielke, W.:* Frequency-dependent friction in transient pipe flow. Journal of Basic Engineering, Trans. A.S.M.E. Series D, Vol. 90, No. 1, S. 109–115 (März 1968).

[9.16] *Brown, F. T.:* A quasi method of characteristics with application to fluid lines with frequency dependent wall shear and heat transfer. A.S.M.E., Paper No. 68-WA/Aut-7.

[9.17] *Brown, F. T., Margolis, D. L., Shak, R. P.:* Small-amplitude frequency behaviour of fluid lines with turbulent flow. A.S.M.E., Paper No. 69-FE-11.

[9.18] *Brinkmann, R.:* Numerische Simulation inhomogener Doppelleitungen bei vorgeschriebenen Rechengenauigkeit. Dissertation an der RWTH Aachen 1970.

[9.19] *Kirszenblat, A.:* Transmission of a fluidic signal at intermediate distances. Fluidics Quarterly, Vol. IV, No. 2, S. 1–18 (1972).

[9.20] *Tarantine, F. J.:* Fluid pressure transients in a tapered transmission line. Trans. of the A.S.M.E. Journal of Basic Eng., 89, S. 181–190 (März 1967).

[9.21] *Dat, J.:* A frequency study of pneumatic convergent and divergent lines. Paper D1, IVth International Fluidics Conf., Varna, Bulgaria (Okt. 1972).

[9.22] *Gerlach, C. R.:* Wave propagation in viscous fluid lines including higher mode effects. Journal of basic enginnering, Trans. A.S.M.E., Series D., Vol. 89, S. 782–788 (Dez. 1967).

Kapitel 10

[10.1] *Taplin, L. B.:* Small signal analysis of vortex amplifiers (siehe [3.4]).

[10.2] *Schaedel, H. M.:* The behaviour of transmission lines and nozzles in fluidic networks. AGARD Lecture Series on Fluidic Control Systems for Aerospace Propulsion, Brüssel-Viareggio, Sept. 1969. AGARDograph 135.

[10.3] *Schaedel, H. M.:* Transmission lines and nonlinear components in fluidic ac networks. Paper E3, S. E3–29 bis E3–56, Proc. 4th Cranfield Fluidics Conf., Brit. Hydrom. Res. Ass., Coventry (England) 1970.

[10.4] *Schaedel, H. M.:* Nichtlineare Bauelemente in fluidischen Netzwerken. Frequenz, Band 24, Sept. 1970, Nr. 9, S. 258–267.

[10.5] *Schaedel, H. M.:* Signal analysis of fluidic networks (siehe [3.3]).

[10.6] *Schaedel, H. M.:* Theoretische und experimentelle Untersuchungen an Leitungen und konzentrierten Bauelementen der Fluidik (siehe [9.8]).

[10.7] *Schaedel, H. M.:* Untersuchungen an linearen Bauelementen in der Fluidik. Frequenz, Band 24, Mai 1970, Nr. 5, S. 149–154.

[10.8] *Schmitz, H.:* Ein Beitrag zur Phasenkompensation von fluidischen Operationsverstärkern. Unveröffentlichte Abschlußarbeit an der FH Köln, Fachbereich Nachrichtentechnik 1976.

[10.9] *Schaedel, H. M., Kessel, G. W.:* Investigations on fluidic jet deflection amplifiers in dc and ac networks (siehe [4.9]).

[10.10] *Schaedel, H. M., Kessel, G. W., Franke, M. E.:* Some investigations on frequency demodulating systems with fluidic jet deflection amplifiers. The second international I.S.M.E. Symposium on Fluid Machinery and Fluidics, Tokio, Japan, Sept. 1972.

[10.11] *Kohl, A.:* Theorectial and experimental investigations of fluidic signal and noise filters with application to dc and ac fluidic systems. Paper G2, S. G2–21 bis G2–42. Proc. 5th Cranfield Fluidics Conf., Brit. Hydrom. Res. Ass., Uppsala (Schweden) 1972.

[10.12] *Kohl, A.:* Fluidische Leitungsdiskontinuitäten, Verzweigungen und ihre Anwendung in Filterschaltungen. Dissertation an der RWTH Aachen 1973.

[10.13] *Kohl, A.:* Design of transmission line filters and their application in fluidic circuits. Fluidics Quarterly, Vol. 7, No. 1, S. 1–26, Stanford, California, USA 1976.

[10.14] *Bergeron, L.:* Water hammer in hydraulics and wave surges in electricity. J. Wiley & Sons, Inc. 1961.

[10.15] *Griffin, W. S.:* Simplified interconnection technique for digital fluid jet amplifiers. Anhang in "A bredboard controlled pneumatic stepping motor system" NASA Lewis Research Center, Cleveland, Ohio, Oktober 1967.

[10.16] *Schaedel, H. M., Zwetkow, G.:* A simple method for predicting pulse distortions on fluidic transmission lines. Anhang zu "Transmission lines and nonlinear components in fluidic ac networks" siehe [10.3].

Kapitel 11

[11.1] *Bowles, R. E.:* Components for FM and AM fluidic circuits. Paper D5, S. D5–73 bis D5–87. 2nd Cranfield Fluidics Conf., Brit. Hydrom. Res. Ass., Cambridge (England), 1967.

[11.2] *Meinke, H., Gundlach, F. W.:* Taschenbuch der Hochfrequenztechnik. Springer-Verlag, Berlin/Göttingen/Heidelberg, 2. Auflage 1962.

[11.3] *Vilbig, F.:* Lehrbuch der Hochfrequenztechnik. Akademische Verlagsgesellschaft Leipzig, 3. Auflage 1942.

[11.4] *Honda, T. S.:* Development of a miniature fluidic dual channel fluidic programmer. Proc. of the Fluidics State-of-the-Art Symposium in Adelphi (Maryland, USA), 30.9.–3.10.1974, Vol. V., S. 425–445. Harry Diamond Laboratories Washington D.C.

[11.5] *Stern, H., Honda, T. S.:* Hig accuracy fluidic oscillator. General Electric, 15. Okt. 1973.

[11.6] *Kelly, L. R.:* A fluidic temperature control using frequency modulation and phase discrimination. JACC Conf., Seattle, Wash., Aug. 1966.

[11.7] *Boothe, W. A.:* Fluidic signal processing techniques for aerospace propulsion control systems (siehe [6.2]).

[11.8] *Woodson, C. W.:* Speed control for an air motor using fluidic techniques. ASME Paper No. 73-DE-35, Design Engineering Conf. & Show, Philadelphia, Pa., April 1973.

[11.9] *Schaedel, H. M., Kessel, G. W., Franke, M. E.:* Some investigations on frequency demodulating systems with fluidic jet deflection amplifiers (siehe [10.10]).

[11.10] N. N.: Fluidics (siehe [8.15]).

Kapitel 12

[12.1] *Tafel, H. J., Kohl, A.:* Fluidik-Vorschläge für Begriffe, Benennungen, Physikalische Größen, Formelzeichen und Einheiten. Institut für Nachrichtengeräte und Datenverarbeitung der RWTH Aachen, Entwurf 1968.

[12.2] MIL-STD-1306 A. Fluerics, Terminology and Symbols. Dep. of Def., Wash. D.C., USA, 8. Dez. 1972.

[12.3] VDI/VDE-Richtlinien 3681 Fluidik. Blatt 1 Begriffe. Blatt 2 Physikalische Größen, Formelzeichen und Einheiten. Blatt 3 Bildzeichen für Schaltpläne. Blatt 4 Benennung fluidischer Aufnehmer (Fühler), Meßprinzipien.

Bücher

Kirshner, J. M. (Herausgeber): Fluid amplifiers. McGraw-Hill Book Comp., New York 1966.

Humphrey, E. F., Tarumoto, D. H. (Herausgeber): Fluidics. Fluid Amplifier Ass., Ann Arbor, Mich. 1968.

Fasol, K. H., Hübl, W., Vingron, P.: Statische pneumatische Logiksysteme. Verlag Berliner Union GmbH Stuttgart 1972.

Foster, K., Parker, G. H.: Fluidics: components and circuits. Wiley-Interscience, London 1970.

Multrus, V.: Fluidik – pneumatische Logikelemente und Steuerungssysteme. Kauskopf-Verlag Mainz 1970.

Belsterling, Ch. A.: Fluidic System Design. Wiley-Interscience New York 1971.

Ortmann, G.: Logik- und Fluidiksteuerung. Verlag G. Ortmann, Hilden 1973.

Kirshner, J. M., Katz, S.: Design theory of fluidic components. Academic Press, New York 1975.

Kirshner, J. M. (Herausgeber): Fluidics Technology. AGARDograph 215, AGARD (NATO) Neuilly-Sur-Seine 1976.

Mayer, N., Rohrbach, Ch. (Herausgeber): Handbuch für fluidische Meßtechnik. VDI-Verlag, Düsseldorf 1977.

Rechten, W.: Fluidik. Springer Verlag, Berlin 1977.

Sachwortverzeichnis

GPSR Compliance

The European Union's (EU) General Product Safety Regulation (GPSR) is a set of rules that requires consumer products to be safe and our obligations to ensure this.

If you have any concerns about our products, you can contact us on ProductSafety@springernature.com

In case Publisher is established outside the EU, the EU authorized representative is:

Springer Nature Customer Service Center GmbH
Europaplatz 3
69115 Heidelberg, Germany

Batch number: 10577896

Printed by Printforce, the Netherlands